21 世纪全国高职高专机电系列技能型规划教材

金工实训
（第 2 版）

柴增田　主编

内 容 简 介

本书是编者在总结多年来“金工实训”课程教学改革成果的基础上，汇聚了各参编学校“金工实训”课程教学的改革经验而编写的。本书的编写以适当拓宽基本工艺训练内容为基点，体现了新工艺、新材料、新技术的发展和应用。全书共14章，包括技术测量、工程材料、铸造、锻压、焊接、热处理、钳工、金属切削基本知识、车削加工、铣削加工、刨削加工、磨削加工、齿形加工和数控机床加工与特种加工简介，并且在章后附有思考题。

本书可与《金属工艺学》（柴增田主编）教材配套使用，两本教材内容互补且不重叠。

本书可作为高职高专机械类或近机类专业的金工实训教材，也可供有关工程技术人员、中等专业学校和技术工人等学习选用或参考。

图书在版编目(CIP)数据

金工实训/柴增田主编. —2版. —北京：北京大学出版社，2015. 6

（21世纪全国高职高专机电系列技能型规划教材）

ISBN 978-7-301-25953-5

Ⅰ. ①金…　Ⅱ. ①柴…　Ⅲ. ①金属加工—实习—高等职业教育—教材　Ⅳ. ①TG-45

中国版本图书馆CIP数据核字(2015)第132273号

书　　名　金工实训（第2版）

著作责任者　柴增田　主编

策划编辑　刘晓东

责任编辑　李嫣婷

标准书号　ISBN 978-7-301-25953-5

出版发行　北京大学出版社

地　　址　北京市海淀区成府路205号　100871

网　　址　http://www.pup.cn　新浪微博：@北京大学出版社

电子信箱　pup_6@163.com

电　　话　邮购部62752015　发行部62750672　编辑部62750667

印 刷 者　北京富生印刷厂

经 销 者　新华书店

787毫米×1092毫米　16开本　17.5印张　399千字

2009年1月第1版

2015年6月第2版　2018年9月第2次印刷

定　　价　38.00元

第 2 版前言

金工实训(也称金工实习)是机械类和近机械类各专业的重要实践教学环节，对培养学生的实践能力和学习后续课程起到了重要作用。本书在总结多年金工实训教学改革成果的基础上，汇聚了各参编学校金工实训教学的改革经验，以适当拓宽基本工艺训练内容为基点，体现了新工艺、新材料、新技术的发展和应用。本书可与《金属工艺学》(柴增田主编)教材配套使用，两本教材内容互补且不重叠。本书为高职高专机械类或近机类专业的金工实训教材，也可供有关工程技术人员、中等专业学校和技术工人等学习选用或参考。

全书共 14 章，包括技术测量、工程材料、铸造、锻压、焊接、热处理、钳工、金属切削基本知识、车削加工、铣削加工、刨削加工、磨削加工、齿形加工和数控机床加工与特种加工简介，并且在章后附有思考题。

本书的编写原则如下：

(1) 书中使用的术语、名词、标准等均采用了最新的国家标准及法定计量单位。

(2) 在编写中尽可能做到对内容叙述简练、图文结合、深入浅出。

(3) 侧重实践操作技能的训练。

第 2 版在第 1 版的基础上，由柴增田教授作了较全面的修改，力求文字通顺，语言简练，叙述通俗易懂，对实训中的重点和难点采用多种方式进行化解。

本书的编写参考了大量相关文献和资料，在此一并对原作者表示衷心的感谢。

由于编者水平有限，书中难免有疏漏之处，恳请广大读者批评指正。

编　者

2015 年 2 月

第 1 版前言

金工实训(也称金工实习)是机械类或近机械类各专业的重要实践教学环节，它对培养学生的实践能力和学习后续课程起着重要作用。本教材在总结多年来金工实训教学改革成果的基础上，汇聚了各参编学校金工实训教学的改革经验，以适当拓宽基本工艺训练内容为基点，体现了新工艺、新材料、新技术的发展和应用。本书与《金属工艺学》(柴增田主编)教材配套使用，两本教材内容互补而不重叠。本书可作为各类职业技术院校、高职高专机械类或近机械类专业的金工实训教材，也可供有关工程技术人员、中等专科学校和技术工人等学习选用或参考。

全书共 14 章，分别包括技术测量、工程材料、铸造、锻压、焊接、热处理、钳工、金属切削基本知识、车削加工、铣削加工、刨削加工、磨削加工、齿形加工和数控机床加工与特种加工简介等内容，并且在每章后面都附有思考题。

本教材的编写原则如下：

(1) 教材中使用的术语、名词、标准等均贯彻了最新的国家标准及法定计量单位。

(2) 教材于每章后附有思考题，供学生在复习时使用。

(3) 在编写中尽可能做到对内容叙述简练、图文结合、深入浅出。

参加本书编写的有承德石油高等专科学校的柴增田(内容简介、前言、第 1 章、第 3 章、第 14 章)和陈文娟(第 8 章、第 9 章、第 13 章)，保定职业技术学院的艾建军(第 7 章、第 12 章)，甘肃畜牧工程职业技术学院的张毅(第 6 章)，许昌职业技术学院的李民朝(第 10 章、第 11 章)，武汉工业职业技术学院的陈淑花(第 4 章)，郑州铁路职业技术学院的文晓娟(第 2 章)，山西建筑职业技术学院的陈建军(第 5 章)。本书由柴增田教授任主编，陈文娟和艾建军任副主编。

本书的编写参考了大量院校和专家的有关文献和资料，在此一并表示衷心的感谢。

由于编者水平有限，书中难免有疏漏之处，恳请广大读者批评指正。

目　录

绪　论

1. 金工实训在教学中的地位和作用

“金工实训”(也称基本工艺训练)是工科教学计划中的必修课，也是传授机械制造基础知识和对学生进行实践能力训练的重要实践教学环节。

当代机械制造业中应用的三大技术，即计算机技术、数控技术及成组技术，都是以基本的机械制造工艺技术为基础的。因此，机械制造基本工艺训练就成了工科学生的技术素质教育的必修课之一。

金工实训对学生学好后续课程有着重要意义，特别是技术基础课和专业课，都与金工实训有着重要联系。

金工实训场地是校内的工业环境，学生在实习时置身于工业环境中，接受实习指导人员的思想品德教育，培养工程技术人员的全面素质。因此，金工实训是强化学生工程意识教育的良好教学手段。

2. 金工实训的内容及做法

1) 金工实训的内容

金工实训的内容是以机械制造工艺过程中提取的基本工艺方法为基础的，包括一般机械制造的基本工艺过程，同时也包括技术准备等训练内容。本书包括以下内容。

(1) 技术测量训练。机械加工精度及表面粗糙度的测量是机械加工过程中必不可少的技术手段。机械零件加工质量的好坏可以由技术测量体现出来，学生应了解加工精度及表面粗糙度的概念，学会使用通用量具，掌握一般几何参数的测量技术，并了解当代先进的测量技术。

(2) 机械加工基本工艺技术训练。机械加工基本工艺技术包括车削、铣削、钻镗削、刨削、磨削等，此项技术的训练能使学生掌握各种典型表面(包括简单几何形状表面及成形表面)的加工方法，掌握机床运动及操作技术。

(3) 装配技术训练。装配是机械零件和部件的合成过程，它对提高产品质量有着重要的意义，装配技术训练可以使学生了解基本装配方法及其对产品质量的影响。钳工是机械加工和装配过程中的基本工艺技术，学生应掌握钳工的基本工艺方法，如划线、錾削、锉削、锯削、钻孔、扩孔、铰孔、刮研等工艺技术。

(4) 毛坯制造工艺技术训练。毛坯制造是机械加工的基础。本书包括铸造(含砂型、熔模铸造)、锻压、焊接(包括气焊及焊条电弧焊)等工艺方法。此项技术的训练旨在使学生掌握毛坯制造的基本工艺方法时了解金属冶炼知识。

(5) 金属材料及热处理训练。通过训练使学生认识常用金属材料及其鉴别方法，熟悉一般热处理方法及其对材料性能的影响。

2) 金工实训的做法

金工实训包括传授金属工艺基础知识及实际操作技能，以操作技能训练为主，而且每个部分都包括应知内容考核和实际操作技能考核。

第 1 章

技术测量

技术测量是确认机械加工质量的重要技术手段。机械加工中的测量技术主要包括机械加工精度及表面粗糙度的几何参数测量，同时也包括量具的使用及测量方法的合理选择。

1.1　机械加工精度及表面粗糙度

1.1.1　机械加工精度

机械加工精度包括尺寸精度、形状与位置精度。

1. 尺寸精度

1) 加工精度与加工误差

机械加工精度是指零件加工后的实际几何参数(尺寸大小、几何形状、相互位置)与理论几何参数的符合程度，符合程度越高，加工精度就越高。

机械加工误差是指零件加工后的实际几何参数与理论几何参数的偏离程度，偏离程度越大，加工误差就越大。

加工误差越大，则加工精度就越低，反之越高。

2) 基本尺寸

基本尺寸是机械零件在设计时给定的尺寸，图 1.1 是孔和轴的基本尺寸的标注示例。一般孔的基本尺寸用“D”表示，轴的基本尺寸用“d”表示。

3) 极限尺寸与偏差

在设计时允许尺寸变化的两个界限为极限尺寸，其中一个为最大极限尺寸，另一个为最小极限尺寸，分别以 D_{max}、D_{min} 和 d_{max}、d_{min} 代表孔和轴的最大极限尺寸及最小极限尺寸。

尺寸偏差是指某一尺寸减去基本尺寸所得的代数差，最大极限尺寸减去基本尺寸所得的代数差为上偏差，最小极限尺寸减去基本尺寸所得的代数差为下偏差，如图 1.2 所示(图中零线即表示基本尺寸)。偏差有正值、负值、零值 3 种。

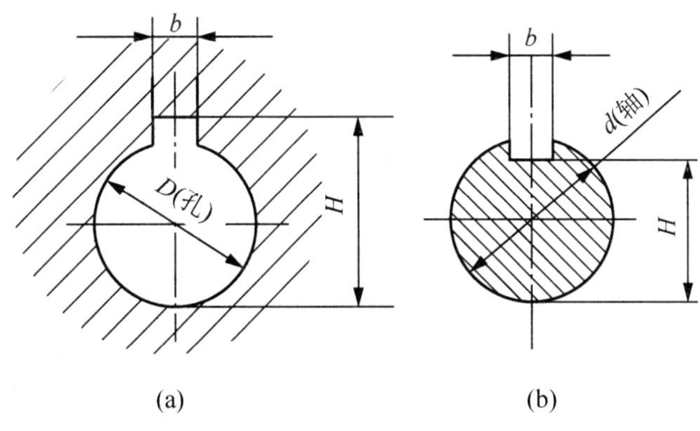

图 1.1 孔和轴

(a) 孔；(b) 轴

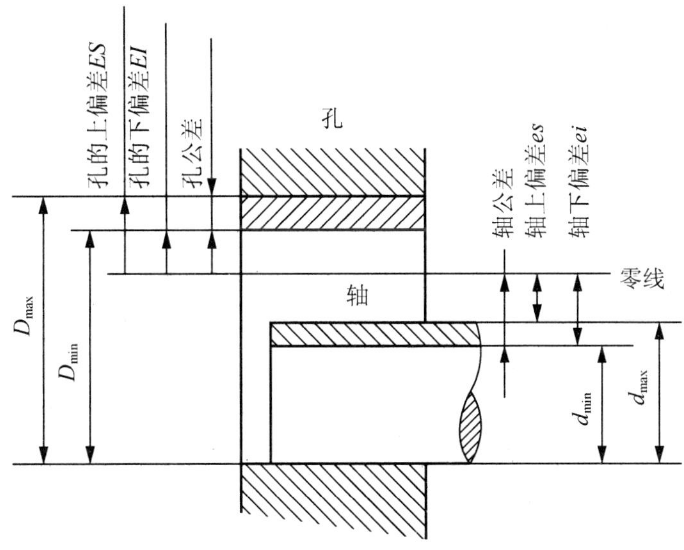

图 1.2 极限尺寸、偏差、公差

4) 公差

公差是允许尺寸的变动量，是最大极限尺寸与最小极限尺寸代数差的绝对值。

基本尺寸、偏差、公差都已标准化，可以参考相应的国家标准。

例：图样中标注孔$\phi 25^{+0.021}_{0}$ mm、轴$\phi 25^{-0.007}_{-0.020}$ mm，如图 1.3 所示，计算极限尺寸、偏差、公差。

解：孔和轴的基本尺寸都是ϕ25mm。

(1) 孔。

孔的最大极限尺寸：$D_{max}=\phi 25.021$mm

孔的最小极限尺寸：$D_{max}=\phi 25.000$mm

孔的上偏差(用 ES 表示)：$ES=D_{max}-D$ =(25.021−25.000)mm=0.021mm

孔的下偏差(用 EI 表示)：$EI=D_{min}-D$=(25.000−25.000)mm=0mm

孔的公差(用 T_h 表示)：$T_h=D_{max}-D_{min}$=(25.021−25.000)mm=0.021mm

(2) 轴。

轴的最大极限尺寸：$d_{max}=\phi 24.993mm$

轴的最小极限尺寸：$d_{min}=\phi 24.980mm$

轴的上偏差(用 *es* 表示)：$es=d_{max}-d=(24.993-25.000)mm=-0.007mm$

轴的下偏差(用 *ei* 表示)：$ei=d_{min}-d=(24.980-25.000)mm=-0.020mm$

轴的公差(用 T_S 表示)：$T_S=d_{max}-d_{min}=(24.993-24.980)mm=0.013mm$

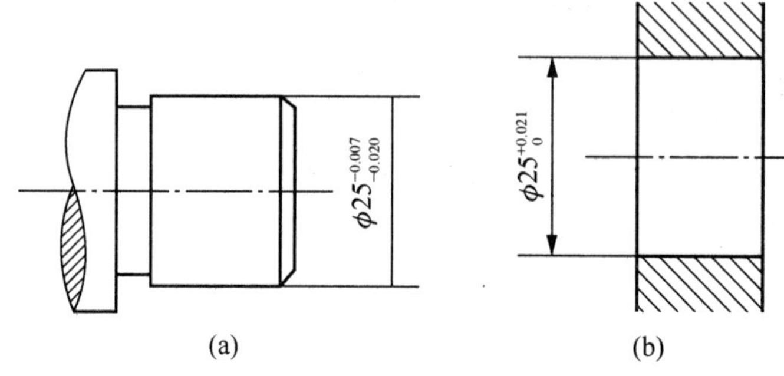

图 1.3　轴和孔尺寸标注示例

(a) 轴；(b) 孔

2. 形状与位置精度

形状与位置精度用形状与位置公差来表示。形状与位置公差(简称形位公差)是针对形状与位置误差(简称形位误差)而言的。所谓形位误差是指被测几何要素对其理想几何要素的变动量；形位公差是指实际几何要素对理想几何要素所允许的变动量。

《形状和位置公差》国家标准包括代号与注法(GB/T 1184—1996)，术语与定义(GB/T 1182—2008)，未注公差的规定(GB/T 1184—1996)，检测规定(GB/T 1958—2004)。

1) 形位公差分类及项目符号

(1) 形位公差的分类。零件工作图上仅对要素本身给出形位公差的要素称为单一要素；对其他有功能关系的要素称为关联要素。形位公差是以零件几何要素进行分类的，即单一形位误差和关联形位误差。单一要素的形位误差包括直线度、平面度、圆度、圆柱度、线轮廓度、面轮廓度，关联要素的形位误差包括定向、定位和跳动误差。

(2) 各种形位公差的项目及符号，见表 1-1。

2) 形位公差的标注

(1) 直线度。直线度是指零件上被测直线偏离其理想形状的程度。图 1.4 表示在给定平面内的直线度的标注及其公差带。

(2) 平面度。平面度是指被测平面平的程度。图 1.5 表示平面度的标注及其公差带。

(3) 圆度。圆度是限制实际圆对理想圆变动量的指标。图 1.6 表示的是垂直于轴线的任意正截面上，该圆必须位于半径差为公差值 t(0.02mm)的两个同心圆之间。实际圆是一个封闭的平面曲线。

表 1-1 形位公差项目及符号

分 类	项 目	符 号	分 类	项 目		符 号
形状公差	直线度	—	位置公差	定向	平行度	//
	平面度	▱			垂直度	⊥
	圆 度	○			倾斜度	∠
	圆柱度	⌭		定位	同轴度	◎
	线轮廓度	⌒			对称度	⌯
					位置度	⌖
	面轮廓度	⌓		跳动	圆跳动	↗
					全跳动	⌰

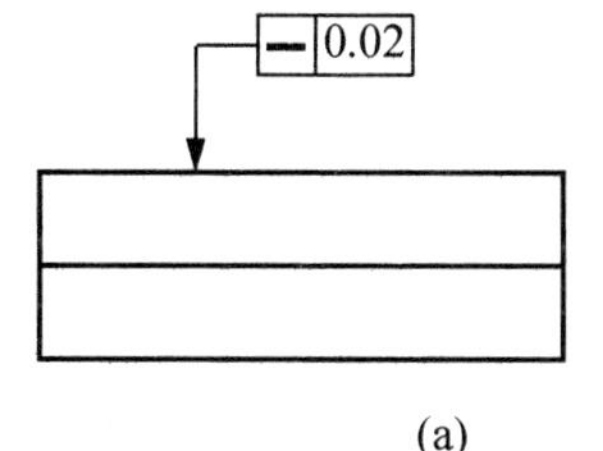

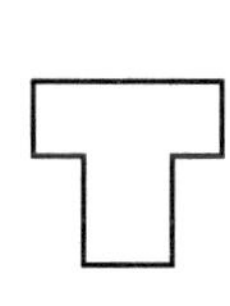

(a)

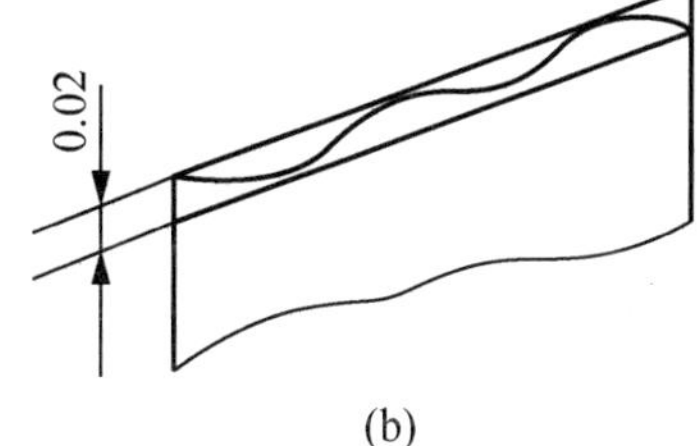

(b)

图 1.4 直线度

(a) 标注；(b) 公差带

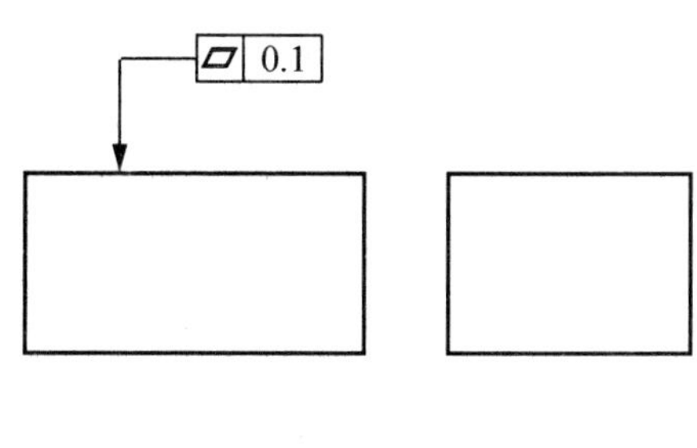

(a)

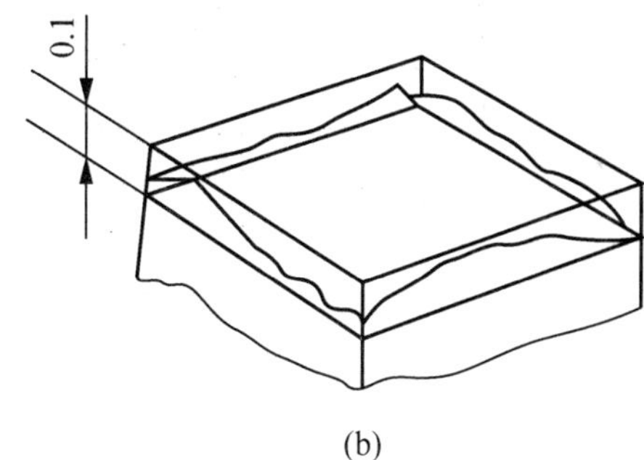

(b)

图 1.5 平面度

(a) 标注；(b) 公差带

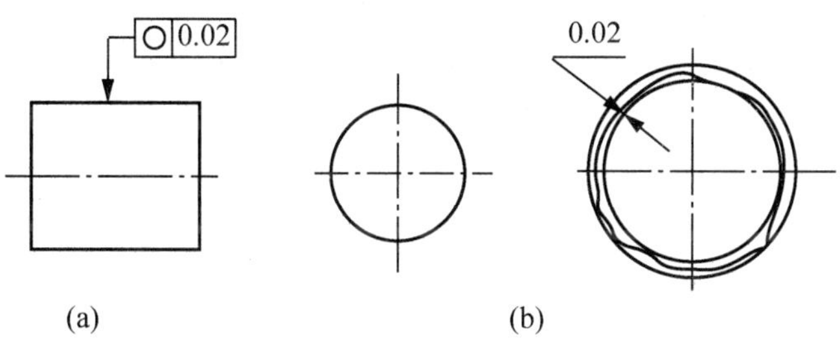

(a) (b)

图 1.6 圆度

(a) 标注；(b) 公差带

(4) 圆柱度。圆柱度是限制实际圆柱对理想圆柱变动量的一项综合指标。图 1.7 表示圆柱面必须位于半径差为公差值 t(0.05mm)的两个同轴圆柱面之间。

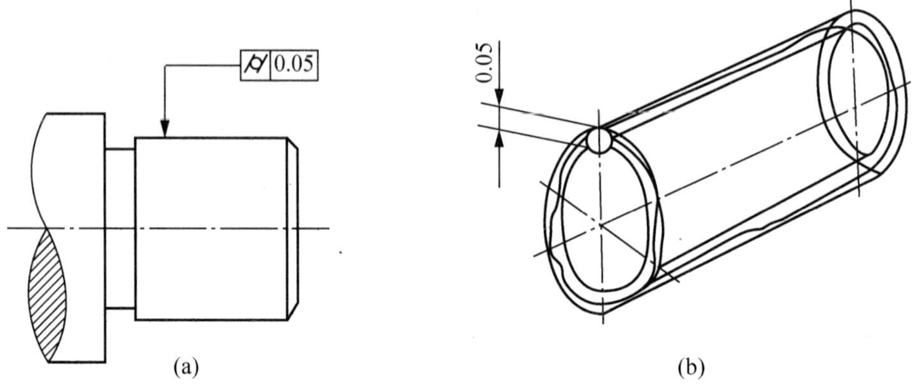

图 1.7 圆柱度

(a) 标注；(b) 公差带

(5) 线轮廓度。线轮廓度是对曲线形状精度的要求，也是限制实际曲线对理想曲线变动量的一项指标。图 1.8 表示的线轮廓度公差带为包括一系列直径为公差值 t(0.04mm)的圆的两条包络线之间的距离。

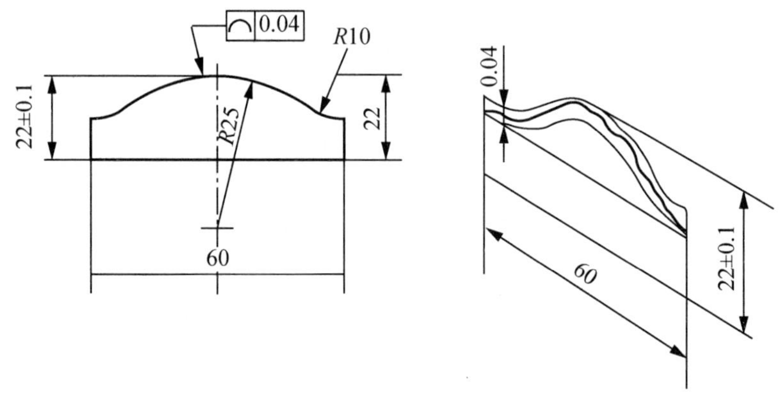

图 1.8 线轮廓度

(a) 标注；(b) 公差带

(6) 面轮廓度。面轮廓度是对曲面精度的要求，是限制实际曲面对理想曲面变动量的一项指标。图 1.9 表示的面轮廓度公差带为包括一系列直径为公差值 t(0.02mm)的球的两个包络面之间的区域。

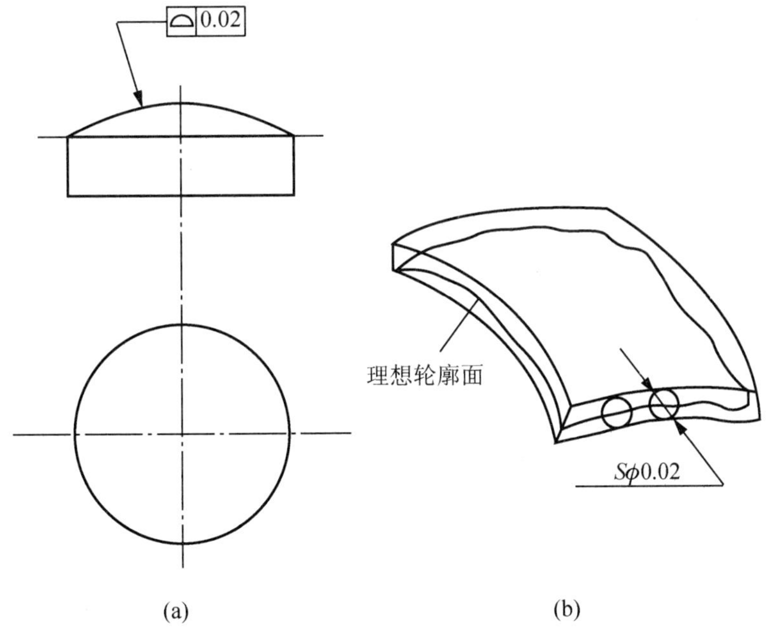

图 1.9 面轮廓度

(a) 标注；(b) 公差带

(7) 平行度。平行度是限制实际要素对基准要素在平行方向上变动量的一项指标。平行度公差带的特点是与基准平行。图 1.10 表示以基准为平面，测量要素只在唯一的方向上有平行度要求，公差值为 t(0.05mm)且平行于基准平面的两平行面之间的区域。

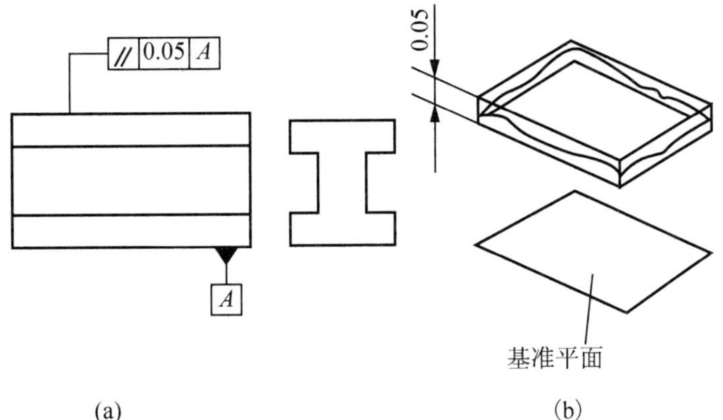

图 1.10 面对面平行度

(a) 标注；(b) 公差带

(8) 垂直度。垂直度是限制测量要素对基准要素在垂直方向变动量的一项指标。垂直度公差带的特点是与基准垂直。图 1.11 表示的是面对面的垂直度。

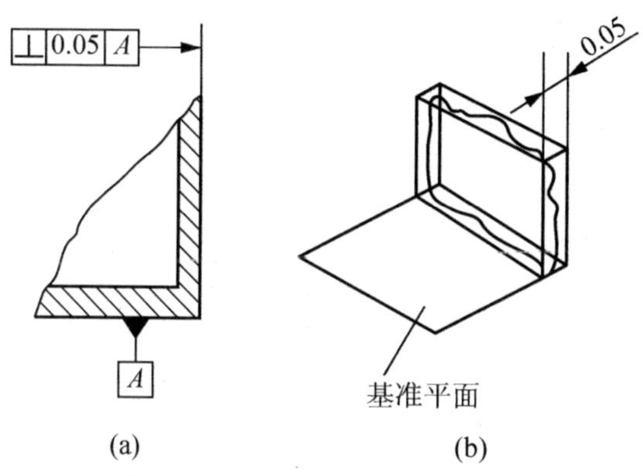

图 1.11 面对面垂直度

(a) 标注；(b) 公差带

(9) 倾斜度。当被测要素与基准倾斜一定角度时(除去 0° 和 90°)，此倾斜角度称为倾斜度。图 1.12(a)表示倾斜度的标注方法，图 1.12(b)表示其公差带是距离为公差值 t(0.08mm)且与基准成一定理论正确角度的两个平行平面之间的区域。

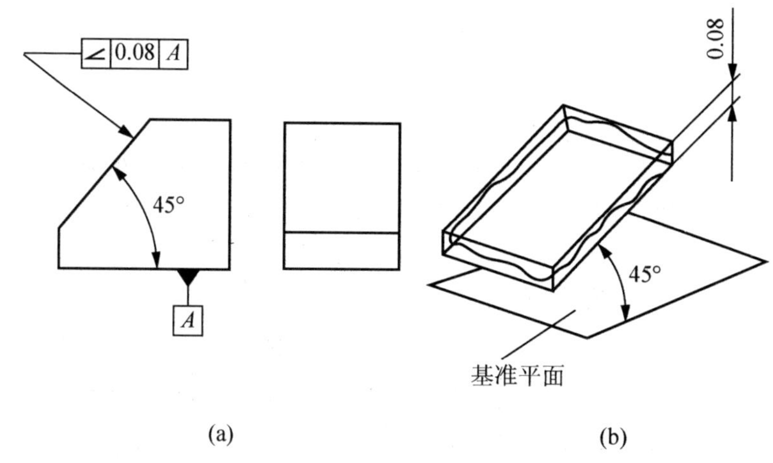

图 1.12 倾斜度

(a) 标注；(b) 公差带

(10) 同轴度。同轴度是限制被测轴线偏离基准轴线的一项指标。被测轴线相对基准轴线可以有平移、倾斜、弯曲的误差。图 1.13 表示ϕd的轴线必须位于直径为公差值 t(0.1mm)且与基准轴线同轴的圆柱面内。同轴度影响机械的旋转精度及装配要求。

(11) 对称度。对称度是限制中心要素(中心平面、中心线或轴线)偏离基准中心要素的一项指标。图 1.14 表示公差带是距离为公差值 t(0.1mm)且相对基准中心平面对称配置的两个平行面之间的区域。

(12) 位置度。位置度是限制被测点、线、面的实际位置对理想位置变动量的一项指标。图 1.15 表示孔的位置度，公差带是直径为公差值 t(0.3mm)且以中心线的理想位置为轴线的圆柱面内的区域。

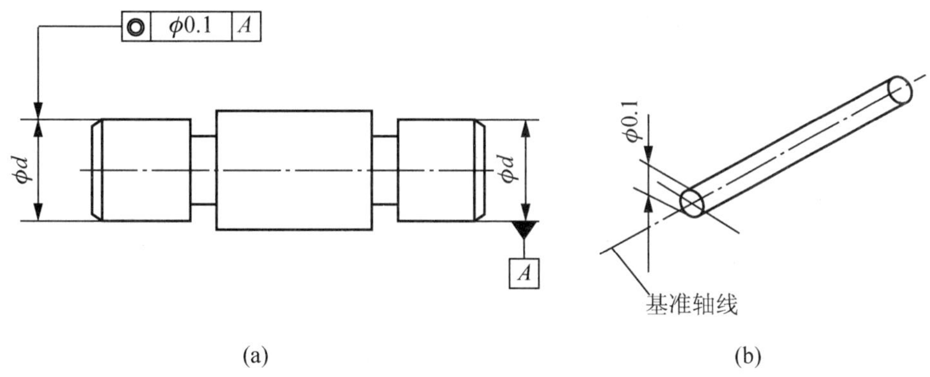

图 1.13 同轴度

(a) 标注；(b) 公差带

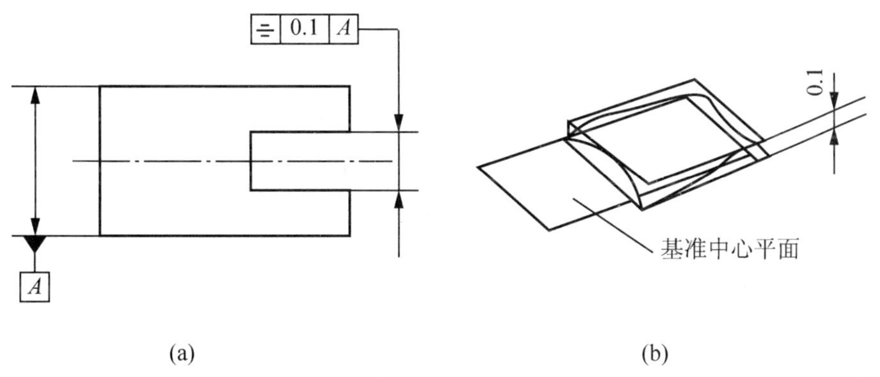

图 1.14 面对面对称度

(a) 标注；(b) 公差带

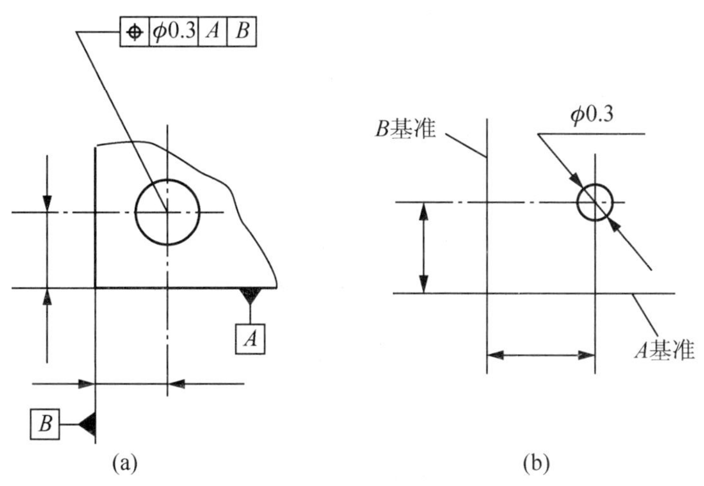

图 1.15 孔的位置度(点)

(a) 标注；(b) 公差带

(13) 圆跳动。圆跳动公差是关联实际要素绕基准轴线作无轴向移动回转一周时，在任一测量面内所允许的最大跳动量。

① 径向圆跳动。径向圆跳动是反映圆柱面各点距离轴线回转半径的变化量，其公差带是垂直于基准轴线的任一测量平面内半径差为公差值 t 且圆心在基准轴线上的两个同心圆之间的区域。如图1.16所示为径向圆跳动，t 值为0.05mm。

② 端面圆跳动。端面圆跳动是反映端面上各点绕基准轴线在回转时沿轴向的变动量，其公差带是与基准轴线同轴的任意直径位置的测量圆柱面上沿母线方向宽度为 t 的圆柱面区域。如图1.17所示为端面圆跳动，t 值为0.05mm。

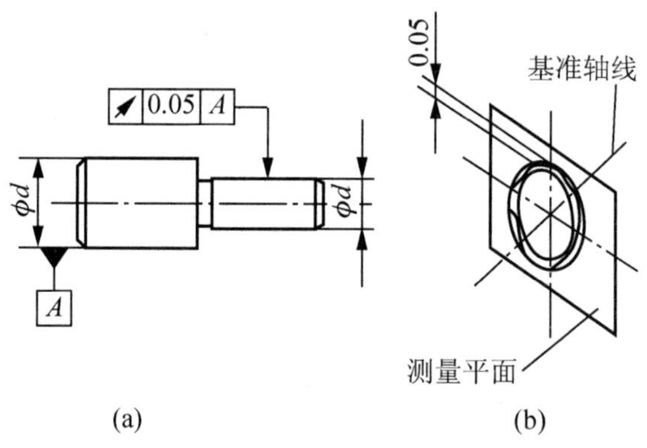

图 1.16　径向圆跳动

(a) 标注；(b) 公差带

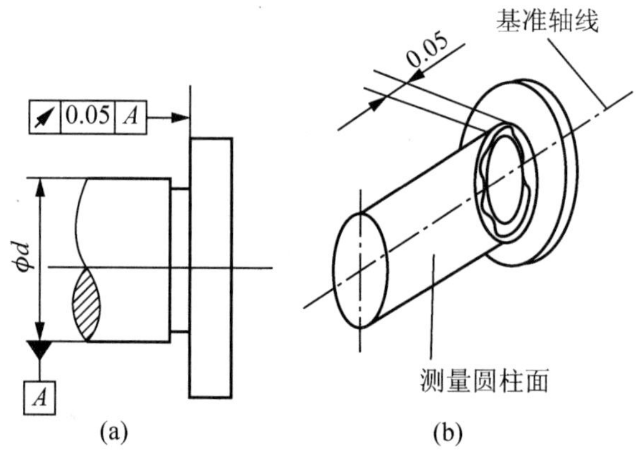

图 1.17　端面圆跳动

(a) 标注；(b) 公差带

(14) 全跳动。全跳动是整个测量要素相对于基准要素的跳动总量。

① 径向全跳动。图1.18表示径向全跳动的公差带是半径差为公差值 t(0.2mm)且与基准轴线同轴的两个圆柱面之间的区域。

② 端面全跳动。图1.19表示端面全跳动的公差带是距离为 t(0.05mm)且与轴线垂直的两个平行平面之间的区域。

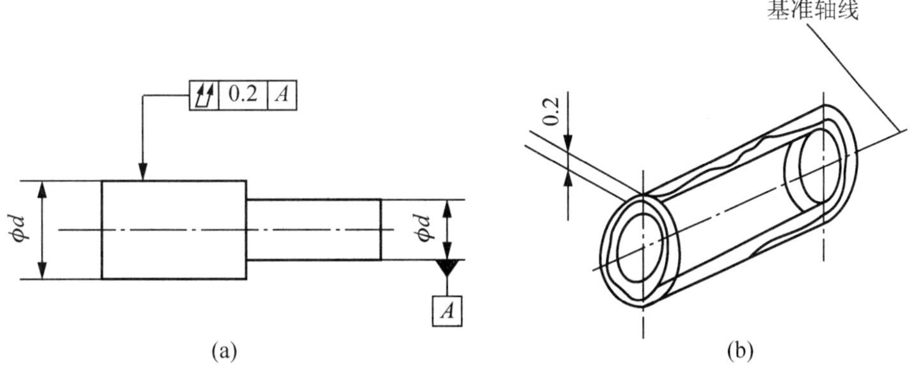

图 1.18　径向全跳动

(a) 标注；(b) 公差带

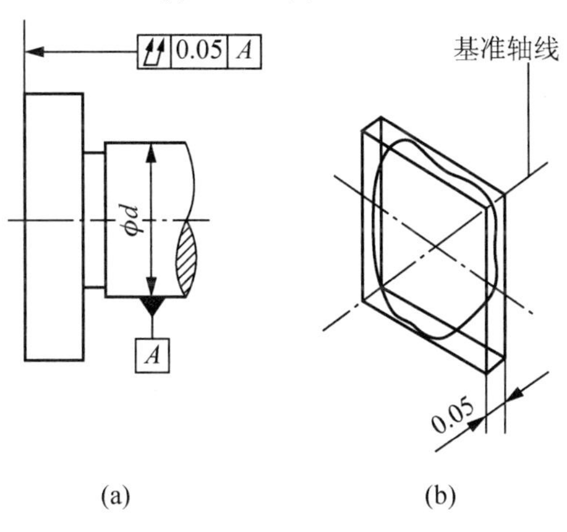

图 1.19　端面全跳动

(a) 标注；(b) 公差带

1.1.2　表面粗糙度

经过机械加工所获得的零件表面，其实际轮廓总会存在几何形状误差，一般是由所采用的加工方法和其他因素所形成的，表面粗糙度值越小，则表面越光滑。例如，加工过程中刀具与零件表面间的摩擦、切屑分离时表面层金属的塑性变形及工艺系统中的高频振动等，由于加工方法和工件材料的不同，被加工表面留下痕迹的深浅、疏密、形状和纹理都有差别。表面粗糙度与机械零件的配合性质、耐磨性、疲劳强度、接触刚度、振动和噪声等有密切关系，对机械产品的使用寿命和可靠性有重要影响。

1. 表面粗糙度评定参数及数值

国家标准 GB/T 1031—2009《产品几何技术规范(GPS)表面结构轮廓法表面粗糙度参数及其数值》规定：表面粗糙度的评定参数应从轮廓算术平均偏差(*Ra*)和轮廓最大高度(*Rz*)中选取。机械零件的表面粗糙度多选取轮廓算术平均偏差 *Ra*，它是指在取样长度 *l* 内轮廓偏离绝对值的算术平均值，如图 1.20 示。

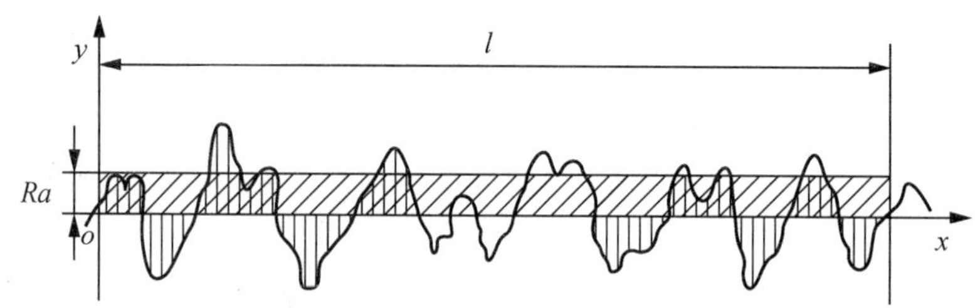

图 1.20 轮廓的算术平均偏差 *Ra*

2. 表面粗糙度的标注

国家标准 GB/T 131—2006《产品几何技术规范(GPS)技术产品文件中表面结构的表示法》规定了技术产品文件中表面结构的表示法，同时给出了表面结构标注用的图形符号和标注示例。3 种完整符号及各项要求标注的位置如图 1.21 所示。

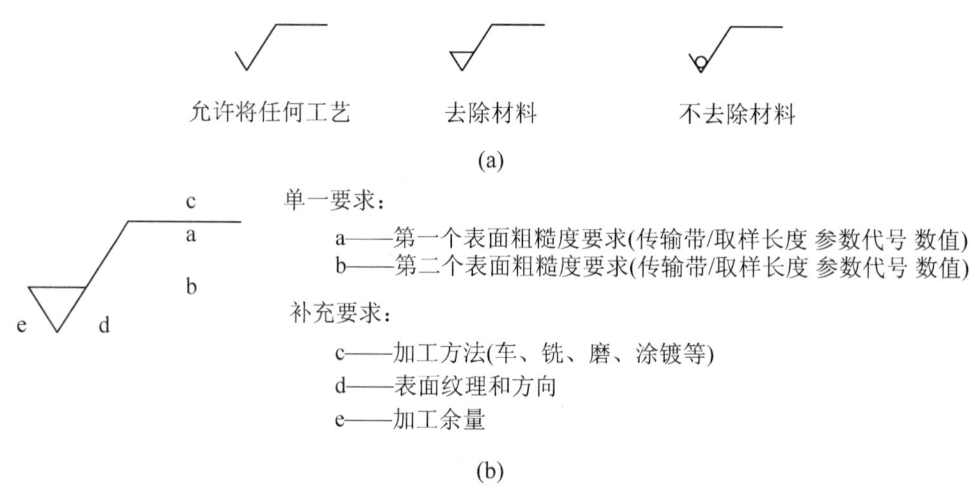

图 1.21 3 种完整符号及各项要求标注的位置

(a) 3 种完整符号；(b) 各项要求标注的位置

表面粗糙度的标注方式如图 1.22 所示。

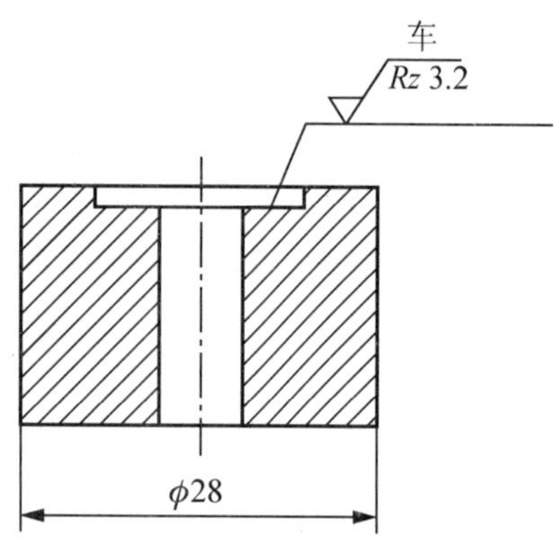

图 1.22 表面粗糙度标注

3. 表面粗糙度的检测

目前常用的表面粗糙度的测量方法有四种，即比较法、光切法、干涉法、针描法。一般车间常用的方法为比较法，重要的表面有时采用其他 3 种方法，将在以后的课程中介绍。

比较法是将被测表面与粗糙度样板对照，用肉眼或借助放大镜、比较显微镜进行比较，也可用手摸、指甲划动的感觉来判断被加工表面的粗糙度。表面粗糙度样板的材料、形状、加工工艺应尽量与被加工件相同，这样才能便于比较，否则会产生较大的误差。比较法只限于表面粗糙度数值较大的近似评定。

1.2 技术测量基础

1.2.1 测量的基本概念

测量就是为确定量值而进行的实验过程，就是将测得量与具有计量单位的标准量进行比较，从而确定被测量的量值。在测量中假设 L 为被测量，E 为所采用的计量单位的标准量，那么它们的比值为

$$q = \frac{L}{E}$$

此式的物理意义表示为在被测量值一定的情况下，比值 q 的大小完全取决于所采用的计量单位的标准量 E，而且成正比关系。

$$L = qE$$

因此，任何测量都有被测量值和计量单位，还有二者是如何比较和比较以后的精确程度，即测量方法及精确度。可见，测量过程包括测量对象、计量单位、测量方法及测量精确度四个因素。测量对象主要指零件的几何量，包括长度、角度、表面粗糙度及形状与位置误差等。

1.2.2 测量方法与计量器具的分类

1. 测量方法分类

测量方法是指进行测量时所采用的测量原理、计量器具和测量条件的综合，一般情况多指获得测量结果的方式与方法。可按不同的形式类别分为直接和间接测量、综合与单项测量、接触与非接触测量、主动与被动测量、静态与动态测量。

1) 直接测量与间接测量

(1) 直接测量。直接测量被测参数来获得被测尺寸。如用游标卡尺或外径千分尺直接测得的轴径尺寸。

(2) 间接测量。测量与被测参数有一定函数关系的其他参数，然后通过函数关系计算出被测量值。如测量大尺寸的圆柱直径 D 时，可通过测量周长 L，然后按公式 $D=L/\pi$求得零件的直径 D。

直接测量也可以分为绝对测量与相对测量。

若由仪器刻度尺上读出被测参数的整个量值，这种方法为绝对测量，如千分尺测得轴径尺寸为ϕ35.14mm。若由刻度尺指示的值只是被测参数对标准量的偏差，这种测量叫相对测量(也称比较测量)，如应用比较仪测得轴直径尺寸的偏差，而不能测出轴径尺寸的整个量值。

2) 综合测量与单项测量

(1) 综合测量。同时测量工件上几个有关参数，从而综合地判定工件是否合格。如用花键塞规检查花键孔，它包括了花键孔内外直径误差、花键分度误差及键宽误差等几个参数误差。综合测量工作效率较高。

(2) 单项测量。对被测件的个别参数分别进行测量。如测量螺纹的螺距、牙型角等。单项测量有利于分析工件加工中产生误差的原因。

3) 接触测量与非接触测量

(1) 接触测量。测量时测量头与工件被测表面接触并有机械作用的测量力存在的测量。如用千分尺测量轴径尺寸等。

(2) 非接触测量。测量时测量头与工件表面不接触而实施的测量。非接触测量是以光电、电磁等技术为基础，在不接触被测物体表面的情况下，得到物体表面参数信息的测量方法。如用气动量仪测量轴径尺寸等。

接触测量对工件表面存在的油污、灰尘、切削液不敏感，而不接触测量就敏感得多，往往影响测量精度。

4) 主动测量与被动测量

(1) 主动测量。即为工件加工过程中的测量，此时测量结果可以直接调整刀具和机床，使测量与加工密切结合起来。如曲轴径磨削过程中可以根据测量情况及时调整砂轮进给量，以保证轴径尺寸。主动测量是技术测量的发展方向。

(2) 被动测量。即为工件加工后的测量，也称为验收测量，以发现和剔出废品。

5) 静态测量与动态测量

(1) 静态测量。测量时，仪器测量头与工件被测表面相对静止。如千分尺测轴径尺寸。

(2) 动态测量。测量时，仪器测量头与被测表面有相对运动，是为了确定量的瞬时值及〔或〕其随时间变化而变化的量。如曲轴颈在磨削过程中的测量，它可以经反馈直接控制机床的调整，以保证加工精度。动态测量是技术测量的发展方向之一，它可以提高测量效率和保证测量精度。

2. 计量器具的分类

计量器具是测量仪器和测量工具的总称，按计量器具的测量原理、用途和结构特点，可分为以下 4 类。

(1) 标准量具。这种量具只有一个固定测量尺寸，通常用它校对或调整其他计量器具或作为标准与被测工件进行比较。如塞尺、刀口形直尺都是标准量具，如图 1.23、图 1.24 所示。

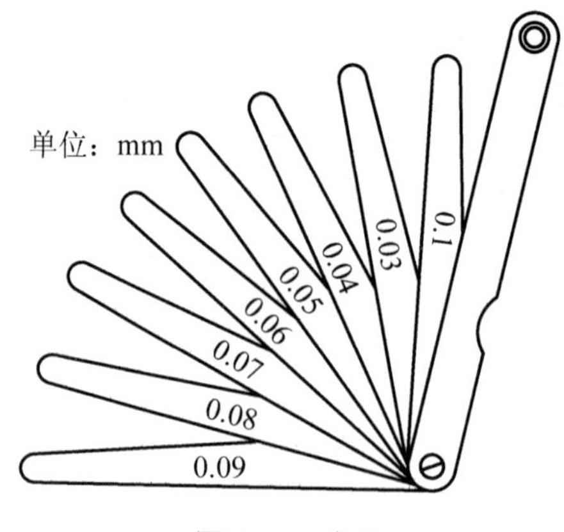

图 1.23　塞尺

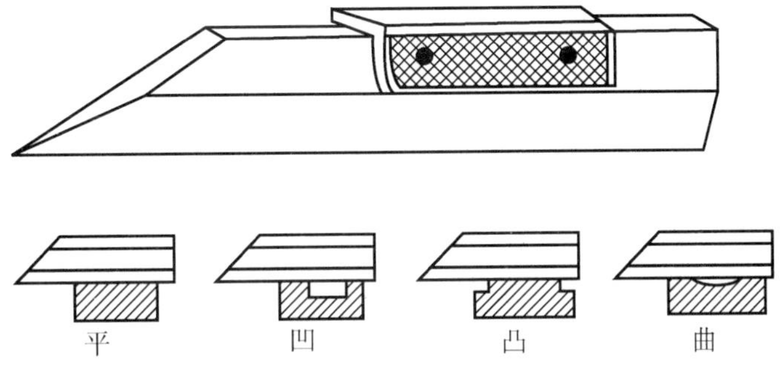

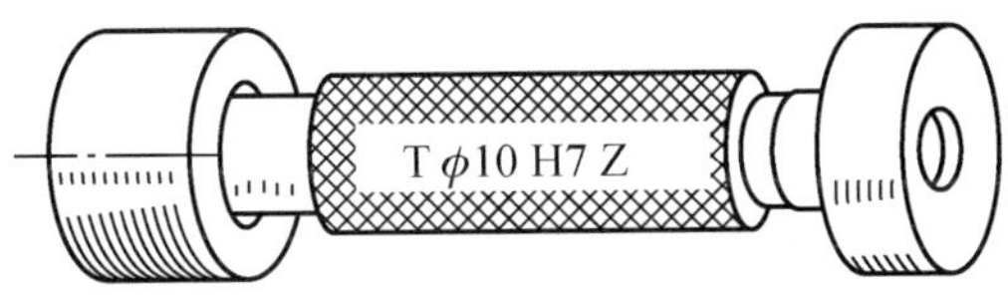

图 1.24　刀口形直尺及应用

(2) 极限量规。它是一种没有刻度值的专用检验量具。如光滑圆柱极限量规、螺纹极限量规。它一般作为综合测量用的量具，它可以分为塞规与卡规两种，如图 1.25、图 1.26 所示。

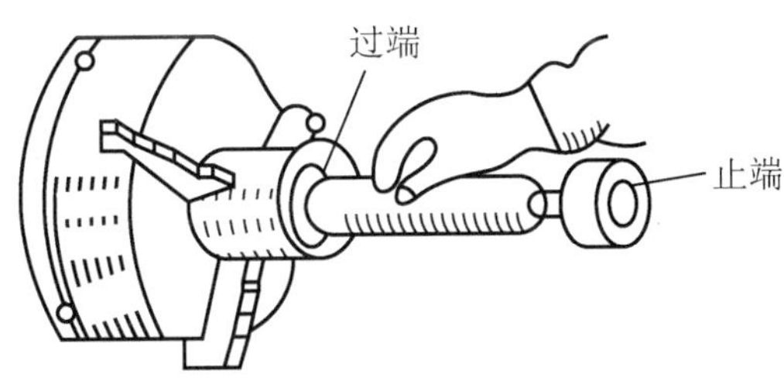

图 1.25　塞规

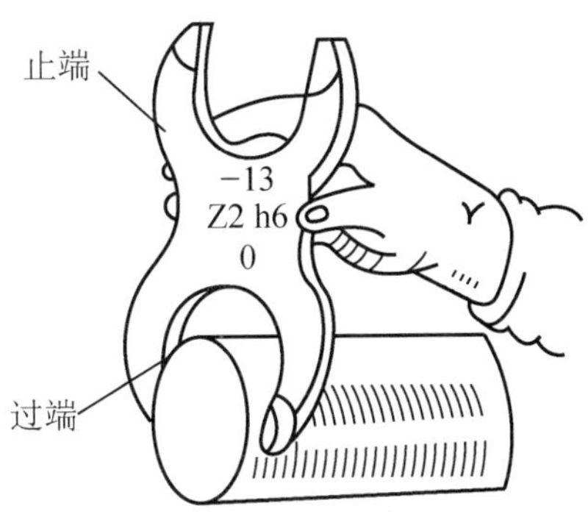

图 1.26　卡规

(3) 检验夹具。它也是一种专用的检验工具，用来检验较多的、复杂的参数，如孔中心距孔夹具等。

(4) 计量仪器。它是能将被测量值转换成直接观察的指示值或等效信息的计量器具，按其工作原理和构造分为以下几种。

① 游标式量仪。如游标卡尺(包括普通游标卡尺和专用游标卡尺即游标高度尺、游标深度尺及齿轮游标卡尺)、游标量角器(如万能角度尺)等，如图1.27、图1.28、图1.29所示。

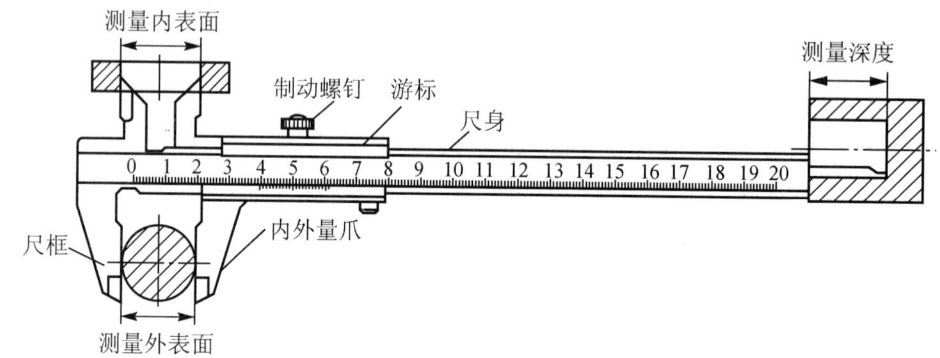

图1.27　普通游标卡尺

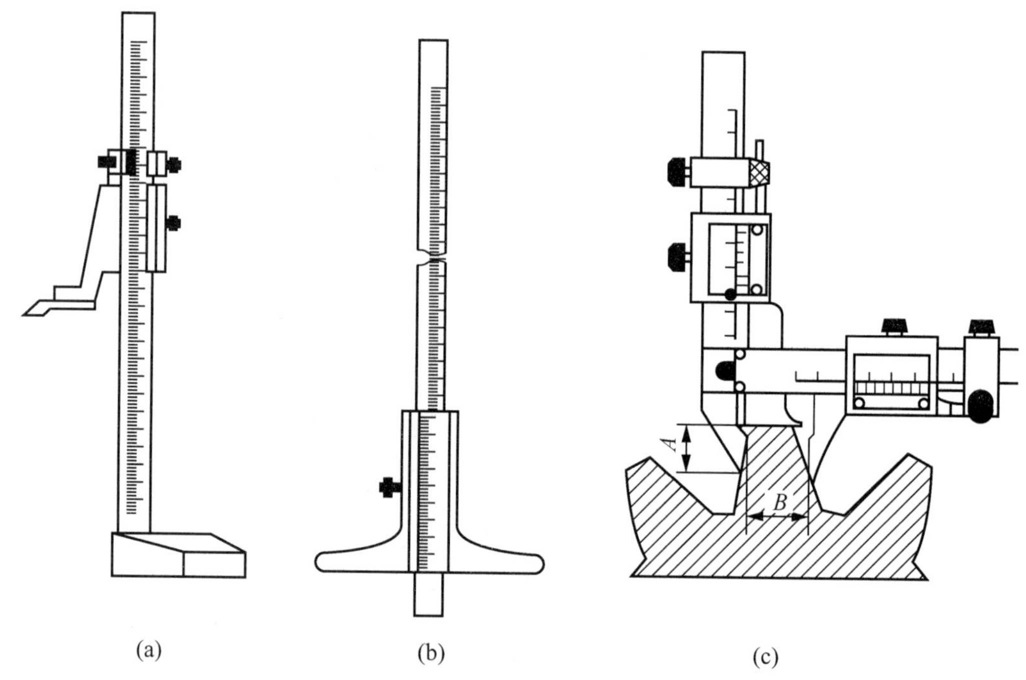

图1.28　专用游标卡尺

(a) 游标高度尺；(b) 游标深度尺；(c) 齿轮游标卡尺

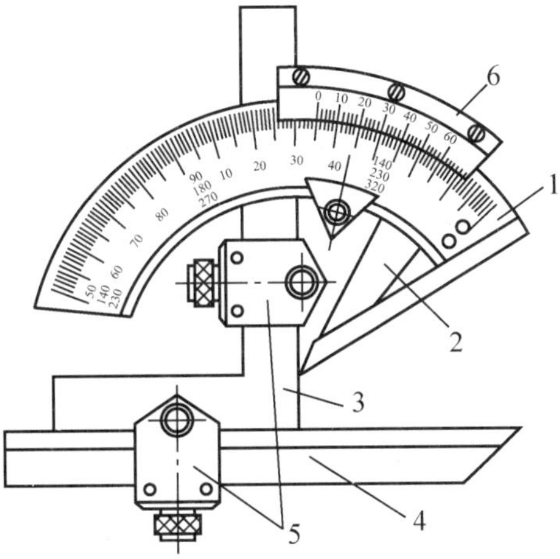

(a)

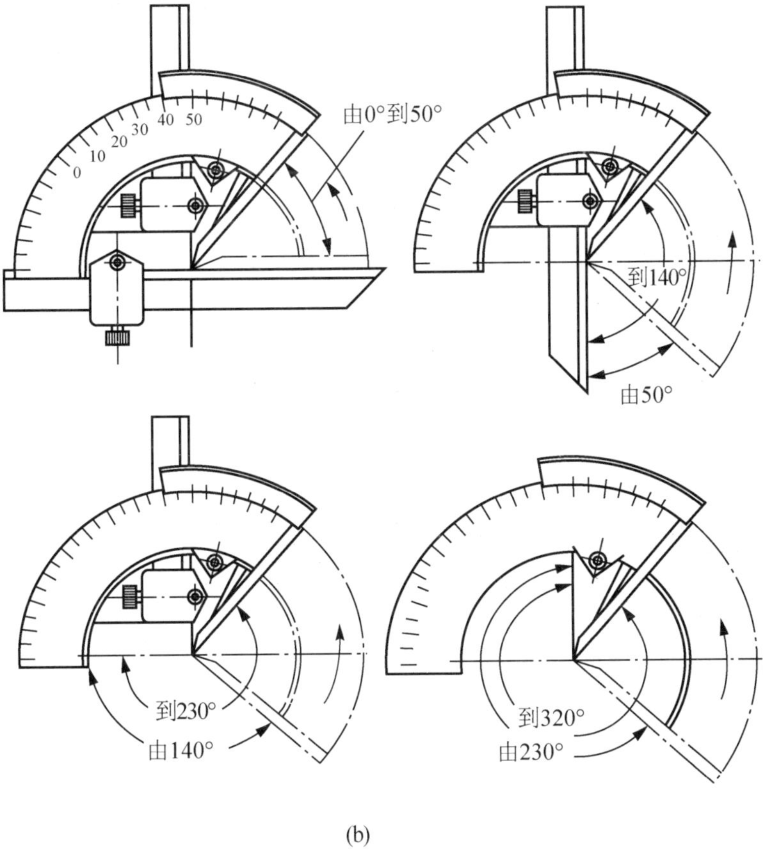

(b)

图 1.29 万能角度尺及其应用

(a) 万能角度尺的构造；(b) 万能角度尺的应用

1—尺身；2—扇形板；3—角尺；4—直尺；5—卡块；6—游标

对于游标卡尺的刻线原理和读数方法，下面以精度值为 0.1mm、0.02mm 的普通游标卡尺为例说明，见表 1-2。

表 1-2　游标卡尺的刻线原理及读数方法

精度值	刻线原理	读数方法及示例
0.1mm	尺身 1 格=1mm 游标 1 格=0.9mm，共 10 格 尺身与游标每格之差=(1−0.9)mm=0.1mm 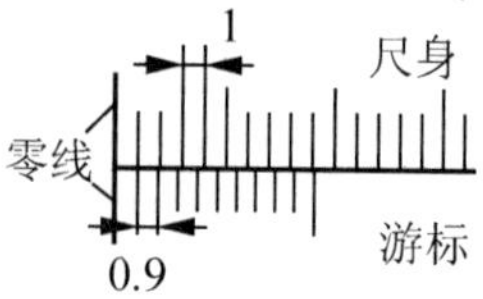	读数=游标 0 位指示的尺身整数+游标与尺身重合线数×精度值 示例： 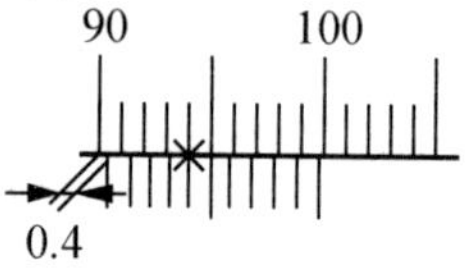 读数=(90+4×0.1)mm=90.4mm
0.02mm	尺身 1 格=1mm 游标 1 格=0.98mm，共 50 格 尺身与游标每格之差=(1−0.98)mm=0.02mm 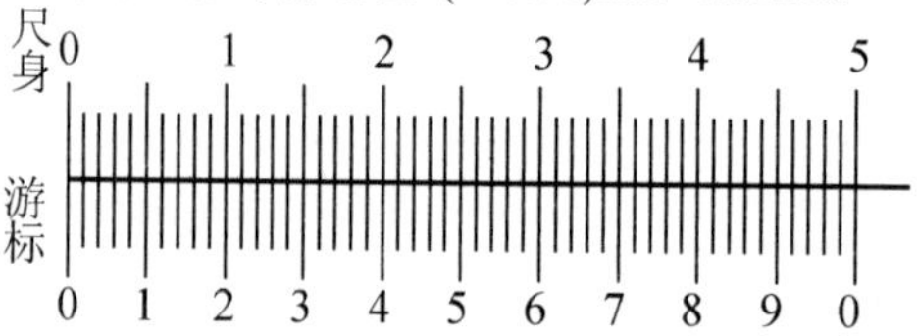	读数=游标 0 位指示的尺身整数+游标与尺身重合线数×精度值 示例： 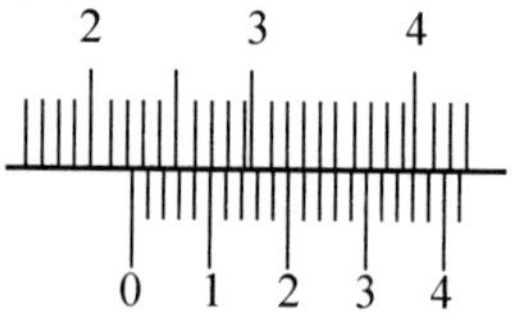 读数=(22+9×0.02)mm=22.18mm

② 微动螺旋式量仪。如千分尺(包括内径、外径、螺纹、齿轮千分尺等)。图 1.30 所示为外径千分尺及其读数方法。

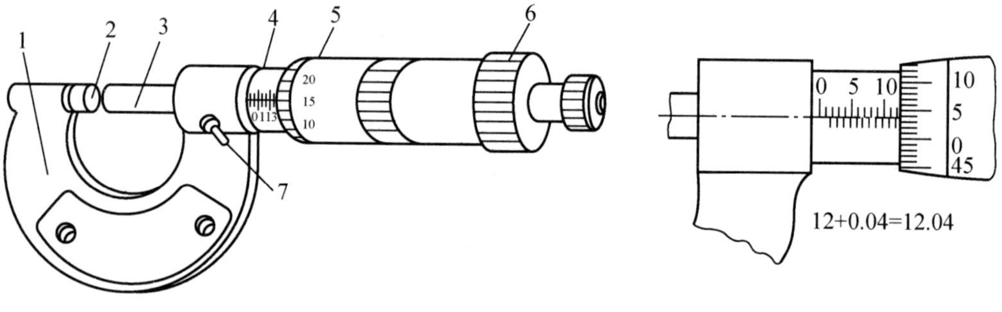

(a)　　(b)

图 1.30　外径千分尺及其读数方法

(a) 外径千分尺的结构；(b) 读数方法

1—尺架；2—砧座；3—测量螺杆；4—固定套筒；5—微分筒；6—棘轮；7—制动器

③ 机械式量仪。如百分表、千分表、杠杆比较仪、扭簧比较仪等。图 1.31 所示为钟表式百分表的结构，图 1.32 所示为百分表的应用举例，图 1.33 所示为内径百分表及其应用。

④ 光学机械式量仪。如光学计、测长仪、投影仪、干涉仪等。

⑤ 气动式量仪。如压力式气动量仪、流量计式气动量仪等。

⑥ 电动式量仪。它包括电接触式电动量仪、电感式电动量仪、电容式电动量仪等。

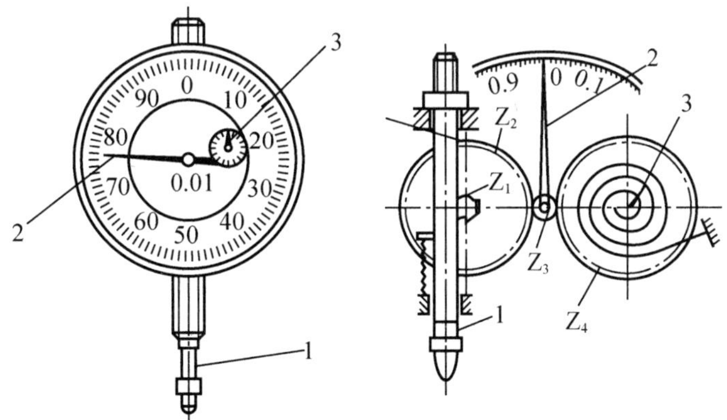

图 1.31 钟表式百分表的结构

1—测量杆；2—大指针；3—小指针；Z_1、Z_2、Z_3、Z_4—齿轮

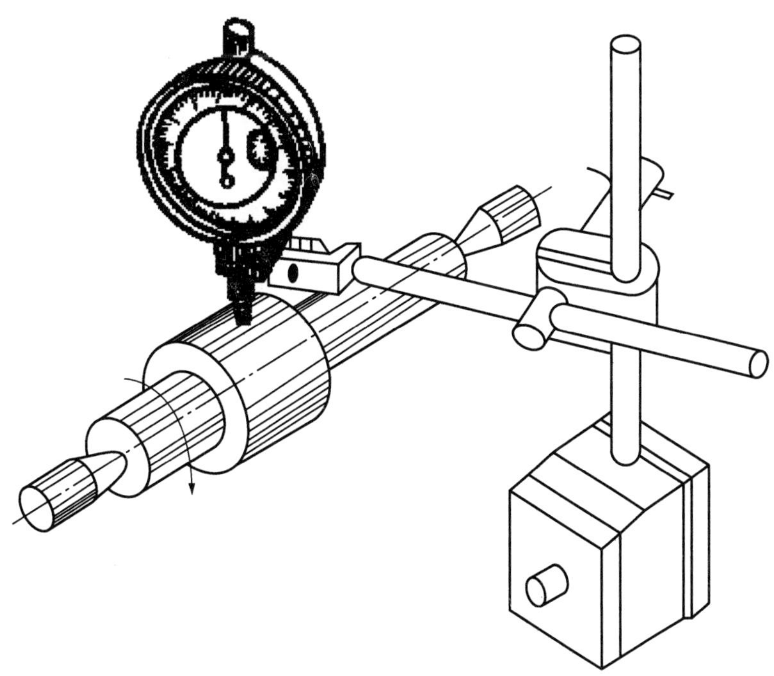

图 1.32 百分表的应用

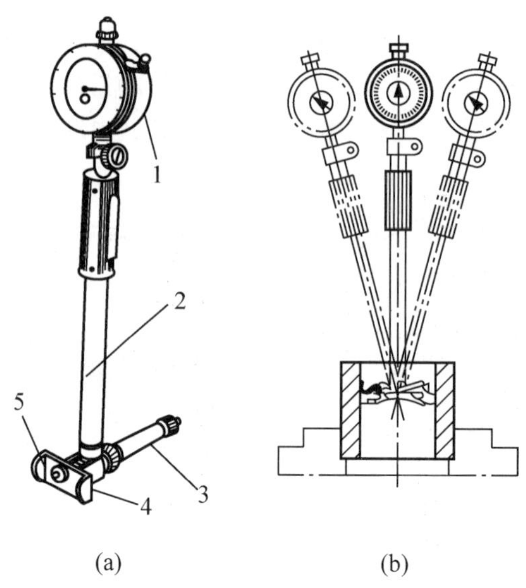

(a) (b)

图 1.33 内径百分表及其应用

(a) 百分表；(b) 测量内径

1—百分表；2—接管；3—可换插头；4—活动量杆；5—定心桥

1.3 计量器具与测量方法的选择

机械制造中广泛应用长度及角度测量，其测量过程包括计量器具的选择、测量方法的选择及测量误差的分析。

1. 计量器具的选择

测量器具是根据被测零件的数量、材质特性、公差大小及几何形状等特点来选择的，在确保测量精度的前提下，综合考虑测量工艺实施的可能性和经济性。计量器具的选择，主要取决于计量器具的技术指标和经济指标，具体可从以下几点综合考虑。

(1) 根据工件加工批量考虑计量器具的选择。批量小，选用通用的计量器具；批量大，选用专用量具、检验夹具，以提高测量效率。

(2) 根据工件的结构和重量选择计量器具的形式。轻小简单的工件，可放到计量仪器上测量；重大复杂的工件，则要将计量器具放到工件上测量。

(3) 根据工件尺寸的大小和要求确定计量器具的规格。使所选择的计量器具的测量范围、示值范围、分度值等能够满足测量要求。

(4) 根据工件的尺寸公差来选择计量器具。工件公差小，计量器具精度要求高；工件公差大，计量器具精度要求低。一般地说，应使所选用的计量器具的极限误差占被检测工件的公差的 1/10～1/3，其中对低精度的工件采用 1/10，对高精度的工件采用 1/3。

(5) 根据计量器具不确定允许值选择计量器具。在生产车间选择计量器具时，主要是按计量器具的不确定允许值来选择。

2. 测量方法的选择

测量方法的选择主要考虑以下几个因素。

(1) 测量精度的要求。

(2) 测量效率。

(3) 测量的目的。如在分析产品质量时最好选择单项测量，在产品验收时最好选择综合测量。

3. 测量误差的来源及防范

在测量时产生误差的来源是多方面的，有的是可以防范的，有的误差却永远存在，要根据误差的性质、来源及误差大小来综合考虑测量结果。误差的来源有以下几个方面。

(1) 基准件的误差。任何基准件都不可避免地存在加工误差，当以它作为基准时，它的误差就已经带入到测量结果中，因此，要十分重视基准件的误差，一般基准件的误差占总计量误差的 1/5～1/3。如比较仪校对尺寸用的量块及千分尺调“0”线的标准杆尺寸精度等。

(2) 测量方法的误差。测量方法不同，产生的测量误差也不同，要根据不同的测量方法分析产生测量误差的因素，不能一概而论说哪个测量方法精度高。

(3) 计量器具的误差。计量器具的误差分为理论误差、制造与装配误差。

(4) 测量力引起的误差。测量力会引起计量器具和被侧表面的弹性变形，在较低精度测量时这种变形可以忽略不计，而在高精度测量时就要考虑。

(5) 对准误差。在测量工件时，要对准被测工件和对准读数装置，否则就会引起对准误差。

(6) 环境引起的误差。测量环境的温度、湿度、气压、振动及灰尘都影响测量误差。

1.4 形状与位置误差的检测原则

形状与位置误差是影响工件精度的主要方面，对主要的零件，除尺寸误差外还包括形状与位置误差。

形状与位置误差检定已由国家标准 GB/T 1958—2004 规定了形状位置误差的检测原则，并附有检测方法，且说明了在一定条件下对检测原则的实际运用。

1. 与理想要素比较原则

形位误差是实际要素与理想要素进行比较的结果，理想要素是几何上的概念。如何在实际中表现理想要素呢？生产现场多采用模拟法，如理想直线就可采用光束、拉紧的弦线或用刀口形直尺的刀口线、平尺的轮廓线等来体现；理想平面可用平板工作面、水平面、光扫描平面等来体现；理想的圆可用圆度仪的主轴来体现。

模拟的理想要素是形位误差测量中的标准样件，它的误差将直接反映到测量值中，是测量总误差的重要组成部分。形位误差测量的极限测量总误差通常占公差值的 10%～33%，因此，模拟的理想要素必须有足够的精度。图 1.34(a)是以所示刀口形直尺的刃口作为模拟理想要素来测量工作表面的直线度，图 1.34(b)是用 90° 角尺作为模拟理想要素来测量箱体两平面的垂直度。

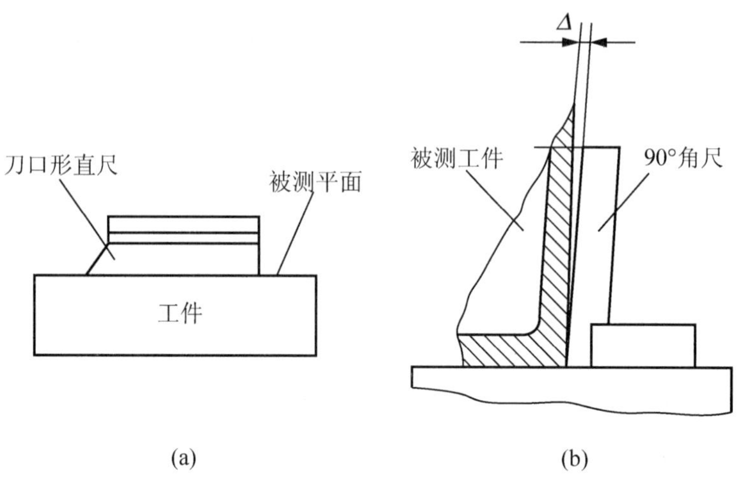

图 1.34 模拟理想要素

(a) 测直线度；(b) 测垂直度

2. 测量特征参数原则

所谓特征参数，就是被测实际要素上能反映形位误差变动的、具有代表性的参数。测量特征参数原则，实际上就是指测量实际要素上具有代表性的参数来评定形位误差值。例如，平面度误差很小的平面，它的各条截面轮廓线的直线度误差也必然很小，因此，常用最大的直线度来测量平面的平面度，如图 1.35(a)所示。又如测量圆柱的圆度误差，因为圆度误差反映在直径的变化上，因此，可以用千分尺或游标卡尺来测量各方向的直径变动量，以直径最大差值的一半作为圆柱的圆度误差，如图 1.35(b)所示。

显然，按特征参数变动量确定的形位误差是个近似值。

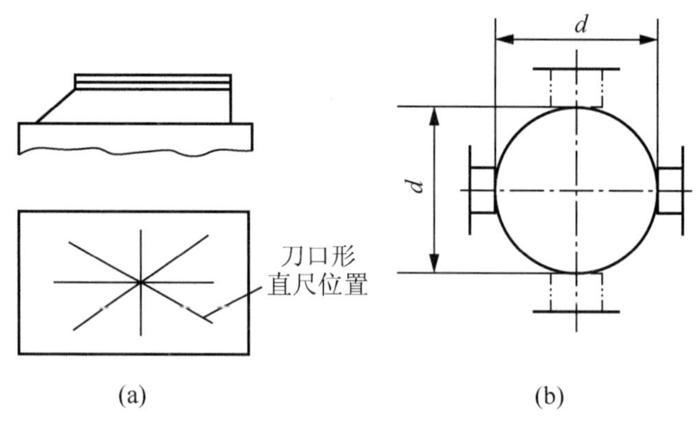

图 1.35 用特征参数评定形位误差

(a) 测平面度；(b) 测圆度

3. 测量跳动原则

测量跳动原则是根据跳动定义提出的一个检测原则，主要用于跳动测量。它的测量方法是：在被测实际要素绕基准线回转的过程中，沿给定方向测量对某参考点或线的变动量。在形位误差很小的情况下，也可以代替同轴度的测量，如图 1.36 所示。

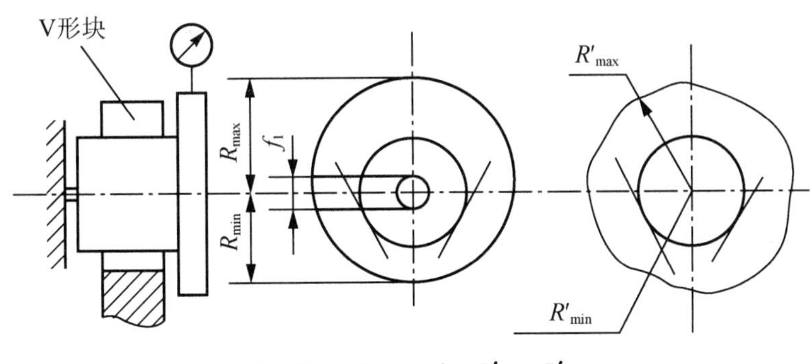

$f_1 = R_{max} - R_{min}$； $f_2 = R'_{max} - R'_{min}$

图 1.36 测量跳动原则

(a) 同轴度误差f_1；(b) 跳动量f_2

4. 控制实效边界原则

控制实效边界原则是采用综合量规(如光滑圆柱极限量规或螺纹极限量规)以控制被测实际要素是否超过图样上给定的实效边界的原则。

思 考 题

1. 什么是机械加工精度？它包括哪几方面？
2. 什么是加工误差和加工公差？
3. 什么是基本尺寸、极限尺寸及偏差？
4. 什么是极限要素和中心要素？
5. 什么是理想要素和实际要素？
6. 什么是测量要素和基准要素？
7. 什么是单一要素和关联要素？
8. 形位公差的分类、符号及定义分别是什么？
9. 什么是表面粗糙度？常用的测量方法有哪几种？
10. 测量方法按不同的形式分为哪几种？
11. 计量器具按用途特点分为哪几种？
12. 如何选择计量器具？普通游标卡尺及千分尺的读数原理分别是什么？
13. 如何选择测量方法？

14. 测量误差的来源有哪几种？

15. 什么是形位误差的检测原则？

16. 根据给出的零件工作图(图 1.37)，对工件进行长度、角度、圆度、表面粗糙度(比较法)的测量。

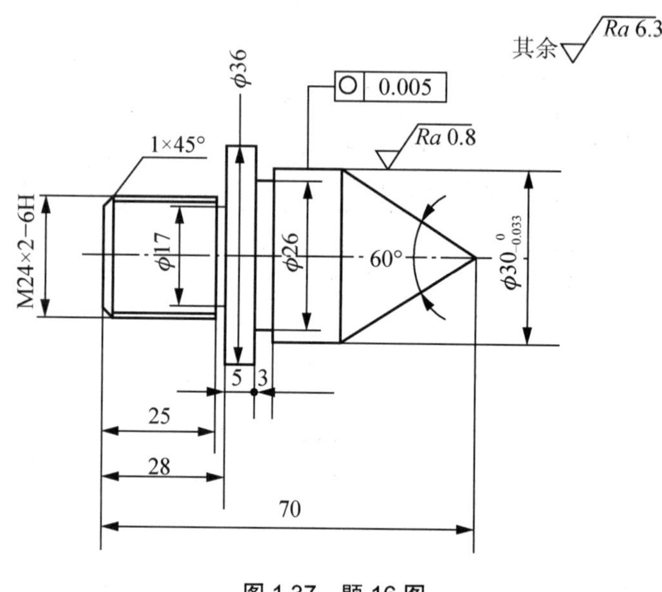

图 1.37　题 16 图

17. 按图 1.38 所示的零件图测量平面度与直线度。

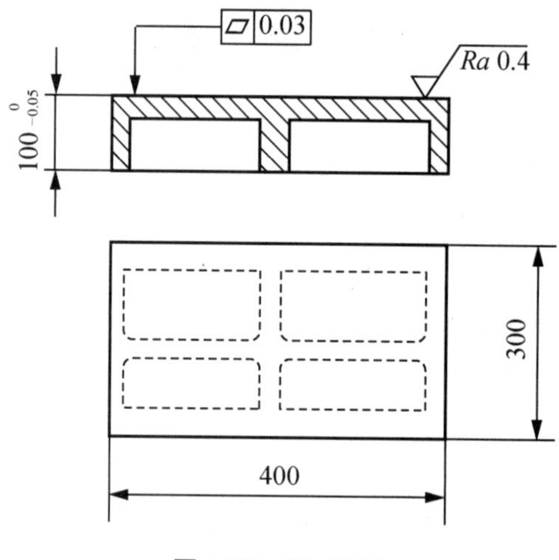

图 1.38　题 17 图

18. 按图 1.39 所示的零件图测量孔径、垂直度、同轴度、孔中心距、孔中心高及平行度。

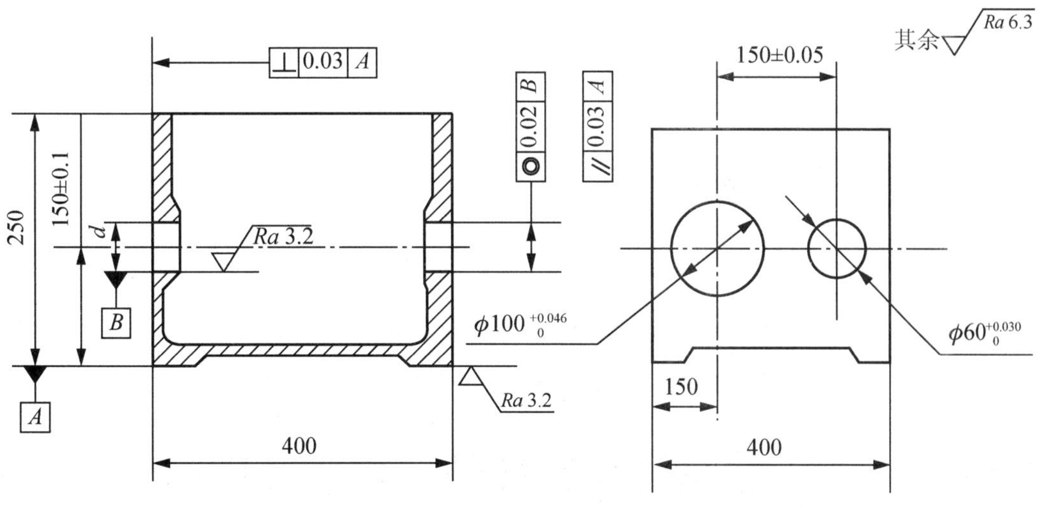

图 1.39　题 18 图

第 2 章 工程材料

材料是人类用来制造各种产品的物质，人们把用于制造工程构件、机械零件等的材料统称为工程材料。工程材料一般分为两大类，即金属材料和非金属材料。

2.1 金属材料的种类、性能及用途

以金属元素或以金属元素为主制成的具有金属特性的材料称为金属材料。金属材料包括纯金属及其合金两种。

2.1.1 金属材料的性能

用来制造机械零件的金属材料应具有优良的力学性能、较好的化学稳定性和一定的物理性能。金属材料的性能包括以下两个方面。

1. 金属材料的力学性能

金属材料的力学性能是指金属材料在外加载荷作用下，所表现出来的抵抗变形或破坏的能力，是选用材料的重要依据之一。表 2-1 中列出了金属材料中几种主要力学性能的名称、代号及含义等。

表 2-1 金属材料的力学性能

名 称	代 号	单 位	含 义	测量方法
强 度 1. 抗拉强度	σ_b	MPa	材料抵抗变形和断裂的性能外力是拉力时的强度	$\sigma_b = \frac{F_{max}}{S_0}$ F_{max}——试样断裂前的最大载荷 S_0——试样原始横截面面积
2. 屈服强度	σ_s	MPa	材料抵抗微量塑性变形的能力	$\sigma_s = \frac{F_s}{S_0}$ F_s——产生屈服变形时的载荷

续表

名　称	代　号	单　位	含　义	测量方法
塑　性			材料在断裂前发生塑性变形的能力。常用的塑性指标有伸长率和断面收缩率	$\delta = \frac{L - L_0}{L_0} \times 100\%$ L_0——试样的标距 L——断裂后的标距
1. 伸长率	δ	%	试样断裂时，试样的总伸长与原始长度之比值的百分率	
2. 断面收缩率	ψ	%	试样断裂时，断面缩小的面积与原始横截面面积之比值的百分率	$\psi = \frac{S_0 - S}{S_0} \times 100\%$ S——断裂处的截面积
硬　度			材料表面抵抗硬物压入的能力	
1. 布氏硬度	HRS	不标注	以规定的载荷将一定直径的淬硬钢球压入金属表面，用压痕面积上的平均压力表示的材料硬度	用刻度放大镜量出压痕直径，再由表查得硬度值
2. 洛氏硬度	HR	不标注	以规定的载荷将一定直径的淬硬钢球或顶角为 120°圆锥形金刚石压头压入金属表面，用压痕的深度表示的材料硬度，其中以HRC(C 标尺)用得最多	从硬度计上直接读出硬度值
3. 维氏硬度	HV	不标注	以较小的载荷将 136°方锥体金刚石的压头压入金属表面，用压痕面积上的平均压力表示的材料硬度	用测微计测出压痕的两条对角线长度，取其平均值，再由表查得维氏硬度值
冲击韧度	α_k	J/m^2	在冲击载荷下材料抵抗变形与破坏的能力	$\alpha_k = \frac{A_k}{S_0}$ A_k——冲击吸收功
疲劳强度	σ_{-1}	MPa	材料在无数次(对于钢铁约为 10^7 次；有色金属约为 10^8 次)反复变载荷作用下不致引起断裂的最大应力	通常是在旋转对称弯曲疲劳试验机上测定

2. 金属材料的工艺性能

金属材料的工艺性能是反映材料在被制成各种零件、构件和工具的过程中，材料适应各种冷、热加工的性能。包括铸造工艺性能、锻造性能、焊接性能、切削加工性能、热处理性能等方面的性能。

工艺性能是指金属材料适应于加工制造方法的能力。

2.1.2 常用的金属材料

常用的金属材料可分为黑色金属和有色金属两大类。黑色金属包括钢和铸铁等，钢和铸铁都是铁碳合金，钢和铸铁的区别主要是含碳量的不同，含碳量 w_C <2.11%的铁碳合金称为钢，而含碳量 w_C >2.11%的称为铸铁，其中 w_C 是表示碳的质量分数。钢的种类繁多，常用的是碳素钢和合金钢。有色金属是除钢铁以外的其他各种金属及其合金，常用的是铝合金和铜合金。

1. 碳素钢

碳素钢是指含碳量小于1.5%，不含特意加入的合金元素，而含有少量硅、锰、硫、磷等杂质元素的钢。

1) 碳素钢的分类

(1) 按碳的质量分数分类
- 低碳钢：碳的质量分数 w_C <0.25%。
- 中碳钢：碳的质量分数 w_C 为0.25%～0.60%。
- 高碳钢：碳的质量分数 w_C >0.60%。

(2) 按钢的质量分类
- 普通碳素钢：含硫量≤0.055%，含磷量≤0.045%。
- 优质碳素钢：含硫量≤0.040%，含磷量≤0.040%。
- 高级优质碳素钢：含硫量≤0.030%，含磷量≤0.035%。

(3) 按用途分类
- 碳素结构钢：用于制造各种机械零件和工程构件，含碳量<0.70%。
- 碳素工具钢：用于制造各种刀具、模具、量具等，含碳量>0.70%。
- 特殊性能钢：如锅炉用钢、矿山用钢、桥梁用钢等。

2) 碳素钢的牌号及用途

(1) 普通质量碳素钢。其牌号是由屈服点字母、屈服点数值、质量等级符号、脱氧方法四部分按顺序组成的。质量等级分A、B、C、D四级，从左至右质量依次提高。屈服点的字母以“屈”字汉语拼音字首“Q”表示；脱氧方法用F、b、Z、TZ分别表示沸腾钢、半镇静钢、镇静钢、特殊镇静钢。在牌号中“Z”可以省略，如Q235—AF，表示屈服点大于235MPa、质量为A级的沸腾碳素结构钢，其应用见表2-2。

表 2-2 碳素结构钢的力学性能和应用举例

钢号	σ_s /MPa				σ_b /MPa	σ_s /(%)				应用举例
	钢材厚度(直径)/mm					钢材厚度(直径)/mm				
	≤16	>16 ~40	>40 ~60	>60 ~100		≤16	>16 ~40	>40 ~60	>60 ~100	
	不小于					不小于				
Q195	(195)	(185)	—	—	315~390	33	32	—	—	塑性好，有一定的强度。用于制造受力不大的零件，如螺钉、螺母、垫圈、焊接件、冲压件及桥梁建筑等金属结构件
Q215	215	205	195	185	335~410	31	30	29	28	
Q235	235	225	215	205	375~460	26	25	24	23	
Q255	255	245	235	225	410~510	24	23	22	21	强度较高，用于制造承受中等载荷的零件，如小轴、销子、连杆、农机零件等
Q275	275	265	255	245	490~610	20	19	18	17	

(2) 优质碳素钢。其牌号用两位数字表示，两位数字表示该钢的平均碳的质量分数的万分之几(以 0.01%为单位)，如 45 表示平均碳的质量分数为 0.45%的优质碳素结构钢；08 表示平均碳的质量分数为 0.08%的优质碳素结构钢，其应用见表 2-3。

表 2-3 优质碳素结构钢的化学成分、力学性能和用途

常见钢号	化学成分/(%)		力学性能					应用举例
	w_C	w_P 与 w_S 不大于	σ_b / MPa	σ_s / MPa	δ_5 / (%)	ψ / (%)	A_{KU}/ J	
			不小于					
08	0.05~0.11	0.035	325	195	33	60	—	受力不大但要求高韧性的冲击件、焊接件、紧固件，如螺栓、螺母、垫圈等，渗碳淬火后可制造要求强度不高的耐磨零件，如凸轮滑块、活塞销等
10	0.07~0.13		335	205	31	55	—	
15	0.12~0.18		375	225	27	55	—	
20	0.17~0.23		410	245	25	55	—	
25	0.22~0.29		450	275	23	50	71	
35	0.32~0.39	0.035	530	315	20	45	55	负荷较大的零件，如连杆、曲轴、主轴、活塞销、表面淬火齿轮、凸轮等
40	0.37~0.44		570	335	19	45	47	
45	0.42~0.50		600	355	16	40	39	
60	0.57~0.65	0.035	675	400	12	35	—	要求弹性极限或强度较高的零件，如轧辊、弹簧、钢丝绳、偏心轮等
70	0.67~0.75		715	420	9	30	—	
80	0.77~0.85		1080	930	6	30	—	

(3) 碳素工具钢。其牌号以“T”(“碳”的汉语拼音字首)开头，其后的数字表示平均碳的质量分数的千分之几(以 0.10%为单位)，如 T8 表示平均碳的质量分数为 0.80%的碳素工具钢。若为高级优质碳素工具钢，则在牌号后面标以字母 A，如 T12A 表示平均碳的质

量分数为 1.20%的高级优质碳素工具钢。T7、T9 一般用于要求韧性稍高的工具中，如冲头、錾子、简单模具、木工工具等；T10 用于要求中等韧性、高硬度的工具中，如手工锯条、丝锥、板牙等，也可用于要求不高的模具中；T12 具有较高的硬度及耐磨性，但韧性低，用于制造量具、锉刀、钻头、刮刀等。

2. 合金钢

含有一种或几种有意添加的合金元素的钢叫作合金钢。

1) 合金钢的分类

(1) 按合金元素质量分数分类
- 低合金钢：合金元素总量＜5%。
- 中合金钢：合金元素总量为 5%～10%。
- 高合金钢：合金元素总量＞10%。

(2) 按用途分类
- 合金结构钢：包括低合金结构钢、合金渗碳钢、合金调质钢等。
- 合金工具钢：包括合金刃具钢、合金量具钢、合金模具钢等。
- 特殊性能钢：包括不锈钢、耐热钢、耐磨钢等。

2) 合金钢的牌号及用途

(1) 合金结构钢的牌号及用途。用两位数(平均含碳量的万分数)＋元素符号＋数字(合金元素的质量分数，＜1.5 时不标，1.5%～2.5%时标 2，2.5%～3.5%时标 3，依次类推)来表示牌号。如 60Si2Mn，表示平均 w_C=0.60%、w_{Si}=2%、w_{Mn}＜1.5%的合金结构钢；09Mn2 表示平均 w_C=0.09%、w_{Mn}=2%的合金结构钢，应用见表 2-4。

表 2-4 常用合金结构钢热处理、力学性能及用途

钢　号	类　别	热　处　理		力学性能				应用举例
		淬火温度/℃	回火温度/℃	σ_b /MPa	σ_s /MPa	δ_5 /(%)	ψ /(%)	
20Cr	合金渗碳钢	780～820	200	865	540	10	40	齿轮、小轴、活塞销
20CrMnTi		870	200	1080	850	10	45	汽车及拖拉机上各种变速齿轮、传动件
40Cr	合金调质钢	850	520	980	785	9	45	齿轮、套筒、轴、进气阀
40MnB		850	500	980	785	10	45	汽车转向轴、半轴、蜗杆
40CrMnMo		850	600	980	785	10	45	重载荷轴、齿轮、连杆
60Si2Mn	合金弹簧钢	870	480	1275	1177	5	25	用于做板簧或弹簧
55SiMnVB		860	460	1375	1225	5	30	

(2) 合金工具钢的牌号及用途。当钢中平均 w_C＜1.0%时，牌号前数字以千分之几(一位数)表示；当 w_C≥1%时，牌号前不标数字。如 9Mn2V 表示平均 w_C=0.9%、w_{Mn}=2%、w_v＜1.5%的合金工具钢；CrWMn 表示钢中平均 w_C≥1.0%、w_w＜1.5%、w_{Mn}＜1.5%的合金工具钢；高速工具钢牌号不标出碳的质量分数值，如 W18Cr4V。常用合金工具钢牌号、化学成分及用途见表 2-5。

表 2-5　常用合金工具钢牌号、化学成分及用途

牌　　号	类　　别	化学成分 / %					主要用途
		w_C	w_{Mn}	w_{Si}	w_{Cr}	w_V	
5CrMnMo	热作模具钢	0.50～0.60	1.20～1.60	0.25～0.60	0.60～0.90	—	中型和小型锻模
5CrNiMo	热作模具钢	0.50～0.60	0.50～0.80	≤0.40	0.50～0.80	—	形状复杂、载荷较重的大锻模
CrWMn	低合金工具钢	0.9～1.05	0.8～1.1	0.9～1.2	1.2～1.6W	—	用做淬火变形小的刀具，如长铰刀、丝锥、拉刀及丝杠、冷冲模具等
Cr12	高合金工具钢	2.00～2.30	—	—	11.50～13.00	—	用做尺寸较大、耐磨性高、淬火变形小的工模具
W18Cr4V	高速工具钢	0.70～0.80	—	≤0.30	3.80～4.40	1.00～1.40	用做高速切削刀具，如麻花钻钻头等

(3) 滚动轴承钢的牌号及用途。滚动轴承钢牌号前面冠以汉语拼音字母“G”表示，其后为铬元素符号 Cr，铬的质量分数以千分之几表示，其余合金元素与合金结构钢的牌号规定相同，如 GCrl5SiMn 钢。滚动轴承钢主要用于制造滚动轴承的滚动体和内外圈，常见牌号有 GCr9、GCr15 等。

(4) 不锈钢和耐热钢的牌号及用途。不锈钢和耐热钢的牌号表示方法与合金工具钢的表示方法基本相同，只是 w_C≤0.08%及 w_C≤0.03%时，在牌号前分别冠以“0”及“00”，如 0Cr21Ni5Ti、00Cr30Mo2 等。

3. 铸铁

铸铁是指 w_C >2.11%，主要由铁、碳和硅组成的合金的总称。

1) 铸铁的分类

根据碳在铸铁中存在的形式不同，可分为以下几种。

(1) 白口铸铁。碳主要以游离碳化铁形式出现的铸铁，断口呈银白色。

(2) 灰铸铁。碳主要以片状石墨形式析出的铸铁，断口呈灰色。

(3) 可锻铸铁。白口铸铁通过石墨化或氧化脱碳可锻化处理，具有较高的韧性。

(4) 球墨铸铁。石墨大部分或全部呈球状，有时少量为团絮状。

(5) 蠕墨铸铁。金相组织中石墨形态主要为蠕虫状。

(6) 麻口铸铁。碳部分以游离碳化铁形式析出，部分以石墨形式析出的铸铁。

2) 常见铸铁的牌号及用途

(1) 灰铸铁的牌号及用途。灰铸铁的牌号由“HT”及数字组成。其中“HT”是“灰铁”两字汉语拼音的第一个字母，其后的数字表示最低的抗拉强度，如 HT100 表示灰铸铁最低抗拉强度是 100MPa。

(2) 球墨铸铁的牌号及用途。球墨铸铁的牌号用“QT”符号及其后面两组数字表示。

“QT”是“球铁”两字汉语拼音的第一个字母，两组数字分别代表其最低抗拉强度和最低伸长率。

(3) 蠕墨铸铁的牌号及用途。蠕墨铸铁的牌号用“RuT”符号及其后面数字表示。“RuT”是“蠕铁”两字汉语拼音的第一个字母，其后数字表示最低抗拉强度。

(4) 可锻铸铁的牌号及用途。可锻铸铁的牌号是由3个字母及两组数字组成的。其中前两个字母“KT”是“可铁”两字汉语拼音的第一个字母，第三个字母代表类别，其后的两组数字分别表示最低抗拉强度和最低伸长率。

各铸铁的牌号、力学性能及用途见表2-6。

表2-6 铸铁的牌号、力学性能及用途举例

<table>
<tr><th rowspan="2">类　别</th><th rowspan="2">牌　号</th><th colspan="2">力学性能</th><th rowspan="2">用途举例</th></tr>
<tr><th>σ_b/MPa 不小于</th><th>硬度 HBS</th></tr>
<tr><td rowspan="5">灰铸铁</td><td>HT100</td><td>100</td><td>143～229</td><td>低载荷和不重要的零件，如盖、外罩、手轮、支架等</td></tr>
<tr><td>HT200</td><td>200</td><td>170～241</td><td rowspan="2">承受较大应力和较重要的零件，如汽缸体、齿轮、机座、床身、活塞、齿轮箱、油缸等</td></tr>
<tr><td>HT250</td><td>250</td><td>170～241</td></tr>
<tr><td>HT300</td><td>300</td><td>187～2225</td><td rowspan="2">属孕育铸铁，床身导轨，车床、冲床等受力较大的床身、机座、主轴箱、卡盘、齿轮等，高压油缸、泵体、阀体、衬套、凸轮，大型发动机的曲轴、汽缸体、汽缸盖等</td></tr>
<tr><td>HT350</td><td>350</td><td>197～269</td></tr>
<tr><td rowspan="3">球墨铸铁</td><td>QT500-7</td><td>500</td><td>170～230</td><td>机油泵齿轮，机车、车辆轴瓦</td></tr>
<tr><td>QT700-2</td><td>700</td><td>225～305</td><td rowspan="2">柴油机曲轴、凸轮轴、汽缸体、汽缸套、活塞环、部分磨床、铣床、车床的主轴等</td></tr>
<tr><td>QT800-2</td><td>800</td><td>245～335</td></tr>
<tr><td rowspan="2">蠕墨铸铁</td><td>RuT300</td><td>300</td><td>140～217</td><td rowspan="2">用于制造受热循环载荷、强度较高、形状复杂的大型铸件，如机床的立柱，柴油机的汽缸盖、缸套、排气管等</td></tr>
<tr><td>RuT420</td><td>420</td><td>200～280</td></tr>
<tr><td rowspan="2">黑心可锻铸铁</td><td>KTH300-06</td><td>300</td><td>≤150</td><td rowspan="2">汽车、拖拉机的后桥外壳、转向机构、弹簧钢板支座等，机床上用的扳手、管接头、铁道扣板和农具等</td></tr>
<tr><td>KTH350-10</td><td>350</td><td>≤150</td></tr>
<tr><td rowspan="2">珠光体可锻铸铁</td><td>KTZ700-02</td><td>700</td><td>240～290</td><td rowspan="2">曲轴、连杆、齿轮、凸轮轴、薄壁、活塞环等</td></tr>
<tr><td>KTZ550-04</td><td>550</td><td>180～230</td></tr>
</table>

2.2 非金属材料的种类、性能及用途

非金属材料的原料来源广泛，自然资源丰富，成形工艺简单，且这种材料具有一些特殊的性能，应用日益广泛，目前已成为机械工程材料中不可缺少的、重要的组成部分。非金属材料包括高分子材料、陶瓷材料、复合材料等。

2.2.1　高分子材料

高分子材料是以分子量一般在5000以上的高分子化合物为主要成分的材料，如塑料、合成橡胶、合成纤维、涂料和胶接剂等。

1. 塑料

塑料是以合成树脂为主要成分，加入一些用来改善使用性能和工艺性能的添加剂而制成的。它在一定温度和压强下可以成型得到固体材料或制品。树脂的种类、性能、数量决定了塑料的性能，因此，塑料基本上都是以树脂的名称命名的，如聚氯乙烯塑料的树脂就是聚氯乙烯。

常用的添加剂有填料、增塑剂、稳定剂(防老剂)、润滑剂、固化剂、发泡剂、抗静电剂等，根据塑料品种和使用要求加入所需的某些添加剂，来获得不同性能的塑料。

1) 塑料的特性

塑料的特性：①塑料质轻，其密度为0.9～2.2g/cm^3，泡沫塑料的密度约为0.01g/cm^3；②强度比金属低，但密度小，故比强度高；③塑料能耐大气、水、碱、有机溶剂等的腐蚀，化学稳定性好；④具有优异的电绝缘性，可与陶瓷、橡胶及其他绝缘材料相媲美；⑤减摩、耐磨性好，多数塑料的摩擦系数小，有些塑料(如聚四氟乙烯、尼龙等)具有自润滑性，可用于制作在无润滑条件下工作的某些零件；⑥消声吸振性好，成型加工性好，且方法简单；⑦耐热性差，多数塑料只能在100℃左右使用，少数品种可在200℃左右使用；⑧易燃烧和易老化(因光、热、载荷、水、碱、酸、氧等的长期作用，使塑料变硬、变脆、开裂等现象，称为老化)；⑨导热性差，热膨胀系数大。

2) 常用的塑料

工业化生产的塑料有300多种，常用的有60多种。通常按树脂的固化特点分为热塑性塑料和热固性塑料。

(1) 热塑性塑料。这种塑料加热时变软，冷却后变硬，再加热又可变软，可反复成形，基本性能不变，其制品使用温度低于120℃。热塑性塑料成型工艺简便，可直接经注射、挤出、吹塑成型，故生产率高。常用的热塑性塑料有以下几种。

① 聚乙烯(PE)。按生产工艺不同，聚乙烯可分为高压、中压、低压三类。高压聚乙烯具有化学稳定性高，柔软性、绝缘性、透明性、耐冲击性好，宜吹塑成薄膜、软管、瓶等优点；低压聚乙烯具有质地坚硬，耐磨性、耐蚀性、绝缘性好等优点，适宜制作化工用管道、槽，电线、电缆包皮，承载小的齿轮、轴承等，又因无毒，可制作茶杯、奶瓶、食品袋等。

② 聚氯乙烯(PVC)。它分为硬质和软质两种。硬质聚氯乙烯强度较高，绝缘性和耐蚀性好，耐热性差，可在15～60℃使用，常用于化工耐蚀的结构材料，如输油管、容器、离心泵、阀门管件等，其用途较广；软质聚氯乙烯强度低于硬质聚氯乙烯，伸长率大，绝缘性较好，在15～60℃的温度范围使用，用于电线、电缆的绝缘包皮，农用薄膜，工业包装等，因其有毒，故不能包装食品。

③ 聚丙烯(PP)。它的强度、硬度、刚性、耐热性均高于低压聚乙烯，可在120℃以下

长期工作；绝缘性好，且不受湿度影响，无毒无味；低温脆性大，不耐磨。它常用于一般机械零件，如齿轮、接头；耐蚀件，如泵叶轮、化工管道、容器；绝缘件，如电视机、收音机、电扇、电机罩等壳体；此外，还有生活用具、医疗器械、食品和药品包装等。

④ 聚酰胺(PA)，俗称尼龙或锦纶。它的强度、韧性、耐磨性、耐蚀性、吸振性、自润滑性、成型性好，摩擦系数小，无毒无味，可在100℃以下使用；蠕变值大，导热性差，吸水性高，成型收缩率大。常用的有尼龙6、尼龙66、尼龙610、尼龙1010等。它常用于制造耐磨、耐蚀的某些承载和传动零件，如轴承、机床导轨、齿轮、螺母及一些小型零件；它也可用于制作高压耐油密封圈，或喷涂在金属表面作为防腐、耐磨涂层，应用较广。

⑤ 聚甲基丙烯酸甲脂(PMMA)，俗称有机玻璃。它的透光性、着色性、绝缘性、耐蚀性好，在自然条件下老化发展缓慢，可在60～100℃使用；不耐磨，脆性大，易溶于有机溶剂中，硬度不高，表面易擦伤。它常用于航空、仪器、仪表、汽车中的透明件和装饰件，如飞机窗、灯罩、电视和雷达屏幕，油标、油杯、设备标牌等。

⑥ ABS 塑料。它是丙烯腈(A)、丁二烯(B)、苯乙烯(S)的三元共聚物。它的综合力学性能好，尺寸稳定性、绝缘性、耐水和耐油性、耐磨性好，长期使用易起层。它常用于制造齿轮，叶轮，轴承，把手，管道，内衬储槽，仪表板，轿车车身，汽车挡泥板，电话机、电视机、电机、仪表的壳体，应用较广。

(2)热固性塑料。它具有加热时软化，冷却后坚硬的特点，固化后再加热，则不再软化或熔融，不能再成型。热固性塑料抗蠕变性强，不易变形，耐热性高，但树脂性能较脆、强度不高、成型工艺复杂、生产率低。常用的热固性塑料有以下几种。

① 酚醛塑料(PF)，俗称电木。它的强度、硬度、绝缘性、耐蚀性、尺寸稳定性好，工作温度高于100℃，脆性大，耐光性差，只能模压成型，价格低。它常用于制造仪表外壳、灯头、灯座、插座、电器绝缘板、耐酸泵、制动片、电器开关、水润滑轴承等。

② 氨基塑料，俗称电玉。它的颜色鲜艳，半透明如玉，绝缘性好，长期使用温度低于80℃，耐水性差。它常用于制造装饰件、绝缘件，如开关、插头、旋钮、把手、灯座、钟表外壳等。

③ 环氧塑料(EP)，俗称万能胶。它的强度、韧性、绝缘性、化学稳定性好，能防水、防潮、防霉，可在80～155℃长期使用，成型工艺简便，成型后收缩率小，粘结力强。它常用于制造塑料模具，如仪表、电器零件、灌注电气、电子元件及线圈、涂覆、包封和修复机件。

2. 橡胶

橡胶是一类具有高弹性的高分子材料，也被称为弹性体。橡胶在外力的作用下具有很大的变形能力，外力除去后又能很快恢复到原始尺寸。橡胶是以生胶为主要原料，加入适量配合剂而制成的高分子材料，其中生胶是指未加配合剂的天然胶或合成胶，配合剂是指为改善和提高橡胶制品性能而加入的物质，如硫化剂、活性剂、软化剂、填充剂、防老剂、着色剂等。

为减少橡胶制品变形，提高其承载能力，可在橡胶内加入骨架材料。常用的骨架材料有金属丝、纤维织物等。

(1) 橡胶的性能。橡胶弹性大，最高伸长率可达800%～1000%，外力去除后能迅速恢

复原状，它的吸振能力强，耐磨性、隔声性、绝缘性好，可积储能量，具有一定的耐腐蚀性和足够的强度。

(2) 常用的橡胶。按原料来源不同，橡胶分为天然橡胶和合成橡胶；根据应用范围宽窄，橡胶分为通用橡胶和特种橡胶。合成橡胶是用石油、天然气、煤和农副产品为原料制成的。常用橡胶的种类、性能和用途见表 2-7。

表 2-7 常用橡胶的种类、性能和用途

种类	名称(代号)	σ_b/MPa	δ(%)	使用温度 t/℃	回弹性	耐磨性	耐碱性	耐酸性	耐油性	耐老化	用途举例
通用橡胶	天然橡胶(NR)	17～35	650～900	−70～110	好	中	好	差	差		轮胎、胶带、胶管
	丁苯橡胶(SBR)	15～20	500～600	−50～140	中	好	中	差	差	好	轮胎、胶板、胶布、胶带、胶管
	顺丁橡胶(BR)	18～25	450～800	−70～120	好	好	好	差	差	好	轮胎、V 带、耐寒运输带、绝缘件
	氯丁橡胶(CR)	25～27	800～1000	−35～130	中	中	好	中	好	好	电线(缆)包皮，耐燃胶带、胶管，汽车门窗嵌条，油罐衬里
	丁腈橡胶(NBR)	15～30	300～800	−35～175	中	中	中	中	好	中	耐油密封圈、输油管、油槽衬里
特种橡胶	聚氨酯橡胶(UR)	20～35	300～800	−30～80	中	好	差	差	好		耐磨件、实心轮胎、胶辊
	氟橡胶(FPM)	20～22	100～500	−50～300	中	中	好	好	好	好	高级密封件、高耐蚀件、高真空橡胶件
	硅橡胶	4～10	50～500	−100～300	差	差	好	中	差	好	耐高、低温制品和绝缘件

2.2.2 陶瓷材料

陶瓷是用粉末冶金法生产的无机非金属材料，其生产过程是原料粉碎、压制成型、高温烧结、形成制品。

1. 陶瓷的分类

陶瓷根据用途不同分为日用陶瓷和工业陶瓷两类，按原料不同分为普通陶瓷和特种陶瓷两类。普通陶瓷又称传统陶瓷，其原料是天然的硅酸盐产物，如黏土、长石、石英等，这类陶瓷又称硅酸盐陶瓷，如日用陶瓷、建筑陶瓷、绝缘陶瓷、化工陶瓷等；特种陶瓷又称近代陶瓷，其原料是人工提炼的，即纯度较高的金属氧化物、碳化物、氮化物等，特种陶瓷具有一些独特的性能，可满足工程结构的特殊需要。

2. 陶瓷的性能

陶瓷有一定的弹性，一般高于金属，在室温下它无塑性，脆性大，冲击韧度值很低，耐疲劳性能较差。陶瓷内部气孔多，抗拉强度低，但受压时气孔不会导致裂纹扩展，故抗压强度高。陶瓷硬度高于其他材料，一般大于 1500HV。陶瓷的熔点高于金属，热硬性高，抗高温蠕变能力强，高温强度高，抗高温氧化性好，抗酸、碱、盐腐蚀能力强，大多数陶瓷绝缘性好，具有不可燃烧性和不老化性。

3. 常用的工业陶瓷

(1) 普通陶瓷。这类陶瓷质地坚硬、不氧化、不导电、耐腐蚀、成本低，加工成型性好，它的强度低，使用温度为 1200℃。其广泛用于电气、化工、建筑和纺织行业，如受力不大在酸、碱中工作的容器、反应塔、管道；绝缘件；要求光洁、耐磨、低速、受力小的导纱零件等。

(2) 氧化铝陶瓷。这类陶瓷的主要成分是 Al_2O_3。它的强度比普通陶瓷高 2～6 倍，硬度高；高温蠕变小，含 Al_2O_3 高的陶瓷可在 1600℃时长期使用，空气中使用温度最高为 1980℃；耐酸、碱和化学药品腐蚀，高温下不氧化，绝缘性好；脆性大，不能承受冲击。它常用于制作高温容器(如坩埚)，内燃机火花塞，切削高硬度、大工件、精密件的刀具，耐磨件(如拉丝模)，化工、石油用泵的密封环，高温轴承，纺织机用高速导纱零件等。

(3) 氮化硅陶瓷。这类陶瓷的化学稳定性好，除耐氢氟酸外，还可耐无机酸(盐酸、硝酸、硫酸、磷酸、王水)和碱液腐蚀；抗熔融非铁金属侵蚀，硬度高，摩擦系数小，有自润滑性，且绝缘性、耐磨性好，热膨胀系数小，抗高温蠕变性高于其他陶瓷；最高使用温度低于氧化铝陶瓷。它常用于制作高温轴承，热电偶套管，转子发动机的刮片、泵和阀的密封件，切削高硬度材料的刀具。

(4) 碳化硅陶瓷。这类陶瓷的耐高温强度大，抗弯强度在 1400℃仍保持 500～600MPa，热传导能力强，有良好的热稳定性、耐磨性、耐蚀性和抗蠕变性。它常用于制作工作温度高于 1500℃的结构件，如火箭尾喷管的喷嘴，浇注金属的浇口杯，热电偶套管、炉管，汽轮机叶片，高温轴承，泵的密封圈等。

(5) 氮化硼陶瓷。这类陶瓷具有良好的高温绝缘性(2000℃时仍绝缘)、耐热性、热稳定性和化学稳定性、润滑性，能抗多数熔融金属侵蚀，硬度低，可进行切削加工。它常用于制作热电偶套管，坩埚，导体散热绝缘件，高温容器、管道、轴承，玻璃制品的成型模具等。

2.2.3 复合材料

复合材料是由两种或两种以上性质不同的物质，经人工组合而成的多相固体材料。复合材料能克服单一材料的弱点，发挥其优点，可得到单一材料不具备的性能。复合材料的全部相分为基体相和增强相两种，基体相起粘结剂的作用，增强相起提高强度或韧性的作用。

1. 复合材料的分类

(1) 按基体不同可分为非金属基体和金属基体复合材料两类。目前使用较多的是以高分子材料为基体的复合材料。

(2)按增强相的种类和形状可分为颗粒、层叠、纤维增强等复合材料。

(3)按性能可分为结构、功能等复合材料。结构复合材料用于制作结构件，以及具有某种物理功能和效应的复合材料；功能复合材料是指具有某种物理功能和效应的复合材料。

2. 复合材料的性能

复合材料的比强度和比模量高，如碳纤维和环氧树脂组成的复合材料，其比强度是钢的 8 倍，比模量(弹性模量与密度之比)比钢大 3 倍；抗疲劳性能好，如碳纤维-聚酯树脂复合材料的疲劳强度是其抗拉强度的 70%～80%，而大多数金属的疲劳强度是其抗拉强度的 30%～50%；减振性能好，纤维与基体界面有吸振能力，可减小振动，如尺寸形状相同的梁，金属梁 9s 停止振动，碳纤维复合材料制成的梁 2.5s 就可停止振动；高温性能好，一般铝合金在 400～500℃时弹性模量急剧下降，强度也下降，碳或硼纤维增强的铝复合材料，在上述温度时，其弹性模量和强度基本不变。此外复合材料还具有较好的减摩性、耐蚀性、断裂安全性和工艺性等。

3. 常用复合材料

1) 纤维增强复合材料

(1) 玻璃纤维增强复合材料(俗称玻璃钢)。这种复合材料按粘结剂的不同，可分为热塑性玻璃钢和热固性玻璃钢两类。

① 热塑性玻璃钢以玻璃纤维为增强剂，热塑性树脂为粘结剂。与热塑性塑料相比，当基体材料相同时，强度和疲劳强度提高 2～3 倍，冲击韧度提高 2～4 倍，抗蠕变能力提高 2～5 倍，强度超过某些金属。这种玻璃钢常用于制作轴承、齿轮、仪表板、收音机壳体等。

② 热固性玻璃钢以玻璃纤维为增强剂，热固性树脂为粘结剂。其密度小，耐蚀性、绝缘性、成型性好，比强度高于铜合金和铝合金，甚至高于某些合金钢。但其刚度差，为钢的 1/10～1/5；耐热性不高(低于 200℃)，易老化和蠕变。它主要用于制作要求自重轻的受力件，如汽车车身、直升机旋翼、氧气瓶、轻型船体、耐海水腐蚀件、石油化工管道和阀门等。

(2) 碳纤维增强复合材料。这种复合材料与玻璃钢相比，其抗拉强度高，弹性模量是玻璃钢的 4～6 倍；玻璃钢在 300℃以上，强度会逐渐下降，而碳纤维的高温强度好；玻璃钢在潮湿环境中强度会损失 15%，碳纤维的强度不受潮湿影响。

此外，碳纤维复合材料还具有优良的减摩性、耐蚀性、导热性和较高的疲劳强度。

碳纤维复合材料适于制作齿轮、高级轴承、活塞、密封环，化工零件和容器，飞机涡轮叶片，宇宙飞行器外形材料，天线构架，卫星、火箭机架，发动机壳体，导弹鼻锥等。

2) 层叠复合材料

层叠复合材料是由两层或两层以上不同材料复合而成的。用层叠法增强的复合材料可使其强度、刚度、耐磨、耐蚀、绝热、隔声、减轻自重等性能分别得到改善。常见的有双层金属复合材料、塑料-金属多层复合材料和夹层结构复合材料等，如SF型三层复合材料就是以钢为基体，以烧结铜网或铜球为中间层，以塑料为表面层的自润滑复合材料。这种材料力学性能取决于钢基体，摩擦、磨损性能取决于塑料，中间层主要起粘结作用。这种复合材料比单一塑料承载能力提高20倍，导热系数提高50倍，热膨胀系数下降75%，改善了尺寸稳定性，可制作高应力(140MPa)、高温(270℃)、低温(195℃)和无油润滑条件下的轴承。

夹层结构复合材料是由两层薄而强的面板(或称蒙皮)中间夹着一层轻而弱的芯子组成的，面板与芯子用胶接或焊接连在一起。夹层结构密度小，可减轻构件自重，有较高的刚度和抗压稳定性，可绝热、隔声、绝缘，现已用于飞机机翼、火车车厢等制件。

3) 颗粒复合材料

颗粒复合材料是由一种或多种材料的颗粒均匀分散在基体材料内所组成的。金属陶瓷也是颗粒复合材料，它是将金属的热稳定性好、塑性好、高温易氧化和蠕变，与陶瓷的脆性大、热稳定性差，但耐高温、耐腐蚀等性能进行互补，将陶瓷微粒分散于金属基体中，使两者复合为一体，如WC硬质合金刀具就是一种金属陶瓷。

思 考 题

1. 衡量材料强度和塑性的主要指标有哪些？
2. 比较布氏硬度与洛氏硬度的适用范围及其优缺点。
3. 碳钢按照用途不同可以分为哪几类？
4. 碳素工具钢与碳素结构钢的用途有什么不同？
5. 与碳素钢相比，合金钢有哪些优点？
6. 常用的铸铁有哪些？
7. 分别举例说出工程塑料、工业陶瓷、橡胶、复合材料在工业中的应用。

第3章 铸　　造

3.1 概　　述

将液体金属浇注到具有与零件形状相适应的铸型空腔中，待其冷却凝固后，以获得零件或毛坯的方法称为铸造。铸造是制造机械零件毛坯或零件的一种重要工艺方法，它所生产的产品成为铸件，大多数铸件作为毛坯，经过后续加工后才能成为零件。

在一般的机械设备中，铸件占整个机械设备质量的45%～90%。其中汽车的铸件质量占40%～60%，拖拉机的铸件质量占70%，金属切削机床的铸件质量占70%～80%等。在国民经济的其他各个行业中，铸件也有着广泛的应用。

铸件之所以被广泛应用，是因为铸造与其他金属加工方法相比具有以下一些特点。

(1) 能够制造各种尺寸和形状复杂的铸件，如设备的箱体、机座。铸件的轮廓尺寸可小至几毫米、大至十几米；质量可小至几克、大至数百吨。

(2) 铸件的形状和尺寸与零件很接近，因而节省了金属材料和加工工时。精密铸件可省去切削加工，直接用于装配。

(3) 各种金属合金都可以用铸造方法制成铸件，特别是有些塑性差的材料，只能用铸造方法制造毛坯，如铸铁等。

(4) 铸造设备的投资少，所用原材料的来源广泛而且价格低廉，因此铸件的成本低廉。

铸造的生产方法很多，主要可分为砂型铸造和特种铸造两大类，其中砂型铸造为铸造生产中的最基本方法。砂型铸造的生产工序主要包括制模、配砂、造型、造芯、合型、熔炼、浇注、落砂清理和检验，如套筒铸件的生产过程，如图3.1所示。

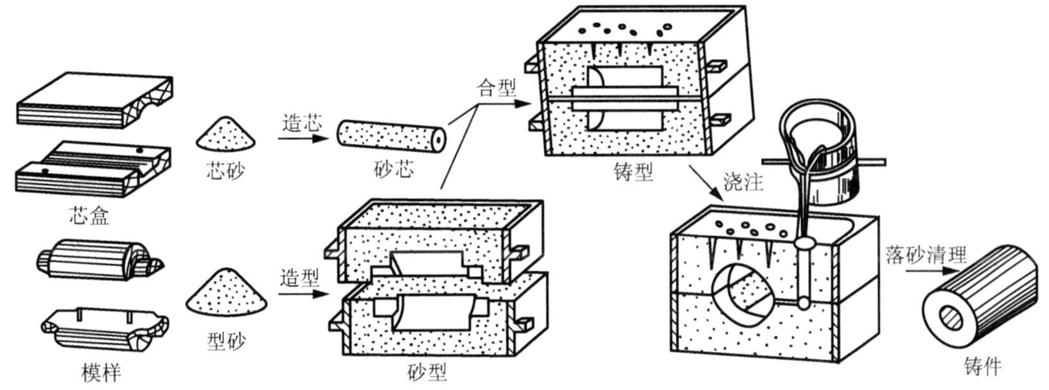

图3.1　套筒的砂型铸造过程

对于某些铸件，还采用其他特种铸造方法，如熔模铸造、金属型铸造、压力铸造、低压铸造和离心铸造等。下一节将重点介绍砂型铸造的生产方法。

3.2 砂型铸造

3.2.1 型砂、芯砂

用来制造砂型和砂芯的材料统称为造型材料。用于制造砂型的材料称为型砂，用于制造型芯的材料称为芯砂。型(芯)砂的质量直接影响着铸件的质量，其质量不好会使铸件产生气孔、砂眼、粘砂和夹砂等缺陷。由于型(芯)砂的质量问题而造成的铸件废品占铸件总废品的 50%以上。

1. 对型砂、芯砂性能的要求

根据铸造工艺要求，型(芯)砂要具备以下性能。

(1) 强度。型砂或芯砂在造型后能承受外力而不致被破坏的能力称为强度。砂型及型芯在搬运、翻转、合箱及浇注金属时，有足够的强度才会保证不被破坏、蹋落和胀大。若型砂、芯砂的强度不好，铸件就易产生砂眼、夹砂等缺陷。

(2) 透气性。型(芯)砂孔隙透过气体的能力称为透气性。在浇注过程中，铸型与高温金属液接触，水分气化、有机物燃烧及液态金属冷却析出气体，必须通过铸型排出，否则将在铸件内产生气孔或使铸件浇注不足。

(3) 耐火度。型砂、芯砂经受高温热作用的能力称为耐火度。耐火度主要取决于砂中二氧化硅的含量，若耐火度不够，就会在铸件表面或内腔形成一层粘砂层，不但清理困难、影响外观，而且也为机械加工增加了困难。

(4) 退让性。铸件在凝固和冷却过程中产生收缩时，型砂能被压缩、退让的性能称为退让性。如果型砂、芯砂退让性不足，则会使铸件在收缩时受到阻碍，产生内应力、变形和裂纹等缺陷。

(5) 可塑性。型砂、芯砂在外力作用下变形，去除外力后仍保持变形的能力称为可塑性。若可塑性好，型砂、芯砂柔软易变形，在起模和修型时不易破碎和掉落。

除了以上性能的要求外，还有溃散性、发气性、吸湿性等性能要求。型砂、芯砂的诸多性能有时是相互矛盾的，如强度高、塑性好，透气性就可能下降，因此应根据铸造合金的种类，铸件大小、批量、结构等，具体决定型砂、芯砂的配比。

2. 型砂与芯砂的组成

芯砂与型砂相比，由于砂芯的表面被高温金属液所包围，受到的冲刷和烘烤较厉害，因而芯砂的性能要求比型砂的性能要求高。就其基本组成来说，两者都由以下四部分组成，即原砂、粘结剂、水和附加物。

(1) 原砂。它主要由石英砂组成，根据来源可分为山砂、河砂和人工砂。石英砂的主要成分为 SiO_2，它的熔点高达 1700℃，砂中的 SiO_2 含量越高，其耐火度就越高。铸造用砂根据铸件的特点，对原砂的颗粒度、形状和含泥量等有着不同的要求。砂粒越粗则耐火度和透气性越高，较多角形和尖角形的石英砂透气性好，石英砂含泥量越小透气性越好等。

(2) 粘结剂。用来粘结砂粒的材料称为粘结剂。常用的粘结剂有粘土砂和特殊粘结剂两大类。

① 黏土砂。这是配制型砂、芯砂的主要粘结剂。用黏土作为粘结剂配制的型砂称为黏土砂，常用的黏土砂分为膨润土和普通黏土。湿型砂普遍采用粘结剂性能较好的膨润土，而干型砂多采用普通黏土。

② 特殊粘结剂。常用的特殊粘结剂包括桐油、水玻璃、树脂等。芯砂常选用这些特殊的粘结剂。

(3) 附加物。为改善型砂、芯砂的某些性能而加入的材料称为附加物。如加入煤粉以降低铸件表面、内腔的粗糙度，加入木屑以提高型砂、芯砂的退让性和透气性等。

3. 型砂与芯砂的配制

在铸造时可根据合金种类，铸件大小、形状等不同，选择不同的型砂、芯砂配比。如铸钢件浇注温度高、要求高的耐火度，则选用较粗的、SiO_2含量较高的石英砂；而铸造铝合金、铜合金时，可以选用颗粒较细的普通原砂。对于芯砂，为保证其足够的强度和透气性，其黏土、新砂的加入量要比型砂高。表3-1中列举了几种型砂、芯砂的配比。

表3-1 型砂与芯砂的配比举例

造型材料	铸造合金	硅砂含量/(%)	粘结剂含量/(%)	水分/(%)	煤粉/(%)
型砂 (湿型)	铸铁	40～50，50～60	黏土 4～5	4～5.5	3～4
	铝合金	30～70	黏土 1～2	5～6	
油芯砂	铸铁	100	桐油 2～2.5	1～1.5	
	铝合金	100	混合油 2～3 糖浆 0～1.5	3～4	

型砂与芯砂的配制过程是在混砂机中进行的。常用的混砂机是碾轮式混砂机，其外形如图3.2所示。型砂、芯砂的混制过程是先加入新砂、旧砂、黏土等进行干混，2～3min后，再加入水和液体粘结剂，湿混约10min，即可打开砂口出砂。

配好的型砂、芯砂须经性能检验后方可使用。对于产量大的专业化铸造车间，常用型砂性能试验仪检验，而常采用的最简单的检验方法是用手抓一把型砂、芯砂捏成团，然后把手掌松开，如果砂团不松散也不粘手，手印清楚，当掰断时断面不粉碎，则可认为砂中黏土与水分的含量适宜。

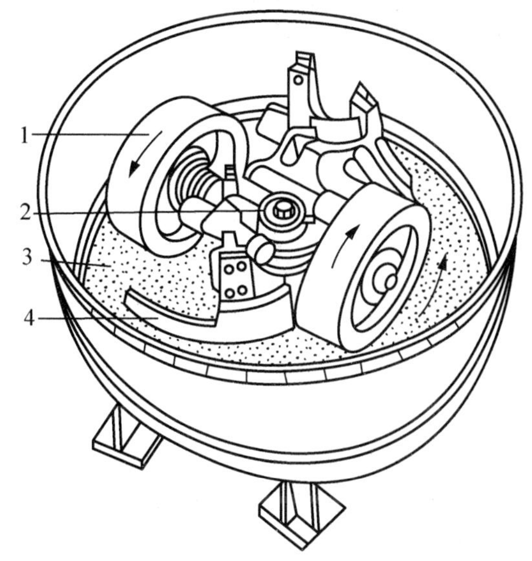

图3.2 碾轮式混砂机

1—碾轮；2—中心轴；3—碾盘；4—刮板

4. 涂料及扑料

涂料及扑料不是配制型砂、芯砂时加入的成分，而是涂扑(干型)或散撒(湿型)在铸型表面，以降低铸件的表面粗糙度，防止产生粘砂缺陷。铸铁件的干型是用石墨粉和少量黏土配成的涂料，湿型撒石墨粉。铸钢件用石英粉做涂料。

3.2.2 手工造型

1. 手工造型常用的砂箱及工具

(1) 砂箱。砂箱是长方形、方形或圆形的坚实框子，有时根据铸件的结构，会做成特殊的形状。砂箱的作用是固紧所捣实的型砂，以便于铸型的搬运及在浇注时可以承受液体金属的压力。砂箱可以用木料、铸铁、钢、铝合金制成。通常上箱和下箱组成一对砂箱，彼此之间有销子及销孔进行配合，如图3.3所示。

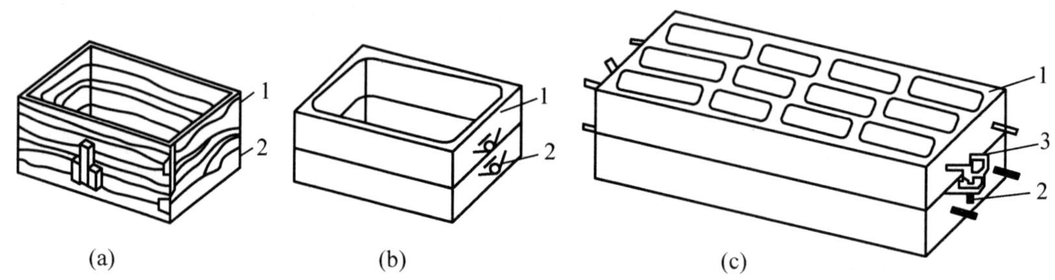

图3.3 常用砂箱示意图

(a) 可拆砂箱；(b) 无挡砂箱；(c) 有挡砂箱

1—上箱；2—下箱；3—定位销

(2) 造型工具。常用的造型工具及作用如图3.4所示。

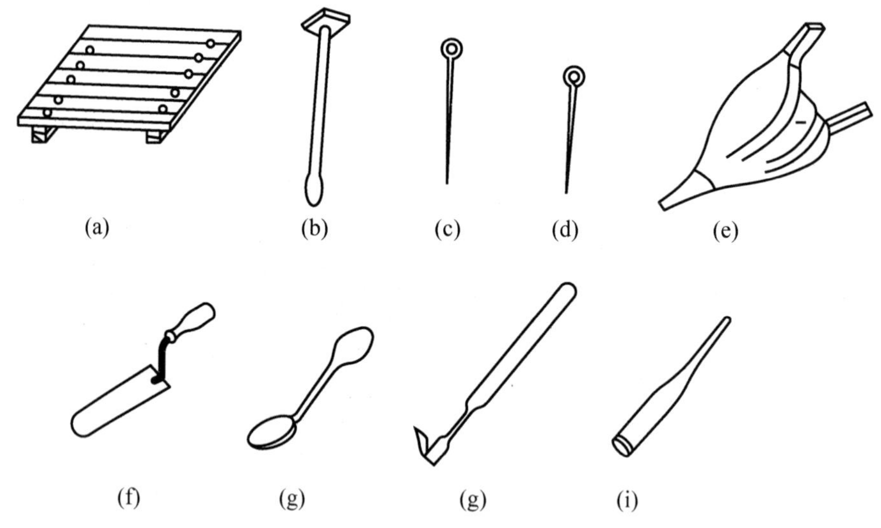

图3.4 造型工具

(a) 底板，放置模样用；(b) 舂砂锤，用尖头锤舂砂，用平头锤打紧砂箱顶部的砂；(c) 扎通气孔用；(d) 比通气孔针粗，起模用；(e) 皮老虎，用来吹去模样上的分型砂或散落在型腔中的散砂；(f) 镘刀，修平面及挖沟槽用；(g) 秋叶，修凹的曲面用；(h) 提钩，修凹的底部或侧面及钩出砂型中散砂用；(i) 半圆，修圆柱形内壁和内圆角用

2. 砂型组成简介

图 3.5 所示为合箱后的砂型。型砂被舂紧在上、下砂箱中，连同砂箱一起，分别称为上砂型和下砂型。砂型中取出木模后留下的空腔称为型腔。上、下砂型的分界面称为分型面。图 3.5 中在型腔中有阴影线的部分表示型芯，型芯是形成铸件的孔。型芯上的延伸部分，称为芯头，用于安放和固定型芯，型芯头坐落在砂型的型芯座上。金属液从外浇口浇入，经直浇口、横浇口和内浇口而流入型腔。型腔的上方开有出气口，以排出型腔中的气体，型腔被高温金属液包围后，型芯中产生的气体则由型芯通气孔排出。另外砂型中还扎有通气孔。

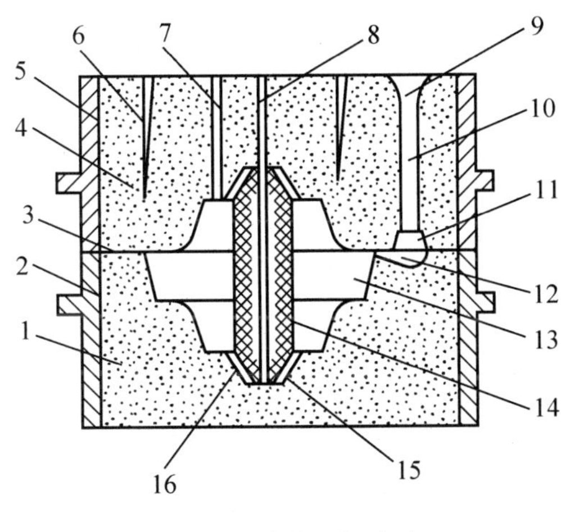

图 3.5 合箱后的砂型

1—下型；2—下箱；3—分型面；4—上型；5—上箱；6—通气孔；7—出气孔；8—型芯排气道；9—浇口盆；10—直浇道；11—横浇道；12—内浇道；13—型腔；14—型芯；15—型芯头；16—型芯座

3. 手工造型的常用方法

按造型的手段，造型分手工造型和机器造型两大类。手工造型具有操作灵活、工艺装备简单的优点，但其生产效率低，劳动强度大，仅适用于单件小批量生产。手工造型的方法很多，可根据铸件的形状、大小和批量来选择。常用的手工造型方法介绍如下。

1) 整模造型

整模造型的特点是模样是整体结构，最大截面在模样一端且是平面；分型面多为平面，操作造型简单，适用于形状简单的铸件，如盘、盖类，其造型过程如图 3.6 所示。

2) 分模造型

分模造型的特点是将木模沿外形的最大截面分成两半，并用定位销钉定位。其造型操作方法与整模造型基本相似，不同的是在造上型时，必须在下箱的模样上，靠定位销放正上半模样。图 3.7 为套筒的分模造型过程。分模造型适用于形状较复杂的铸件，特别是用于有孔的铸件，如套筒、阀体、管子等。

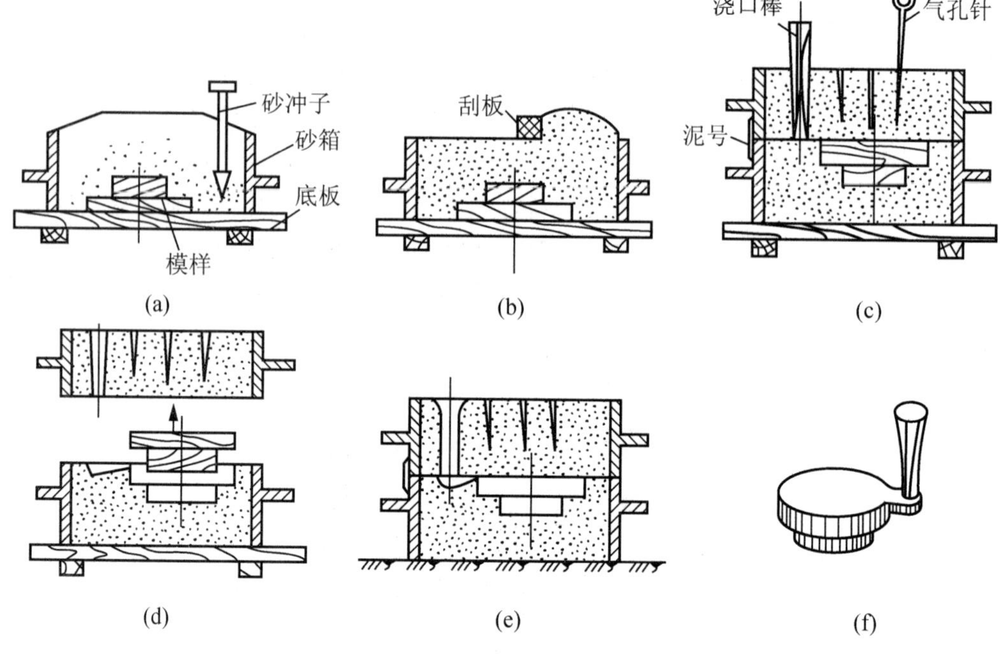

图 3.6　整模造型过程

(a) 造下型；(b) 刮平、翻箱；(c) 造上型、扎气孔、做泥号；
(d) 起模、开浇道；(e) 合型；(f) 落砂后带浇道的铸件

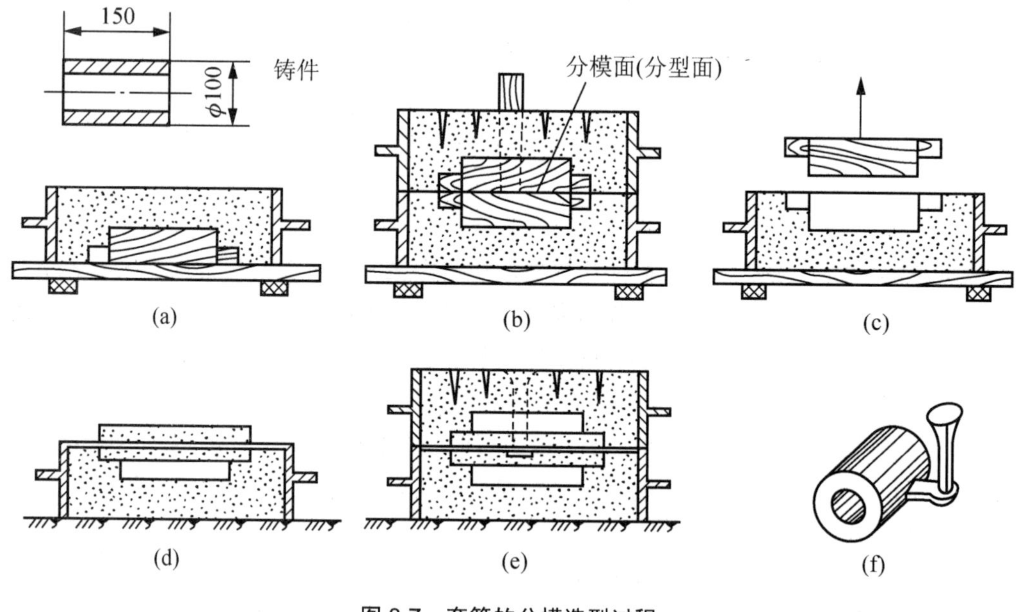

图 3.7　套筒的分模造型过程

(a) 造下型；(b) 造上型；(c) 起模；(d) 开浇道、下芯；(e) 合型；(f) 带浇道的铸件

3) 活块模造型

模样上可拆卸或活动的部分叫活块。为起模方便，将模样上妨碍起模的部分(如图 3.8 所示的小凸台)做成活动的。活块与模样用钉子或燕尾连接。在起模时先将模样主体取出，再将留在铸型内的活块单独取出，其过程如图 3.8 所示。活块模造型要求在造型时要特别细心、操作技术水平高，但其生产率低，质量也难以保证。

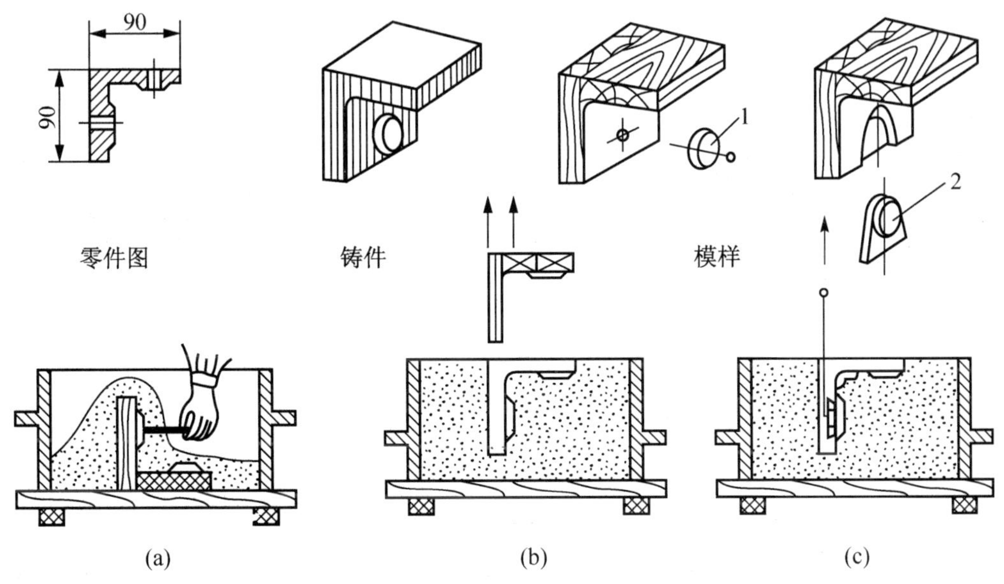

图 3.8 活块模造型

(a) 造下型；(b) 取出模样主体；(c) 取出活块

1—用钉子连接的活块；2—用燕尾连接的活块

4) 挖砂造型

如果铸件的外形轮廓为曲面或阶梯面，其最大截面也是曲面，由于条件所限，当模型不便分成两半时常采用挖砂造型，如图 3.9 所示的手轮的挖砂造型过程。在挖砂造型时，每造一型需挖砂数次，操作麻烦，生产率低，要求操作技术水平高。在挖砂时应注意，要挖到模型的最大截面，位置要恰当，否则就会在分型面产生毛刺，影响铸件的外形和尺寸精度。此方法仅用于形状较复杂铸件的单件生产。

5) 假箱造型

当挖砂造型生产的铸件有一定批量时，为避免每型挖砂，可采用假箱造型，其过程如图 3.10 所示。先预制好一半型，其上承托模样，用其造下型，然后在此下型上再造上型。开始预制的半型不用来浇注，故称假箱。假箱一般是用强度较高的型砂制成，舂得比铸型硬。用假箱造型可免去挖砂操作，从而提高造型效率。当数量较大时，可用木料制成成型底板来代替假箱，如图 3.11(b)所示。

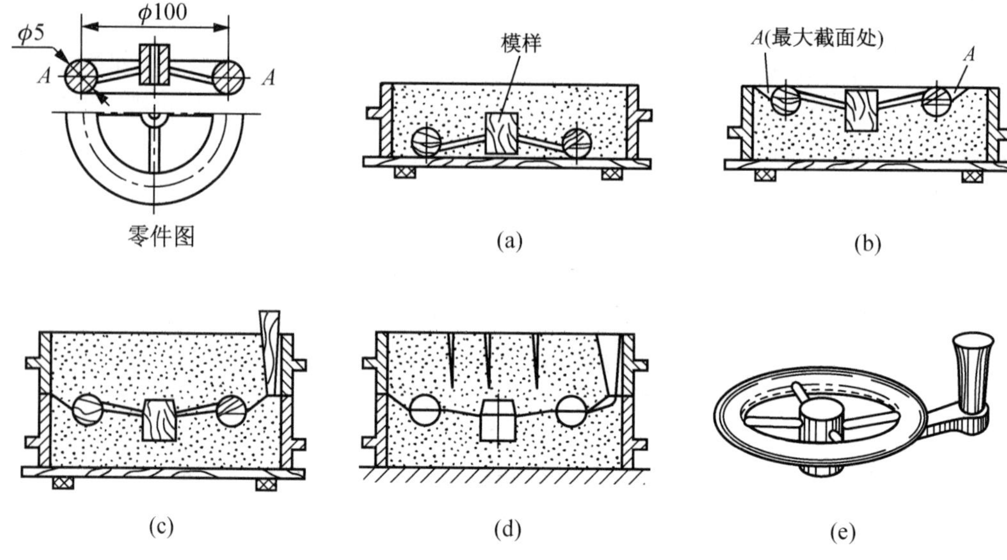

图 3.9　手轮的挖砂造型过程

(a) 造下型；(b) 翻下型；(c) 造上型、开型、起模；(d) 合型；(e) 带浇道的铸件

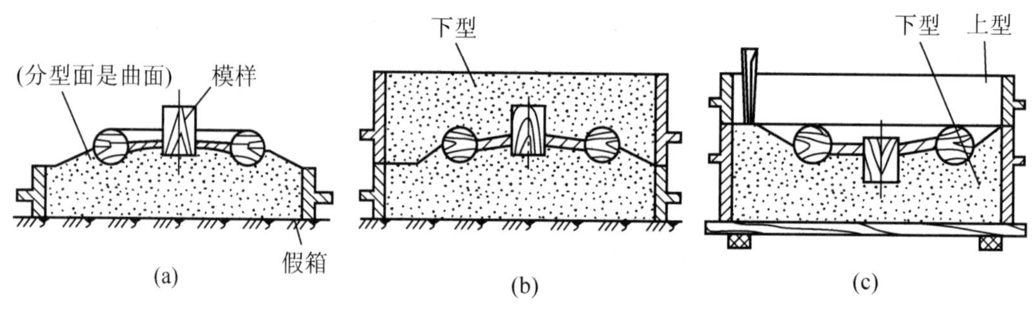

图 3.10　假箱造型

(a) 模样放在假箱上；(b) 造下型；(c) 翻下型待造上型

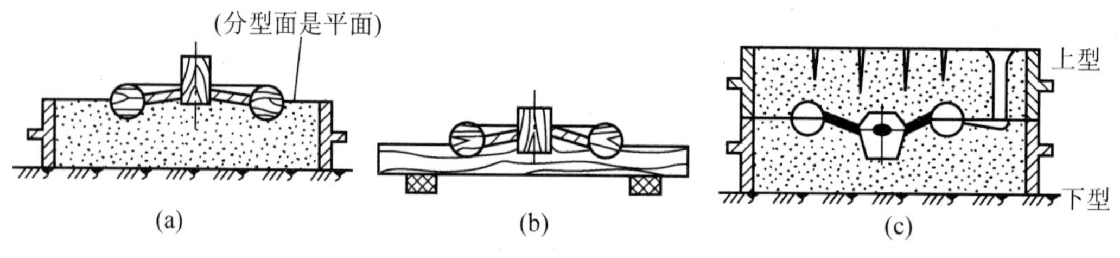

图 3.11　成型底板

(a) 假箱；(b) 成型底板；(c) 合型图

6) 三箱造型

用 3 个砂箱制造铸型的过程称为三箱造型。有些铸件的两端截面大于中间截面，这时其最大截面为两个，在造型时为方便起模，必须有两个分型面，如图 3.12 所示。三箱造型的特点是中型的上、下两面都是分型面，且中箱高度与中型的模样高度相近。此方法操作较复杂，生产率较低，适用于两头大、中间小、形状复杂且不能用两箱造型的铸件。

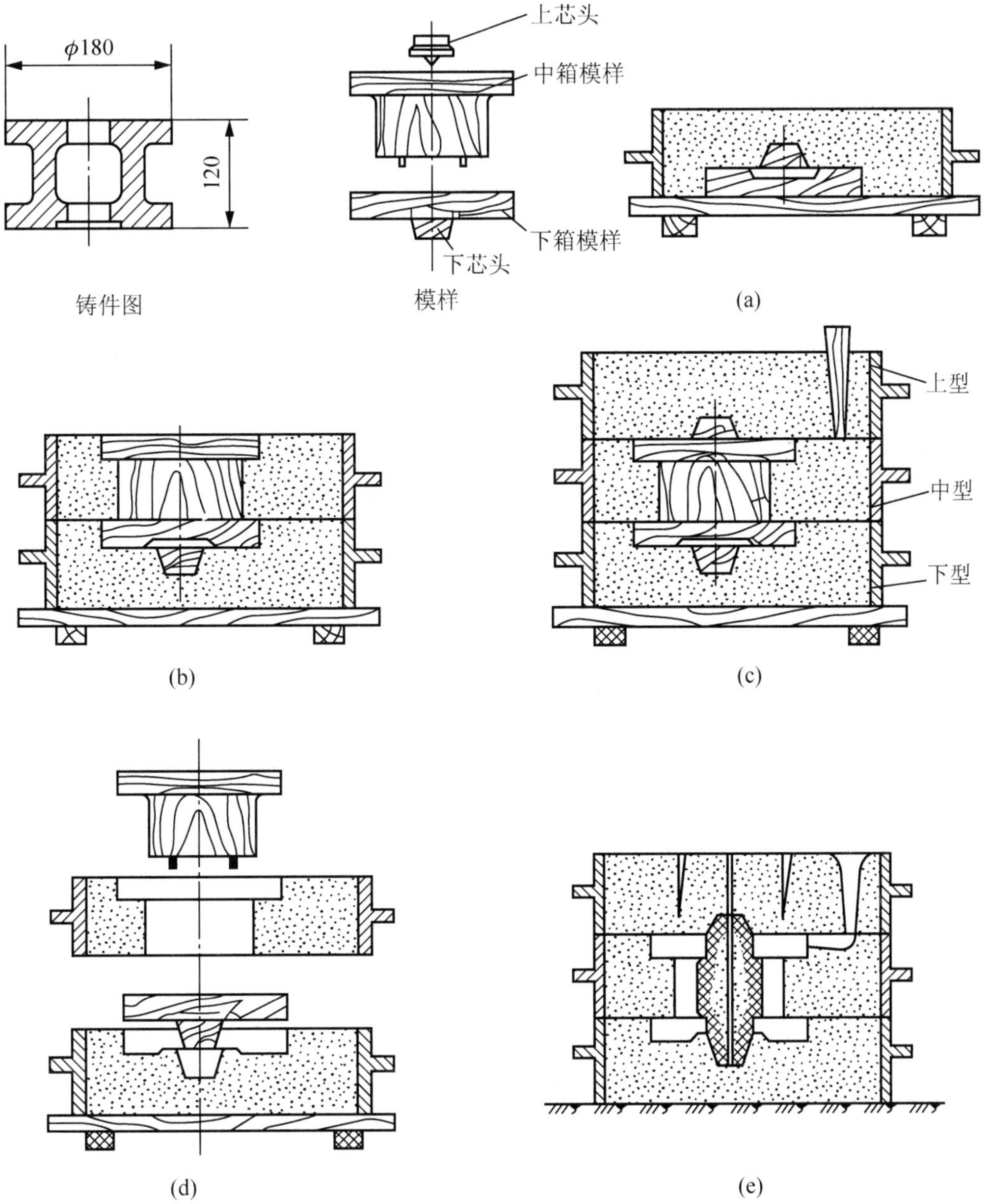

图 3.12　带轮的三箱造型过程

(a) 造下型；(b) 翻箱，造中型；(c) 造上型；(d) 依次敞箱，起模；(e) 下芯，合型

7) 刮板造型

对有些旋转体或等截面形状的铸件，当产量小(属单件或小批量生产)时，为节省模样费用，缩短模样制造时间，可以采用刮板造型。刮板是一块和铸件截面形状相适应的木板。图3.13所示为皮带轮刮板造型的过程。先将型砂填入下箱，然后将装在刮板上的旋转小轴插入下箱底面上事先装好的轴芯中，刮板上部的另一小轴，用同样的方法插入到刮板支架上，使刮板能绕小轴旋转，这样旋转刮板即可将下箱刮出。将刮板翻转180°，用同样的方法可刮制上箱。

刮板造型模样简单，节省制模材料和工时，但操作复杂，生产率很低，仅用于大、中型旋转体铸件的单件、小批量生产。

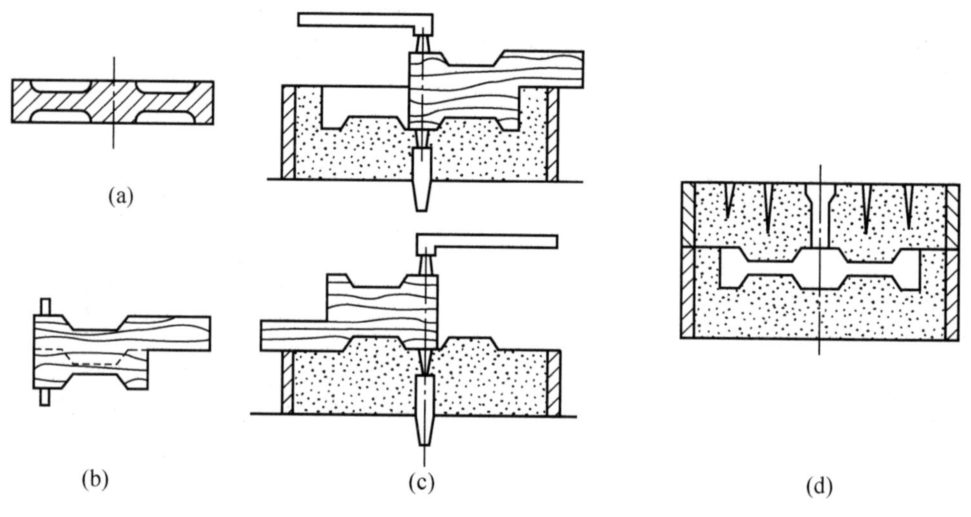

图3.13 皮带轮刮板造型的过程

(a) 带轮；(b) 刮板；(c) 造型；(d) 合型

3.2.3 机器造型

在成批、大量生产时应采用机器造型，将紧砂和起模过程机械化。与手工造型相比，机器造型生产效率高、铸件尺寸精度高、表面粗糙度低，但设备及工艺装备费用高，生产准备时间长。

机器造型按紧实方式可分为震压式造型、高压造型、空气冲击造型等。下面仅介绍常用的震压式造型机。图3.14为水管接头机器造型的过程。

机器造型的特点如下。

(1) 用模板造型。固定着模样、浇冒口的底板称为模板。模板上有定位销与专用砂箱的定位孔配合。模板用螺钉紧固在造型机的工作台上，可随造型机上下震动。

(2) 只适用于两箱造型。造型机无法造出中型，不能进行三箱造型。

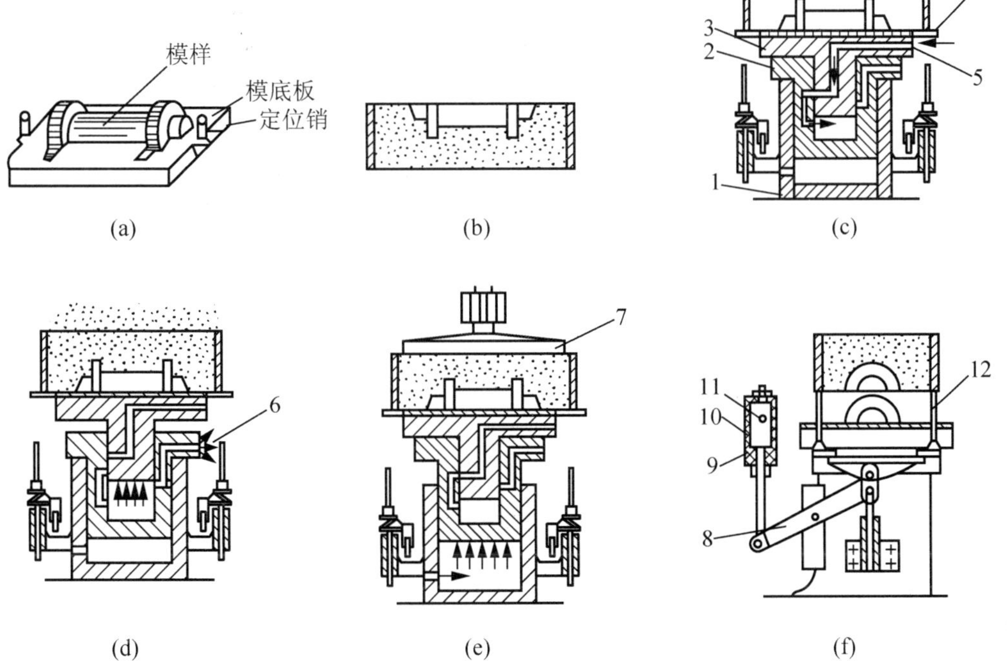

图 3.14　水管接头机器造型的过程

(a) 放置模样；(b) 造下箱(过程同上箱)；(c) 放置上箱；(d) 填砂；(e) 压实；(f) 起模

1—压实气缸；2—压实活塞；3—震击活塞；4—模底板；5、11—进气口；6—排气口；7—压头；8—杠杆同步机构；9—起模活塞；10—起模气缸；12—起模顶杆

3.2.4　型芯制造

型芯的主要作用是形成铸件的内腔，有时也形成铸件的局部外形。由于砂芯的表面被高温金属液所包围，受到的冲刷及烘烤比砂型厉害，因此要求砂芯要有更高的强度、透气性、耐火度和退让性等。为满足以上性能，生产中常采用以下措施。

(1) 放芯骨。在砂芯中放入芯骨，以提高其强度。小芯骨常用铁丝、铁钉，大中型的芯骨则用铸铁浇注成的骨架，如图 3.15 所示。为了砂芯的搬运和吊装，芯骨上常做出吊环。

(2) 开通气道。砂芯中必须做出贯通的通气道，以提高砂芯的透气性。砂芯的通气孔一定要与砂型的出气孔相通，以便将气体排出型外。对于较大的型芯，可在型芯里放置焦炭或炉渣，以提高型芯的透气性。

(3) 刷涂料。大部分的砂芯表面要刷一层涂料，以提高其耐高温性能，防止铸件粘砂。铸铁件多用石墨粉涂料，铸钢件多用石英粉涂料。

(4) 烘干。砂芯烘干后，其强度和透气性均提高。黏土砂芯的烘干温度为 250～350℃，油砂芯为 180～240℃。

型芯可用手工和机器制造，既可用芯盒制造，也可用刮板制造，其中用手工型芯盒制芯是最常用的方法。根据芯盒结构，手工制芯方法可分为下列 3 种。

(1) 对开式芯盒制芯。对开式芯盒制芯用于制造简单型芯，特别适用于制造圆形截面的型芯。其制芯过程如图 3.16 所示。

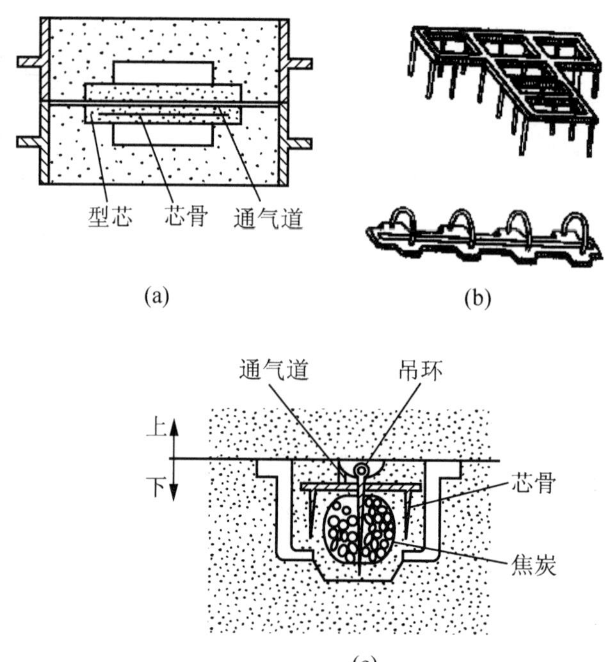

图 3.15　芯骨和排气道

(a) 铁丝芯骨和通气道；(b) 铸铁芯骨；(c) 带吊环的芯骨和通气道

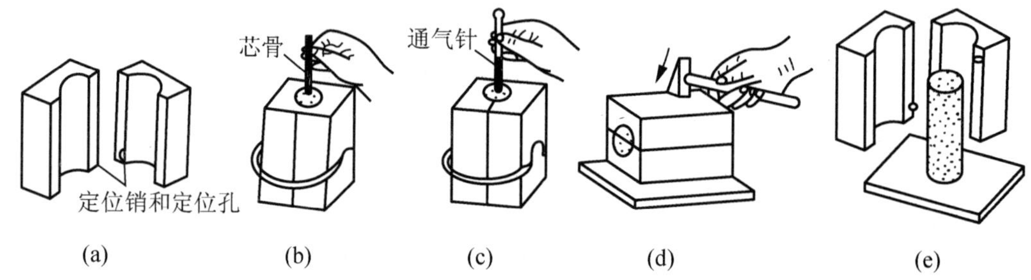

图 3.16　对开式芯盒造芯

(a) 准备芯盒；(b) 舂砂，放芯骨；(c) 刮平，扎通气孔；(d) 敲打芯盒；(e) 打开芯盒(取芯)

(2) 整体式芯盒制芯。整体式芯盒制芯用于形状简单的中小砂芯，如图 3.17 所示。

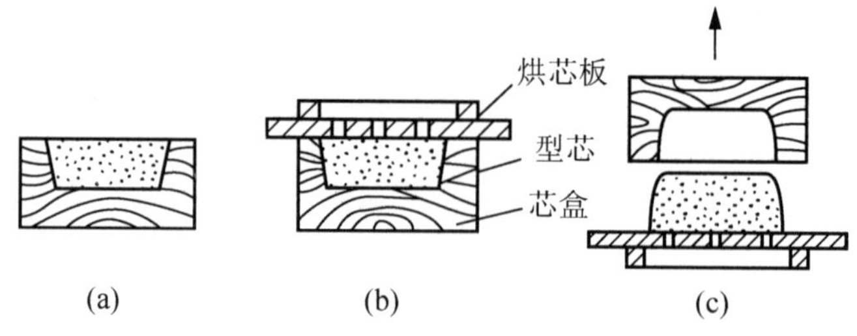

图 3.17　整体式芯盒造芯

(a) 舂砂，刮平；(b) 放烘芯板；(c) 取芯

(3) 可拆式芯盒制芯。对于形状复杂的型芯，用以上两种形式往往无法取芯，这时可采用可拆式芯盒制芯，需将芯盒分成可拆的几块，制芯完毕后，拆去相应部位，将型芯顺利取出，如图 3.18 所示。

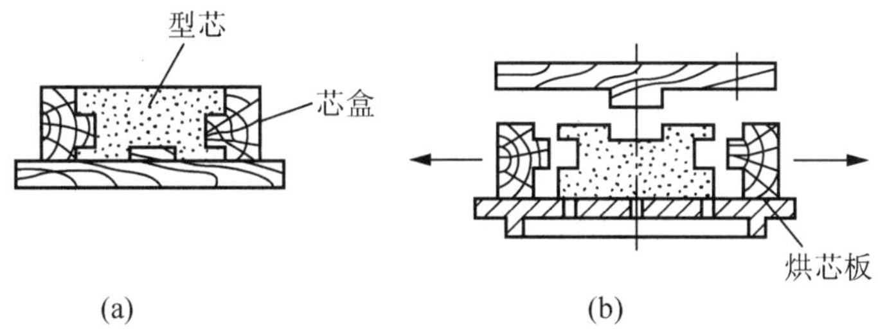

图 3.18　可拆式芯盒造芯

(a) 造芯；(b) 取芯

3.2.5 合　　型

将上型、下型、砂芯、浇口等组合成一个完整铸型的操作过程称为合型，又称为合箱。合型是浇注前的最后一道工序，若合型操作不当，则会使铸件产生错箱、偏芯、跑火及夹砂等缺陷。合型工作包括以下几方面。

(1) 铸型的检验。铸型的检验包括检验型腔、浇注系统及表面有无浮砂、排气道是否通畅。

(2) 下芯。下芯就是将型芯的芯头准确地放在砂型的芯座上，注意芯头间隙、芯子排气孔及定位等。

(3) 合型。在合型时应注意使砂箱保持水平下降，并应对准合箱线。对于大批量生产，上、下型的定位是靠砂箱上的销子定位的；对于单件、小批量生产，上、下型的定位常采用划泥号定位。

(4) 铸型的紧固。在浇注时，金属液充满整个型腔，上型将受到金属液的浮力，并通过芯头作用到上型。这两个力使上型抬起，使铸件产生跑火缺陷。因此合型后要紧固铸型，常用的方法如图 3.19 所示。

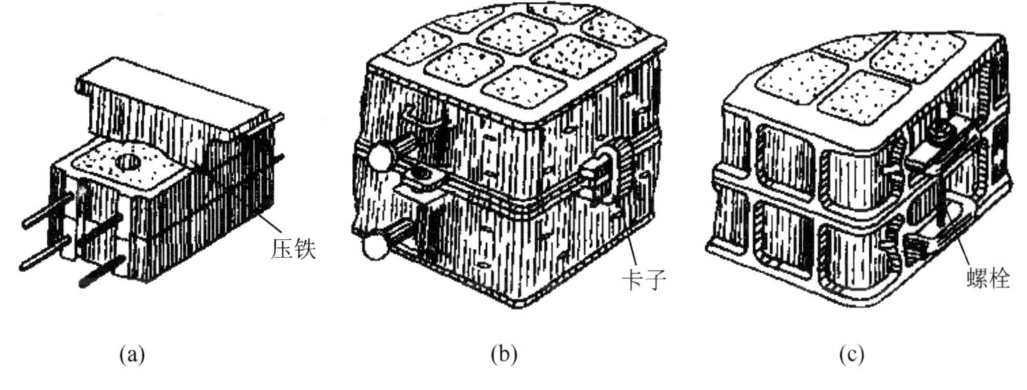

图 3.19　砂型的紧固方法

(a) 紧固压铁；(b) 紧固卡子；(c) 紧固螺栓

3.3 浇注系统

1. 浇注系统的作用

为将金属液流导入型腔而在铸型中所开出的通道称为浇注系统。浇注系统主要起下列作用。

(1) 能平稳地将金属液导入并充满型腔，避免冲坏型壁和型芯。

(2) 防止熔渣、砂粒或其他杂质进入型腔。

(3) 能调节铸件的凝固顺序。

选择合理的浇注系统(包括形状、尺寸和位置)，可以有效提高铸件的质量，减少出现冲砂、夹砂、缩孔、气孔等缺陷的可能性。

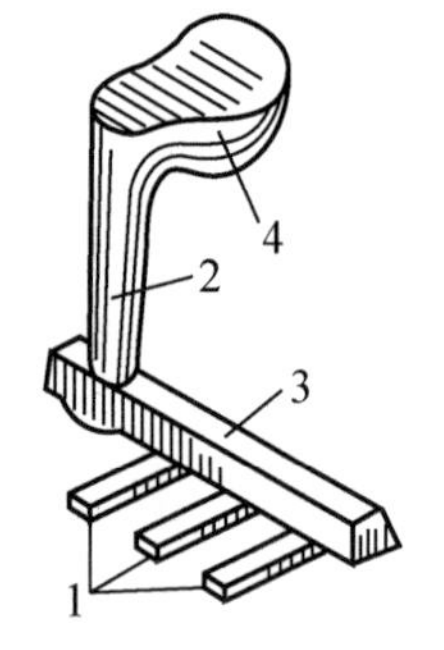

图 3.20 浇注系统

1—内浇道；2—横浇道；3—直浇道；4—浇口盆

2. 浇注系统的组成

浇注系统通常由四部分组成，如图 3.20 所示，它包括外浇口、直浇口、横浇口和内浇口。

(1) 外浇口。外浇口又称浇口杯，它的作用是承接从浇包中倒出来的液态金属，减轻金属液流对铸型的冲击，使金属液能平稳流入直浇口。其形状分为漏斗形和池形两种。

(2) 直浇口。直浇口是垂直的通道，断面多为圆形，利用直浇口的高度产生一定的静压力，使金属液产生充填压力。直浇口越高，产生的充填力越大，一般直浇口要高出型腔最高处 100～200mm。

(3) 横浇口。横浇口是水平通道，可将液体金属导入内浇口。简单小铸件有时可省去横浇口。横浇口的截面形状多为梯形，其作用是分配金属液流入内浇口，阻止熔渣进入型腔内。为了挡渣，横浇口必须开在内浇口上面。

(4) 内浇口。内浇口是金属液直接流入型腔的通道，它与铸件直接相连，可以控制金属液流入型腔的速度和方向。它影响铸件内部的温度分布，对铸件质量有较大的影响。为利于挡渣和防止冲刷型芯或铸型壁，内浇口的倾斜方向与横浇口中液体金属流动方向的夹角要大于 90°。另外，内浇口不要正对型芯，以免冲坏砂芯，如图 3.21 所示。

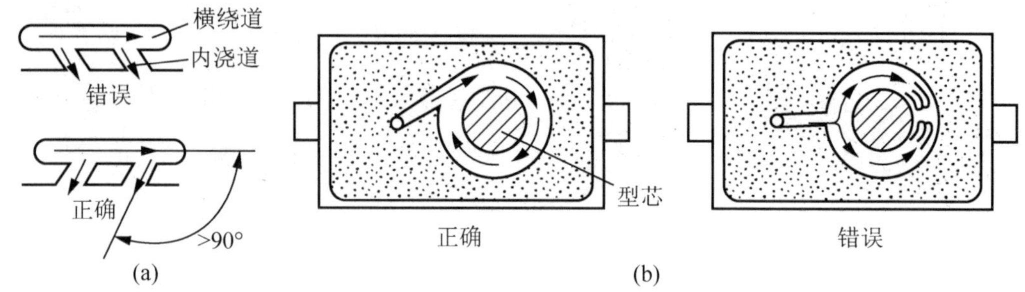

图 3.21 内浇口位置及方向正误对比

(a) 内浇口与横浇口的相对位置；(b) 内浇口相对型芯的方向

内浇口的断面多为扁梯形或三角形。对于壁厚相差不大的铸件，内浇口多开在铸件薄壁处，以达到铸件各处冷却均匀；对于壁厚差别大，特别是收缩大的铸件，内浇口多开在铸件厚壁处，以保证金属液对铸件的补缩。

3.浇注系统的分类

浇注系统按内浇口的注入位置分为顶注式浇注系统、底注式浇注系统、中间注入式浇注系统和阶梯式浇注系统，如图 3.22 所示。

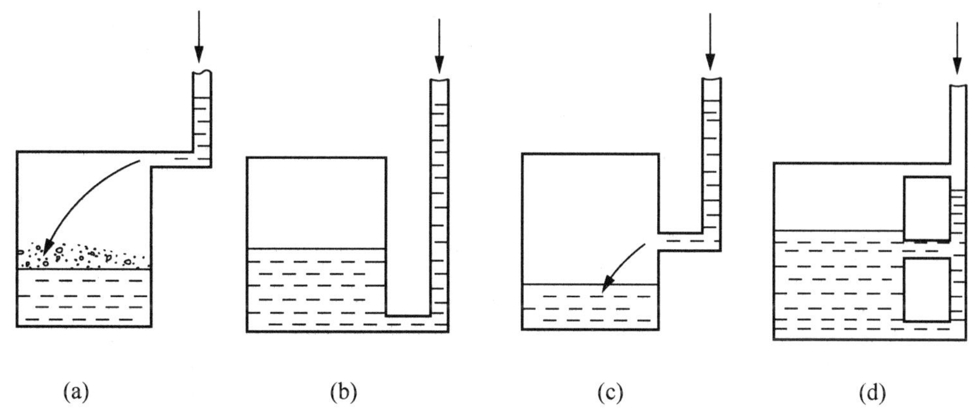

图 3.22 金属注入型腔的几种形式

(a) 顶注式；(b) 底注式；(c) 中间注入式；(d) 阶梯式

(1) 顶注式浇注系统。顶注式浇注系统的金属液从型腔顶部引入，金属液容易充满，补缩作用好，金属消耗少。但对铸型底部冲击力大，金属液与空气接触面积大，金属液会产生激溅、氧化等现象，易造成砂眼、铁豆、气孔、夹渣等缺陷。

(2) 底注式浇注系统。底注式浇注系统的内浇口位于铸件底部，金属液从型腔下底注入。其充型平稳，不会产生激溅、铁豆的现象，型腔内的气体易于排除，金属氧化少。底注式浇注系统主要用于高度不大、结构复杂的铸件，如铸钢件及易氧化的铝镁合金、黄铜等多采用此浇注系统。

(3) 中间注入式浇注系统。两箱造型中，大部分铸件都分布在上下两箱中，在分型面上开设横浇口、内浇口，从铸件中间的某一部位上引入金属液。中间注入式浇注系统对于铸件在分型面以下的部分是顶浇，对以上的部分则是底浇，故兼有顶注式和底注式的优点和缺点。此系统也适用于高度不大的铸件。

(4) 阶梯式浇注系统。对于高大的铸件，特别是体收缩较大的铸件，常采用阶梯式浇注系统，如图 3.23 所示，它是使金属液从底部开始逐层地由下而上进入型腔的。

浇注系统按各组元的截面比例关系可分为封闭式浇注系统、开放式浇注系统和半封闭式浇注系统。

(1) 封闭式浇注系统。封闭式浇注系统是指直浇口出口截面积($F_{直}$)大于横浇口出口截面积($F_{横}$)，横浇道出口截面积又大于内浇口截面积总和($F_{内}$)的浇注系统。此系统的优点是挡渣效果好，浇注开始不久，各组元能迅速被金属液充满，使熔渣有时间上浮。其缺点是金属液对铸型的冲击力较大。这种浇注系统多用于中、小铸铁件。

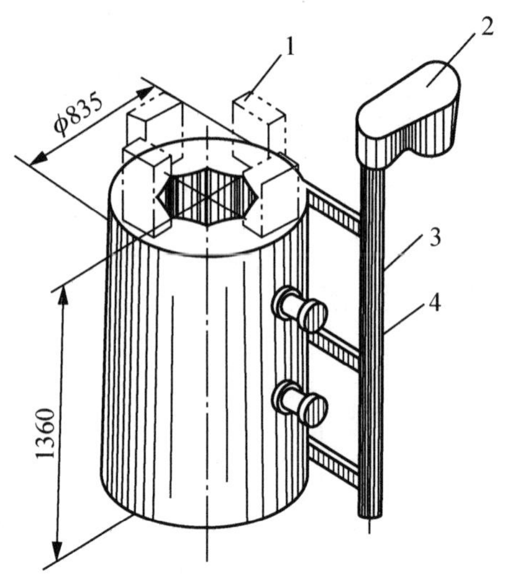

图 3.23 阶梯式浇注系统

1—冒口；2—浇口盆；3—直浇道；4—内浇道

(2) 开放式浇注系统。开放式浇注系统是指 $F_{直}<F_{横}<F_{内}$，其金属液充型快，冲击较小，但挡渣效果差。这种浇注系统适用于易氧化的有色金属铸件、球墨铸铁件。

(3) 半封闭式浇注系统。半封闭式浇注系统是指 $F_{直}<F_{横}$、$F_{直}>F_{内}$，在浇注开始时充型平稳，对铸型的冲击较小，挡渣作用比开放式的好。此系统在各类铸铁件上，尤其在球墨铸铁件中得到了广泛应用。

3.4 冒 口

从金属液浇入铸型到最终凝固获得铸件，发生体积收缩，若收缩导致体积缩小而留在铸件中，就会产生缩孔、缩松的铸造缺陷。在铸造生产中，防止缩孔、缩松缺陷的有效措施是放置冒口。冒口的主要作用是补缩，此外，它还有出气和集渣的作用。

1. 冒口放置的原则

(1) 凝固时间应大于或等于铸件(或铸件被补缩部分)的凝固时间。

(2) 有足够的金属液补充铸件(或铸件被补缩部分)的收缩。

(3) 与铸件上被补缩部位之间必须存在补缩通道。

2. 冒口的形状

冒口的形状直接影响到它的补缩效果。生产中应用最多的冒口形状是圆柱形、球顶圆柱形、腰圆柱形，如图 3.24 所示。

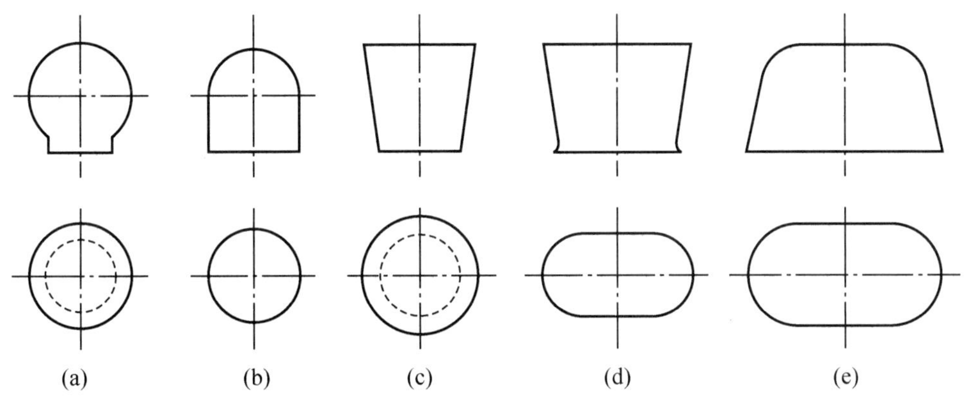

图 3.24 常用的冒口形状

(a) 球形；(b) 球顶圆柱形；(c) 圆柱形；(d) 腰圆柱形(明)；(e) 腰圆柱形(暗)

3. 冒口的位置

合理确定冒口放置的位置，可以有效消除铸件中的缩孔、缩松缺陷。冒口位置确定一般应遵守以下原则。

(1) 冒口应尽量放在铸件被补缩部位的上部或最后凝固的地方。

(2) 冒口应尽量放在铸件最高、最厚的地方，以便利用金属液的自重力进行补缩。

(3) 冒口应尽可能不阻碍铸件的收缩。

(4) 冒口最好布置在铸件需要机械加工的表面上，以减少精整铸件的工时。

3.5 浇 注

把液体金属浇入铸型的操作称为浇注。若浇注不当则会引起浇不足、冷隔、跑火、夹渣和缩孔等铸造缺陷。

1. 浇注前的准备工作

(1) 准备浇包。浇包大小由铸件大小决定，一般中小件用抬包，容量在 100kg 以下；大件用吊包，容量在 100kg 以上。对使用过的浇包要及时清理、修补，特别是要保证包嘴光滑平整。

(2) 清理通道。浇注前要考虑好浇注过程，浇注时先浇哪个型后浇哪个型，将相应的通道清理干净、不应有杂物等。

(3) 烘干用具。将浇包、挡渣钩等物品烘干，以免带入水分，引起铁水飞溅。

(4) 浇注工应穿戴齐全劳保用品，以免金属液的高温烘烤及被飞溅金属液烫伤。

2. 浇注过程的注意事项

(1) 浇注温度。当浇注温度过低时，铁水流动性差，易产生浇不足、冷隔、气孔等缺陷；当浇注温度过高时，铁水的收缩量增加，易产生缩孔、裂纹及粘砂等缺陷。合适的浇注温度应根据合金种类、铸件的大小及形状等来确定。若金属液的出炉温度太高，则在生产中常将其在包内放一段时间，然后再进行浇注。对于铸铁件，形状复杂、薄壁件的浇注温度为 1350～1400℃，形状简单厚壁件的浇注温度为 1260～1350℃。

(2) 浇注速度。浇注速度太慢，会使金属液的降温过多，易产生浇不足、冷隔和夹渣等缺陷。浇注速度太快，会使型腔中的气体来不及跑出而产生气孔；同时，由于金属液流速快，易产生冲砂、抬箱、跑火等缺陷。浇注速度应依具体情况而定，一般用浇注时间表示。

(3) 浇注工艺。在浇注时，注意扒渣、挡渣和引火。为便于挡渣和扒渣，可在浇包表面撒稻草灰和珍珠岩等。注意浇注过程中不要断流。

3.6 落砂和清理

1. 落砂

从砂型中取出铸件的工作称为落砂。在落砂时要注意开箱的时间：开箱过早，铸件未凝固或温度很高，会造成跑火、变形、表面硬皮等缺陷，并且铸件会形成内应力、裂纹等缺陷，对于铸铁件生产，开箱过早会造成过硬的白口组织；开箱过晚，将过长占用生产场地及工装，使生产率降低。落砂的时间和合金的种类，铸件的形状、大小有关。对于形状简单、小于 10kg 的铸铁件，可在浇注后 20～40min 落砂；10～30kg 的铸铁件，可在浇注后 30～60min 落砂。

落砂分手工落砂和机器落砂两种。前者用于单件小批生产中，而后者用于大批量生产中。

2. 清理

落砂后的铸件必须经过清理工序，才能使铸件外表面达到要求。清理工作主要包括下列内容。

(1) 切除浇冒口。铸铁件可用铁锤敲掉浇冒口；铸钢件要用气割切除；有色合金铸件则用锯割切除。

(2) 清除砂芯。铸件内腔的砂芯和芯骨可用手工、震动出芯机或水力清砂装置去除。

(3) 清除粘砂。铸件表面往往粘结着一层被烧焦的砂子，需要把它清除干净。铸件的表面清理一般用钢丝刷、錾子、风铲等手工工具进行。对于批量生产，清理常选用清理机械进行，广泛采用的清理机械有滚筒清理、喷丸清理，如清理滚筒、抛丸清理滚筒等。

3.7 铸件的主要缺陷及其产生原因

清理完的铸件要进行质量检验，对于产生的废品及铸件上产生的缺陷要进行分析，以便找出主要原因，并采取措施，从而在以后的生产中防止其再发生。

1. 铸件缺陷的分类

根据铸件缺陷的严重程度，可将铸件缺陷分为以下 3 种。

(1) 严重缺陷。这类缺陷的铸件不能修补，只能报废。

(2) 中等缺陷。这类缺陷的铸件，可允许修补后再使用。

(3) 小缺陷。这类缺陷可以修补，甚至不修补也可以使用。

按铸件的性质可分为以下 5 种。

(1) 孔眼类缺陷。如气孔、缩孔、缩松、渣眼、砂眼、铁豆等。

(2) 裂纹类缺陷。如热裂、冷裂等。

(3) 表面缺陷。如粘砂、结疤、夹砂、冷隔等。

(4) 铸件形状、尺寸和质量不合格。如多肉、抬箱、错箱、变形、偏心、尺寸不合格、质量不合格等。

(5) 铸件成分、组织、性能不合格。如化学成分不合格、金相组织不合格、物理机械性能不合格。

2. 铸件的常见缺陷及产生原因

由于铸造工序繁多，因此每一缺陷的产生原因也很复杂，对于某一铸件，可能同时出现由多种不同原因引起的缺陷；或者同一原因在生产条件不同时，会引起多种缺陷的发生。表 3-2 介绍了一些常见铸件缺陷的特征及缺陷产生的主要原因。

表 3-2　常见铸件缺陷的特征及缺陷产生的主要原因

类　别	缺陷名称及特征	简　图	主要原因分析
孔洞	气孔：铸件内部出现的孔洞，常为梨形、圆形，孔的内壁较光滑		(1) 砂型紧实度过高 (2) 型砂太湿，起模、修型时刷水过多 (3) 芯砂未烘干或通气道堵塞 (4) 浇注系统不正确，气体排不出去
	缩孔：铸件厚截面出现形状极不规则的孔洞，孔的内壁粗糙 缩松：铸件截面上细小而分散的孔洞		(1) 浇注系统或冒口设置不正确，无法补缩或补缩不足 (2) 浇注温度过高，金属液收缩过大 (3) 铸件设计不合理，壁厚不均匀无法补缩 (4) 和金属液化学成分有关，铸铁中 C、Si 含量少、合金元素多时易出现缩松
	砂眼：铸件内部或表面带有砂粒的孔洞		(1) 砂型强度不够或局部没舂紧，掉砂 (2) 型腔、浇注系统内散砂未吹掉 (3) 合型时砂型局部挤坏，掉砂 (4) 浇注系统不合理，冲坏砂型(芯)
孔洞	渣气孔：铸件在浇注时，上表面充满熔渣的孔洞，常与气孔并存，大小不一，成群集结		(1) 浇注温度太低，熔渣不易上浮 (2) 浇注时没挡住熔渣 (3) 浇注系统不正确，挡渣作用差

续表

类　　别	缺陷名称及特征	简　　图	主要原因分析
表面缺陷	机械粘砂：铸件表面粘附着一层砂粒和金属的机械混合物，使表面粗糙		(1) 砂型舂的太松，型腔表面不致密 (2) 浇注温度过高，金属液渗透力太大 (3) 砂粒过粗，砂粒间空隙太大
	夹砂：铸件表面产生的疤片状金属突起物。表面粗糙，边缘锐利，在金属片和铸件之间夹有一层型砂	金属片状物	(1) 型砂热湿强度过低，型腔表层受热膨胀后易鼓起或开裂 (2) 砂型局部紧实度过大，水分过多，水分烘干后易出现脱皮 (3) 内浇道过于集中，使局部砂型烘烤厉害 (4) 浇注温度过高，浇注速度过慢
	偏芯：铸件内腔和局部形状位置偏错		(1) 型芯变形 (2) 下芯时放偏 (3) 型芯没固定好，浇注时被冲偏
形状尺寸不合格	浇不到：铸件残缺或形状完整但边角圆滑光亮，其浇注系统是充满的 冷隔：铸件上有未完全融合的缝隙，边缘呈圆角	冷隔 浇不到	(1) 浇注温度过低 (2) 浇注速度过慢或断流 (3) 内浇道截面尺寸过小，位置不当 (4) 未开出气口，金属液的流动受型内气体的阻碍 (5)远离浇注系统的铸件壁过薄
	错型：铸件的一部分相对于另一部分在分型面处相互错开		(1) 合型时上、下型错位 (2) 定位销或泥记号不准 (3) 造型时上、下模有错动
裂纹	热裂：铸件开裂，裂纹断面严重氧化，呈暗蓝色，外形曲折而不规则 冷裂：裂纹断面不氧化并发亮，有时轻微氧化，呈连续直线状	裂纹	(1) 砂型(芯)退让性差，阻碍铸件收缩而引起过大的内应力 (2) 浇注系统开设不当，阻碍铸件收缩 (3) 铸件设计不合理，薄厚差别大

3.8　铸造工艺图

铸造工艺包括选择及确定铸型分型面、砂芯结构、浇注系统及铸造工艺参数等内容。铸造工艺一经确定，模样、芯盒及铸型的结构就随之确定了。铸造工艺的合理与否，直接影响铸件的质量及其生产率。

铸造工艺图是表示分型面、砂芯的结构尺寸、浇冒口系统和各项工艺参数的图形。在

单件小批量生产时，铸造工艺图是用红、蓝色线条按 JB 2435—2013《铸造工艺符号及表示方法》规定的符号和文字画在零件图上的，典型实例如图 3.25 所示。

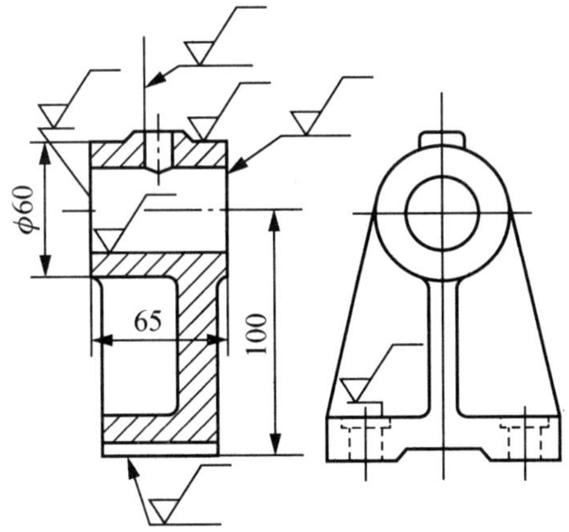

(a)

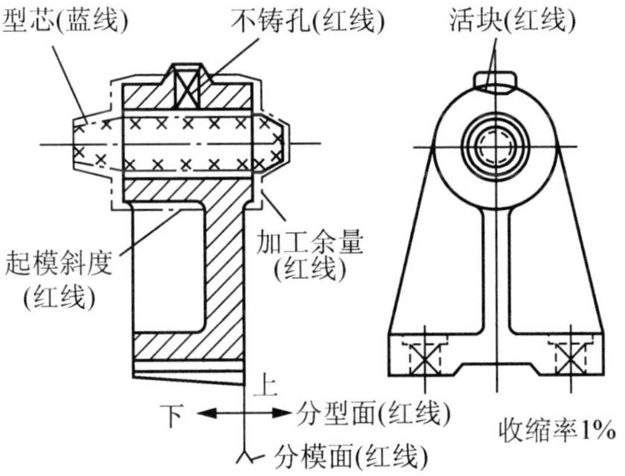

(b)

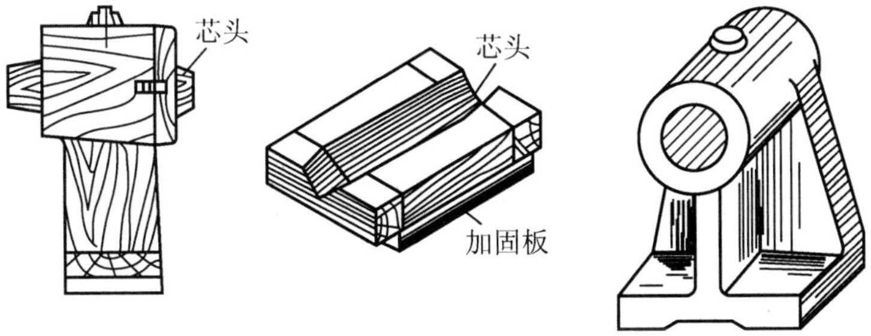

(c) (d) (e)

图 3.25　滑动轴承的铸造工艺图和模样结构图

(a) 零件图；(b) 铸造工艺图；(c) 模样结构图；(d) 芯盒结构；(e) 铸件

(1) 标出分型面。分型面的位置，在图上用红色线条加箭头表示，并注明上箱和下箱。

(2) 确定加工余量。在切削加工时从铸件上切去的金属层称为加工余量。加工余量在工艺图中用红色线条标出，剖面用红色全部涂上。

(3) 标出拔模斜度。在垂直于分型面的木模表面上应绘制拔模斜度。拔模斜度一般为0.5°～3°，拔模斜度用红色线条表示。

(4) 铸造圆角。为了便于造型和避免产生铸造缺陷，零件图上的两壁相交处做成圆角，此圆角称铸造圆角。在铸造工艺图上用红线表示。

(5) 绘出型芯头及型芯座。型芯头及型芯座用蓝色线条绘出。此时应注意，型芯座应比型芯头稍大，二者之差即为下型芯时所需要的间隙。

(6) 不铸出的孔。对于零件上较小的孔、槽，在铸造中不易铸出时，在铸造工艺图上，将相应的孔位置用红线打叉。

(7) 标注收缩率。收缩率用红字标注在零件图的右下方。

3.9 金属的熔炼

本节主要介绍冲天炉熔化铸铁、中频炉熔化铸钢及电阻炉熔化铝合金的工艺过程。

3.9.1 冲天炉熔化铸铁

在铸件生产中，铸铁件产量占铸件产量的70%～75%。为得到高质量的铸件，必须要熔化出高质量的铁水，铸铁的熔化应满足下列要求：①铁水温度高；②铁水的化学成分稳定在所要求的范围内；③生产率高、成本低。

铸铁的熔化设备有冲天炉、电弧炉和感应电炉等。目前应用较广的仍是冲天炉，其结构简单、操作方便、熔化率高、成本低，可连续生产，而且投资少。

1. 冲天炉的构造

冲天炉的构造如图3.26所示，它由以下几部分组成。

(1) 炉体。炉体外形是一个直立的圆筒，包括烟囱、加料口、炉身、炉缸、炉底和支撑等部分。它的主要作用是完成炉料的预热、熔化和铁水的过热。

自加料口的下沿至第一排风口中心线之间的炉体高度称有效高度。炉身的高度是冲天炉的主要工作区域。炉身的内腔称为炉膛。第一排风口中心线至炉底部分称为炉缸，其作用是汇聚铁水。

(2) 前炉。它起存储铁水的作用，由过道与炉缸连通。前炉上面有出铁口、出渣口和窥视口。

(3) 火花捕集器。它又称火花罩，位于炉顶部分，其作用主要是除尘。废气中的烟灰和有害气体聚集于火花捕集器底部，由管道排出。

(4) 加料系统。它包括加料机和加料桶，其作用是把炉料按配比、依次、分批地从加料口送进炉膛内。

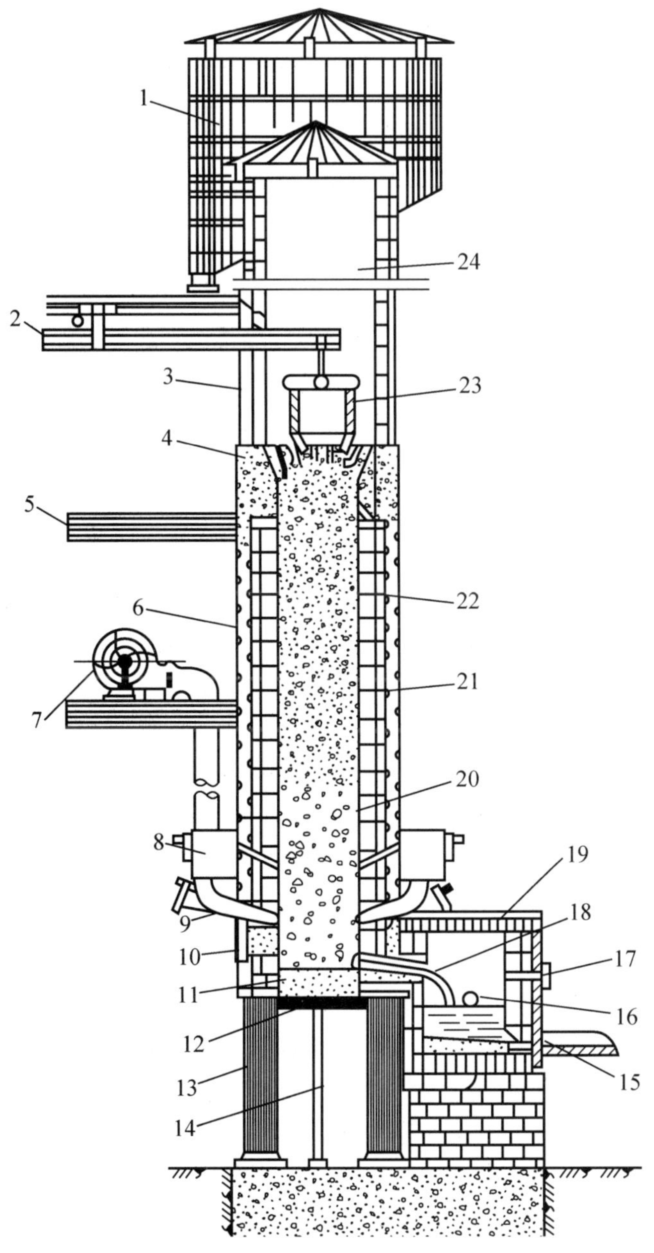

图 3.26 冲天炉的构造

1—火化罩；2—加料机；3—加料口；4—耐火砖；5—加料台；6—炉身；7—鼓风机；8—风带 9—风口；10—工作门；11—炉底；12—炉底门；13—炉脚；14—炉底支柱；15—出铁口 16—出渣口；17—窥视口；18—过桥；19—前炉；20—底焦；21—金属料；22—层焦；23—加料桶；24—烟囱

(5) 送风系统。它包括进风管、风带、风口及鼓风机的输出管道，其作用是将一定量的空气送入炉内，供底焦燃烧用。风带的作用是使空气均匀、平稳地进入各风口。

冲天炉的大小以每小时熔化多少铁水来表示，称为熔化率。常见的冲天炉熔化率为 2～10t/h。熔化率和炉膛直径、有效高度的关系见表 3-3。

表 3-3　熔化率和炉膛直径、有效高度的关系

熔化率/(t/h)	1	2	3	5	7	10
平均炉膛直径/mm	380	525	620	795	910	1180
有效高度/mm	3500	4000	4900	5700	6100	6300

2. 冲天炉熔炼用的炉料

冲天炉熔炼用的炉料包括金属炉料、燃料和熔剂三部分。

(1) 金属炉料。金属炉料包括生铁、回炉料(浇冒口及废铸件)、废钢和铁合金(硅铁、锰铁等)等。生铁是主要成分，也是高炉冶炼的产品。利用回炉料可以降低铸件成本。废钢的作用是降低铁水的含碳量。各种金属合金的作用是调整铁水的化学成分或配制合金铸铁。各种金属炉料的加入量是根据铸件化学成分的要求和熔炼时各元素的烧损量计算出来的。

(2) 燃料。燃料主要是焦炭。焦炭燃烧的程度直接影响铁水的温度和成分。在熔炼过程中，为保持底焦高度一定，每批炉料中都要加入一定的焦炭(层焦)来补偿底焦的烧损。熔化金属炉料的总质量与消耗的焦炭总质量之比称为总铁焦比，其数值一般为 10∶1。

(3) 熔剂。在熔炼时，金属炉料表面的泥沙、焦炭中的灰分及剥落的炉衬会形成一种粘滞的炉渣，其主要成分是 SiO_2 和 Al_2O_3，如果不及时排除，它将粘附在焦炭上，影响焦炭燃烧，因此需加入一定量的熔剂，如石灰石($CaCO_3$)和萤石(Ca_2F)等以形成熔点较低、比重较小、流动性较好的熔渣，使之浮在铁水的表面，易于从出渣口排掉。石灰石的加入量一般为层焦质量的 25%～45%，焦炭灰分多，当炉料中的泥砂多时应取上限。

3. 冲天炉的操作过程

冲天炉是间歇工作的，每次的连续熔炼时间为 4～8h，具体操作过程如下。

(1) 备料。炉料的质量及块度大小对熔化质量有很大影响。金属炉料的最大尺寸不要超过炉子内径的 1/3，否则容易产生“搭棚”故障。底焦的块度取大一些(100～150mm)，层焦的块度可小一些，熔剂和铁合金等的块度为 20～50mm。

(2) 修炉。用耐火材料将炉身及前炉内壁损坏的地方修好，关闭炉底门，用型砂填实炉底，炉底面应向过道方向倾斜 5°～7°。

(3) 烘干、点火。修炉后应烘干炉壁。烘烤工作与点火同时进行，从工作门加入刨花和部分木材引火后，关闭工作门，从加料口加入其余木材。前炉也要用木柴引火烘干。

(4) 加底焦。从加料口先加入 1/2 的底焦，烧着后再加入剩余的底焦，并从加料口测量剩余底焦高度。底焦高度是指第一排的风口中心线到底焦顶面的高度，一般为 0.9～1.5m。底焦加好并燃着后，先鼓风 2～3min 除灰。

(5) 加料。每批炉料按熔剂、金属炉料、层焦的次序加入，直到加至加料口下沿为止。在熔炼过程中应保持炉料高度线和加料口平齐，以利于风量稳定，并使炉料充分预热。

(6) 熔炼。先打开风口放出 CO 气体，待炉料预热 15～30min 后鼓风，半分钟后关闭风口。鼓风 6～9min 后，如果主风口可看到铁水滴下落，则说明底焦高度合适。

(7) 出铁、出渣。半小时左右可出第一包铁水，经炉前检验合格后即可浇注。出炉的铁水温度为 1250～1350℃。

(8) 停风、打炉。当剩下的砂型不多时就停止加料，到炉料熔化将近完毕时停风。当前炉内的铁水和熔渣流完后，即可打开炉底门，撤除炉内的底焦和剩余的炉料，并用水将其熄灭。

4. 冲天炉的工作原理

冲天炉是利用对流原理熔炼的。在熔炼时，热炉气自下而上运动，冷炉料自上而下移动。两股逆向流动的物与气之间进行着热量交换和冶金反应，最终将金属炉料熔化成符合要求的铁水。

1) 底焦的燃烧及炉气的变化

冲天炉内炉气的成分、温度及金属炉料温度沿炉子高度的变化规律如图 3.27 所示。

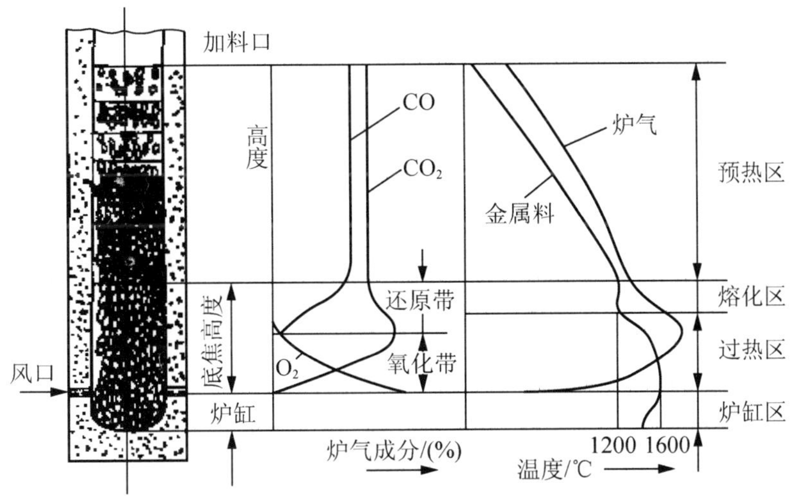

图 3.27 炉气的成分、温度及金属炉料温度的变化规律

冲天炉下部充满烧红的底焦，风口以上的底焦和从风口鼓进的空气接触发生氧化反应，散出大量的热

$$C + O_2 \rightarrow CO_2 + Q$$

随着炉气上升，底焦继续燃烧，O_2 越来越少，CO_2 越来越多，炉气温度迅速提高。待 O_2 耗尽时，炉气温度达最大值，为 1650～1750℃。以主风口中心线到氧化反应停止(CO_2 浓度和炉气温度均达到最大值)的一段高度称为氧化带。

当炉气继续上升时，含有大量 CO_2 的炉气与炽热的焦炭发生还原反应，吸收大量的热

$$CO_2 + C \rightarrow 2CO - Q$$

结果随炉气上升，CO_2 越来越少，CO 越来越多，炉气温度反而逐渐降低，到底焦顶部时，炉气温度降至 1200～1300℃，反应停止，以后 CO_2 和 CO 的浓度基本不变。从氧化带顶面到还原反应停止(即底焦顶面)的一段高度称为还原带。

金属炉料在底焦顶面一段高度内开始熔化，这个区域称为熔化区。熔化区底部到主风口中心线的区域，金属液继续升温称为过热区。风口以下的炉缸区，没有炉气流动，炽热

的焦炭不发生燃烧反应。熔化区顶面到加料口下沿，因缺氧炉气温度又较低，底焦不能燃烧，炉气温度继续下降。这个区域仅起预热炉料的作用称为预热区。显然冲天炉内的燃烧反应主要在底焦层中的氧化带和还原带进行。

2) 炉料的预热、熔化和铁水过热

金属炉料从加料口进入炉内，经过25～30min预热到达熔化区，温度升至1100～1200℃，经5～6min停留熔化成铁水滴。铁水滴沿焦炭之间的空隙下落，经7～8s过热后，温度可升高到1600℃左右。当落入炉缸的铁水由过道进入前炉时，温度略有下降，铁水的出炉温度为1360～1420℃。

3) 铁水中的冶金反应

在熔化和过热阶段，由于炉气和炉渣的氧化作用，使铁水中的硅、锰被烧损，其相对烧损硅量为10%～15%，锰为20%～25%。由于铁水和焦炭直接接触吸收碳和硫，使铁水含碳量和含硫量增加，磷基本不变。为保证铁水的化学成分要求，在备料时应适当加入硅铁、锰铁。在必要时可采用优质焦炭和铁料，以获得低硫、磷含量的铁水。

3.9.2 铸钢熔炼

炼钢是铸钢生产过程中的一个重要环节，铸钢件的质量与钢液质量有很大关系，铸钢的力学性能在很大程度上是由钢液的化学成分决定的，很多种铸造缺陷，如气孔、热裂等也都与钢液的质量有很大的关系。因此，要获得高质量铸件就必须保证钢液的质量，就必须要炼好钢。

炼钢过程不仅仅是将炉料熔化，其中还包含不少复杂的冶炼过程，这都是为了达到炼钢的目的和要求而进行的。概括说来，炼钢的目的和要求包括以下几个方面。

(1) 将固体炉料(生铁、废钢等)熔化成钢液。

(2) 将钢液中的硅、锰、碳(冶炼合金时还包括合金元素)的含量控制在规定范围以内。

(3) 除去钢液中的有害元素硫和磷，将含硫含磷量降低到规定限度以下。

(4) 清除钢液中的非金属夹杂物和气体，使钢液纯净。

(5) 提高钢液温度，保证浇注的需要。

1. 炼钢的方法

炼钢有很多方法，在铸钢生产中普遍采用的是感应电炉和三相电弧炉炼钢。近年来感应电炉炼钢发展较快，特别适用于中小企业对中小铸钢件的生产，这里着重对其进行介绍。

感应电炉炼钢是利用交流电感应的作用，使坩埚内的金属炉料(及钢液)本身发出热量以进行熔炼的一种炼钢方法。感应电炉的工作原理如图3.28所示。

在一个用耐火材料筑成的坩埚外面，套着螺旋形的感应器1(感应线圈)，坩埚2内装有金属炉料3，它如同插在线圈当中的铁心，当线圈上通以交流电时，由于交流电的感应作用，在金属炉料内部产生感应电动势，并因此产生电涡流。由于金属炉料有电阻，因而当电流通过时就会产生电阻热，这种产生热量的方法称为感应加热。感应电炉炼钢所用的热量就是利用这种原理产生的。感应电炉炼钢有以下两个优点。

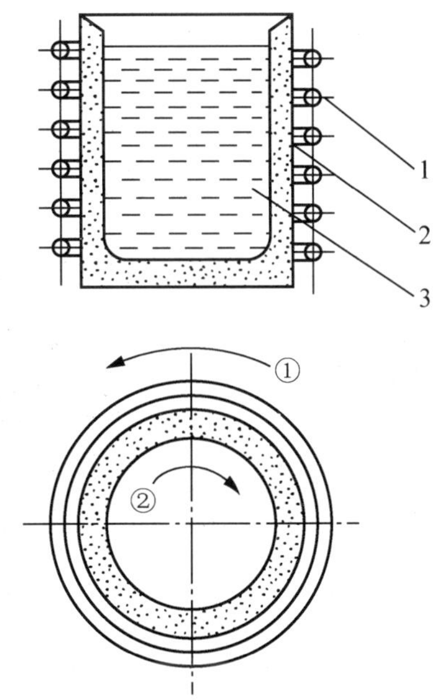

图 3.28 感应电炉的工作原理

1—感应器；2—坩埚；3—炉料；

① —通入感应器的电流方向；② —在钢液(或炉料)中产生感应电流的方向

1) 加热速度快，炉子的热效率高

感应电炉炼钢时，热量是在炉料内部产生的，其加热过程不需要从外界传导，故加热速度较快；因是自身加热，所以热量散失也比外部加热来得少，因此热效率比较高。

2) 氧化烧损较轻，钢液吸气较少

感应电炉的缺点是炉渣不能充分地发挥它在冶炼过程中的作用。

2. 感应电炉的分类及应用

感应电炉按照结构和用途区分为两大类：有芯感应电炉和无芯感应电炉。在有芯感应电炉的炉体中装有用硅钢片制成的铁心，通入交流电感应产生磁场时，铁心起着加强导磁的作用，有芯感应电炉适用于熔炼有色合金和熔化铸铁。在无芯感应电炉的炉体中没有铁心，这种电炉适用于炼钢和熔化铸铁。铸钢生产中所用的感应电炉都是无芯感应电炉，如图 3.28 所示。

3.9.3 铝合金熔化

铝合金熔化后极易氧化，生成的氧化物 Al_2O_3 熔点高(2050℃)，密度也略高于金属液，所以易混入合金内，烧注后在铸件内形成夹渣。此外，铝合金还易吸气，特别是吸收氢气，铸造过程中常常由于气体来不及逸出而在铸件内形成气孔。因此，铝合金在熔化时，不能直接与燃料接触，必须放在坩埚内熔化。熔化铝合金设备很多，常用的有电阻坩埚炉和焦炭坩埚炉。电阻坩埚炉利用电阻丝通电发热加热坩埚，而其所用的坩埚多数用石墨或铸铁制成。电阻坩埚炉示意图如图3.29所示。工业生产中很少用纯铝来制作铸件，多采用铝合金，如铝硅合金、铝铜合金、铝镁合金及铝锌合金等，其中铝硅合金应用最广。

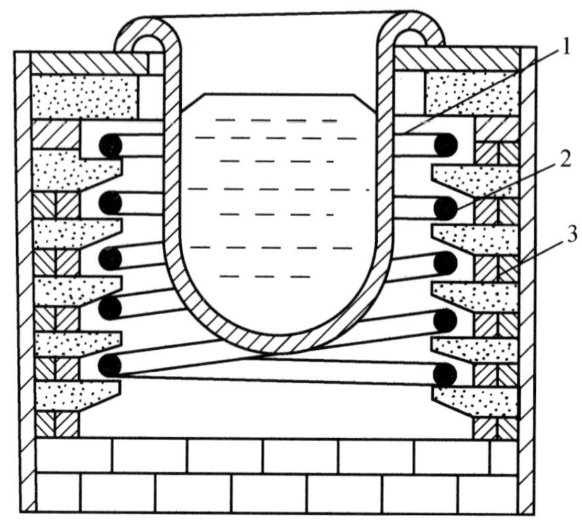

图3.29 电阻坩埚炉

1—坩埚；2—电阻丝；3—耐火砖

思 考 题

1. 什么是铸造？它有何特点？
2. 何谓型砂？型砂应具备哪些性能？这些性能如何影响铸件的质量？
3. 型砂和芯砂由哪些材料组成？
4. 如何配制型(芯)砂？
5. 如何用手简单判断型砂的性能？
6. 常用的手工造型方法有哪些？
7. 手工造型和机器造型各自的应用范围是什么？
8. 型芯的作用是什么？型芯中芯骨的作用是什么？
9. 手工制芯的3种方法是什么？
10. 浇注系统的作用是什么？
11. 浇注系统由几部分组成？
12. 顶注式浇注系统、中注式浇注系统和底注式浇注系统各有何特点？
13. 什么是封闭式浇注系统、开放式浇注系统和半封闭式浇注系统？
14. 冒口的作用是什么？
15. 冒口的放置原则是什么？画出常用的冒口形状。
16. 冒口位置的确定原则是什么？
17. 浇注不当会引起什么铸造缺陷？
18. 清理包括什么内容？

19. 铸造缺陷分几类？
20. 铸造工艺包括什么内容？
21. 铸铁的熔化应满足何要求？
22. 冲天炉由几部分组成？各部分的作用是什么？
23. 冲天炉熔炼用的炉料包括哪几部分？
24. 简述冲天炉的操作过程。
25. 下列套筒类铸件(图 3.30)都是单件生产，试确定它们的造型方法。

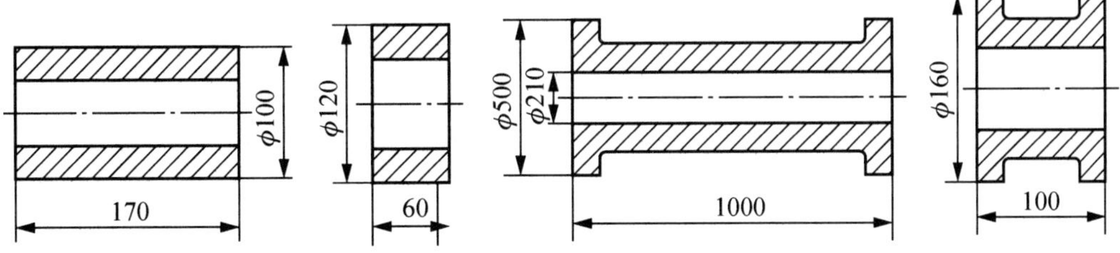

图 3.30 套筒铸件

26. 下列铸件(图 3.31)在不同生产批量时，各应采用什么造型方法？

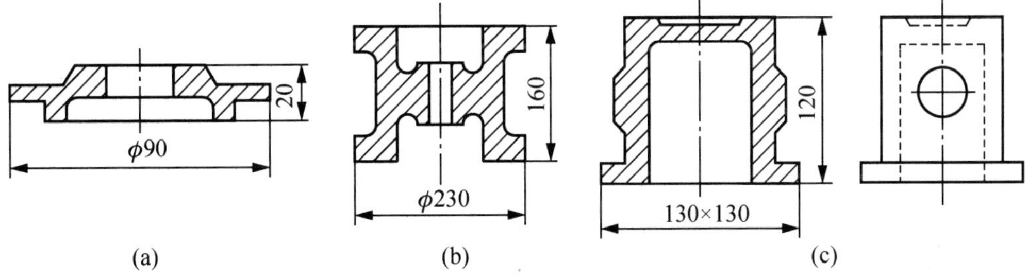

图 3.31 铸件

(a) 轴承盖；(b) 带轮；(c) 箱体

第4章 锻 压

锻压是对金属坯料(不含板材)施加外力，使其产生塑性变形、改变尺寸、形状及改善性能，用以制造机械零件、工件、工具或毛坯的成形加工方法。锻压也是制造零件毛坯的主要方法。

4.1 概 述

锻压是锻造和冲压的合称，是利用锻压机械的锤头、砧块、冲头或通过模具对坯料施加压力，使之产生塑性变形，从而获得所需形状和尺寸的制件的成形加工方法。锻压生产在机械、电力、电器、冶金、仪表、国防等领域得到了广泛的应用，特别是应用在受力大而复杂的重要零件中，如主轴、曲轴、连杆、齿轮、叶片等零件。

1. 锻压的特点

锻压有以下特点。

(1) 改善金属组织，提高力学性能。通过锻压可以压合铸造组织中的内部缺陷(如微裂纹、气孔、缩松等)从而获得较细密的晶粒结构。

(2) 锻压件的外形和表面粗糙度已接近或达到成品零件的要求，只需少量或不需切削加工即可得到成品零件，减少了金属加工的损耗，节约了材料。

(3) 锻压加工适用范围广泛，且模锻、冲压均有较高的劳动生产率。

(4) 锻压加工的不足是锻件(锻造毛坯)的尺寸精度不高，难以直接锻制外形和内腔复杂的零件且设备费用较高。

2. 锻压的分类及应用

锻压包括锻造和冲压两大部分：锻造(自由锻、模锻等)主要用于生产重要的机器零件，如机床的齿轮和主轴、内燃机的连杆及起重吊钩等；冲压主要用于板料加工，广泛应用于航空、车辆、电器、仪表及日用品等工业部门。锻压的其他加工方法还有轧制、挤压、拉拔等，适用于板材、管材、线材的生产。根据坯料的移动方式，锻造可分为自由锻、镦粗、挤压、模锻、闭式模锻、闭式镦锻。根据锻模的运动方式，锻造又可分为摆辗、摆旋锻、辊锻、楔横轧、辗环和斜轧等方式。

各类钢材和大多数非铁金属及其合金都具有一定的塑性，它们均可以在热态或冷态下进行锻压加工。金属的锻压性能以其塑性和变形抗力综合衡量。塑性是金属产生永久变形的能力，变形抗力是指在变形过程中金属抵抗工具(如砧铁、模具)作用的力。显然，金属的塑性越好，变形抗力越小，锻压性能就越好。钢的含碳量及合金元素含量越低，塑性越好，因此锻压性能越好。低碳钢、中碳钢及低合金钢都具有良好的锻压性能。此外，奥氏体不锈钢及铜、铝等有色金属也是常用的锻压材料。铸铁属于脆性材料，不能进行锻压加工。

4.2 坯料的加热和锻件的冷却

4.2.1 加热设备

坯料的加热设备主要是加热炉，根据加热时所采用的能源不同，加热炉可分为火焰加热炉和电加热炉两大类。火焰加热炉是利用燃料(煤、焦炭、重油、柴油、煤气等)燃烧时产生的含有大量热能的高温气体(火焰)来加热坯料的一种设备，如手锻炉、室式炉、反射炉等。因为火焰加热炉燃料来源方便，炉子简单，加热费用低，且能够加热不同尺寸、重量和形状的坯料，所以其得到了广泛的应用，它是锻造生产最基本的加热设备，但是采用火焰加热炉也存在着劳动条件差、加热速度慢、质量难以控制等缺点。电加热炉是通过将电能转化为热能来加热金属坯料的加热设备。常用的电加热炉一般采用电阻加热、接触加热和感应加热的方式加热坯料，它具有升温快、生产率高、工件氧化少、易于实现自动化等优点，但其又有设备投资大、加热成本高的缺点。

1. 手锻炉

将坯料直接置于煤或焦炭等固体燃料上加热的炉子称为手锻炉(又称明火炉，如图 4.1 所示)。燃料放在炉箅上，所需的空气由鼓风机从炉箅下方送入煤层。手锻炉的结构简单、操作方便，可用于手工锻造及小型空气锤上自由锻加热坯料使用，它也是目前锻造实习操作中经常采用的加热设备之一。

2. 室式炉

室式炉是用喷嘴将重油或煤气与压缩空气汇合后直接喷射(呈雾状)到炉膛中燃烧的一种火焰加热炉，如图 4.2 所示。由于它的炉膛三面是墙，一面有门，所以称之为室式炉。常用的室式炉有重油炉和煤气炉，它们的结构基本相同，只是燃烧重油的喷嘴和燃烧煤气的喷嘴结构不同。

3. 反射炉

反射炉是一种室式火焰炉，炉内传热方式不仅是靠火焰的反射，而且更主要的是借助炉顶、炉壁和炽热气体的辐射传热。如图 4.3 所示，煤在燃烧室中燃烧所产生的高温炉气，越过火墙进入加热室中加热金属坯料。燃烧所需的空气经过换热器预热后送入燃烧室，而废气则经烟道排出。这种炉子可以用于中小批量的锻件生产。

4. 电阻加热炉

电阻加热炉是利用电流通过电热元件产生热量间接加热金属。炉子通常做成箱形，其特点是结构简单，炉内气温容易控制，升温慢，温度控制准确。箱式电阻炉可分为低温、中温和高温3种，其结构如图4.4所示。中温箱式电阻炉的工作温度范围为450～950℃，通常用来加热有色金属及其合金；而高温箱式电阻炉的最高加热温度为1250～1350℃，通常用来加热高温合金、高合金钢等坯料。

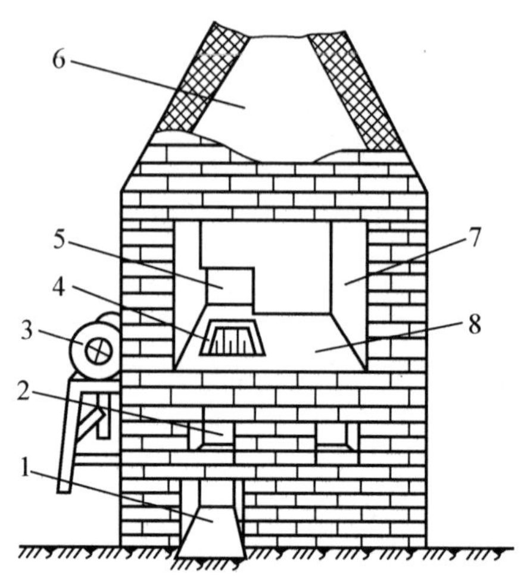

图4.1 手锻炉的结构示意图

1—灰坑；2—火钩槽；3—鼓风机；4—炉箅；5—后炉门；6—烟囱；7—前炉门；8—堆料平台

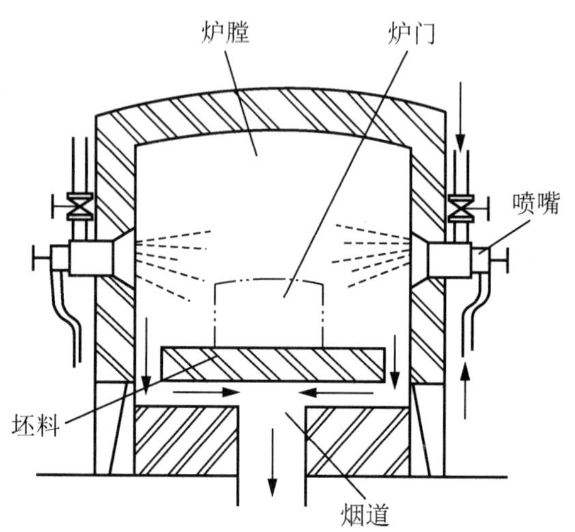

图4.2 室式炉的结构示意图

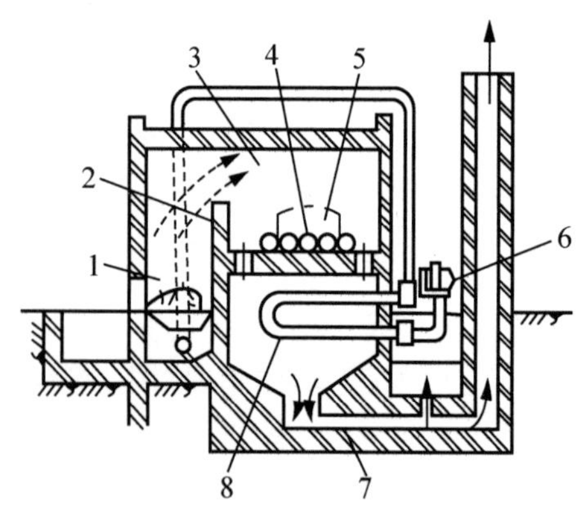

图4.3 反射炉的结构示意图

1—燃烧室；2—火墙；3—加热室；4—坯料；5—炉门；6—鼓风机；7—烟道；8—换热器

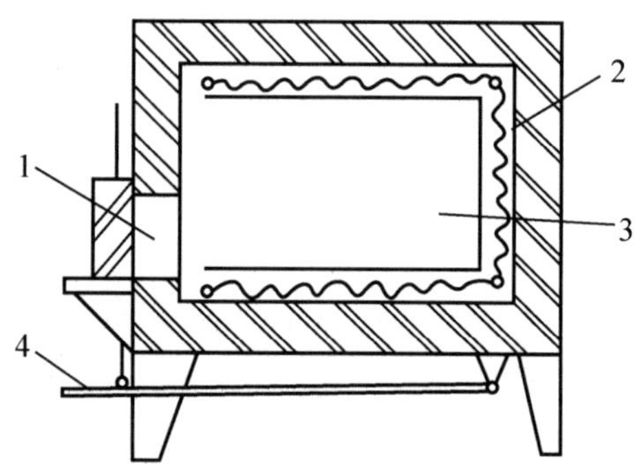

图4.4 箱式电阻炉的结构示意图

1—炉门；2—电热体；3—炉膛；4—踏杆

4.2.2 锻造温度范围的确定

加热的目的就是提高坯料的塑性，降低其变形抗力，使之易于流动成形并获得良好的锻后组织。但是加热的温度过高，就会产生加热缺陷，甚至造成废品，而且在锻造的过程

中，随着温度逐渐降低，坯料的塑性越来越差，变形抗力越来越大，当温度下降到一定程度后，坯料不仅难以继续锻造，而且也容易开裂。因此，必须确定合理的锻造温度范围，即以开始锻造温度(简称始锻温度)到结束锻造温度(简称终锻温度)之间的一段温度区间。一般碳钢的始锻温度应低于铁-碳相图固相线温度以下 150～250℃，终锻温度不能低于铁-碳相图 A_1 线(800℃左右)。几种常用金属材料的锻造温度范围见表 4-1。

表 4-1 常用金属材料的锻造温度范围

种　　类	始锻温度/℃	终锻温度/℃
低碳钢	1200～1250	800
中碳钢	1150～1200	800
合金结构钢	1100～1150	850
铝合金	450～500	350～380
铜合金	800～900	670～700

金属坯料的温度可用仪表测量，但在实际生产操作中，锻工一般可用观察坯料火色的方法来判断加热温度。碳钢加热温度与火色的关系见表 4-2。

表 4-2 碳钢加热温度与火色的关系

温度/℃	1300	1200	1100	900	800	700	600
火色	黄白	淡黄	黄	淡红	樱红	暗红	赤褐

4.2.3 锻件的冷却方法

锻件的冷却是指锻后从终锻温度冷却到室温。如果冷却方法不当，就会产生硬化、变形或裂纹等缺陷。常用的冷却方法有以下 3 种。

(1) 空冷。在无风的空气中，锻后件单个或成堆的直接放在干燥的地面上冷却。空冷多用于碳素结构钢和低合金钢的中小型锻件的冷却。

(2) 坑冷。锻后件放到地坑或铁箱中封闭冷却或埋入坑内砂子、石灰或炉渣中冷却。对于要求冷却速度较慢的中小型锻件可采用坑冷。

(3) 炉冷。锻后件直接装入 500～700℃的加热炉中，并随炉缓慢冷却。它适用于大型、复杂及高合金钢锻件的冷却。

4.3 自 由 锻

4.3.1 自由锻设备

自由锻造有手工锻造和机器自由锻造两种。机器自由锻造的设备有空气锤、蒸汽-空气锤和水压机 3 种。

1. 空气锤

空气锤是应用很广泛的一种自由锻锤，它可以用于各种自由锻造工序，也可以用作胎模锻造。空气锤的外形及主要结构如图4.5所示。电动机6通过传动系统推动压缩缸1中的压缩活塞3作上下运动，当压缩活塞3向上运动时，压缩空气进入工作缸2迫使工作活塞4带动上砧11下落发生锤击；当压缩活塞下降时，相反推动工作活塞带动上砧上升。

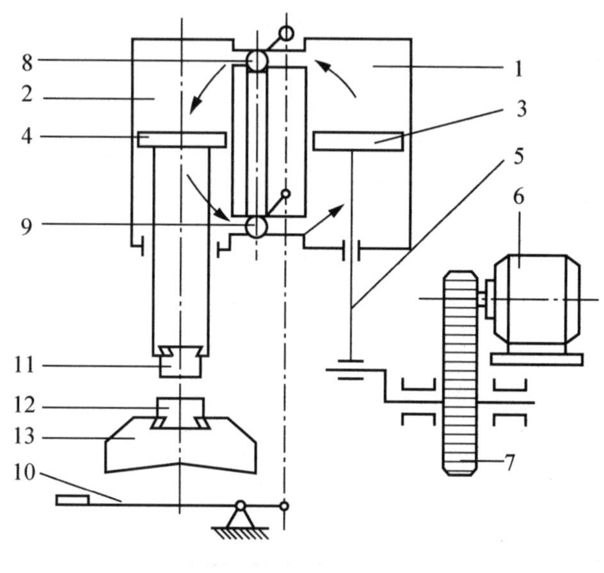

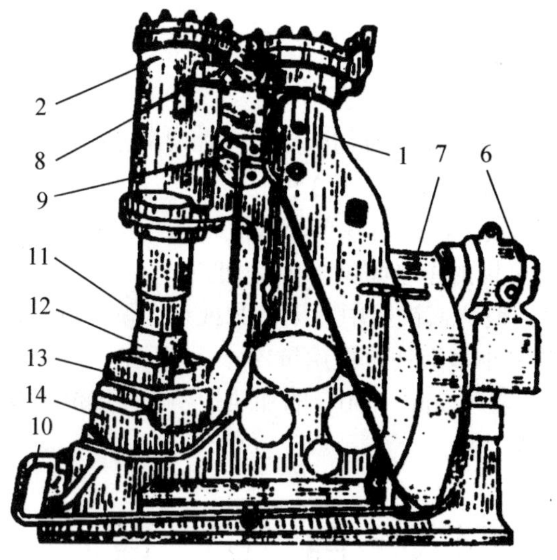

图4.5 空气锤的外形及主要结构

1—压缩缸；2—工作缸；3—压缩活塞；4—工作活塞；5—连杆；6—电动机；7—减速器；8—上旋阀；9—下旋阀；10—踏杆；11—上砧；12—下砧；13—砧垫；14—砧座

2. 蒸汽-空气锤

由于空气锤打击的能量较小，若需要较大锻击时，则采用蒸汽-空气锤。蒸汽-空气锤是应用普遍的一种锻造设备，它既可用作自由锻，又可以用作模锻。蒸汽-空气锤的结构类型有单柱式和双柱式两种。

空气锤和蒸汽-空气锤的吨位按落下部分质量(kg)计算。空气锤的吨位有 40、75、150…1000(kg)等规格；蒸汽-空气锤最小的为 630kg，最大的为 5t，一般常用的为 1～3t，大于 5t 的则被水压机代替了。

1) 单柱式蒸汽-空气锤

图 4.6 所示为单柱式蒸汽-空气锤，从蒸汽锅炉或压缩空气机送来的蒸汽或压缩空气经过进气管 1 进入汽缸 6，由滑阀 3 支配进入汽缸 6，推动锤头 9 上升或下落，滑阀的运动由人操作。

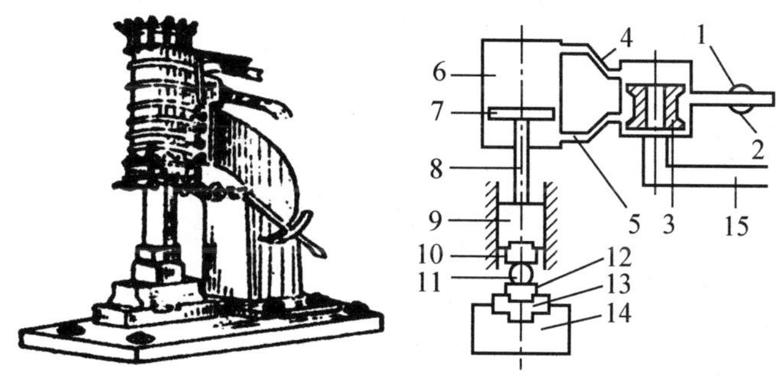

图 4.6 单柱式蒸汽-空气锤外形及结构示意图

1—进气管；2—节气阀；3—滑阀；4—上气道；5—下气道；6—汽缸；7—活塞；
8—锤杆；9—锤头；10—上砧；11—坯料；12—下砧；13—砧垫；14—砧座；15—排气管

2) 双柱式蒸汽-空气锤

双柱式蒸汽-空气锤的吨位都在 1t 以上，有拱式和桥式两种。拱式锻锤的锤身由两个立柱组成拱门形，结构紧凑，锤身位置稳定，是应用很普遍的一种，但只能从两面接近下砧，锻制复杂大锻件时不方便，落下重力为 1～5t；桥式锻锤的锤身由两个立柱和一个横梁铆成或焊成桥架式，轮廓尺寸及重力都比拱式大，操作空间大，能从四面接受下砧，锻造一些形状复杂、质量一般为 3～5t 的工件。图 4.7 所示为双柱拱式蒸汽-空气锤示意图。

3. 水压机

1) 水压机的特点

它是用锻锤锻造，以打击力迫使金属发生塑性变形。水压机操作时震动大、噪声大。为了防止水压机下砧的跳动，需要极重的砧座(为锻锤落下部分质量的 15～20 倍)，这就限制了锻锤向更大的吨位发展。大型和特大型锻件只有依靠压力机，自由锻造使用的压力机一般是水压机。

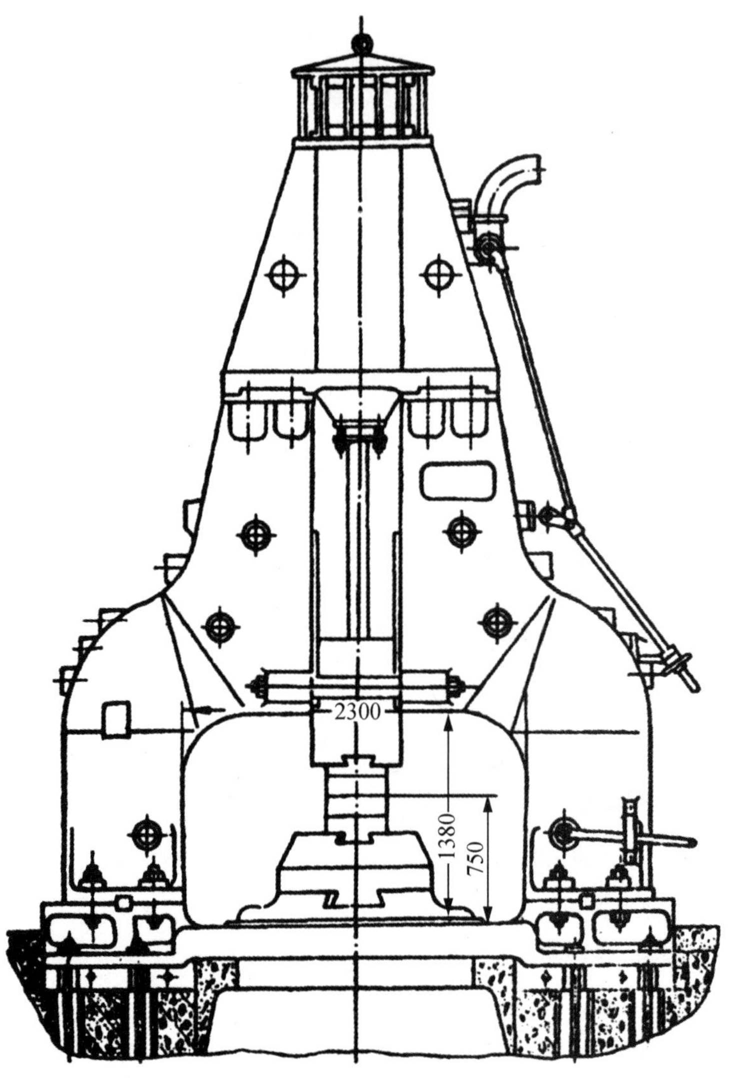

图 4.7 双柱拱式蒸汽-空气锤示意图

水压机属于用无冲击的静压力使金属变形的一种机械。上砧所施加的压力能深入到锻件的内部而把金属锻透，剩余部分压力便由机柱承受，地面不受震动，因此水压机的使用效率高于锻锤。水压机的吨位可以做得很大，由几十吨到几万吨，常用的水压机是 500～50000t。中国于 1961 年就制造了 12000t 水压机，如图 4.8 所示。

2) 水压机的应用

水压机主要用于自由锻造，它是锻制大型锻件的基本设备，可代替 5t 以上的锻锤，能锻制大的和尺寸较准确的锻件，如将钢锭锻制为模块圆盘、环形件、曲轴和连杆等大型自由锻件。由于水压机具有能力大、行程长、在工作过程中保持几乎相等的压力和较慢的速度的特点，故它很适合冲深孔和延伸孔工序及铝、镁等有色合金锻件。

图 4.8　12000t 水压机锻压 100t 重的钢锭

4.3.2　自由锻基本工序

锻件的锻造成形过程由一系列变形工序组成。根据工序的实施阶段和作用不同，自由锻的工序分为基本工序、辅助工序和精整工序三类。基本工序是实现锻件基本成形的工序，有镦粗、拔长、冲孔、弯曲、扭转、切割等；为便于实施基本工序而使坯料预先产生少量变形的工序称为辅助工序，如压肩、压痕、倒棱等；在基本工序之后，为修整锻件的形状和尺寸、消除表面不平、矫正弯曲和歪扭等目的而施加的工序称为精整工序，如滚圆、摔圆、平整、校直等。

4.3.3　典型锻件自由锻工艺过程

以阶梯轴锻件的自由锻工艺说明自由锻的工艺过程。阶梯轴类锻件自由锻的主要变形工序是整体拔长及分段压肩、拔长。表 4-3 所列为一简单阶梯轴锻件的自由锻工艺过程。

表 4-3 阶梯轴锻件的自由锻工艺过程

锻件名称	阶梯轴	工艺类别	自由锻
材料	45	设备	150kg 空气锤
加热火次	2	锻造温度范围	1200～800℃
锻件图		坯料图	
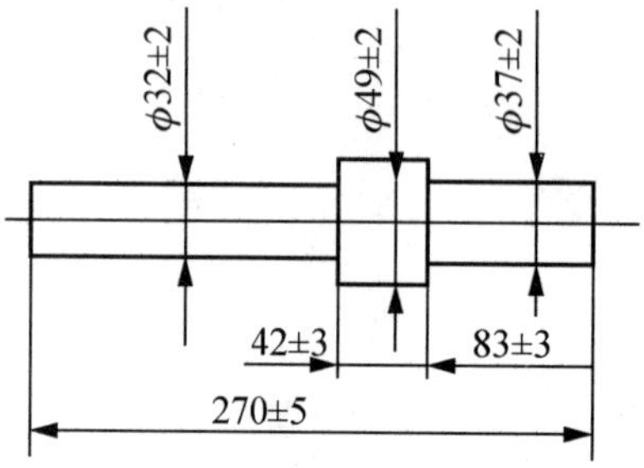 φ32±2　φ49±2　φ37±2 42±3　83±3 270±5		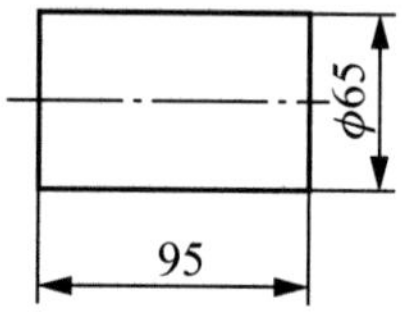 φ65 95	

序号	工序名称	工序简图	使用工具	操作要点
1	拔长	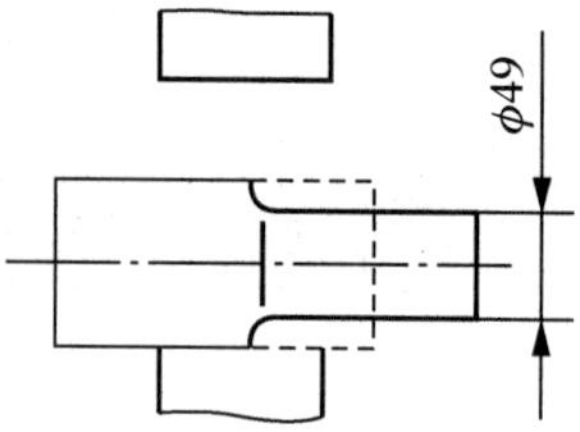 φ49	火钳	整体拔长至 φ(49±2)mm
2	压肩	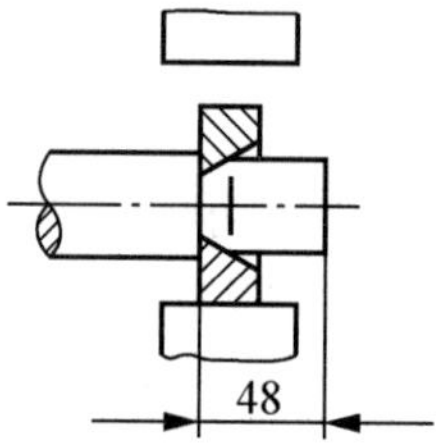 48	火钳压肩摔子或三角铁	边轻打边旋转坯料
3	拔长	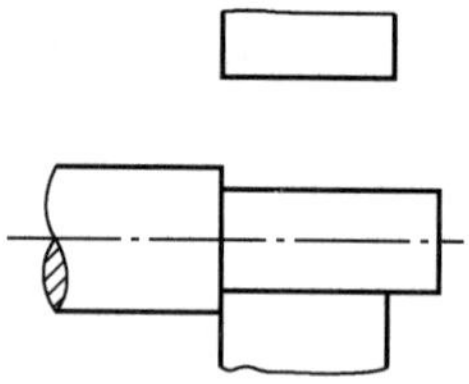	火钳	将压肩一端拔长至略大于φ37mm
4	摔圆	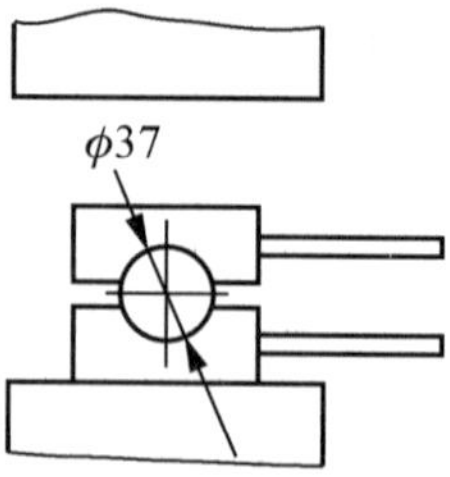 φ37	火钳摔圆摔子	将拔长部分摔圆至φ(37±2)mm

续表

序号	工序名称	工序简图	使用工具	操作要点
5	压肩	42	火钳压肩摔子或三角铁	截出中段长度 42mm 后，将另一端压肩
6	拔长	(略)	火钳	将压肩一端拔长至略大于ϕ32mm
7	摔圆	(略)	火钳摔圆摔子	将拔长部分摔圆至ϕ(32±2)mm
8	精整	(略)	火钳，钢板尺	检查及修整轴向弯曲

4.3.4 锤上自由锻实习的安全规则

(1) 工作中如果发现异常噪声或缸盖漏气等不正常现象，应立即停锤，进行检查。

(2) 避免偏心锻造(即锻件受力中心相对锤杆中心有偏置)和空击，不得重击温度较低或者厚度较薄的坯料。

(3) 锻造过程做到六不打：冷铁不打；锻件放的不平不打；冲子不垂直不打；剁刀、冲子、砧子等工具有油污不打；镦粗时发现工件弯曲时不打；在工具和料头易飞出方向有人时不打。

(4) 随时扫净下砧块上的氧化皮，以便提高锻件表面的质量。

(5) 经常观察润滑情况，确保良好的润滑条件。

(6) 必须控制锤头高度，不得提升过高，防止冲击缸盖。锤头悬空时间不能超过 1min。

(7) 换锤砧时要采取措施，防止锤头落下伤人。

(8) 停锤时应将手柄放在空行程位置，并插上固定销，然后断开电源。长时间停锤时要用方垫块将上砧垫起。

(9) 工作结束时，应缓慢放下锤头，并把垫块置于上、下砧之间，以使其冷却。

4.4 模 锻

模锻是指利用模具使毛坯变形而获得锻件的锻造方法。金属材料通过模具锻造变形而得到的工件或毛坯称为模锻件。

1. 模锻的特点

模锻是在模锻锤或压力机上用锻模将金属坯料锻压加工成形，因此模锻具有以下特点。

(1) 工艺生产效率高，劳动强度低，尺寸精确，加工余量小，并可锻制形状复杂的锻件。

(2) 锻件内部的锻造流线按锻件轮廓分布，从而提高了零件的力学性能和使用寿命。

(3) 操作简单，易于实现机械化，生产率高，适用于批量生产。

(4) 但模具成本高，需有专用的模锻设备，不适合于单件或小批量生产。

2. 模锻的分类

根据设备不同，模锻分为锤上模锻、曲柄压力机模锻、平锻机模锻、摩擦压力机模锻等。锤上模锻所用的设备为模锻锤，通常为空气模锻锤，对形状复杂的锻件，先在制坯模腔内初步成形，然后在锻模腔内锻造。按锻模结构分类，锻模上有容纳多余金属的毛边槽的，称为开式模段；反之，锻模上没有容纳多余金属的毛边槽的，称为闭式模锻。由原始坯料直接成型的，称为单模膛模锻；对形状复杂的锻件，在同一锻模上需要经过若干工步的预成型的，称为多模膛模锻。

3. 模锻工艺过程

模锻锤结构和操纵系统如图 4.9 所示。锤锻模由上下两个模块组成，如图 4.10 所示。两模块借助燕尾、楔铁和键块分别紧固在锤头和下模座的燕尾槽中。燕尾的作用是使模块固定在锤头(或砧座)上，使燕尾底面与锤头(或砧座)底面紧密贴合；楔铁的作用是使模块在左右方向定位；键块的作用是使模块在前后方向定位。

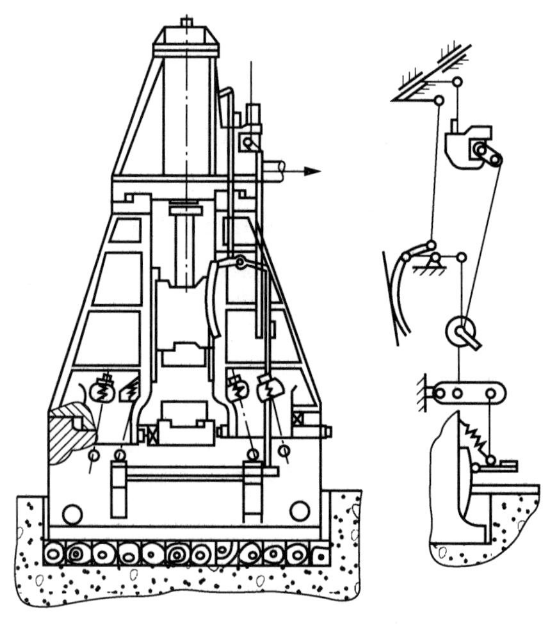

图 4.9　模锻锤结构与操纵系统

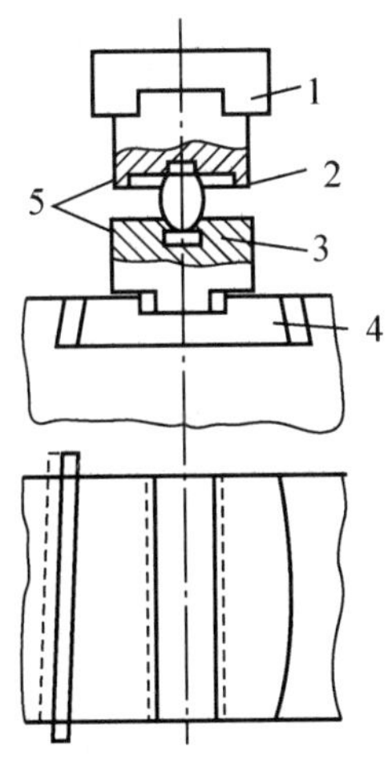

图 4.10 锤锻模结构

1—锤头；2—上模；3—下模；4—模座；5—分模面

4.5 胎 模 锻

胎模锻是介于自由锻与模锻之间的一种锻造方法。它既有自由锻造工艺灵活、工具简单的特点，又有模锻利用模膛成形，锻件形状复杂、尺寸准确、生产效率高的特点。

1. 胎模的结构

胎模锻造是在自由锻造的设备上使用胎模生产模锻件的方法。

胎模的结构如图 4.11 所示，它由上下模组成，下模有两个导销，上模有两个导销孔，借以套在导销上，保证上下模对准。工作时，下模放在锻锤的下抵铁上，把经过自由锻初步成型的锻件坯料置于模膛中，然后合上上模进行锻压，使坯料在模膛内变形。

胎模锻造不需要较贵重的专用模锻设备，锻模制造容易，而且在普通自由锻锤上即可工作，因此在小批生产中应用广泛。与模锻相比较，其缺点是工人劳动强度较高、生产效率较低、锻件精度及表面质量较差。

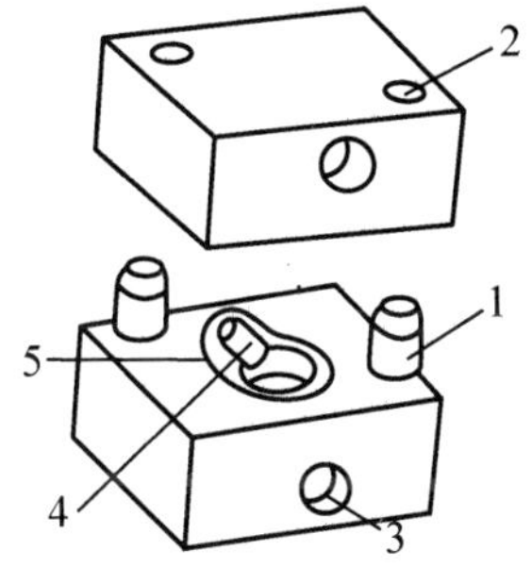

图 4.11 胎模

1—导销；2—导销孔；3—小孔；4—模膛；5—毛边槽

2. 胎模锻的工艺过程

以法兰盘的胎膜锻为例说明胎模锻的工艺过程。图4.12是一个法兰盘锻件图，其胎模锻造过程如图4.13所示。坯料加热后，先用自由锻镦粗，然后在套模中终锻成形。所用套模为闭式套模，由模筒、模垫和冲头三部分组成，锻造时将模垫和模筒放在锻锤的下抵铁上，再将镦粗后的坏料放在模筒内，并将冲头放入终锻成形，最后连皮切除。

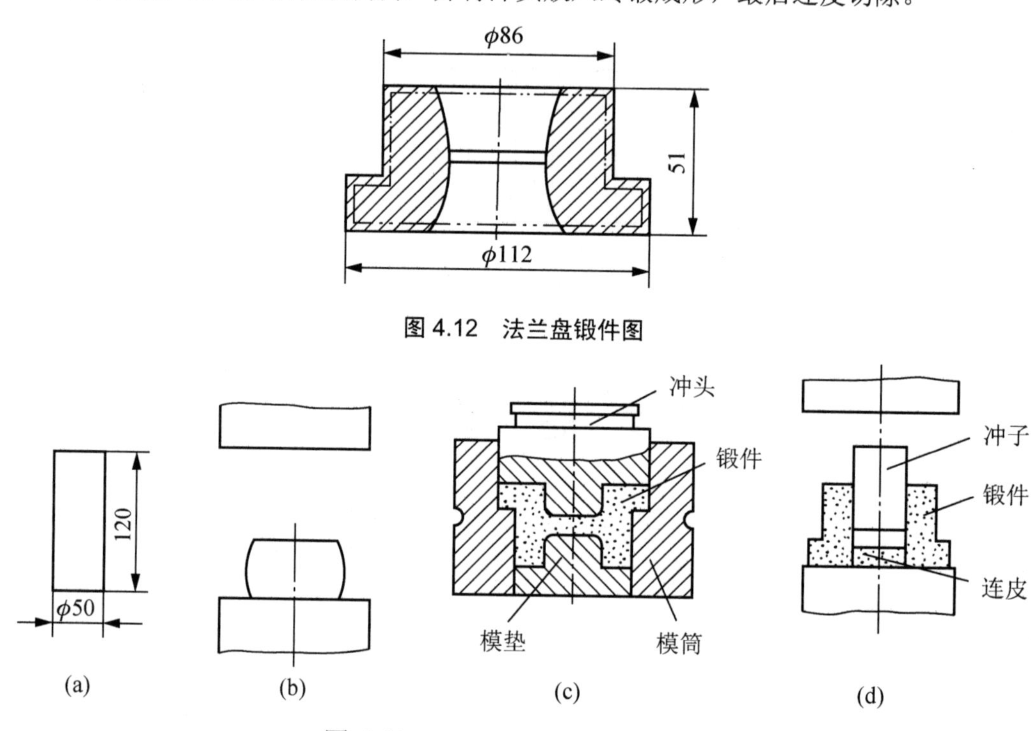

图4.12 法兰盘锻件图

图4.13 法兰盘毛坯的胎模锻造过程

(a) 下料、加热；(b) 镦粗；(c) 套模中终锻；(d) 冲除连皮

4.6 冲　压

冲压是利用冲模使板料产生分离或者变形的加工方法。由于冲压主要用于加工板料零件，故又称其为板料冲压。同时，由于冲压加工通常在室温下进行，不需要加热，故又称其为冷冲压。

冲压件具有质量轻、刚性好、尺寸准确、表面光洁，一般不需要切削加工就可装配使用的优点。冲压常用于制造金属材料(最常用的是低碳钢、不锈钢、铝、铜及其合金)的冲压件。板料冲压生产效率高，容易实现机械化与自动化，因此被广泛应用于航空、汽车、电器、仪表及日常用品等工业部门。

4.6.1 冲压设备

1. 冲床(曲柄压力机)

冲床是进行冲压的基本设备。冲床的类型很多，按结构可分为开式冲床和闭式冲床两种。图4.14所示为开式冲床的外观图和传动示意图，这种冲床可以在它的前、左、右3个方向装卸模具和进行操作，使用较方便，但其吨位较小。

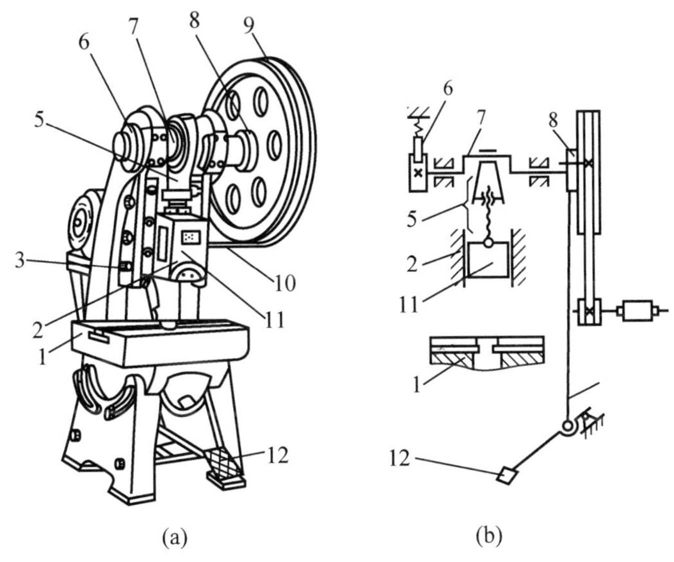

图4.14 开式冲床

(a) 外观图；(b) 传动示意图

1—工作台；2—导轨；3—床身；4—电动机；5—连杆；6—制动器；7—曲轴；8—离合器；9—大飞轮；10—V带；11—滑块；12—踏板；13—拉杆

1) 冲床的结构原理

冲床的传动原理：电动机4通过V带10带动大飞轮9转动，大飞轮借助离合器8与曲轴7相连接，离合器则用踏板12通过拉杆13来控制。当离合器脱开时，大飞轮空转，当踩下踏板使离合器合上时，大飞轮便带动曲轴旋转，并通过连杆5而使滑块11沿导轨2做上下往复运动，进行冲压。当松开踏板使离合器脱开时，制动器6可立即制止曲轴转动，并使滑块停止在最高的位置。

2) 冲床的主要参数

(1) 公称压力。冲床工作时，滑块上所允许的最大作用力，常用千牛(kN)表示。

(2) 闭合高度。滑块在行程达到最下位置时，其下表面到工作台面的距离(mm)。设计冲模时，冲模的闭合高度应与冲床的闭合高度相适应，即冲模闭合高度应小于冲床的最大闭合高度。冲床连杆的长度一般都是可以调节的，调节连杆的长度即可调整冲床的闭合高度。

(3) 滑块行程。曲轴旋转时，滑块从最上位置到最下位置所走过的距离，用mm表示。

2. 摩擦压力机

摩擦压力机是根据螺杆与螺母相对运动的原理而工作的，其结构简图如图4.15所示。电动机6带动左、右摩擦盘9和10同向旋转。工作时，踏板1下压，通过杠杆11、13、16的作用，操纵带摩擦盘的传动轴8右移，使传动轴上的摩擦盘9与飞轮12接触，借助于飞轮与摩擦盘间的摩擦作用，使螺杆15顺时针向下转动，带动滑块3下移进行冲压。相反，踏板1上提，通过杠杆作用，使右摩擦盘10与飞轮接触，飞轮向上旋转，滑块上升。也可以利用固定在滑块3上的制动挡块4操纵杠杆，使滑块连续进行冲压。

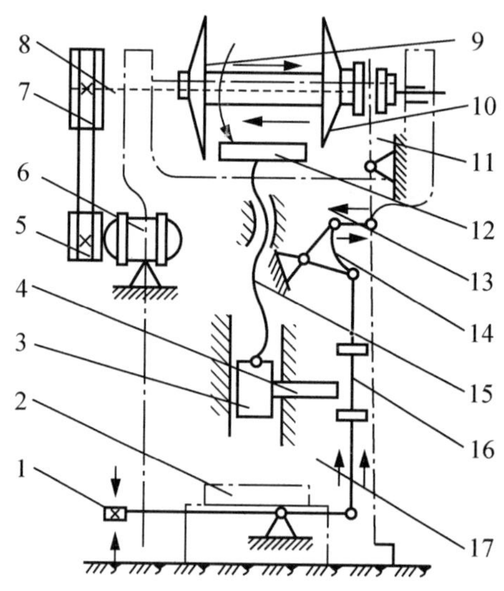

图4.15　摩擦压力机结构简图

1—踏板；2—工作台；3—滑块；4—制动挡块；5、7—V带轮；6—电动机；8—传动轴；9—左摩擦盘；10—右摩擦盘；12—飞轮；11、13、16—杠杆；14—摆块；15—螺杆；17—床身

当摩擦压力机超负荷时，则飞轮与摩擦盘之间会产生打滑，从而起到保护作用。

摩擦压力机适用于弯曲大而厚的制件，对校正、挤正、压印等冲压工序尤为适宜。其缺点是飞轮轮缘磨损大、生产率低。

3. 油压机

油压机是用油压传递能量的液压机。油压机的优点是结构简单，成本低，其压制速度及行程范围均可调整，滑块可以在任意位置回程，不需要调整闭合高度，没有超载危险，更换模具比较方便。其缺点是生产效率低、维修工作量大。故它适用于弯曲、翻边、成形的制作，尤其适合于深拉件和大型冲压件的制作。

1) 油压机的结构

油压机有单柱式、双柱式、四柱式等结构形式。油压机由主机和液压传动系统、电气系统构成，图4.16所示为四柱式油压机主机结构简图。

(1) 工作台。工作台是整个主机安装的基础，台面有T形槽，用于固定下模。

(2) 滑块。滑块用于安装上模。

(3) 主缸。主缸紧固于上横梁，活塞杆下端与滑块相连接，缸体上部设置充液筒和充液阀。

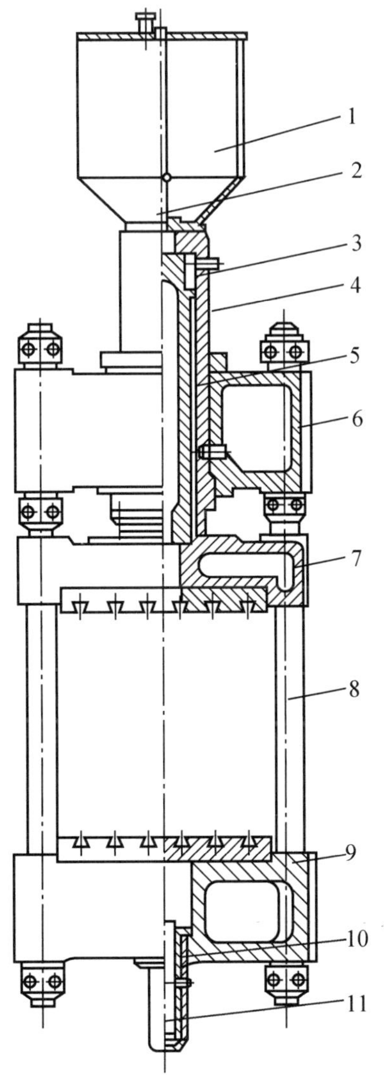

图 4.16 四柱式油压机主机结构简图

1—充液筒；2—充液阀；3—活塞；4—活塞杆；5—主缸；6—上横梁；
7—滑块；8—立柱；9—工作台；10—顶出缸；11—顶出活塞

(4) 顶出缸。顶出缸设置在工作台的中心孔内，顶出缸的活塞在拉深过程中产生压边力或顶出力。

2) 油压机的工作原理

油压机由液压泵供油，利用各种阀控制主缸的升、降、保压以及顶出缸的压边、顶出和回程。操作时，按“起动”按钮，电动机开动，按“下行”按钮，油泵输出的油液进入主缸上腔，主缸活塞带动滑块下降，主缸下腔的油液流回油箱，油压机开始空行程下行。主缸活塞下降初始，滑块因自重迅速下行，液压泵流量小，不能及时补充上腔空出的体积，从而形成负压，吸开充液阀，使充液筒的油液大量被吸入液压缸；下腔的油排回油箱，实现了快速下行的动作。当上模接触工件之后，上腔油液开始升压，充液阀关闭，实现了对工件的加压。当压力上升至一定程度后，便开始保压。延续到预定保压时间，主缸油路换向，此时，油泵的高压油进入下腔。由于主缸的下腔体积小，迫使活塞带动滑块快速回程。上腔的油经充液阀排入充液筒内，多余的油就流回油箱。滑块上升碰到行程开关，断电，滑块停止运行。随后按“顶出”按钮，使高压油进入顶出缸下腔，驱动活塞上行，顶出工件，断电。顶出停止后，取出工件。然后按“退回”按钮，使高压油进入顶出缸上腔，迫使活塞退回，断电，即工作停止。

4.6.2 冲压的基本工序

1. 剪切

把板料切成一定宽度的条料称为剪切。它是冲压的备料工序，剪切所用剪床有如下 3 种。

(1) 平口剪床。平口剪床的刀口是互相平行的，如图 4.17(a)所示。平口剪床所需的剪切力较大，剪切后板料较平，故它多用于剪切较窄的板料。

(2) 斜口剪床。斜口剪床的上刀口是倾斜的，如图 4.17(b)所示，倾斜角α一般为 6°～8°。斜口剪床在剪切的过程中和金属逐点接触，所以剪切力较小，但剪切后板料易弯曲，故它多用于剪切较宽的板料。

(3) 圆盘剪床。圆盘剪床是利用两片反向传动的圆形刀片将板料剪开的剪床，如图 4.17(c)所示。圆盘剪床的特点是能剪切很长的带料，它还能剪出曲线的料，但剪切后板料会弯曲。

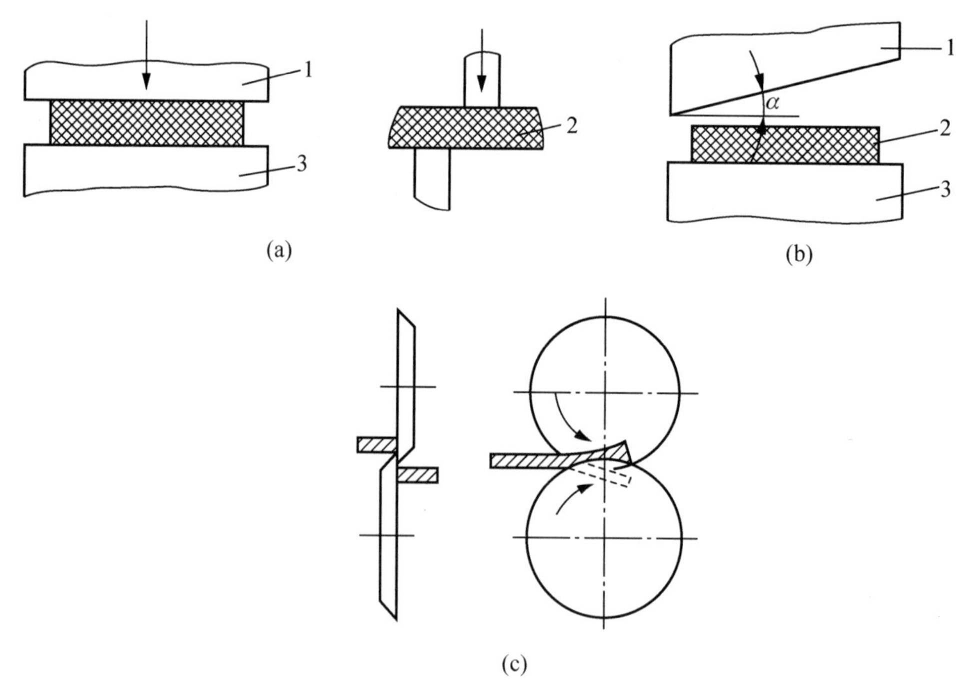

图 4.17 剪床分类

1—上刀口；2—板料；3—下刀口

2. 冲孔和落料

这是使板料沿封闭轮廓分离的工序，如图4.18所示。它们的操作方法与板料的分离过程完全一样，但是用途不同。冲孔是在工件上冲出所需要的孔，被冲下的部分是废料；落料时，则被冲下的部分是有用的工件，冲剩的料是废料。冲孔和落料统称为冲裁，所用的冲模称为冲裁模。

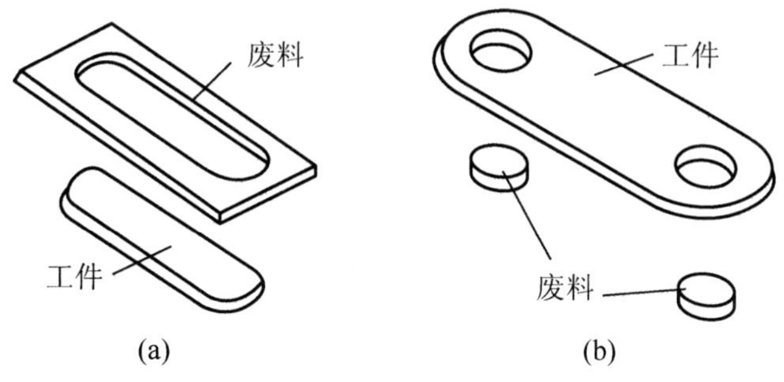

图4.18　冲孔与落料示意图

(a) 落料；(b) 冲孔

冲裁模的凹模与凸模刀口都必须锋利才能进行剪切使板料分离。凹模与凸模之间应有合适的间隙(单边间隙通常为材料厚度的5%～8%)，如果间隙不合适，则工件的边缘或孔的边缘会带有较大的毛刺。

3. 弯曲

弯曲属于变形工序，如图4.19所示。弯曲时，板料外层的金属受拉伸，容易出现拉裂；板料内层则被压缩，容易起皱。所以弯曲模的工作部分应有一定的圆角，以防止工件外表面的弯裂。圆筒状零件需经过多次弯曲逐步成型，如图4.20所示。

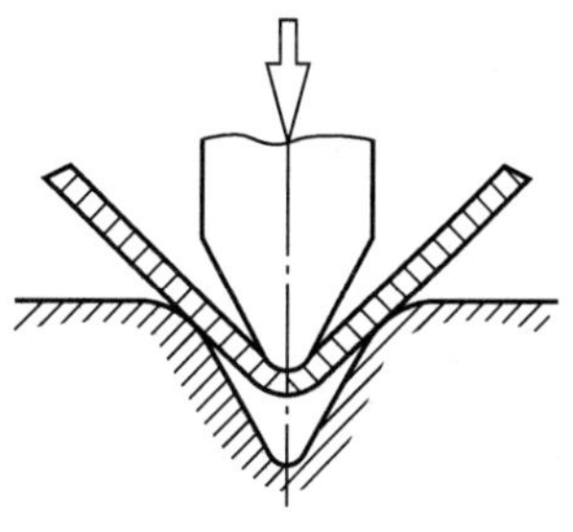

图4.19　弯曲

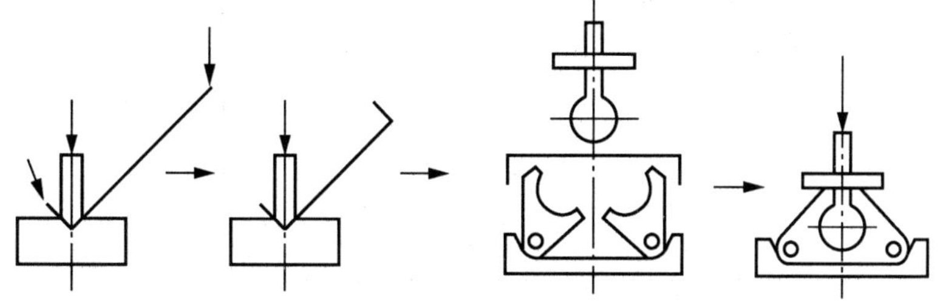

图4.20　圆筒状零件的弯曲过程

4. 拉深

拉深也称拉延，它属于变形工序，如图4.21所示。拉深用的坯料通常由落料工序获得，板料在拉深模作用下，成为杯形或盒形工件。

为了避免拉裂，拉深凹模和凸模的工作部分应加工成圆角。为确保拉深时板料能够顺利通过，凹模与凸模之间应有比板料厚度稍大的间隙。拉深时，为了减少摩擦阻力，应在板料或模具上涂润滑剂，另外，为了防止板料起皱，常用压板(图 4.21)通过模具上的螺钉将板料压住。对于深度大的拉深件，需要经过多次拉深才能完成，为此，在拉深工序之间通常要进行退火，以消除拉深过程中金属产生的加工硬化，从而恢复其塑性。

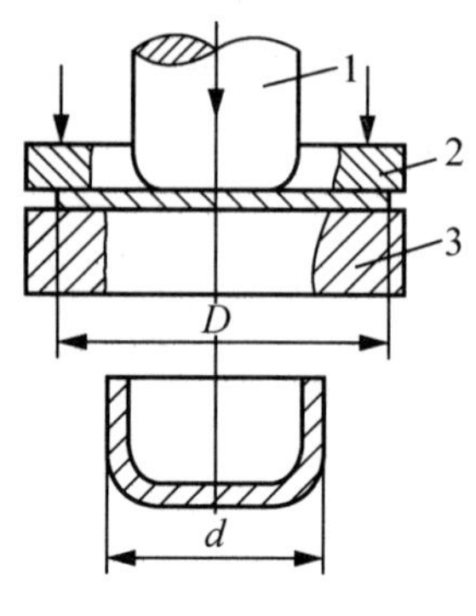

图 4.21　拉深

1—冲头；2—压板；3—凸模

4.6.3　冲　　模

冲模是冲压的工具，一般分为上模(凸模)和下模(凹模)两部分。典型冲模的结构如图 4.22 所示，上模用模柄固定在冲床的滑块上，随滑块作上下运动；下模用螺栓紧固在工作台上。冲模的主要零件有以下 4 种。

(1) 凸模与凹模。这是冲模的核心部分。凸模又称为冲头，在凸模和凹模的共同作用下，能使板料分离或变形。它们分别通过凸模固定板和凹模固定板固定在上、下模座上。

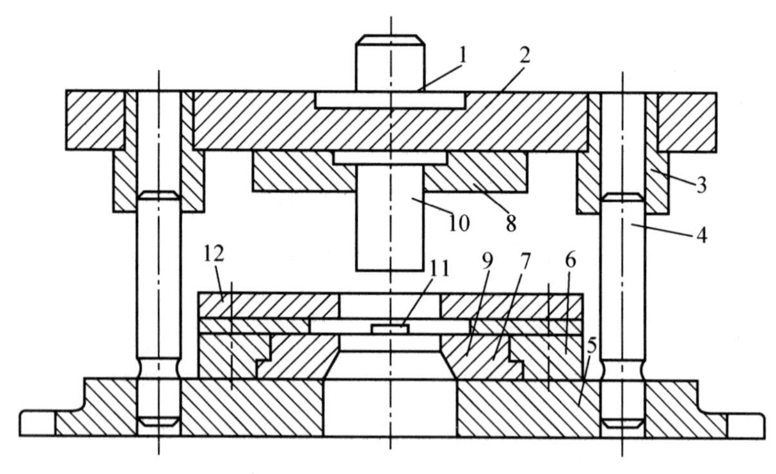

图 4.22　典型的冲模结构

1—模柄；2—上模座；3—导套；4—导柱；5—下模座；6—凹模固定板；7—凹模；8—凸模固定板；9—导料板；10—凸模；11—挡料销；12—卸料板

(2) 导料板与挡料销。导料板用来控制坯料的送进方向，挡料销用于控制坯料的送进量。

(3) 卸料板。其作用是在冲压后将工件或坯料从凸模上卸下。

(4) 模架。它包括上、下模座和导柱、导套。上模座用于固定凸模、模柄等零件；下模座用于固定凹模、送料和卸料等零件。导套和导柱分别固定在上、下模座上，从而使上、下模对准。

4.7 锻压缺陷及原因分析

1. 加热缺陷

1) 氧化和脱碳

将钢加热到高温时，坯料表层中的铁和炉气中的氧化性气体(如氧气、二氧化碳、水、二氧化硫等)发生化学反应，结果使坏料表层生成氧化皮，这种现象称为氧化。每加热一次，氧化烧损量约为坯料重量的2%～3%，而且会影响锻件的表面质量，降低了模具的使用寿命，引起加热炉底的腐蚀损坏。

当钢加热到高温时，坯料表层的碳和炉气中的氧化性气体(如氧气、二氧化碳、水等)及某些还原性气体(如氢气)发生化学反应，造成坯料表面含碳量减少，这种现象称为脱碳。它会使锻件表面变软，强度和耐磨性下降。如果脱碳层厚度小于机械加工余量，则对锻件没有什么危害；反之，就要影响锻件的质量，甚至会造成锻件的报废。

在生产中减少氧化和脱碳的措施主要有：严格控制送风量，快速加热，减少金属在高温下的停留时间或采用少氧化、无氧化的加热方法。

2) 过热和过烧

当坯料的加热超过某一温度并在此温度保温时间太长时，就会引起晶粒迅速长大，这种现象称为过热。过热会导致钢的强度和冲击韧度降低，从而影响其力学性能。对于过热的坯料，可以采用多次锻打或锻后热处理的方法将其晶粒细化。

若钢加热到接近熔化的温度或在高温下长时间停留，这时不但奥氏体的晶粒粗大，同时由于氧化性气体侵入晶界，使晶间物质发生氧化或低熔点杂质熔化，这种现象称为过烧。产生过烧的坯料由于晶间连接强度的大大降低，所以一经锻打就会开裂，坯料只能报废回炉重新冶炼，因此金属坯料加热不允许有过烧的现象。

2. 冷却缺陷

一般而言，锻件中碳及合金元素的含量越高、锻件越大、形状越复杂，其冷却速度应缓慢，否则锻件会产生变形，甚至裂纹。冷却速度过快还会使锻件表面产生硬皮，难以切削加工。

思 考 题

1. 空气锤的锤头是怎样实现上悬、下压、连续打击和单次打击等运动的?

2. 弯曲件为什么会发生回弹现象?

3. 金属在锻造前为什么要加热?

4. 什么是始锻温度和终锻温度?低碳钢和中碳钢的始锻温度和终锻温度是多少?各呈现什么颜色?

5. 什么是自由锻?其特点和应用范围如何?

6. 冲床的组成及各部分的作用是什么?

7. 过热和过烧对锻件质量有什么影响?如何防止过热和过烧?

第 5 章 焊　接

焊接是通过加热或加压，或两者并用，并且用或不用填充材料，使工件达到原子间结合的一种加工方法。

5.1 概　述

利用焊接可以实现金属与金属、金属与非金属、同种金属与异种金属的连接，生产上主要用于金属之间的连接。

按焊接物理化学过程的不同，可以把焊接方法分为熔焊、压焊和钎焊 3 类。

1. 金属焊接的特点

1) 金属焊接的主要优点

金属焊接的主要优点：①能减轻结构重量，比铆接结构平均约轻 25%；②便于实现自动化、机械化，可减轻劳动强度，提高生产率；③接头致密性好，能满足特殊行业对密封性能的要求；④接头强度高，外形平整，机加工少或不加工；⑤可简化焊件结构，工艺过程简单。

2) 金属焊接的缺点

焊接接头局部加热，接头冶金过程复杂，容易产生焊接应力、变形和其他缺陷，必须采取一定的工艺措施才能保证焊接质量。

2. 焊接在工业生产中的地位和作用

焊接技术是常用的金属连接方法之一，广泛应用于机械、航空、航天、石化、船舶、交通、电子、建筑等行业。焊接是一种将材料永久连接，并成为具有给定功能结构的制造技术。几乎所有的产品，从几十万吨巨轮到不足 1 克的微电子元件，在生产中都不同程度地依赖焊接技术。焊接已经渗透到制造业的各个领域，直接影响到产品的质量、可靠性和寿命以及生产的成本、效率和市场反应速度。

随着经济的发展，先进的焊接方法和焊接工艺的不断出现，焊接在制造大型结构或复杂机器部件时更具有优势。它可以用先化大为小、化复杂为简单，然后再以小拼大、逐次装配的方法生产大型结构。目前已成功地焊制了万吨水压机横梁、立柱，建造的载重量 30 万吨超大型原油船，从新疆维吾尔自治区塔里木盆地的轮南到上海的全长约

4 300km 输送天然气的管线，长江三峡水电站的水轮机不锈钢焊接转轮(直径 10.7m，高 5.4m，重达 440t，为世界最大、最重的转轮)，北京奥运会主场馆“鸟巢”钢结构的焊接等。随着科学技术的不断发展，特别是计算机技术在焊接技术中的应用，将焊接自动化推到了一个崭新的阶段。

3. 焊接的安全生产和防护

在焊接过程中总是要加热、加压、用电、用可燃气体等，所以在此过程中无可厚非地会带来一些安全隐患。表 5-1 是焊接事故中各种原因的统计表。

表 5-1　焊接事故原因的统计表

事故类型	触电事故	火灾及爆炸事故	灼伤	高空坠落	电光眼	有害气体及烟尘	其他
事故所占比例	32%	27%	14%	11%	6%	6%	4%

焊工的主要职业危害是粉尘、有毒气体、高温、电弧光、高频磁场等。在焊接的过程中各种化学反应会产生大量的气体，其中一部分是对人体有害的，比如一氧化碳、氮氧化合物、臭氧。在焊接过程中都存在加热或加压，如果周围有易燃易爆物品的话，这会给周围带来安全隐患，焊接飞溅物接触到易燃易爆物品就易产生火灾。焊接过程中产生的噪声、光污染、辐射等也易给周边人群带来危害。

焊接操作时一定要有意识的保护自己，电焊作业中有害因素种类繁多，危害较大，因此，为了降低电焊工的职业危害，必须采取一系列有效的防治措施，加强个人防护，可以防止焊接时产生的有毒气体和粉尘的危害。作业时必须使用相应的防护眼镜、面罩、口罩、手套，穿白色防护服、绝缘鞋，决不能穿短袖衣或卷起袖子，若在通风条件差的封闭容器内工作，还要佩戴使用有送风性能的防护头盔。

每一个焊接操作者都应掌握焊接生产中的安全技术和操作规程，要经过安全教育和培训后才能上岗工作。焊接工作者要熟悉安全用电、防火、防爆、安全防护等生产操作要领，杜绝职业危害和工伤事故的发生。

5.2　焊条电弧焊

5.2.1　焊接过程

焊条电弧焊是最常用的焊接方法，焊接过程如图 5.1 所示。

1. 焊接步骤

焊条夹持在焊钳上，它和焊件通过电缆分别接在电焊机的两个输出端上。当焊条与焊件接触时形成短路，强大的短路电流使焊条和焊件产生大量的电阻热，电阻热使其迅速熔化，随即快速提起焊条 2～4mm，焊条与焊件间便充满了高温、易电离的金属蒸气。由于

质点的碰撞和焊接电压的作用，阴极发射电子碰撞气体分子使之电离，并奔向两极，撞击焊件产生高温，使气体进一步电离，从而在电极与母材的气体介质中产生强烈而持久的放电现象，即电弧。

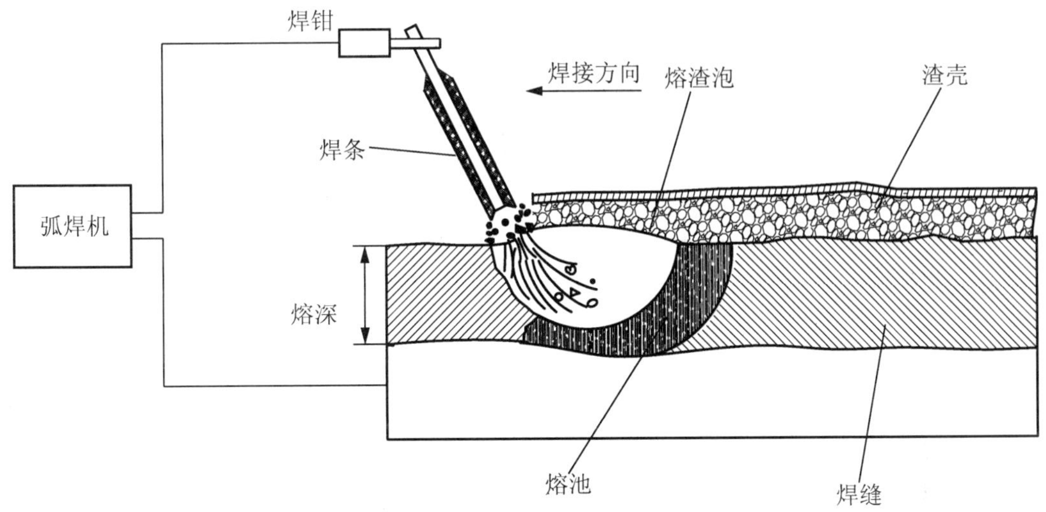

图 5.1 焊条电弧焊的焊接过程

在电弧吹力及高温的作用下，焊件的熔化金属形成熔池，焊条熔化后，金属焊芯以熔滴的形式填加到熔池中。在焊接过程中，焊条药皮产生大量的保护气体，液态熔渣浮在熔池表面上，使熔池金属与空气隔绝。

随着焊条的移动，熔池前方的焊条和焊件继续被熔化，而后面的熔池金属结晶成为焊缝。

2. 焊接电弧的组成及热量分布

焊接电弧由阴极区、弧柱区、阳极区三部分组成，如图 5.2 所示。

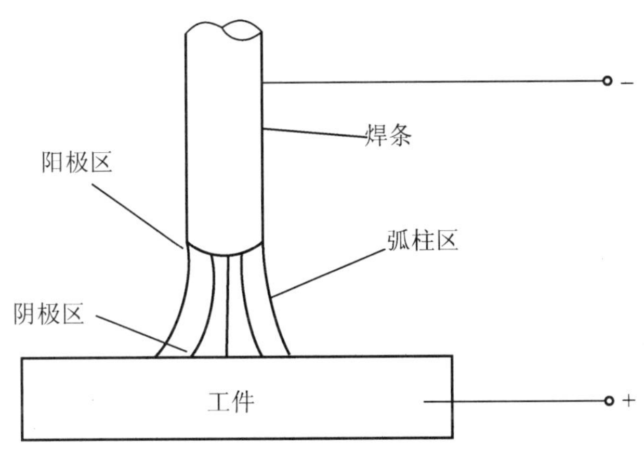

图 5.2 焊接电弧示意图

(1) 阴极区。它在电源的负极，要消耗一定的能量，因此温度较低，一般约为2400K，约占电弧总热量的38%。

(2) 阳极区。它在电源的正极，受电子撞击和吸入电子，从而获得很大能量，因此温度比阴极区高，一般约为2600K，约占电弧总热量的42%。

(3) 弧柱区。它是在阴极和阳极之间的弧柱，温度最高，中心区可达6000～8000K，约占电弧总热量的20%。

由于阴极区和阳极区放出热量的差异，在用直流电弧焊接时，就有正接和反接两种接法。正接法焊件接电源的正极，焊条接负极，可焊接厚度较大的焊件；反接法焊件接电源的负极，焊条接正极，可焊接薄焊件和有色金属的焊接。

交流弧焊机无所谓正反接。

5.2.2 电焊机

1. 手工电弧焊对焊接电源的基本要求

在焊接过程中，当电弧长度增加时，电阻就增大，反之电阻就减小。当焊条熔滴从焊条末端分离时，会发生电弧的短路现象，这种现象能在0.05s内恢复。因此，为保证顺利引弧、保证电弧的稳定燃烧，电弧焊设备必须具有以下特性。

(1) 具有陡降的外特性。在引弧时，电源能提供较高的电压和较小的电流，在电弧稳定燃烧时，电流增大，电压降低。在焊接过程中，弧长变化，焊接电流变化小。所以电源的外特性曲线应该是陡降的。

(2) 有适当的空载电压。为保证引弧，焊接电源的空载电压应在50V以上，电弧正常燃烧的工作电压是20～30V。

(3) 良好的调节性。焊接不同材料和不同厚度的焊件，需要选择不同的焊接电流，因此，电弧焊电源的焊接电流必须能在较宽的范围内调节。

(4) 结构简单，便于移动和维修。

2. 手工电弧焊的主要设备

手工电弧焊的主要设备是电焊机，按电源的种类不同，其可分为直流弧焊机和交流弧焊机两种。

(1) 直流弧焊机。直流弧焊机有焊接发电机和弧焊整流器两种，如图5.3所示。直流弧焊机的电弧稳定，适合于焊接薄板、有色金属、合金钢及其他重要焊件。焊接发电机噪声大、结构复杂；弧焊整流器结构简单、噪声小，制造和维修方便。

(2) 交流弧焊机。交流弧焊机实际上是符合焊接要求的特殊降压变压器，如图5.4所示。空载电压一般为50～80V，工作电压一般为30V，电流调节范围一般为450～320A。交流弧焊机的电弧稳定性较差，但结构简单、维修保养容易，使用广泛。

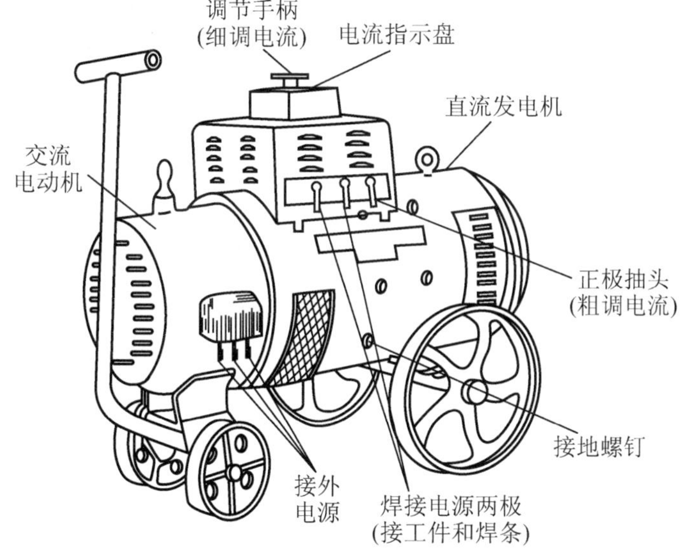

图 5.3 直流弧焊机

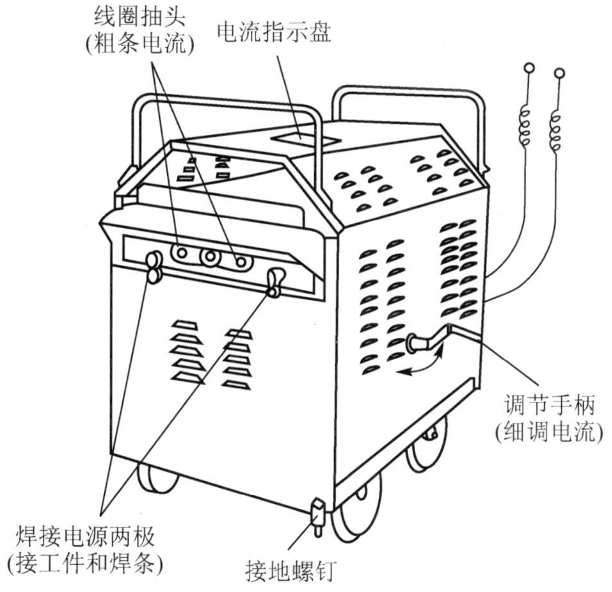

图 5.4 交流弧焊机

5.2.3 电焊条

1. 焊条的组成及作用

焊条由焊芯和药皮两部分组成，图 5.5 为焊条的组成示意图。

(1) 焊芯。焊芯是被药皮包覆的金属丝，其作用一是传导焊接电流产生电弧，二是作为填充金属，调节焊缝中合金元素的成分。

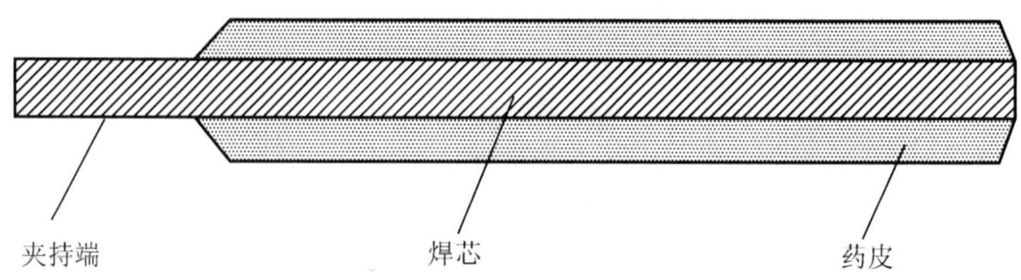

图 5.5　焊条的组成示意图

(2) 药皮。药皮的主要作用是：提高电弧的稳定性(稳弧剂)；防止空气对熔池金属的有害作用(造气剂、造渣剂)；冶金作用(脱氧剂、合金剂)；改善焊接工艺性。

2. 焊条的分类、型号和选用

1) 焊条的分类

(1) 按药皮熔渣的性质焊条可分为酸性焊条和碱性焊条两大类。

① 酸性焊条熔渣的主要成分是酸性氧化物，焊缝的力学性能较低，不易产生气孔，其主要用于低碳钢和不太重要的结构件。

② 碱性焊条熔渣的主要成分是碱性氧化物，其特点是脱氧能力强，合金元素烧损少，焊缝的力学性能和抗裂性能好，主要用于合金钢和重要碳素结构钢的焊接。

(2) 按焊条的用途其可分为碳钢焊条、低合金钢焊条、不锈钢焊条、堆焊焊条、铸铁焊条、镍及镍合金焊条、铜及铜合金焊条、铝及铝合金焊条、特殊用途焊条九类。

2) 焊条的型号

本书仅以结构钢焊条为例，介绍焊条型号的编制方法。下面以 E4315 为例说明焊条型号的编制方法，其他焊条型号的编制方法可参看相关规范。

GB/T 5117—2012《非合金钢及细晶粒钢焊条》规定，碳素钢焊条型号编制方法如下。

E——表示焊条；

43——表示熔敷金属抗拉强度的最小值为 43MPa；

1——表示焊条适用于全位置焊接；

5——表示焊条的药皮类型为低氢钠型，直流反接。

3) 焊条的选用

焊条的种类很多，选用是否恰当直接影响到焊接质量、焊接生产率、焊接成本和劳动强度。焊条的选用应遵循以下原则。

(1) 根据焊件的力学性能和化学成分选择。对于结构钢焊接时，一般选用与焊件强度相同或稍高的焊条，如焊接 Q235 钢时选用 E4303 焊条；对于特殊性能钢，应选择与焊件化学成分及化学性能相似的焊条。

(2) 根据焊件的工作条件和工艺条件选择。对于承受动载荷、冲击载荷及低温条件下工作的焊件，应选用碱性低氢型焊条；若焊件难于清理，则可选用抗气孔性能较强的酸性焊条。

(3) 根据焊件的形状、刚度和重要程度选择。当焊件形状复杂、刚度较大、抗裂性要求较高时，应选择碱性焊条，如锅炉、球罐等。

5.2.4 焊接工艺

1. 焊缝的空间位置

在焊接时，按焊缝在空间的位置不同可分为平焊、立焊、横焊、仰焊，图 5.6 所示为焊缝的空间位置示意图。

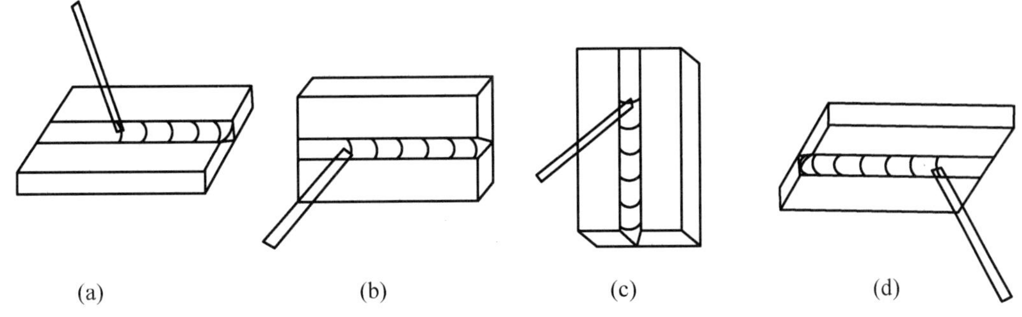

图 5.6 焊缝的空间位置示意图

(a) 平焊；(b) 横焊；(c) 立焊；(d) 仰焊

2. 焊缝的接头形式和坡口形式

焊缝的接头形式有对接、搭接、角接和 T 形接头 4 种。为保证焊件能够焊透，当焊件厚度大于 3～6mm 时，应开坡口，坡口形式有 V 型、X 型、K 型、U 型等。图 5.7 为对接、角接、T 形接头形式和坡口形式示意图。

3. 焊接规范的选择

(1) 焊条直径的选择。焊条直径的选择主要根据焊件的厚度、焊缝的空间位置、接头形式、坡口形式来选择。在平焊时焊条直径可选大些，在立焊、横焊、仰焊时焊条直径一般不超过 4mm；多层焊的第一层焊道可选用 2.5～3.2mm 的焊条直径，以后各层焊道可根据焊件厚度选用较大直径。焊件厚度是焊条直径选择的主要因素。表 5-2 为焊件厚度和焊条直径的关系。

表 5-2 焊件厚度和焊条直径的关系

焊件厚度/mm	2	3	4～5	6～12	>12
焊条直径/mm	2	2.5～3.2	3.2	3.2～4	3.2～5

(2) 焊接电流的选择。焊接电流的选择主要考虑焊条直径、焊接位置、焊道层数等。焊接电流和焊条直径的关系可参考表 5-3 来选择。

表 5-3 焊接电流和焊条直径的关系

焊条直径/mm	1.6	2.0	2.5	3.2	4.0	5.0	5.8
焊接电流/A	25～40	40～70	50～80	80～120	150～200	180～260	220～300

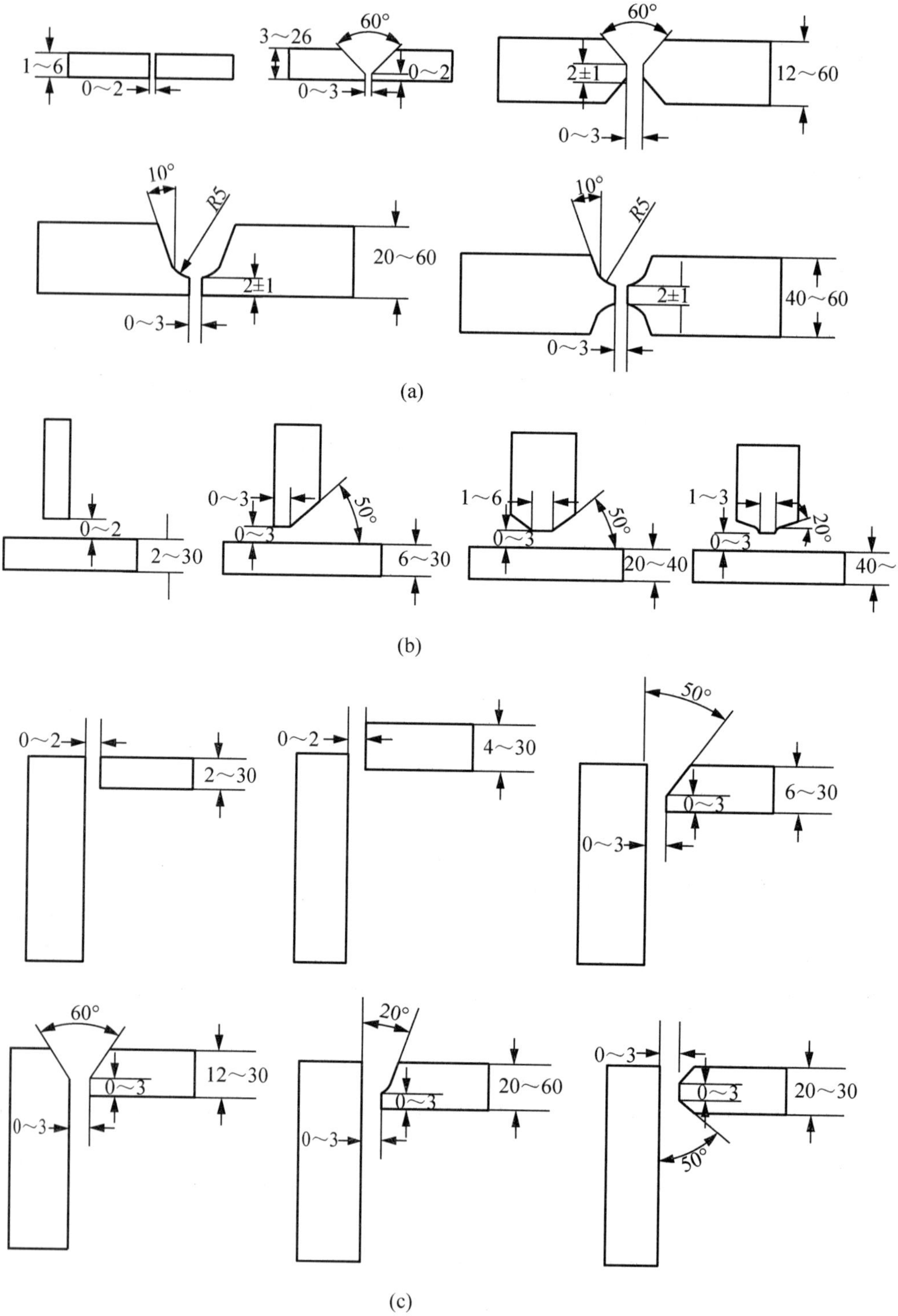

(a)

(b)

(c)

图 5.7　焊缝的接头形式和坡口形式示意图

(a) 对接接头坡口形式；(b) T 形接头坡口形式；(c) 角接接头坡口形式

(3) 焊接速度的选择。焊接速度的选择与焊条直径、焊接电流、焊件厚度等因素有关。在能保证焊接质量的前提下，尽量采用较大的焊接速度，以利于提高生产率。

(4) 焊接层数的确定。中厚板焊接需要开坡口，然后多层焊接，每层焊缝的厚度为焊条直径的 0.8～1.2 倍时，焊缝性能最好。焊接层数可按如下经验公式确定：

$$n=\frac{\delta}{(0.8\sim1.2)d}$$

式中：n——焊接层数；

d——焊条直径；

δ——焊缝厚度。

5.2.5　操作技术

1. 引弧

引弧的方法有两种，即敲击法和划擦法。敲击法是将焊条末端与焊件表面垂直一碰，迅速提起焊条并与焊件保持 2～5mm 的距离，电弧随之引燃的方法；划擦法是将焊条末端在焊件表面划过，迅速提起 2～4mm 引燃电弧的操作方法。

2. 运条

焊接电弧引燃后，焊条要不断地向焊缝熔池送进、向焊接方向移动，同时还要沿焊缝横向摆动，在 3 种运动的配合下，形成连续整齐的焊缝。

运条的几种基本操作方法如图 5.8 所示。

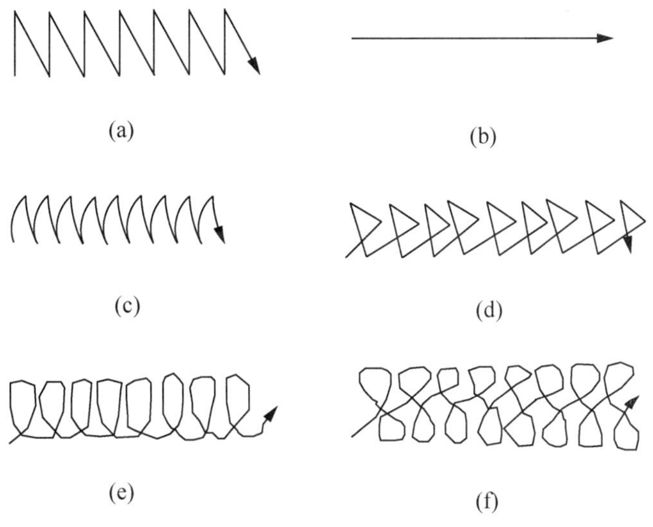

图 5.8　运条的几种基本操作方法

(a) 锯齿形；(b) 直线形；(c) 月牙形；(d) 三角形；(e) 圆环形；(f) 8 字形

3. 焊缝的连接

较长的焊缝不可能一次焊成，前后两次焊接的接头处应无明显的接痕。常用的连接方法有直通焊法、分段退焊、中间向两端、两端向中间等方法，如图5.9所示。

4. 收弧

常用的收弧方法有以下3种。

(1) 回焊收弧法。在焊缝收尾处改变焊条与焊件的角度，回焊一小段然后断弧。

(2) 画圈收弧法。在焊缝收尾处焊条端部作圆运动，弧坑被填满后断弧。

(3) 反复引弧法。在焊缝收尾处多次熄弧、引弧，弧坑被填满后断弧。

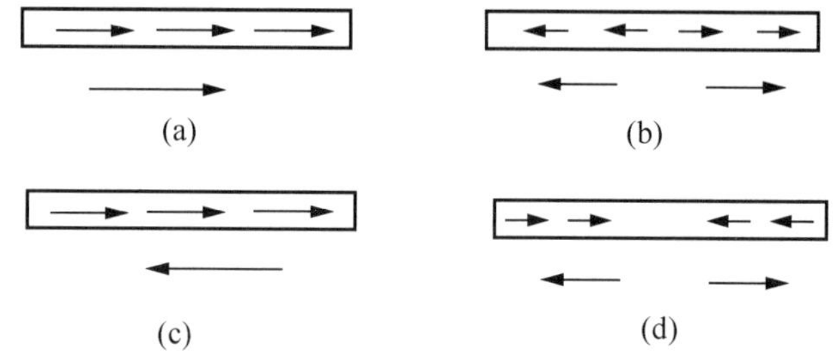

图5.9　焊缝的连接

(a) 直通焊法；(b) 中间向两端；(c) 分段退焊；(d) 两端向中间

5.3　气焊与气割

5.3.1　气焊

气焊又叫风焊、钎焊，是利用气体火焰作为热源来熔化母材和填充金属的一种焊接方法。最常用的是氧乙炔焊，即利用乙炔(可燃气体)和氧(助燃气体)混合燃烧时所产生的氧-乙炔焰，将工件与焊丝熔化，冷凝后形成焊缝的焊接方法。

气焊与电弧焊相比生产效率低、焊接温度较低、热量不集中、焊接后工件变形和热影响区较大，但气焊热量调节方便、设备简单、操作灵活，在电力供应不足的地方需要焊接时，气焊可以发挥更大的作用。它主要用于薄钢板、有色金属的焊接和铸铁焊补等；此外，它还可用来进行钢的表面淬火、焊接变形矫正等。

1. 氧-乙炔焰

氧与乙炔混合燃烧所形成的火焰称为氧-乙炔焰。通过调节氧气和乙炔的混合比例可得到3种不同的火焰：中性焰、氧化焰和碳化焰。3种火焰的外形如图5.10所示。

(1) 中性焰。当氧气与乙炔的体积比为1～1.2时，所产生的火焰称为中性焰，也叫正常焰。火焰由焰芯、内焰和外焰组成，靠近焊嘴处的为焰芯，呈白亮色；其次为内焰，呈蓝紫色，此处温度最高，约为3150℃，焊接时常在内焰区进行；最外层为外焰，呈桔红色。中性焰是焊接时常用的火焰，用于焊接低碳钢、中碳钢、合金钢、紫铜、铝合金等材料。

(2) 碳化焰。氧气和乙炔的体积比小于1时，由于氧气较少，燃烧不完全，所产生的火焰称为碳化焰。整个火焰比中性焰长，在燃烧时冒黑烟，最高温度约为3000℃。碳化焰中的乙炔过剩，适用于焊接高碳钢、铸铁和硬质合金材料。当用碳化焰焊接其他材料时，会使焊缝金属增碳，变得硬而脆。

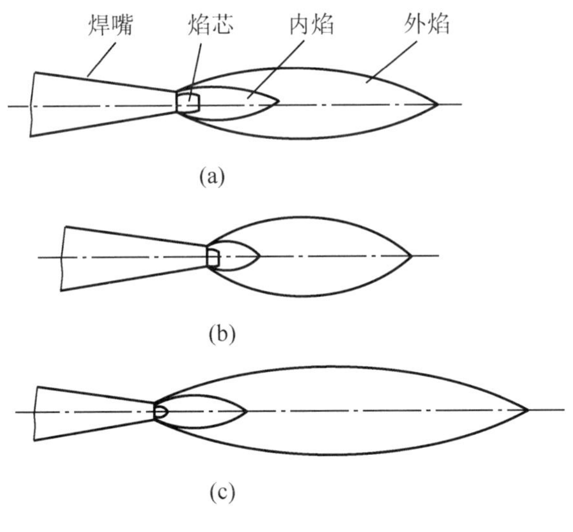

图 5.10 氧-乙炔焰

(a) 中性焰；(b) 氧化焰；(c) 碳化焰

(3) 氧化焰。当氧气和乙炔的体积比大于 1.2 时，则形成氧化焰。由于氧气较多，燃烧剧烈，火焰长度明显缩短，焰心呈锥形，内焰几乎消失，并有较强的嗞嗞声，最高温度可达 3400℃左右。氧化焰易使金属氧化，故用途不广，仅用于焊接黄铜，以防止锌的蒸发。

2. 气焊设备与工具

气焊的主要设备有氧气瓶、乙炔瓶、减压器、焊炬和割炬、橡胶管等，如图 5.11 所示。

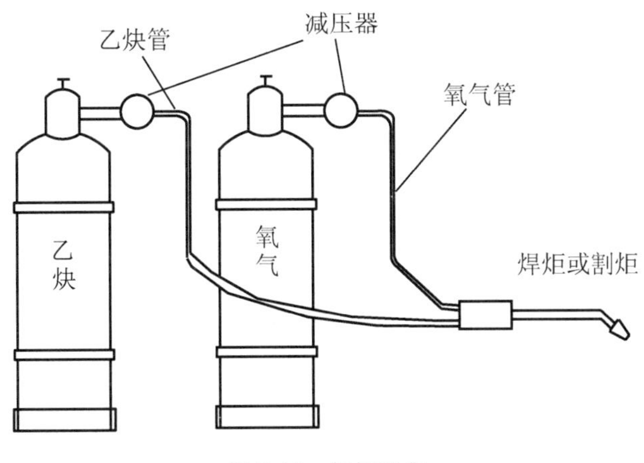

图 5.11 气焊设备

(1) 氧气瓶。氧气瓶是存储和运输高压氧气的容器，容积为 40L，储氧的最大压力为 15MPa。氧气瓶外表漆成天蓝色，并用黑漆标明“氧气”字样。氧气瓶不能与其他气瓶混放，距火源 5m 以上距离，禁止撞击氧气瓶，严禁沾染油脂。氧气瓶瓶口装有瓶阀，用以控制瓶内氧气进出，手轮逆时针方向旋转则可开放瓶阀，顺时针旋转则关闭瓶阀。

(2) 乙炔瓶。乙炔瓶是存储和运输乙炔的容器，其外形与氧气瓶相似，表面涂成白色，并用红漆写上“乙炔”字样。在乙炔瓶内装有浸满丙酮的多孔性填料，对乙炔有良好的溶解能力，可使乙炔稳定而安全地存储在瓶中，在乙炔瓶上装有瓶阀。乙炔瓶的最大压力为1.5MPa，在使用时要避免暴晒、冲击，还要使其远离明火，乙炔瓶不得卧放。

(3) 减压器。减压器的作用是将高压氧减压至气焊所需的工作压力(0.1～0.3MPa)，同时减压器还具有稳压作用，以保证输出压力不变，火焰能稳定燃烧。减压器在使用时，先缓慢打开氧气瓶阀门，然后旋转减压器的调节手柄，待压力达到所需要值时为止；停止工作时，先松开调节螺钉，再关闭氧气瓶阀门。

(4) 焊炬。如图5.12所示，焊炬是使乙炔和氧气按一定比例混合，并获得稳定气焊火焰的工具。常用的焊炬是低压焊炬或称射吸式焊炬，其型号有H01-2、H01-6、H01-12等多种，其中H表示焊炬，01表示射吸式，2、6、12表示可焊接的最大厚度(mm)。

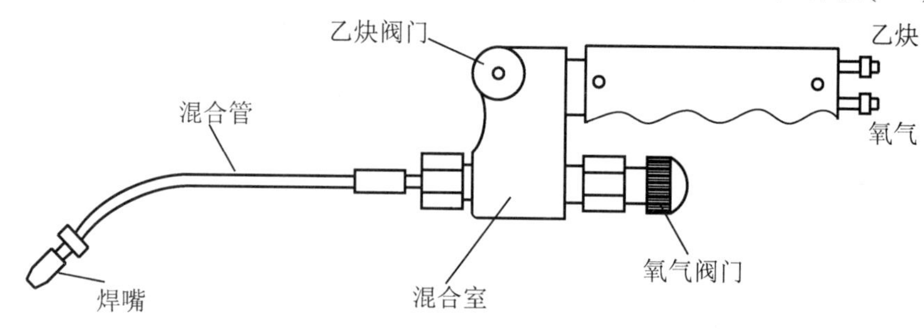

图5.12　焊炬

射吸式焊炬包括乙炔接头、氧气接头、手柄、乙炔阀门、氧气阀门、射吸式管、混合管、焊嘴等。每把焊炬都配有5个不同规格的焊嘴(即1、2、3、4、5，数字小则焊嘴孔径小)，以适用于不同厚度工件的焊接。

(5) 橡胶管。它是用来输送氧气和乙炔的。氧气管为绿色或黑色，内径为8mm，工作压力为1.5MPa；乙炔管为红色，内径为10mm，工作压力为0.5MPa。在使用时禁止橡胶管沾染油污及漏气，严禁互换使用。

(6) 辅助器具与防护用具。辅助器具有通针、橡皮管、点火器、钢丝刷、手锤、锉刀等；防护用具有气焊眼镜、工作服、手套、工作鞋、护脚布等。

3. 气焊工艺

当气焊操作时，一般用右手持焊炬，将拇指位于乙炔开关处，食指位于氧气开关处，以便于随时调节气体流量。用其他三指握住焊炬柄，右手拿焊丝，气焊的基本操作有点火、调节火焰、施焊和熄火等几个步骤。

1) 点火、调节火焰与熄火

在点火时先微开氧气阀门，然后打开乙炔阀门，点燃火焰。这时的火焰为碳化焰，然后逐渐开大氧气阀，将碳化焰调整为中性焰。在点火时，可能连续出现“噼啪”声，原因是乙炔不纯，应放出不纯乙炔，重新点火；有时也会出现不易点火的情况，其原因是氧气量过大，这时应重新微关氧气阀门。在点火时，拿火源的手不要正对焊嘴，也不要指向他人，以防烧伤。当焊接完毕需熄火时，应先关乙炔阀门，再关氧气阀门，以免发生回火，以减少烟尘。

2) 接头形式及焊前准备

气焊主要采用对接接头，因为焊接变形较大所以极少用其他形式。当焊件厚度大于5mm 时需要开坡口，坡口规格如图 5.13 所示。气焊前将焊件表面的氧化皮、铁锈、油污和脏物等用钢丝刷、砂布等进行清理，使焊件露出金属表面，以保证焊接接头质量。

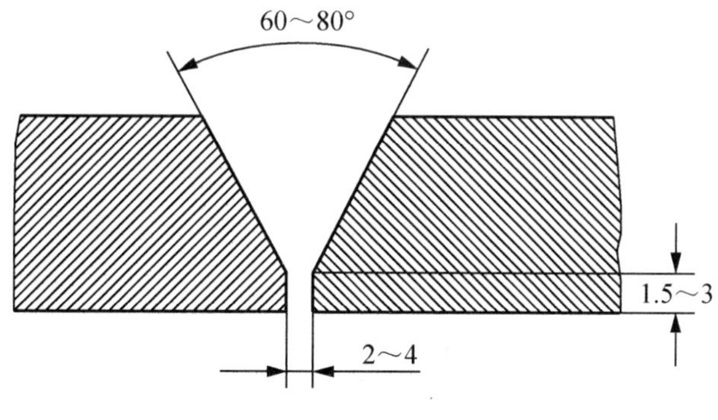

图 5.13 气焊接头和坡口

3) 气焊工艺参数

(1) 焊丝直径。它主要根据焊件厚度、坡口形式及焊缝的空间位置来选择。焊件厚度与焊丝直径的关系见表 5-4。

表 5-4 焊件厚度与焊丝直径的关系(单位 mm)

焊件厚度	1.0～2.0	2.0～3.0	3.0～5.0	5.0～10.0	10.0～15.0
焊丝直径	1.0～2.0	2.0～3.0	3.0～4.0	3.0～5.0	4.0～6.0

焊丝直径太细，容易造成未熔合缺陷；焊丝直径太粗，容易产生过热组织，降低焊接接头质量。对于开坡口的焊件，第一、二层焊缝应选较细的焊丝以利于焊透，以后各层可用较粗的焊丝。

(2) 焊剂。焊剂的选择主要根据焊件的成分及其性质而定。一般碳素结构钢在气焊时不需要气焊剂，而不锈钢、耐热钢、铸铁、铜及铜合金、铝及铝合金则必须采用气焊熔剂。

(3) 气焊火焰的选择。气焊火焰的选择见表 5-5。

表 5-5 气焊火焰的选择

焊件材料	应用火焰	焊件材料	应用火焰
低碳钢	中性焰	铬不锈钢	碳化焰或轻微碳化焰
中碳钢	中性焰	铬镍不锈钢	中性焰
低合金钢	中性焰	纯铜	中性焰
高碳钢	轻微碳化焰	黄铜	轻微氧化焰
锰钢	轻微氧化焰	锡青铜	轻微氧化焰
灰铸铁	碳化焰或轻微碳化焰	铝及铝合金	碳化焰或轻微碳化焰
镀锌铁板	轻微氧化焰	铅、锡	碳化焰或轻微碳化焰

(4) 焊接速度。一般焊件厚度大，焊接速度要慢，以免产生未焊透缺陷；反之，焊接速度要快，以免产生焊穿和过热现象。在保证焊接质量的前提下，应尽量加快焊接速度，

以提高生产率。

(5) 焊炬与焊件的倾斜角度。焊炬孔径和焊炬倾斜角的大小主要根据焊件的厚度、材料的熔点和导热性来选择。焊件越厚，焊炬的倾斜角应越大；焊件越薄，焊炬的倾斜角应越小。若焊嘴直径大，焊炬的倾斜角可小些；反之，焊炬倾斜角可大些。图 5.14 所示为焊接碳素钢时焊炬倾斜角和焊件厚度的关系。在气焊时，焊丝与焊件表面间的倾斜角一般为 30°～40°；焊丝与焊炬的夹角为 90°～100°。

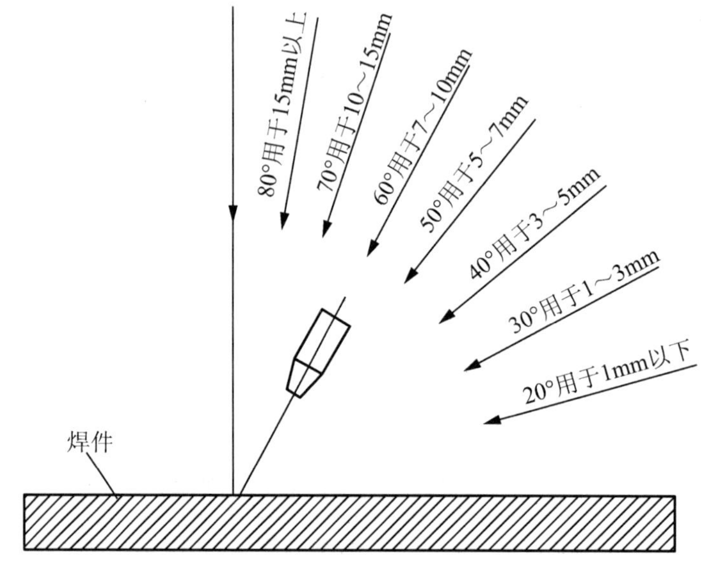

图 5.14　焊炬与焊件的倾斜角度

4) 气焊基本操作

(1) 左焊法。焊炬由右向左移动，焊丝在焊炬的前面，焊炬指向未焊部分，如图 5.15(a)所示。左焊法操作简单、容易掌握、应用较广；但左焊法焊缝金属容易氧化，适用于焊接厚度在 5mm 以下的薄板和低熔点材料。

(2) 右焊法。焊炬由左向右移动，焊丝在焊炬的后面，焊炬指向焊缝，如图 5.15(b)所示。右焊法热量集中、速度快、生产率高、火焰覆盖整个熔池金属，能防止氧化和气孔的产生；但右焊法不易掌握，只用于厚度较大、熔点较高及导热性好的材料焊接。

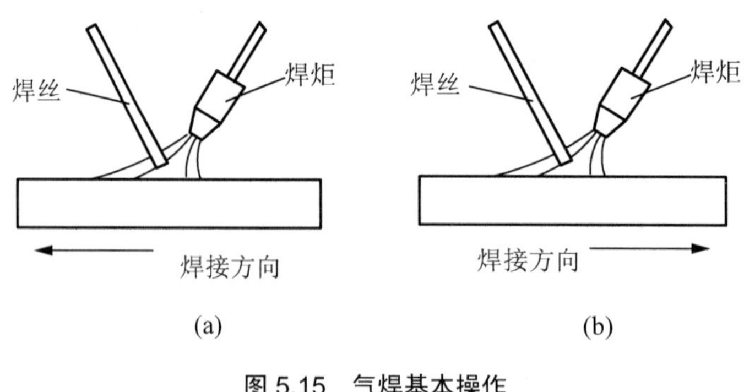

图 5.15　气焊基本操作

(a) 左焊法；(b) 右焊法

(3) 焊接过程。一般低碳钢用中性火焰，左向焊法。开始焊接时，焊炬倾斜角应大些(50°～70°)，有利于工件预热，且焊炬轴线的投影与焊缝重合，同时起焊处应使火焰往复移动，以保证焊接区加热均匀。当起焊点处熔化成白亮而清晰的熔池时，便可熔化焊丝，而后立即将焊丝抬起，火焰向前均匀移动，形成新的熔池。

为获得优质而美观的焊缝和控制熔池的热量，焊矩和焊丝应做出均匀协调的运动，即沿焊件接缝的纵向运动。焊矩沿焊缝作横向摆动；焊丝在垂直焊缝的方向送进并作上下移动。

当焊到焊缝终点时，由于端部散热条件差，应减小焊炬与焊件的夹角(20°～30°)，同时要增加焊接速度和多加一些焊丝，以防熔池扩大，形成烧穿。

5.3.2 气割

气割是利用气体火焰的热能将工件切割处预热到燃烧温度，喷出高速切割氧气流，使其燃烧并吹除燃烧后形成的氧化物，从而实现切割的方法。它与气焊是本质不同的过程，气焊是熔化金属，而气割是金属在纯氧中燃烧。目前气割所用火焰主要是氧炔焰。

1. 金属氧气切割的条件

(1) 金属材料的燃点低于熔点，这是金属氧气切割的基本条件，否则切割是金属先熔化而变为熔割过程，使割口过宽也不整齐。

(2) 燃烧生成的金属氧化物的熔点应低于金属本身的熔点，同时流动性要好，否则切割过程不能正常进行。

(3) 金属燃烧时释放大量的热。

(4) 金属本身的导热性要低，否则切割热量不足，造成气割困难。

只有满足上述条件的金属材料才能进行气割，如纯铁、低碳钢、中碳钢、普通钢、合金钢等。而高碳钢、铸铁、高合金钢、铜、铝等有色金属与合金均难以进行气割。

2. 气割过程

在气割时用割炬代替焊炬，其余设备与气焊相同，割炬的外形与结构如图 5.16 所示。在气割时先用氧-乙炔火焰将割口附近的金属预热到燃点(约 1300℃，呈黄白色)，然后打开割炬上的切割氧气阀门，高压氧气射流使高温金属立即燃烧，生成的氧化物(即氧化铁、呈熔融状态)同时被氧气流吹走。金属燃烧产生的热量和氧-乙炔火焰一起又将邻近的金属预热到燃点，沿切割线以一定的速度移动割炬，即可形成割口。当气割结束时，割嘴应向气割方向后倾一定角度，以使割缝下部先割透，这样收尾比较平齐。

3. 气割工艺参数

(1) 气割氧压力。一般情况下，割件越厚、割嘴号码越大，要求气割氧的压力越大；割件越薄、割嘴号码越小，则要求气割氧的压力越小。如果压力不足，则会造成金属燃烧不完全，气割速度降低，熔渣不能全部吹除，割缝有挂渣、未焊透现象；如果压力过高，会使割缝粗糙、割缝加大、氧气浪费。气割氧压力可参照表 5-6 选取。

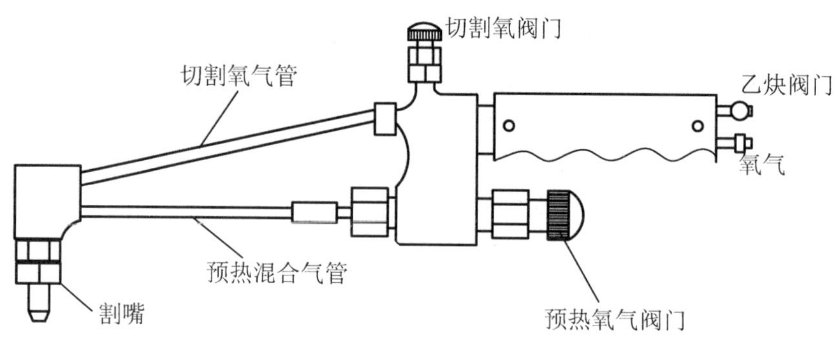

图 5.16　割炬

表 5-6　钢板气割厚度与气割速度、氧压力的关系

钢板厚度/mm	气割速度/(mm/min)	氧气压力/MPa
4	450～500	0.2
5	400～500	0.3
10	340～450	0.35
15	300～375	0.375
20	260～350	0.4
25	240～270	0.425
30	210～250	0.45
40	180～230	0.45
60	160～200	0.5
80	150～180	0.6
100	130～160	0.7

(2) 气割速度。气割速度与工件厚度和使用的割嘴形状有关。工件越厚，气割速度越慢，但如果速度过慢，则会使割口不齐；厚度越小，气割速度越快，但速度过快，会产生很大的后拖量或割不透。后拖量是指气割面上的气割氧气流轨迹的始点与终点在水平方向的距离，如图 5.17 所示。

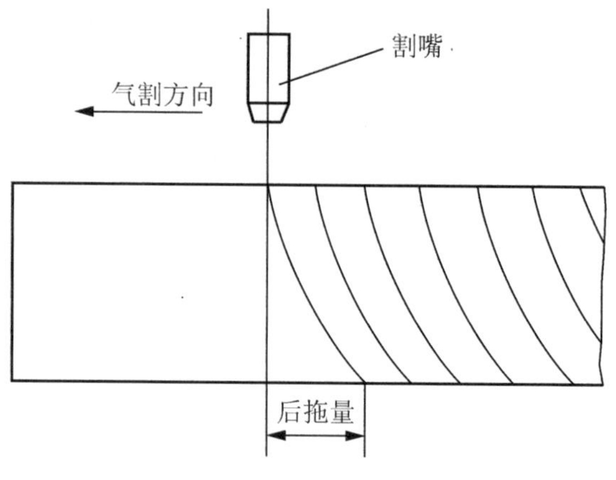

图 5.17　后拖量

(3) 预热火焰能率。火焰能率是指每小时气体的消耗量。被割件厚度越大，预热火焰的能率应越大；气割速度越快，火焰能率应越大。但火焰能率过大会使切口上边缘熔化，切割面变得粗糙，背面挂渣；火焰能率太小则会使切割速度变慢，甚至需要重新切割。

(4) 割嘴与割件的倾斜角。割嘴与割件的倾斜角主要根据割件的厚度而定，倾斜角的大小直接影响后拖量的大小，如图 5.18 所示。当切割厚度为 30mm 以下的材料时，割嘴后倾 20°～30°；当切割 30mm 以上厚度材料时，开始时应将割嘴向前倾斜 5°～10°，待全部厚度割透后再将割嘴垂直，最后应逐渐后倾 5°～10°。

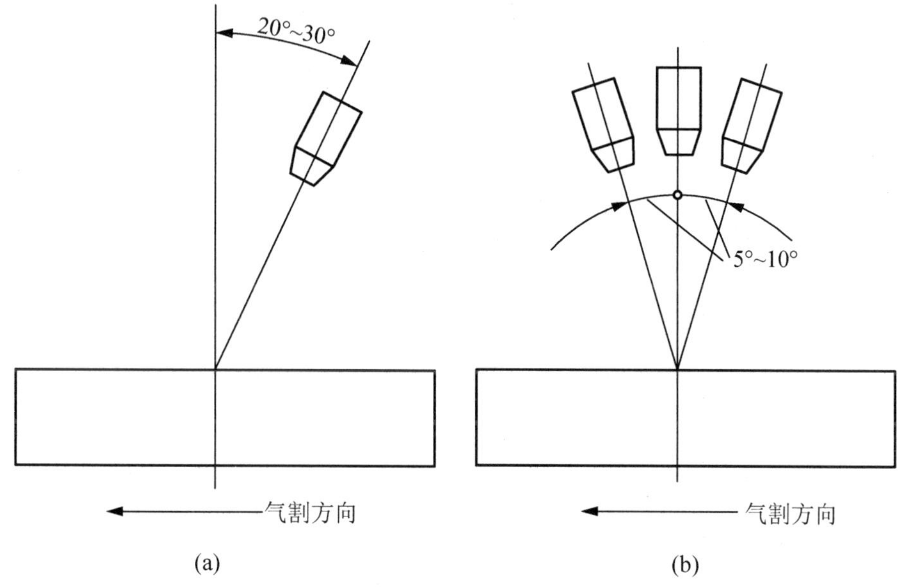

图 5.18 割嘴与割件的倾斜角

(a) 厚度小于 30mm 时；(b) 厚度大于 30mm 时

(5) 割嘴与工件表面的距离。割嘴与工件表面的距离根据被切割件的厚度来定，如果距离过大，则切割速度会减慢；如果距离太小，则割嘴会被熔渣堵塞和造成切口熔化。一般将气割火焰的焰心到被割件表面的距离控制在 3～5mm 即可。

5.4 焊接缺陷及原因分析

焊接缺陷是焊接结构失效的主要原因，在焊接生产过程中，由于焊件结构设计不当、焊接材料不合乎要求、接头形式和坡口处理不当、焊接规范选择不当等原因，可能导致焊缝尺寸不符合要求、咬边、气孔、夹渣、未焊透、裂纹等缺陷的产生。表 5-7 为常见焊接缺陷及产生原因。

表 5-7　常见焊接缺陷及产生原因

缺陷名称	特　　征	原因分析
焊缝外形尺寸不符合要求	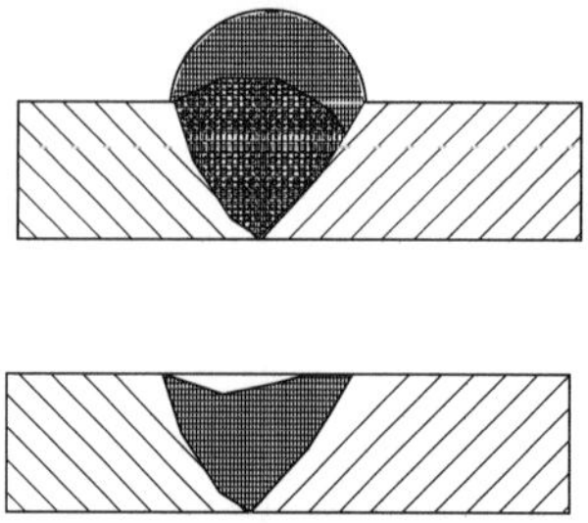	焊接规范如焊接电流、运条速度、焊条直径、坡口形式等选择不当
咬边	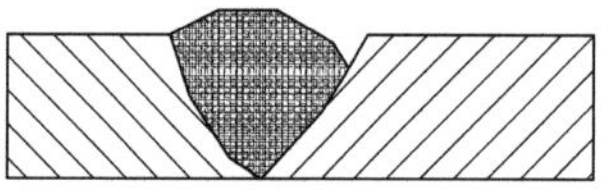	焊接电流过大、电弧过长、运条方法不当等
气孔	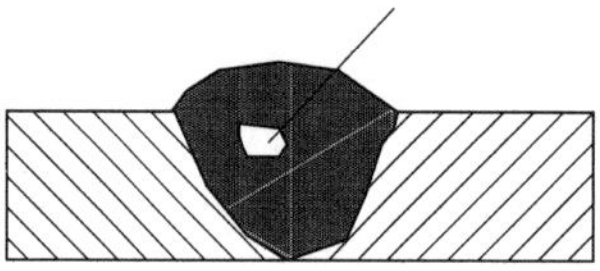	焊件表面焊前清理不良，药皮受潮，焊接电流过小或焊接速度过快，使气体来不及逸出熔池
夹渣	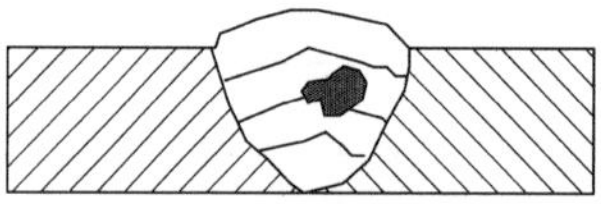	接头清理不良、焊接电流过小、运条不适和多层焊时前道焊缝的熔渣未清除干净等
未焊透	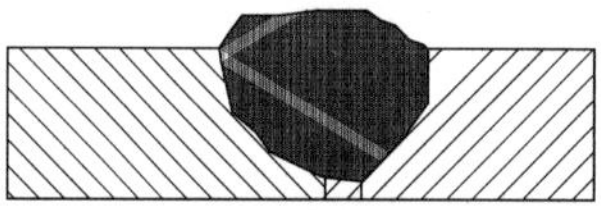	焊接电流过小、焊接速度太快、坡口角度太小或装配间隙太小、电弧过长等
裂纹	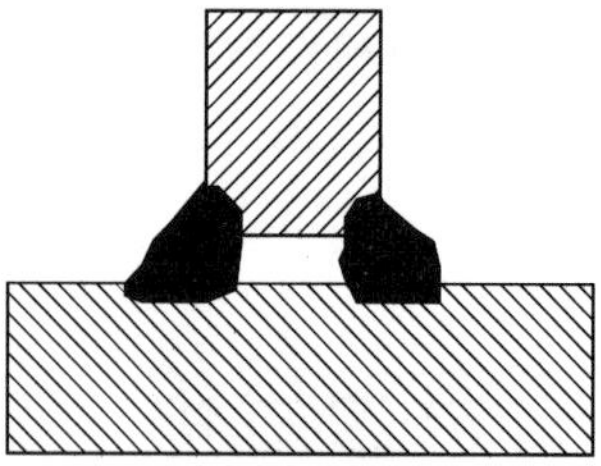	不正确的预热和冷却、不合理的焊接工艺(如焊接次序)、钢的含硫量过高、气孔与夹渣的诱发等
焊瘤	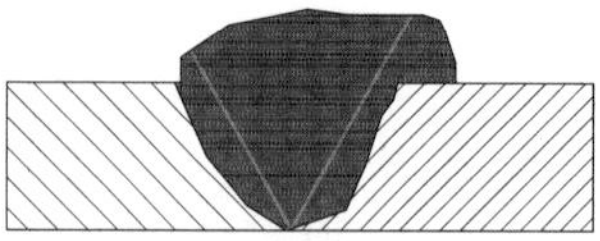	焊接电流、运条速度、电弧长度、操作不熟练等因素
弧坑	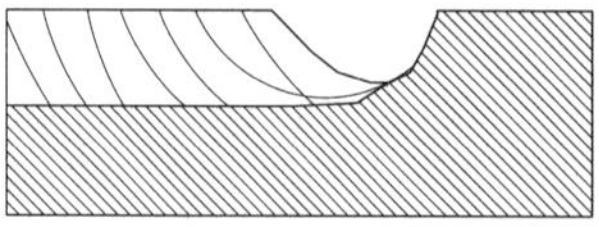	熄弧太快、焊接电流太大等原因

思 考 题

1. 金属焊接的特点是什么？
2. 简述焊接在工业生产中的地位和作用。
3. 什么是焊接电弧？简述焊接电弧的构造。
4. 简述焊条的组成和作用。
5. 什么是焊接电流的正反接？
6. 手工电弧焊对焊接电源的基本要求是什么？
7. 手工电弧焊的电焊机有哪些种类？
8. 焊缝的空间位置和坡口形式有哪些？
9. 简述手弧焊焊接规范的选择原则。
10. 手弧焊的运条方法有哪些？
11. 焊缝的连接方法有哪些？
12. 焊缝的收弧操作有哪些方法？
13. 简述氧-乙炔焰的3种性质火焰的特点。
14. 简述气焊和气割的设备。
15. 简述气焊和气割火焰的点燃和熄灭过程。
16. 简述气焊工艺参数的选择原则。
17. 气焊的基本操作方法有哪些？
18. 金属氧气切割的条件有哪些？
19. 气割工艺参数的选择包括哪些内容？
20. 常见的焊接缺陷有哪些？原因是什么？

第 6 章 热 处 理

热处理是将金属材料放在一定的介质内加热、保温、冷却，通过改变材料表面或内部的金相组织结构，来控制其性能的一种金属热加工工艺。热处理的加工方法与以“成形”为目的的铸造、锻造、焊接不同，它只在于使金属材料“变性”，它与其他加工工序一起构成了零件完整的加工过程。

6.1 热处理的基本知识

6.1.1 热处理概述

在现代工业生产中，热处理已经成为保证产品质量、改善加工条件、节约能源和材料的极其重要的一项工艺措施。这是因为钢铁及其很多合金的优良性能(高的硬度、强度、弹性、耐磨性及良好的切削性能)除在冶金时必须保证一定的化学成分外，往往还要经过热处理才能获得，如各种机床上约有 80%的零件都要进行热处理，至于刃具、量具、模具、轴承等，100%都需要进行热处理。

热处理的方法很多，不同的热处理工序常穿插在零件制造过程的各个热、冷加工工序中进行。因为热处理既可以作为预先热处理以消除上一工序所遗留的某些缺陷，为下一工序准备好条件，也可作为最终热处理进一步改善材料的性能，从而充分发挥材料的潜力，达到零件的使用要求。

任何一种热处理的工艺过程，都包括下列 3 个步骤。

(1) 以一定速度把零件加热到规定的温度范围。这个温度范围根据不同的金属材料、不同的热处理要求而定。

(2) 在此温度下保温，使工件全部热透。

(3) 以某种速度把工件冷却下来。

钢的热处理工艺曲线如图 6.1 所示。热处理工艺曲线中的加热温度、保温时间和冷却速度等工艺指标主要取决于工件材料、工件形状、变形控制要求以及所要求的力学性能等。

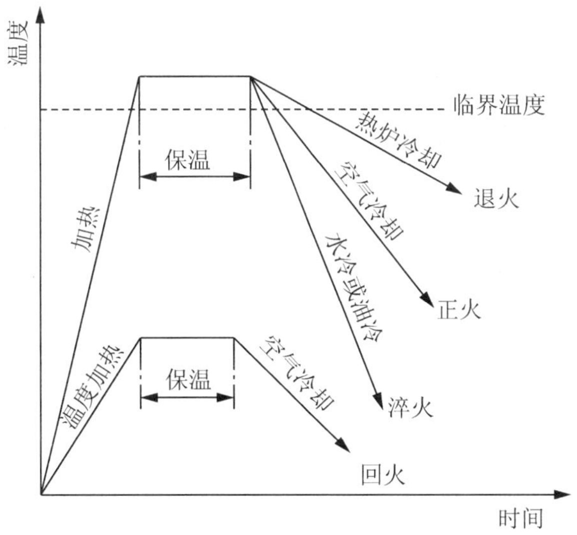

图 6.1　钢的热处理工艺曲线

6.1.2　热处理加热设备

常用的热处理加热设备有电阻炉、盐浴炉、火焰加热炉等，下面将重点介绍电阻炉的工作原理。

1. 箱式电阻炉

箱式电阻炉是一种周期作业式加热炉，可供实验室作淬火、回火、正火、退火等热处理的加热用。图 6.2 是箱式电阻炉的结构示意图，用高强度耐火材料制成的加热室 1，其壁内排列着许多纵向电热丝 2，电热丝多用铁铬铝合金丝制成螺旋形。当电源通过接线盒 4 使电热丝中通有电流时，便产生电热效应，所发出的热量即可加热炉内的试样 5，为了避免取放试样时碰坏或磨损加热室底部的耐火材料，可以在加热室底部放置一块高强度耐火材料制成的炉底板 10，加热室的开口处用炉门 8 封闭，炉门口有一小孔，供观察炉内温度和试样加热情况。炉门下部有一挡铁 7，当炉门关闭时，挡铁按动控制开关 6，使加热室内的电热丝中有电流通过；当炉门打开时，控制开关切断了电源控制电路，此时即便闭合电源开关，电炉中的电热丝也不会有电流通过，从而保证了操作的安全。隔热层 9 是用隔热材料填充的，其作用是减少炉内热量的散失。在加热室后壁开有一测温孔 3，供插入测温热电偶用。整个炉体用钢板包裹，并由支架支撑。根据工件大小和装炉量的多少可选用不同功率的电阻炉，如 30kW、45kW 等规格。

2. 井式电阻炉

图 6.3 所示，井式电阻炉的结构和箱式电阻炉相似，所特殊的地方为炉盖由液压升降机构控制，炉盖的下面装有用耐热钢制的风扇叶片。加热时可增加炉内热空气的循环，故其加热温度均匀，炉身半埋地下，炉膛似“井”，故称为井式电阻炉，它特别适合于细长杆的加热。最高工作温度为 950℃，功率有 30kW、55kW 等。

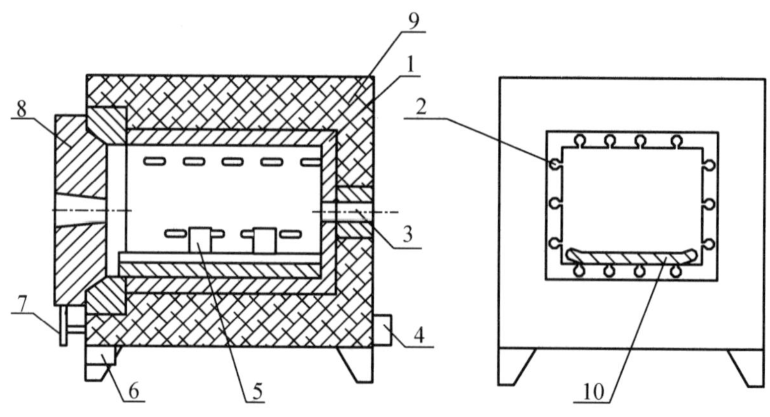

图 6.2　箱式电阻炉的结构示意图

1—加热室；2—电热丝；3—测温孔；4—接线盒；5—试样；6—控制开关；
7—挡铁；8—炉门；9—隔热层；10—炉底板

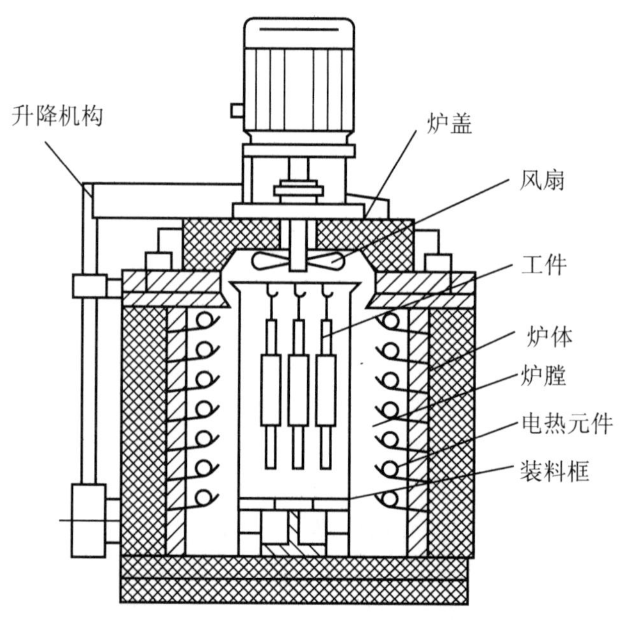

图 6.3　井式电阻炉的结构

6.1.3　常用热处理方法

热处理可分为整体热处理、表面热处理和化学热处理三大类。整体热处理包括退火、正火、淬火及回火等；表面热处理包括表面淬火等；化学热处理包括渗碳、渗氮、碳氮共渗等。

1. 整体热处理

整体热处理是指对工件整体进行穿透加热的热处理工艺。根据加热和冷却方法的不同，整体热处理又分为退火、正火、淬火和回火等。

1) 退火

退火是将碳钢加热到临界点 Ac_1 或 Ac_3 以上 20～40℃(780～900℃)，适当保温一段时间后，随炉冷却到室温。由于冷却是缓慢进行的，所以转变产物基本上符合铁碳状态图的相变规律。

工具钢和某些用于重要结构零件的合金钢在毛坯加工后硬度不均匀，存在着内应力。为了便于切削加工，并保证加工后的精度，常对工件进行退火处理。退火后的工件硬度适中，消除了内应力，同时还可以使工件的内部组织均匀细化，为进行下一步热处理及加工做好了组织上的准备。

高速钢、高速钢工件为防止氧化、脱碳，采用装箱退火，箱内放置废渗碳剂或铸铁屑，如图 6.4 所示。

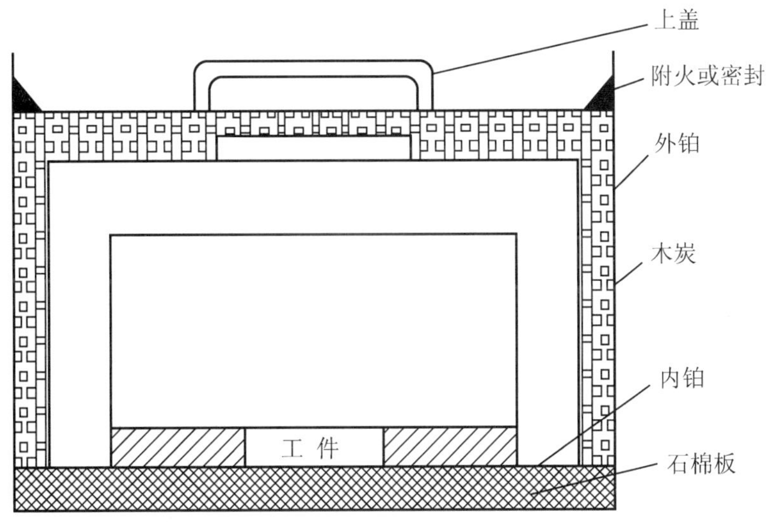

图 6.4　退火装箱

加热时温度控制应准确，温度过低达不到退火的目的，温度过高又会造成过热、过烧、氧化、脱碳等缺陷。操作时还应注意零件的放置方法，当退火的主要目的是为了消除内应力时就更应注意，如对于细长工件的稳定尺寸退火，一定要在井式电阻炉中垂直吊置，以防止工件由于自身重力所引起的变形。

2) 正火

正火就是把钢加热到 Ac_3 或 Ac_{cm} 以上 30～50℃(800～930℃)，适当保温一段时间，然后在静止的空气中冷却到室温。

正火实质上是退火的另一种形式，其作用与退火相似。与退火不同之处是在加热和保温后，放在空气中冷却而不是随炉冷却。由于冷却速度比退火快，因此正火工件比退火工件的强度和硬度稍高，而塑性和韧性则稍低。这一点对于一般低碳钢、中碳钢零件来说，已完全达到与退火相似的要求，有时由于正火后的硬度适中，更适合于切削加工。又由于正火冷却时不占用加热炉，还可使生产效率提高，成本降低。所以一般低碳钢和中碳钢，多用正火代替退火，但若工具钢和部分合金钢经过正火的硬度还嫌太高，则仍应选用退火处理。

3) 淬火

淬火是将钢加热到临界点 Ac_1 或 Ac_3 以上(760～820℃)某一温度，经过适当保温后，快速冷却，以得到马氏体组织。

淬火的主要目的是提高钢的强度和硬度，增加耐磨性，并在回火后获得高强度和一定韧性相配合的性能。

淬火剂有水和油，水是最便宜而且冷却能力很强的淬火剂，适用于一般碳钢零件的淬火。向水中溶入少量的盐类，还能进一步提高其冷却的能力，必须注意的是水和水溶液的温度一般不能超过 40℃，否则会降低其冷却能力；油也是应用较广泛的淬火剂，它的冷却能力较低，可以防止工件产生变形和裂纹等缺陷，适用于合金钢淬火。

淬火操作还应注意淬火工件浸入淬火剂的方式，如果浸入方式不当，可能使工件各部分的冷却速度不一致从而造成极大的内应力，使工件发生变形和开裂。

4) 回火

工件淬火后都必须进行回火处理，以减小或消除内应力，提高韧性，获得比较稳定的组织和性能。回火是将已淬火的碳钢加热到 A_1 以下某一温度，适当保温一段时间后，然后空冷或炉冷至室温的热处理操作。根据回火温度不同，回火可分为低温回火、中温回火和高温回火三类。

(1) 低温回火。回火温度为 150～250℃。低温回火可以消除部分淬火造成的内应力，适当地降低钢的脆性，提高韧性，同时工件仍保持高硬度。如工具、量具多用低温回火。

(2) 中温回火。回火温度为 300～450℃。淬火工件经中温回火后，可消除大部分的内应力，硬度有显著下降，但是具有一定的韧性和弹性。这种方法一般用于处理热锻模、弹簧等。

(3) 高温回火。回火温度为 500～650℃。高温回火可以消除内应力，使零件具有高强度和高韧性等综合机械性能。淬火后再进行高温回火称为调质处理，一般要求具有较高综合机械性能的重要结构零件，都要经过调质处理。

2. *表面热处理*

表面热处理是指仅对工件表层进行热处理，以改变表层组织和性能的工艺。表面热处理中应用最多的是表面淬火。表面淬火是指仅对零件需要硬化的表面部分进行加热淬火的淬火工艺。表面淬火主要用于要求表面硬度和耐磨性高，而心部具有足够强度和韧性的零件，如齿轮、主轴、曲轴和凸轮轴等。表面淬火中最常用的方法是火焰加热表面淬火和感应加热表面淬火。

(1) 火焰加热表面淬火。火焰加热表面淬火是利用氧-乙炔火焰喷射到工件表面上，使它快速加热到淬火温度，然后迅速喷水冷却，从而获得预期硬度和淬硬层深度的一种表面淬火方法，如图 6.5 所示。

火焰加热表面淬火的淬硬层深度一般为 2～6mm，若淬硬层过深，容易引起工件表面严重过热，造成变形与开裂的缺陷。

(2) 感应加热表面淬火。感应加热表面淬火时，首先应将工件放在空心铜管绕成的感应线圈中，线圈中通入一定频率的交流电，使工件表面产生感应电流，利用感应电流的热效应，在极短的时间内使工件表面加热到淬火温度，而其心部温度仍接近于室温，然后随即喷水冷却，使工件表面形成硬化层，如图 6.6 所示。

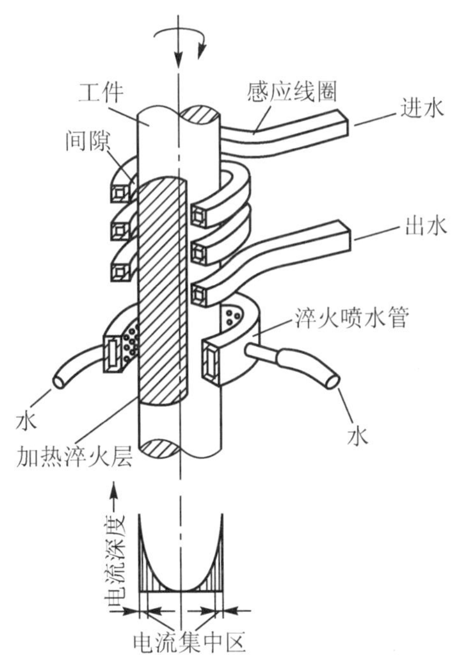

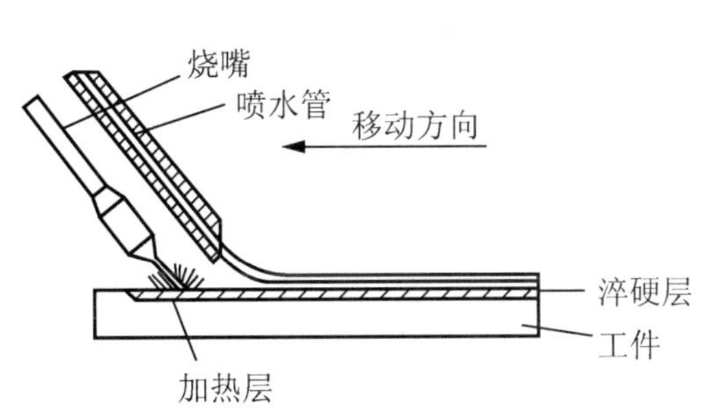

图 6.5 火焰加热表面淬火示意图

图 6.6 感应加热表面淬火

感应加热表面淬火主要用于中碳钢和中碳合金钢制造的工件。淬火时工件表面加热深度主要取决于电流频率。实际生产过程中主要通过选择不同的电流频率，来达到不同要求的硬化层深度。

感应加热淬火后，为了使工件减少脆性、降低内应力，需要进行低温回火。生产中有时采用自行回火法，即当淬火冷至 200℃左右时停止喷水，利用工件内部的余热达到回火的目的。

3. 化学热处理

钢的化学热处理是将工件置于一定温度的活性介质中保温，使一种或几种化学元素渗入到它的表层，以改变其化学成分、组织和性能的热处理工艺。这种热处理与表面淬火相比，其特点是表层不仅有组织的变化，而且还有化学成分的变化。化学热处理种类很多，目前在机械制造业中最常用的化学热处理是渗碳和渗氮。

1) 渗碳

渗碳是为了增加钢件表层的含碳量和一定的碳浓度梯度，将工件在渗碳介质中加热并保温，使碳原子渗入表层的化学热处理工艺。渗碳层深度为 0.5～2.5mm，渗碳层的质量分数最好为 0.85%～1.1%。渗碳用钢一般是碳的质量分数为 0.15%～0.25%的低碳钢和低碳合金钢，如 15、20、20Cr、20CrMnTi 等钢。经渗碳后的工件，都要进行淬火和低温回火，使工件表面获得高的硬度、耐磨性和疲劳强度，其表面硬度可达 58～64HRC，而心部仍保持一定强度和良好韧性。渗碳广泛应用于齿轮、凸轮轴、活塞销、针阀等零件的处理。

根据渗碳时介质的物理状态的不同，渗碳方法可分为气体渗碳、固体渗碳和液体渗碳 3 种，其中以气体渗碳应用最为广泛。

气体渗碳是指工件在气体渗碳介质中进行的渗碳工艺。它是将工件放入密封的井式气体渗碳炉中，滴入易于分解和气化的液体(如煤油、丙酮等)，加热到渗碳温度，使工件在高温渗碳气氛中进行渗碳，如图6.7所示。

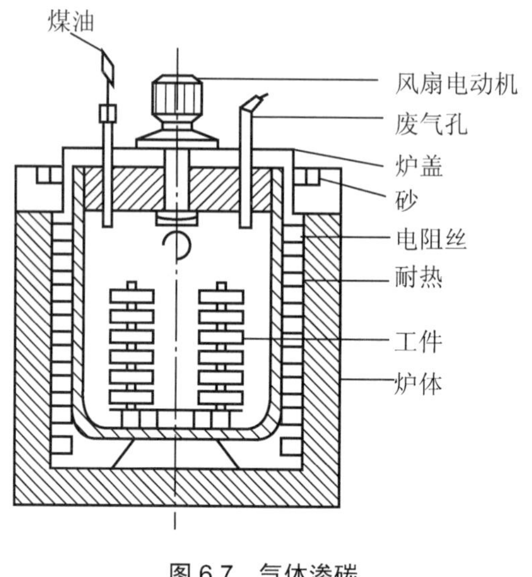

图6.7 气体渗碳

常用的气体渗碳剂有煤油、苯、丙酮、甲烷、煤气等。渗碳时渗碳剂在炉内高温下，分解出的活性碳原子被工件表面吸收，通过碳原子的扩散，在工件表面形成一定深度的渗碳层。

气体渗碳温度一般为900～950℃。渗碳时间根据工件所要求的渗碳层深度来确定，一般按0.2～0.5mm/h的速度进行估算，在实际生产中常用检验试棒来确定渗碳的时间。

2) 渗氮

渗氮是在一定的温度下使活性氮原子渗入工件表面的化学热处理工艺，又称氮化。目前广泛应用的是气体渗氮或离子渗氮。氮化层深度一般不超过0.6～0.7mm，氮化处理时工件的变形很小。

渗氮的目的是提高工件表面硬度、耐磨性和疲劳强度，此外，氮化层还具有较高的耐腐蚀性。工件氮化后不需进行淬火就可达到高硬度(1100～1200HV，相当于72HRC)，而且硬度在600℃左右时无明显下降，热硬性高。最常用的氮化用钢是38CrMoAl。渗氮广泛用于耐磨性和精度要求很高的精密零件，或承受交变载荷的重要零件以及要求耐热、耐蚀、耐磨的零件，如镗床主轴、高速精密齿轮、高速柴油机曲轴、气缸套筒、阀门和压铸模等。

6.2 热处理常见缺陷及防止办法

6.2.1 钢在加热时出现的缺陷

在热处理过程中，因热处理操作不当常产生某些缺陷，如过热、过烧、氧化、脱碳等。

过热是指金属或合金在热处理加热时，由于温度过高，晶粒长得很大，以致其性能显

著降低的现象，过热可以用正火消除；过烧是指金属或合金的加热温度达到其固相线附近时，晶界氧化和开始部分熔化的现象，过烧无法挽救，只能报废；氧化是指金属加热时，介质中的氧、二氧化碳和水等与金属反应生成氧化物的过程；脱碳是指加热时由于气体介质和钢铁表层的碳作用，使表层含碳量降低的现象。氧化和脱碳损耗钢材，降低工件表层硬度、耐磨性和疲劳强度，增大淬火开裂倾向。用箱式或井式电阻炉时，加热介质是空气，高温时氧化、脱碳严重；用盐浴炉加热时氧化和脱碳大为减轻。为防止氧化和脱碳，常采用可控气氛热处理和真空热处理，以及正确控制加热温度和保温时间。

6.2.2 钢在淬火操作中常出现的缺陷与防止方法

1. 硬度不足和软点

钢件淬火后硬度达不到技术要求称为硬度不足。加热温度过低或保温时间过短、淬火介质冷却能力不够、工件表面氧化脱碳等，都容易使工件淬火后达不到要求的硬度值。钢件淬火硬化后，其表面存在硬度偏低的局部小区域，这种小区域称为软点。

工件产生硬度不足和大量的软点时，可在退火或正火后，重新进行正确的淬火，即可消除硬度不足和大量的软点。

2. 变形和开裂

热处理时工件形状和尺寸发生的变化称为变形。变形很难避免，一般是将变形量控制在允许范围内，但开裂是不允许的，工件开裂后只能报废。

淬火冷却时，为了获得马氏体组织和足够的淬硬层深度，必须快速冷却，但炽热零件的急速快冷必然导致表面和心部、厚的部分和薄的部分，形成很大温差，从而使零件各部分的体积变化和组织转变不能同时进行，因而产生了淬火应力。

淬火应力包括热应力和相变应力，热应力是指工件加热和冷却时，由于不同部位存在着温差而导致热胀和冷缩不一致所引起的应力；相变应力是指热处理过程中，由于工件各部位相变的不同时性，以及奥氏体与马氏体体积不同所引起的应力。对每一个淬火零件来讲，热应力和相变应力是同时存在的，零件最后承受的淬火应力是热应力和相变应力的总和，而热应力和相变应力的方向恰好相反，如果热处理工艺选择的恰当，它们可以有部分相互抵消，使淬火应力减小。但当淬火应力超过钢的屈服强度时，零件就发生变形；当淬火应力超过钢的抗拉强度时，零件就产生开裂。

3. 防止和减少淬火变形与开裂的措施

为减少淬火变形和防止开裂，应采用以下措施：正确选用材料；结构设计、热处理方法、热处理工艺等要合理；热处理操作方法要正确等。

(1) 正确选用材料。一般来说，含碳量高的钢，淬火后为高碳马氏体，脆性大，易引起开裂；含碳量低的钢，淬火后为低碳马氏体，韧性好，不易开裂。合金钢允许在缓冷的介质中冷却从而减小了零件的热应力，因而比碳钢变形、开裂的倾向小。

(2) 合理进行结构设计。零件结构是否合理，会直接影响热处理质量和生产成本。因此，在设计零件结构时，除了满足使用要求外，还要满足热处理对零件结构形状的要求。设计零件结构时，应考虑以下要求。

① 避免尖角、棱角，减少台阶。零件的尖角和棱角处易形成应力集中，常引发淬火开裂，一般应设计成圆角或倒角，如图6.8所示。

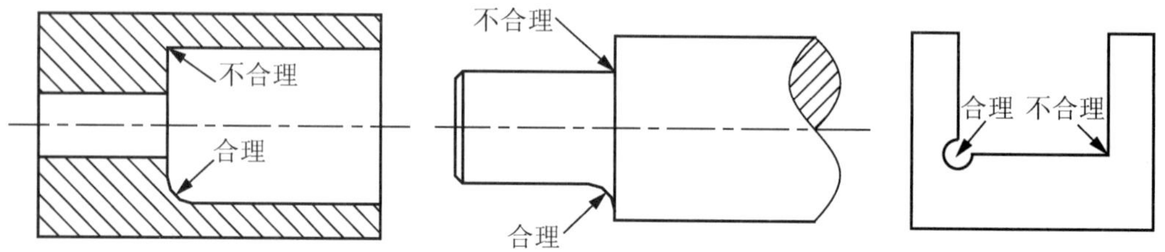

图6.8 避免尖角和棱角

② 零件外形要简单，避免厚薄悬殊的截面。截面厚薄悬殊会使冷却不均匀，易产生变形和开裂。为使壁厚尽量均匀，并使截面均匀过渡，可采取开工艺孔、加厚零件太薄处、合理安排孔洞和槽的位置、变盲孔为通孔等措施，如图6.9所示。

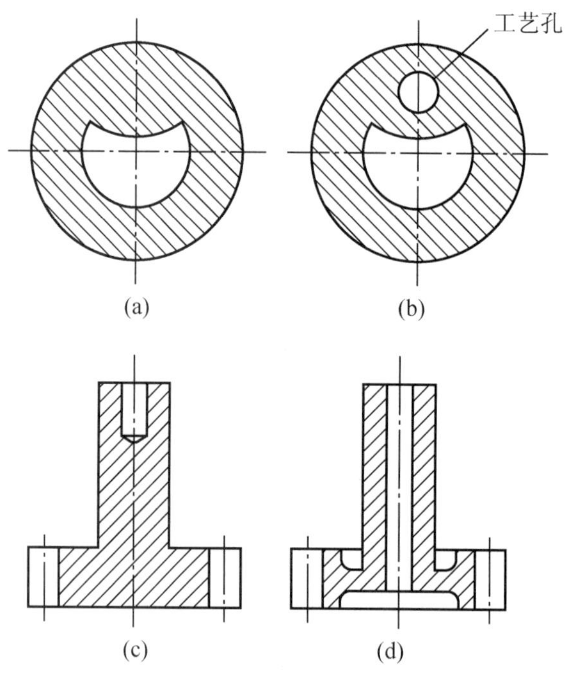

图6.9 避免厚薄悬殊的截面

(a) 不合理；(b) 合理；(c) 不通孔厚薄不均匀；(d) 通孔厚薄均匀

③ 采用对称结构。若零件形状不对称，冷却速度不同，会使应力分布不均，易产生变形，如图6.10所示。

④ 采用封闭结构。弹簧夹头头部槽口处留有工艺肋，使夹头的三瓣夹爪连成封闭结构，待热处理后将槽磨开，以减小热处理变形，如图6.11所示。

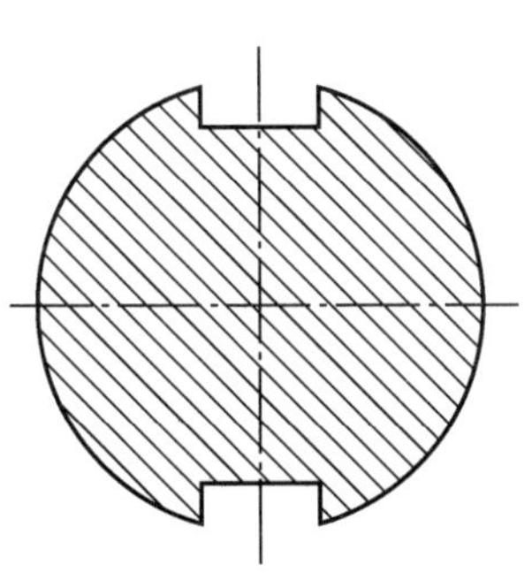

图 6.10　镗杆对称结构

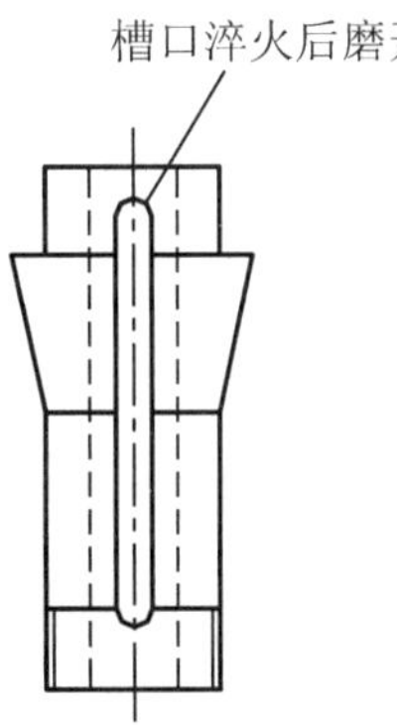

图 6.11　弹簧夹头封闭结构

⑤ 采用组合结构。热处理易变形的工件，在可能的条件下应采用组合结构。如山字形硅钢片冲模，若做成整体，热处理变形很大，如图 6.12(a)所示；若改为 4 块组合件，如图 6.12(b)所示，每块单独进行热处理，磨削后再组合装配，可避免整体变形。

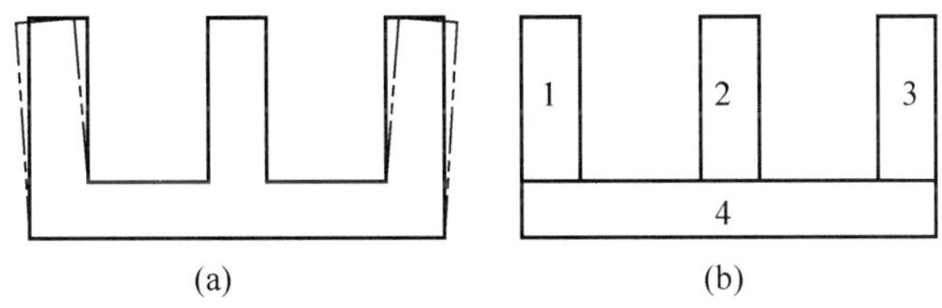

图 6.12　山字形硅钢片冲模

(3) 正确地锻造及预先热处理。为了降低零件淬火变形及开裂倾向，提高零件使用性能，往往要将钢材进行锻造，以改善内部组织。毛坯经锻造后，再经适当的预先热处理(如退火、正火、调质和球化退火)，便可以获得较理想的组织，以满足机械加工和最终热处理的要求。对于某些形状复杂、精度要求高的零件，在粗加工和精加工之间，或在淬火之前还要进行消除应力退火。

(4) 冷、热加工密切配合。为了控制和减少淬火变形，必须依靠冷、热加工的密切配合，制定正确的工艺路线，对一些易变形零件采取适当的措施。如对一些零件的薄弱部分，淬火前增大尺寸，淬火后再加工到所需尺寸；对易变形的、形状不规则的零件，尽量在淬火前留筋，淬火后予以切除，也可预先摸索淬火变形的规律，在机械加工时预留变形余量等。

(5) 采用合理的热处理工艺。它包括正确控制加热速度、合理选择淬火加热温度以及正确选择冷却方法和冷却介质等。

(6) 在淬火操作中应注意的问题。做好淬火前的准备工作，对于淬火易开裂的部位，如键槽、孔眼等处用石棉堵塞，尖角及不需要淬火的螺纹等可用石棉绳缠绕。零件在盐炉或井式炉中加热时，捆扎正确与否直接影响淬火后的变形和开裂，因此捆扎时应考虑零件淬入方向和可能变形的情况。零件在炉内放置要恰当，尽量使部位受热均匀，另外，零件淬入冷却介质的方式必须正确。如厚薄不均的工件，厚的部分应先浸入淬火剂中；细长工件就垂直地浸入淬火剂中；薄而平的工件(如圆盘铣刀)必须竖立着浸入淬火剂中；薄壁环状工件浸入淬火剂时，它的轴线必须垂直于液面；截面不均匀的工件应斜着放下去，使工件各部分的冷却速度趋于一致等。

思 考 题

1. 什么是热处理？常用的热处理的方法有哪些？
2. 什么情况下可用正火代替退火？
3. 热处理的设备有哪些？
4. 淬火的目的是什么？水淬和油淬有什么不同？
5. 什么叫回火？为什么要回火？回火温度对淬火钢有什么影响？
6. 什么叫调质处理？调质能达到什么目的？表面淬火和整体淬火有什么不同？
7. 要获得表面很硬、心部有足够韧性的中碳钢齿轮，可采用哪些热处理的方法？
8. 加热时如何防止工件氧化和脱碳？
9. 什么是热应力？什么是相变应力？它们对淬火工件质量有什么影响？
10. 常见的热处理缺陷有哪些？如何减小和避免缺陷的产生？

第 7 章 钳　　工

钳工是机械制造中最古老的金属加工技术。钳工大多是用手工方法并经常要在虎钳上进行操作的一个工种。钳工是机械制造工作中不可缺少的一个工种，它的工作范围很广，主要包括錾削、锉削、锯切、划线、钻削、铰削、攻螺纹和套螺纹、刮削、研磨、矫正、弯曲和铆接等，主要任务是机器装配调试、设备维修、零件加工、工具的制造和修理等。

7.1 概　　述

钳工是手持工具对金属材料进行加工的方法，具有加工灵活、可加工形状复杂和高精度的零件、投资小的三大优点，同时存在生产效率低和劳动强度大、加工质量不稳定两大缺点。

1. 钳工的工作范围

钳工工具简单，操作灵活，可以完成目前采用机械设备不能加工或不适于机械加工的某些零件的加工，因此钳工的工作范围很广、工作种类繁多。随着生产的发展，钳工工种已有了明显的专业分工，如普通钳工、划线钳工、模具钳工、装配钳工、修理钳工、工具样板钳工、钣金钳工等。一般来说，钳工的工作范围主要有划线、加工零件、装配、设备维修和创新技术。

(1) 划线。对加工前的零件进行划线。

(2) 加工零件。对采用机械方法不太适宜或不能解决的零件以及各种工、夹、量具以及各种专用设备等的制造，要通过钳工工作来完成。

(3) 装配。将机械加工好的零件按机械的各项技术精度要求进行组件、部件装配和总装配，使之成为一台完整的机械。

(4) 设备维修。对机械设备在使用过程中出现损坏、产生故障或长期使用后失去使用精度的零件要通过钳工进行维护和修理。

(5) 创新技术。为了提高劳动生产率和产品质量，不断进行技术革新，改进工具和工艺，也是钳工的重要任务。总之，钳工是机械制造工业中不可缺少的工种。

2. 钳工工作台和台虎钳

钳工的大多数操作是在钳工工作台上进行的。钳工工作台一般是用木材制成的，也有用铸铁件制成的，要求坚实平稳，台面高度为 800～900mm，其上装有防护网，如图 7.1 所示。

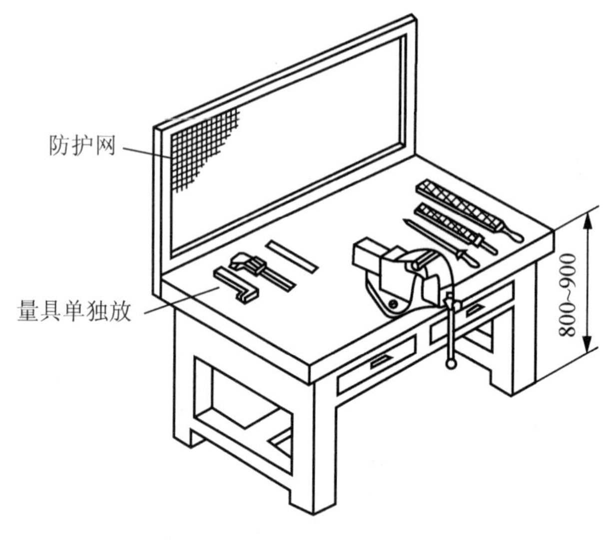

图 7.1　钳工工作台

台虎钳是夹持工件的主要工具，其规格用钳口宽度表示，常用的为 100～150mm，如图 7.2 所示。

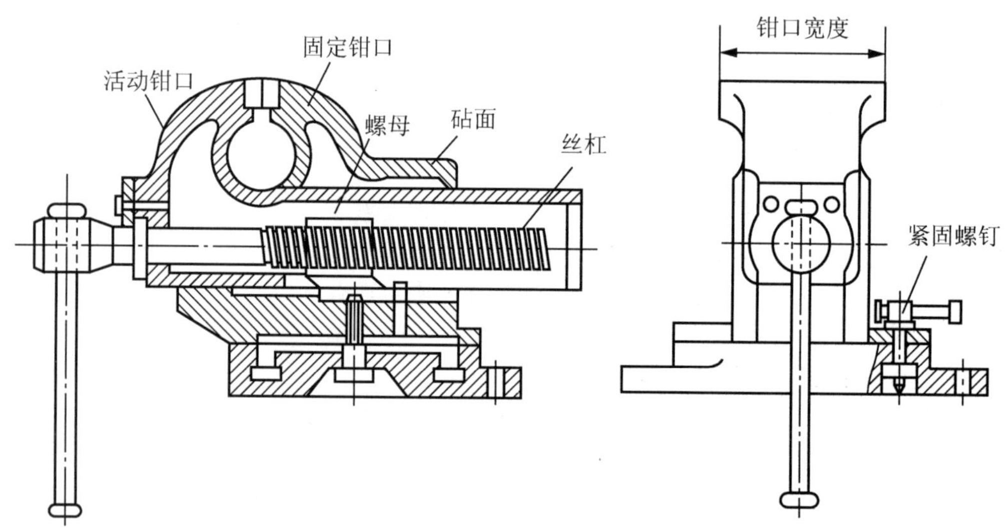

图 7.2　台虎钳

使用台虎钳时应注意以下事项。

(1) 工件应夹在钳口中部以使钳口受力均匀。

(2) 夹紧后的工件应稳固可靠，便于加工，并且不产生变形。

(3) 当转动手柄夹紧工件时，手柄上不准用套管接长手柄或用锤敲击手柄，以免损坏虎钳丝杆或螺母。

(4) 不要在活动钳口的光滑表面进行敲击作业，以免降低它与固定钳口的配合性能，锤击应在砧面上进行。

钳工工作场地除了有钳工工作台和台虎钳外，另外还配有划线平台、钻床和砂轮机等。

7.2　钳工基本工艺

钳工是目前机械制造和修理工作中不可缺少的重要工种，其基本工艺包括划线、锯削、锉削、錾削、钻孔、扩孔、铰孔、锪孔、攻螺纹与套螺纹和刮削等。钳工的主要特点如下。

(1) 钳工工具简单，制造、刃磨方便，材料来源充足，成本低。

(2) 钳工大部分是手持工具进行操作，加工灵活、方便，能够加工复杂的形状。

(3) 能够加工质量要求较高的零件。

(4) 钳工劳动强度大，生产率低，对工人技术水平要求较高。

7.2.1　划线

根据图样和技术要求，在毛坯或半成品上用划线工具画出加工界线，或划出作为基准的点、线的操作过程称为划线。划线的作用：①在毛坯上明确地表示出加工余量、加工位置线，作为加工、安装工件的依据；②通过划线来检查毛坯的形状和尺寸是否符合图样要求，避免不合格的毛坯投入机械加工而造成浪费；③合理分配各加工表面的余量，保证不出或少出废品。

划线分为平面划线和立体划线两类：在工件的一个平面上划线称为平面划线；在工件的几个表面上，即在长、宽、高方向上划线称为立体划线，如图7.3所示。

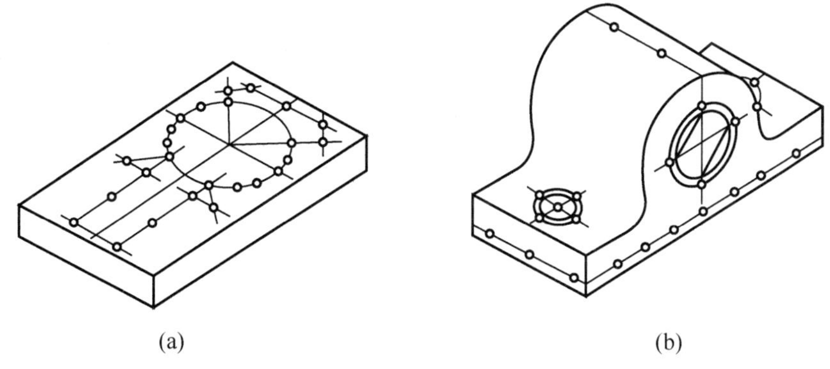

图7.3　平面划线和立体划线

(a) 平面划线；(b) 立体划线

1. 划线工具

划线工具按用途分为三类：基准工具、支撑工具和直接划线工具。

(1) 基准工具。划线平台是划线的主要基准工具，如图7.4所示。安放划线平台时要平稳牢固，工作平面应保持水平。平面各处均匀使用，以免局部磨凹。不准碰撞划线平台，不准在其表面敲击，要经常保持划线平台清洁。

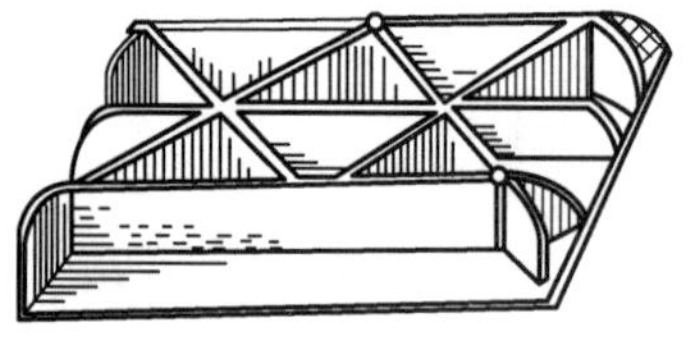

图 7.4　划线平台

(2) 支撑工具。常用的支撑工具有以下 3 种。

① 方箱。用于划线时夹持较小的工件，如图 7.5 所示。通过在平台上翻转方箱，即可在工件上划出相互垂直的线来。

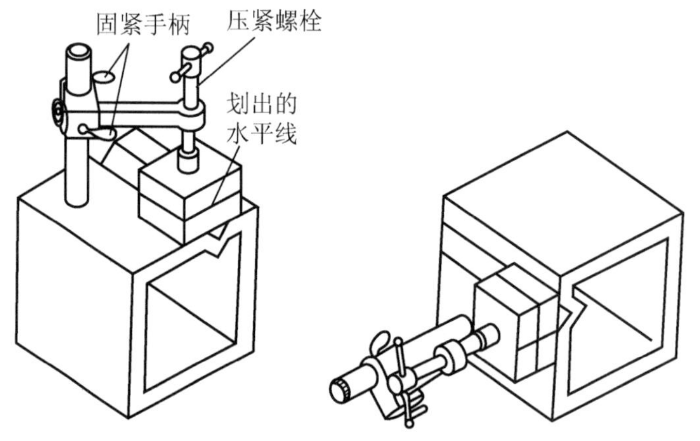

图 7.5　用方箱夹持工件

② 千斤顶。在较大的工件上划线时，它用来支撑工件，通常用 3 个千斤顶，其高度可以调整，以便找正工件，如图 7.6 所示。

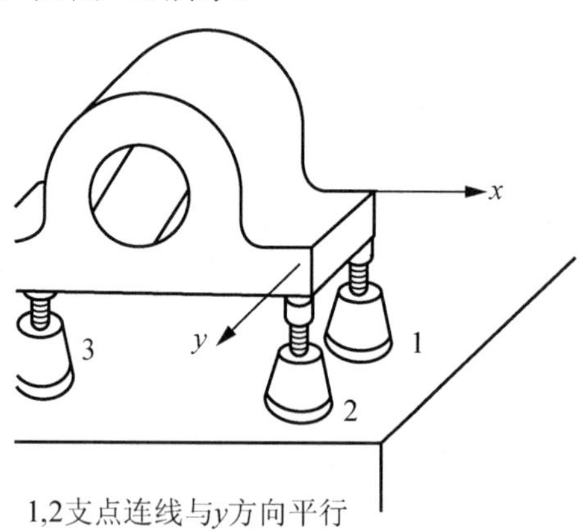

图 7.6　用千斤顶支撑工件

③ V 形铁。用于支撑圆柱形的工件，使工件轴线与平板平行，如图 7.7 所示。

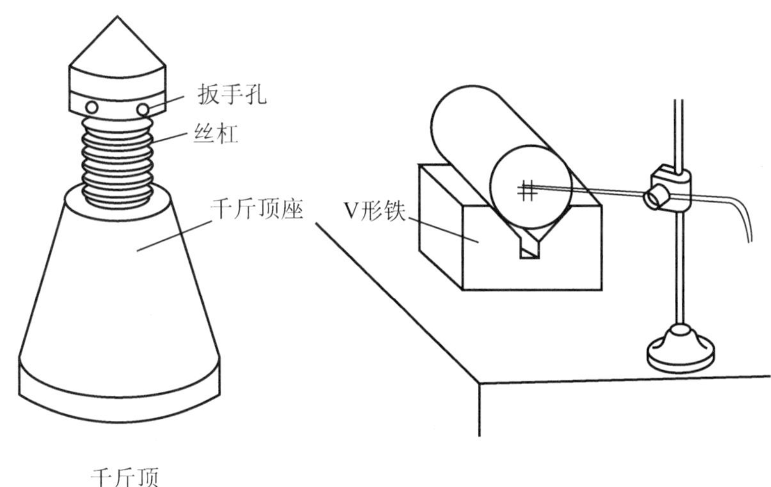

图 7.7 用 V 形铁支撑工件

(3) 直接划线工具。

① 划针。它用来在工件上划线，其用法如图 7.8 所示。

② 划规。它是划圆或弧线、等分线段及量取尺寸的工具，如图 7.9 所示。

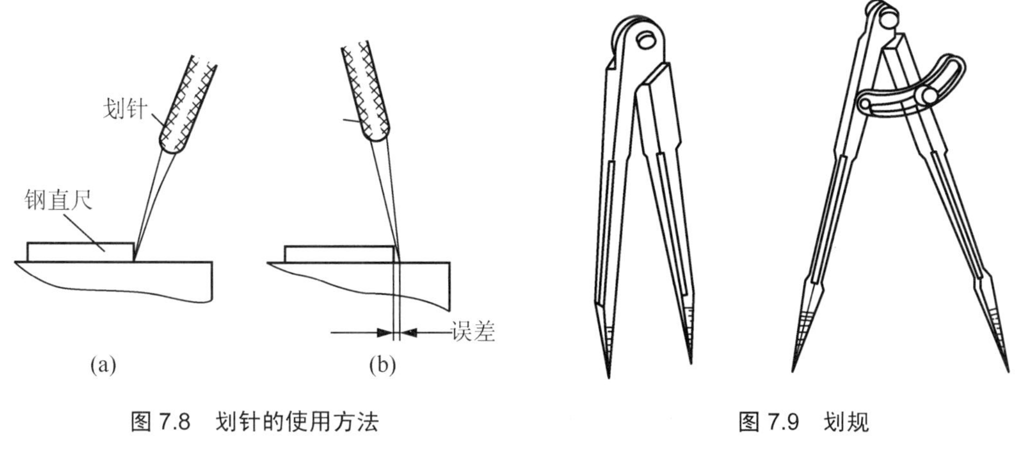

图 7.8 划针的使用方法

(a) 正确；(b) 错误

图 7.9 划规

③ 划卡。划卡是用来确定工件上孔及轴的中心位置的工具，如图 7.10 所示。

④ 划线盘。划线盘是立体划线和校正工件位置时常用的工具，如图 7.11 所示。

⑤ 样冲。样冲是用来在工件的线上打出样冲眼，以备所划的线模糊后仍能找到原先的位置，如图 7.12 所示。

2. 划线基准

划线时用来确定工件的各部分尺寸、几何形状和相对位置的某些点、线、面，称为划线基准。划线时为了正确地确定工件的各部分尺寸、几何形状和相对位置，必须选定工件上的某个点、线或面作为划线基准，划线基准应尽量和设计基准一致，便于直接量取划线尺寸，简化换算过程。

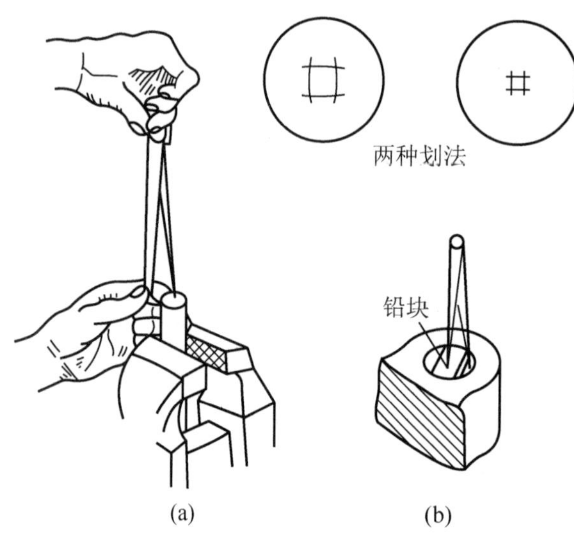

图 7.10 划卡及其用法

(a) 定轴心；(b) 定孔中心

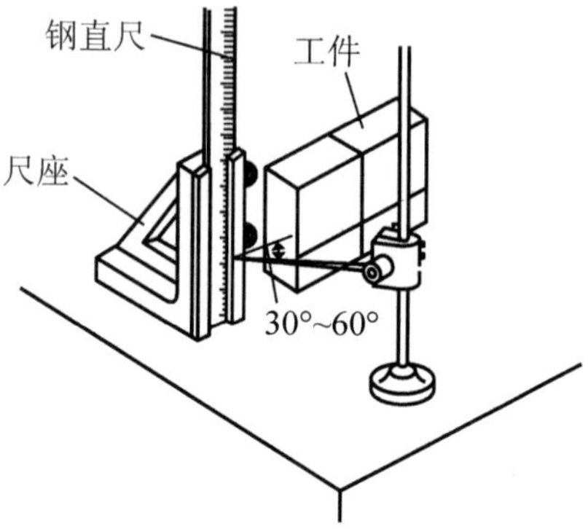

图 7.11 用划线盘划线

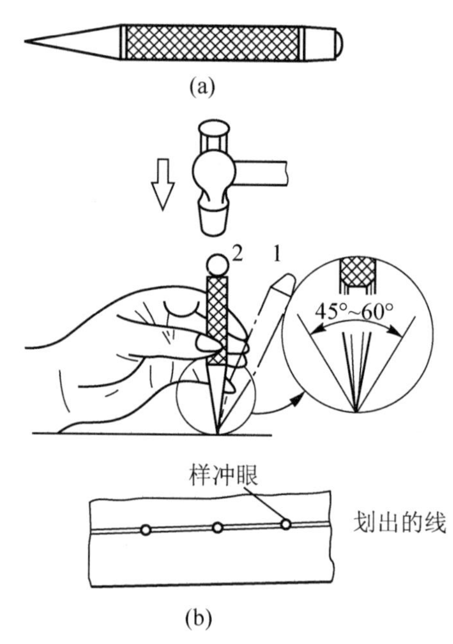

图 7.12 样冲及其用法

(a) 样冲；(b) 样冲用法

基准的选择一般遵循以下原则。如工件已有加工表面，则应以已加工表面作为划线基准，这样才能保证待加工表面和已加工表面的位置和尺寸精度；如工件为毛坯，则应选重要孔的中心线作为基准；如毛坯上没有重要孔，则应以较大的平面作为划线基准。划线的基准如下。

(1) 以两个互相垂直的平面(或线)为基准，如图 7.13(a)所示。

(2) 以一个面与一对称平面(或线)为基准，如图 7.13(b)所示。

(3) 以两互相垂直的中心平面(或线)为基准，如图 7.13(c)所示。

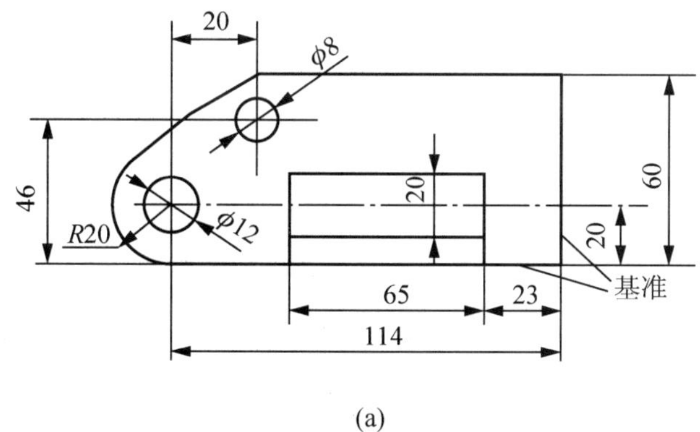

(a)

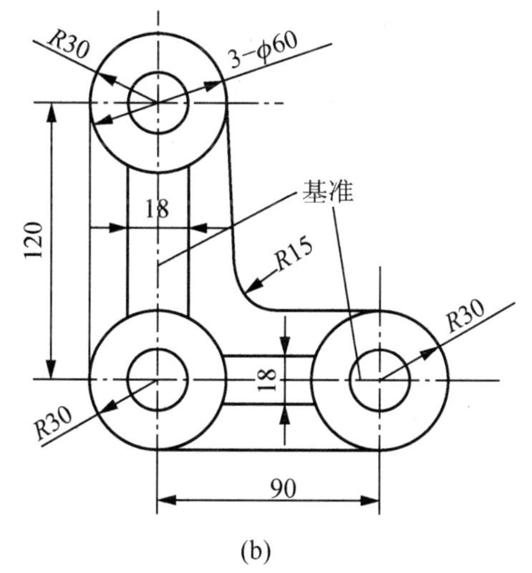

(b)

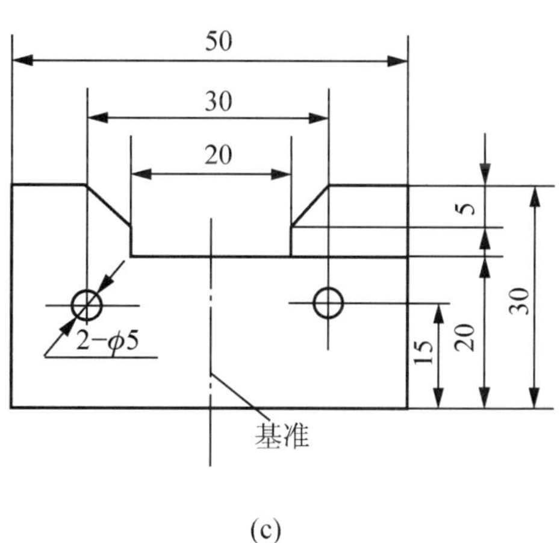

(c)

图 7.13 划线基准

3. 划线方法及注意事项

划线方法分为平面划线和立体划线两种。平面划线是在工件的一个平面上划线，与平面作图方法类似，用划针、划规 90° 角尺、钢直尺等在工件表面上划出图形的线条。立体划线是平面划线的复合，现以立体划线为例说明划线步骤，如图 7.14 所示。

(1) 分析图样，确定要划出的线及划线基准，检查毛坯是否合格。

(2) 清理毛坯上的氧化皮、毛刺等，在划线部位涂一层涂料，铸锻件涂上白浆，已加工表面涂上紫色或绿色。带孔的毛坯用钳块或木块堵孔，以便确定孔的中心位置。

(3) 支承及找正工件，如图 7.14(a)所示。先划出划线基准，再划出其他水平线，如图 7.14(b)所示。

(4) 翻转工件，找正，划出互相垂直的线及其他圆、圆弧、斜线等，如图 7.14(c)、图 7.14(d)所示。

(5) 检查校对尺寸，然后打样冲眼。

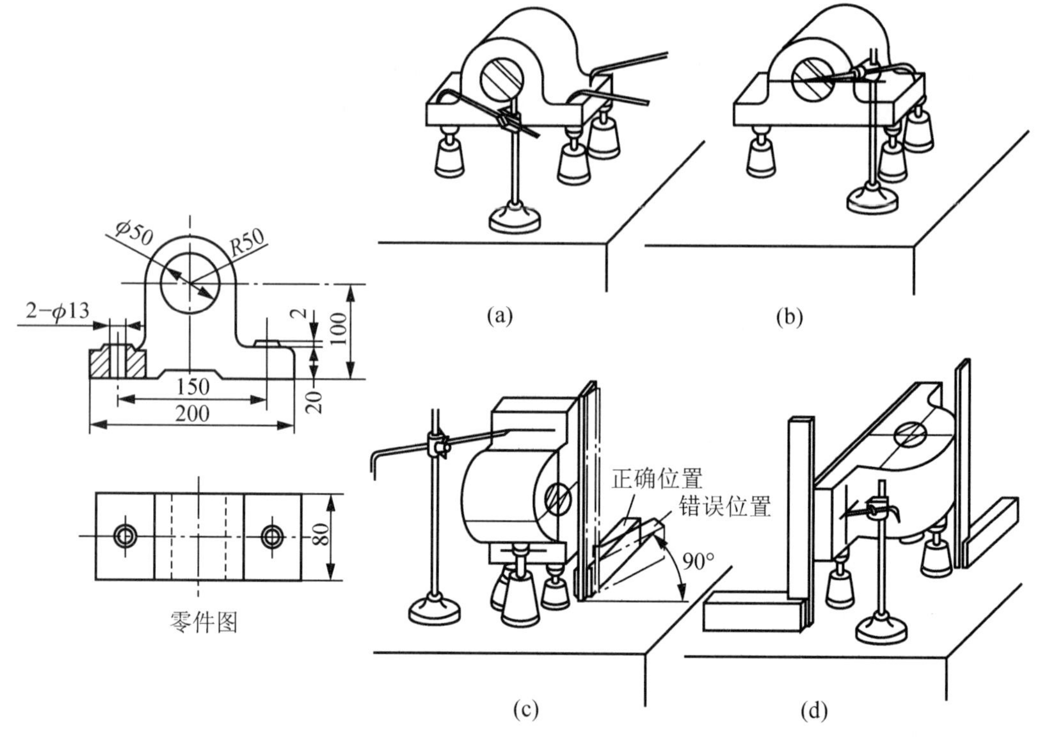

图 7.14　立体划线示例

划线操作的注意事项如下。

(1) 工件夹持要稳固，以防滑倒或移动。

(2) 在一次支承中，应把需要划出的平行线划全，以免再次支承补划，造成误差。

(3) 应正确使用划线工具，以免产生误差。

7.2.2　锯削

锯削是锯切工具旋转或往复运动，把工件、半成品切断或把板材加工成所需形状的切削加工方法。用锯对材料和工件进行切断和锯槽的加工方法称为锯削。锯削的工件范围：分割各种材料或半成品[图 7.15(a)]；锯掉工件上多余部分[图 7.15(b)]；在工件上锯槽[图 7.15(c)]。

1. 手锯

手锯包括锯弓和锯条两部分。

(1) 锯弓。锯弓是用来夹持和拉紧锯条的工具，分为固定式和可调式两种。固定式锯弓只能装一种规格的锯条；可调式锯弓可安装几种规格的锯条，如图 7.16 所示。

(2) 锯条。锯条多用碳素工具钢制成。常用的锯条约长 300mm、宽 12mm、厚 0.8mm。锯条切削部分是由许多锯齿组成的，其形状如图 7.17 所示。

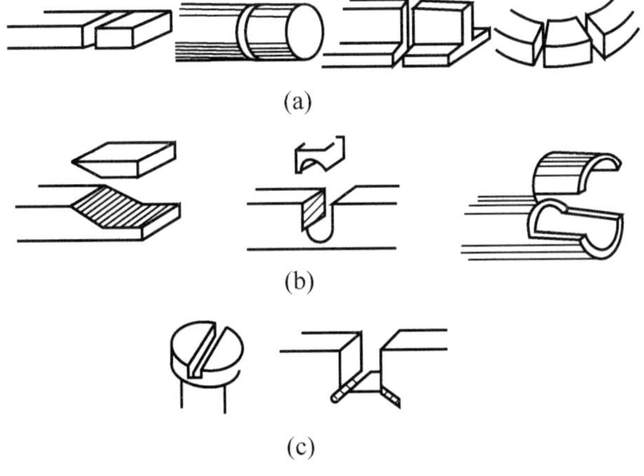

图 7.15　锯削的工作范围

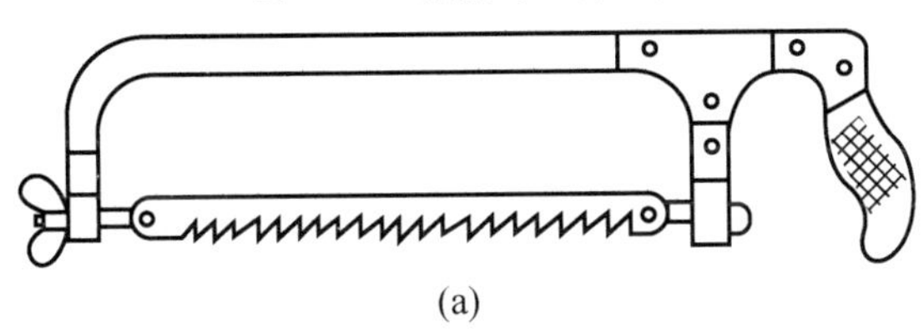

(a)

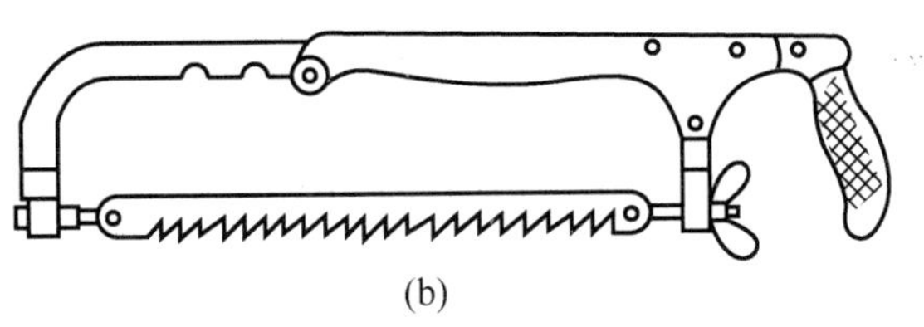

(b)

图 7.16　锯弓

(a) 固定式；(b) 可调式

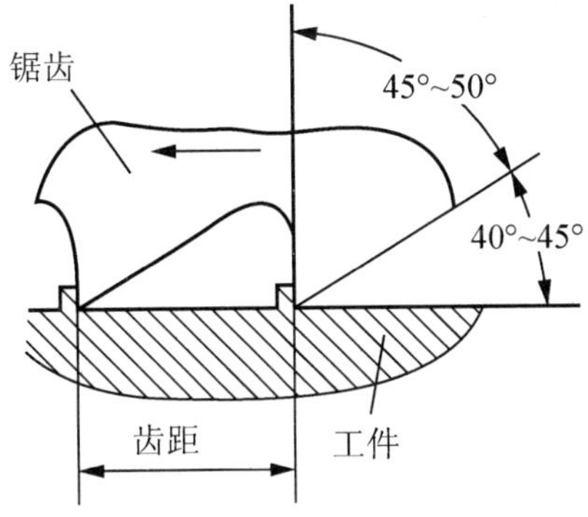

图 7.17　锯齿形状

锯齿按齿距 T 的大小，可分为粗齿(t=1.6mm)、中齿(t=1.2mm)及细齿(t=0.8mm)3 种。粗齿锯条适于锯铜、铅等软金属及厚的工件；细齿锯条适用于锯硬钢、板料及薄壁管子等；加工普通钢、铸铁及中等厚度的工件多用中齿锯条。

锯齿的排列多为波形，如图 7.18 所示，以减少锯口两侧与锯条间的摩擦。

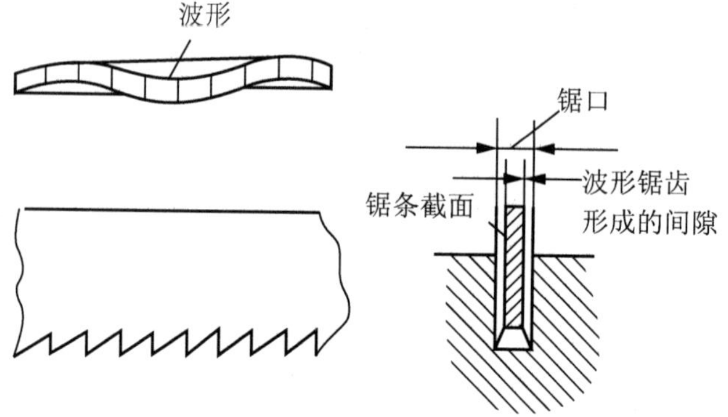

图 7.18　锯齿波形排列

2. 锯削方法及注意事项

(1) 锯条的选择应根据工件材料及厚度进行。

(2) 锯条安装在锯弓上时锯齿应向前。锯条的松紧要合适，否则锯削时易折断锯条。

(3) 工件应尽可能夹在台虎钳左边，以免操作时碰伤左手。工件伸出要短，以防锯削时产生颤动。

(4) 起锯姿势要正确，起锯时左手拇指应靠住锯条，右手稳握手柄，起锯角α要稍小于15°(图 7.19)。锯削时，锯弓直线往复，锯条要与工件的表面垂直，前推时轻压，用力要均匀，返回时从工件表面轻轻滑过。

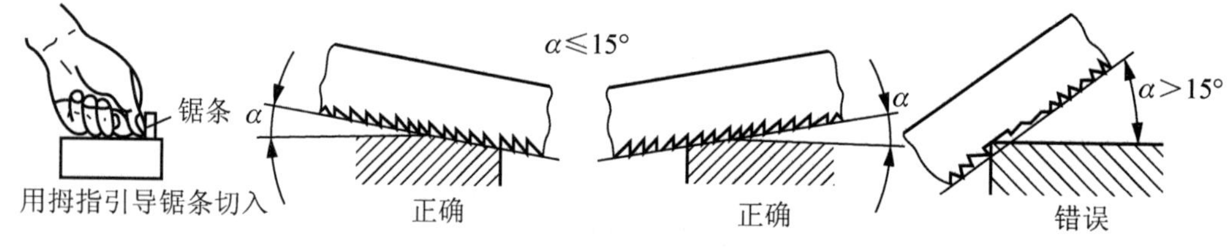

图 7.19　起锯

(5) 锯削速度和往复长度。锯削速度以每分钟往复 20～40 次为宜，速度过快锯条容易磨钝，反而会降低切削效率；速度太慢，效率不高。锯削时最好使锯条的全部长度都能进行锯割，一般锯弓的往复长度不应小于锯条长度的 2/3。

7.2.3　锉削与錾削

锉削与錾削都是对工件表面进行加工的操作。锉削的工具是锉刀，錾削的工具是錾子。另外，錾削还可加工沟槽、切断金属及清理铸、锻件的毛刺等。

1. 锉刀与錾子

(1) 锉刀。锉刀是锉削使用的工具，它由碳素工具钢制成，其锉齿多是在剁锉机上剁出，并经淬火、回火处理，其各部分结构如图 7.20 所示。锉刀的锉纹多制成双纹，这样锉削时不仅省力而且不易堵塞锉面。

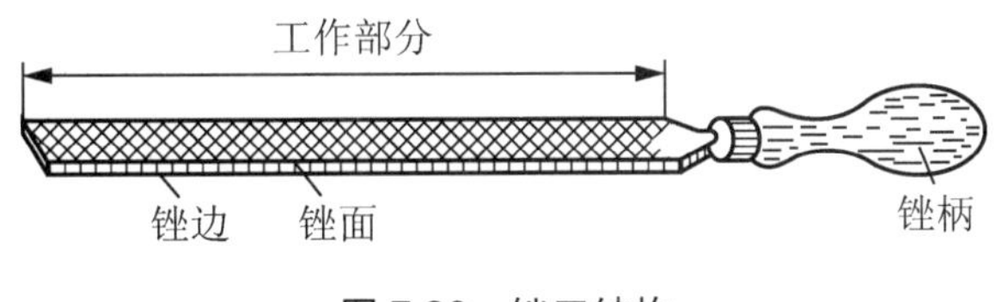

图 7.20 锉刀结构

锉刀按形状不同，可分为平锉(又称板锉)、半圆锉、方锉、三角锉等，如图 7.21 所示。

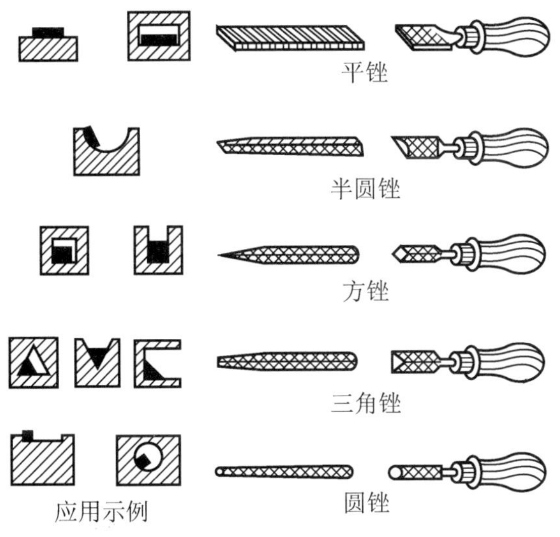

图 7.21 锉刀的种类

锉刀按其齿纹的粗细(以每 10mm 长的锉面上锉齿的齿数划分)又可分为：粗锉刀(4～12 齿)齿间大，不易堵塞，适于粗加工或锉铜、铝等软金属；细锉刀(13～24 齿)适于锉钢或铸铁等；光锉刀(30～40 齿)又称油光锉，只适用于最后修光表面。

(2) 錾子。錾子一般用碳素工具钢锻造而成，刃部经过淬火和回火处理，具有一定的硬度和韧性。

錾子刃部形状是根据錾削的需要而制成的，常用的錾子有平錾、槽錾和油槽錾，如图 7.22 所示。平錾用于錾削平面和錾断金属，其刃度一般为 10～20mm；槽錾用于錾槽，其刃宽锯槽决定，一般为 5mm；油槽錾用于錾油沟，它的錾刃磨成与油沟形状相符的圆弧形。

2. 锉刀的使用及锉平面的方法

1) 锉刀的使用方法

锉削时应正确掌握锉刀的握法及施力的变化。使用大的锉刀时右手握住锉柄，左手压在锉刀前端，使其保持水平，如图 7.23(a)所示；使用中型锉刀时，应用较小的力，可用左手的拇指和食指握住锉刀的前端部，以引导锉刀水平移动，如图 7.23(b)所示。

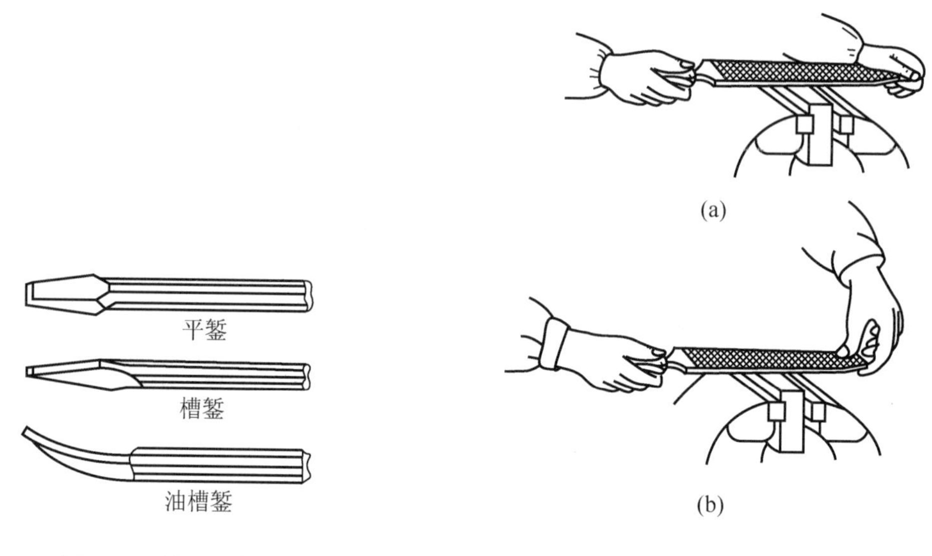

图 7.22　錾子的种类

图 7.23　锉刀的握法

锉削时应始终保持锉刀水平移动，因此要特别注意两手施力的变化。开始推进锉刀时，左手压力大于右手压力；锉刀推倒中间位置时，两手的压力相等；在继续推进锉刀，左手的压力逐渐减小，右手的压力逐渐增大。锉刀返回时不加压力，以免磨钝锉齿和损伤以加工表面。

2) 锉平面的方法和步骤

(1) 选择锉刀。锉削前应根据金属的软硬、加工表面和加工余量的大小、工件的表面粗糙度要求等来选择锉刀，加工余量小于 0.2mm 时宜用细锉。

(2) 装夹工件。工件必须牢固地夹在台虎钳钳口中部，并略高于钳口，夹已加工工作面时，应在钳口与工件间垫以铜制或钳制的垫片。

(3) 锉削。常用的锉削方法有顺锉法、交叉锉法、推锉法和滚锉法 4 种，前 3 种方法用于平面锉削，最后一种方法用于弧面锉削，如图 7.24 所示。

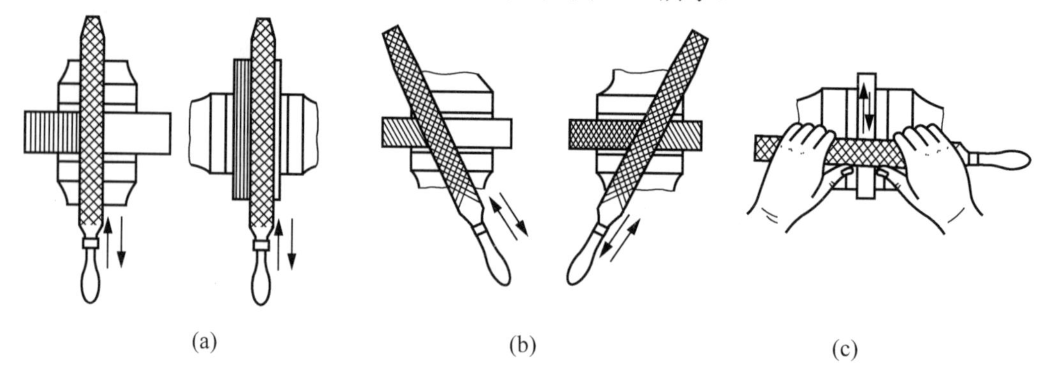

图 7.24　锉削方法

(a) 顺锉法；(b) 交叉锉法；(c) 推锉法

粗锉时可用交叉锉法，这样不仅锉得快，而且可利用锉痕判断加工部分是否锉到所需的尺寸。平面基本锉平后，可用细锉和光锉以推锉法修光。

(4) 检验。锉削时，工件的尺寸可用钢直尺和卡钳(或用卡尺)检查。工件的平直及直角可用 90° 角尺根据是否能透过光线来检查，如图 7.25 所示。

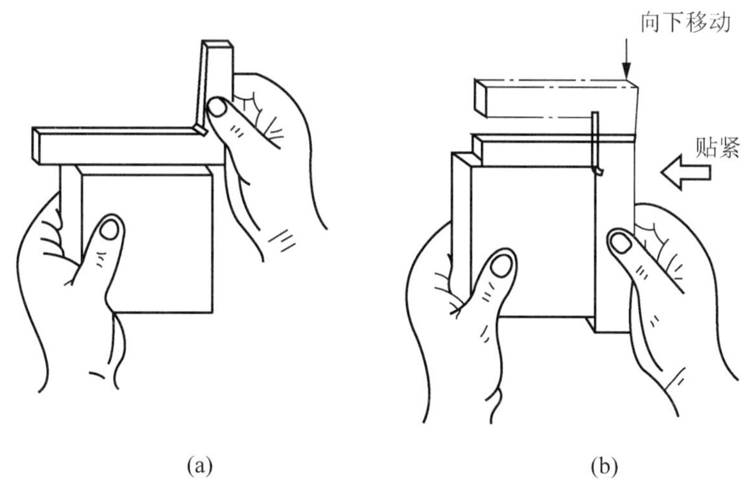

图 7.25 检查平角和直角

(a) 检查平直度；(b) 检查直角

3) 锉削操作时应注意事项

(1) 锉削操作时，锉刀必须装柄使用，以免刺伤手心。

(2) 由于台虎钳钳口经淬火处理过，所以不要锉到钳口上，以免磨钝锉刀和损坏钳口。

(3) 锉削过程中不要用手抚摸工件表面，以免再锉时打滑。

(4) 锉面堵塞后，用钢丝刷顺着锉纹方向刷去切屑。

(5) 锉下来的屑末要用毛刷清除，不要用嘴吹，以免屑末进入眼内。

(6) 铸件上的硬皮和粘沙应先用砂轮磨去或錾去，然后再锉削。

(7) 锉刀放置时不应伸出工作台台面外，以免碰落摔断或砸伤人脚。

3. 錾子的使用及錾削操作

錾削是用锤子锤击錾子对工件进行切削加工。

1) 錾子和锤子的握法

錾子应轻松自如地握着，主要是用中指夹紧，錾头伸出 20～25mm，如图 7.26 所示。握锤子主要是靠拇指和食指，其余各指仅在锤子下落时才握紧，柄端只能伸出 5～30mm，如图 7.27 所示。

2) 錾削时的姿势

錾削时的姿势应便于用力，这样不易疲倦，身体的重心偏于右腿，挥锤要自然，眼睛应正视錾刃，而不是看錾子的头部。錾削时的姿势如图 7.28 所示。

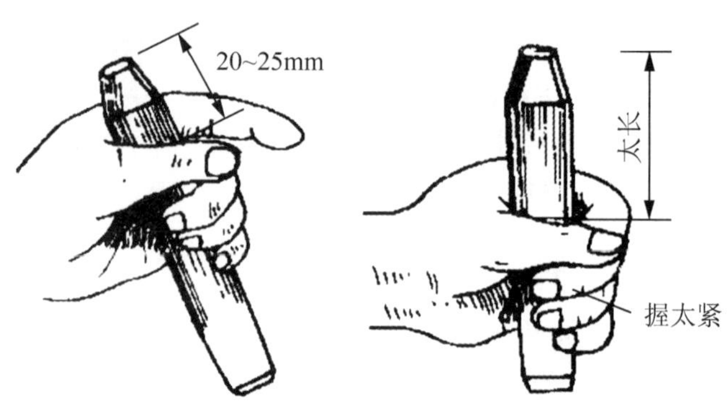

图 7.26　錾子握法

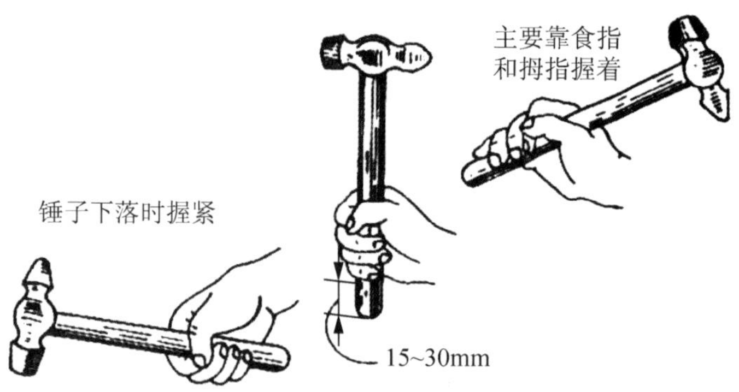

图 7.27　锤子握法

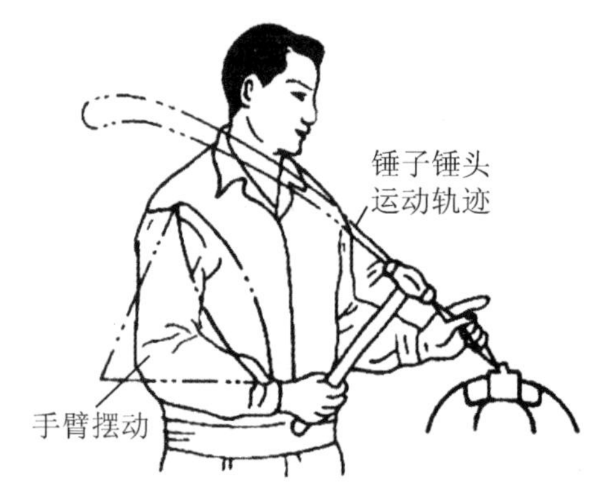

图 7.28　錾削时的姿势

3) 錾削方法

(1) 錾削方法要领。起錾时，应将錾子握平或使錾头稍向下倾，并尽可能使錾子倾斜45°左右从工件尖角处开始，轻打錾子，使它容易切入材料，然后按正常的錾削角度，逐步向中间錾削，如图 7.29(a)所示。

当錾削到距工件尽头约 1mm 时，应调整錾子来錾掉余下的部分，如图 7.29(b)所示。这样可以避免单向錾削到终了时边角崩裂，以保证錾削的质量。这在錾削脆性材料时尤其应该注意。

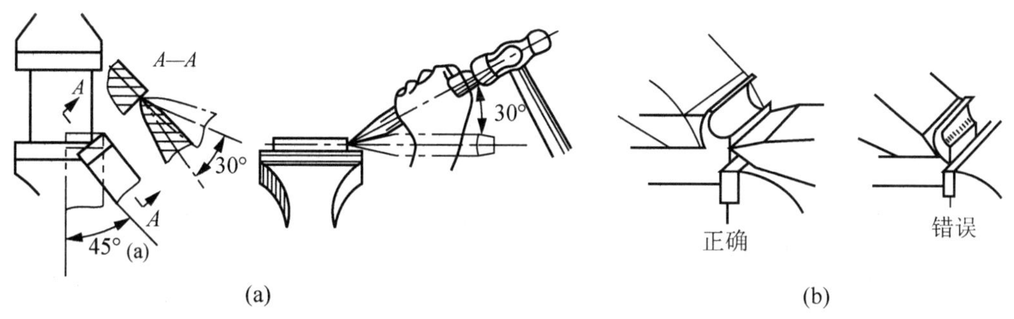

图 7.29　起錾和结束錾削的方法

(a) 起錾；(b) 结束錾削

(2) 錾平面方法。较窄的平面可以用平錾进行，每次錾削厚度为 0.2～2mm；对宽平面应先用槽錾开槽，槽间的宽度约为平錾錾刃宽度的 3/4，然后再用平錾錾平。为了易于錾削，平錾錾刃应与前进方向成 45° 角，如图 7.30 所示。

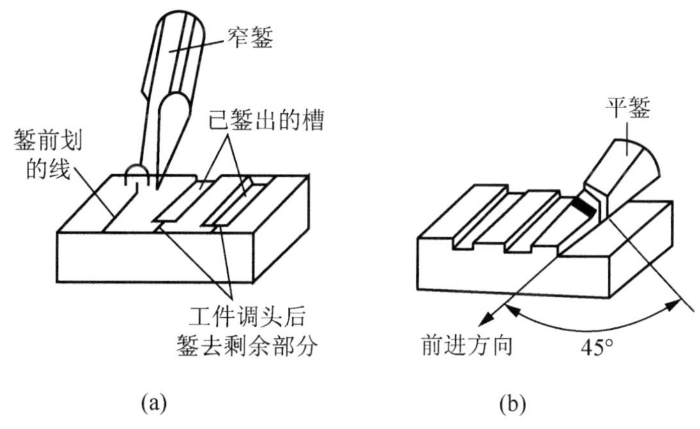

图 7.30　平面錾法

(a) 先开槽；(b) 成錾平面

(3) 錾油槽方法。錾油槽时要选用与油槽宽相同的油槽錾子錾削，如图 7.31 所示，必须使油槽錾得深浅均匀，表面光滑。在曲面上錾油槽时，錾子倾角要灵活掌握，应随曲面而变动，以使油槽的尺寸、深度和表面粗糙度达到要求。錾削后需用刮刀裹以砂布修光。

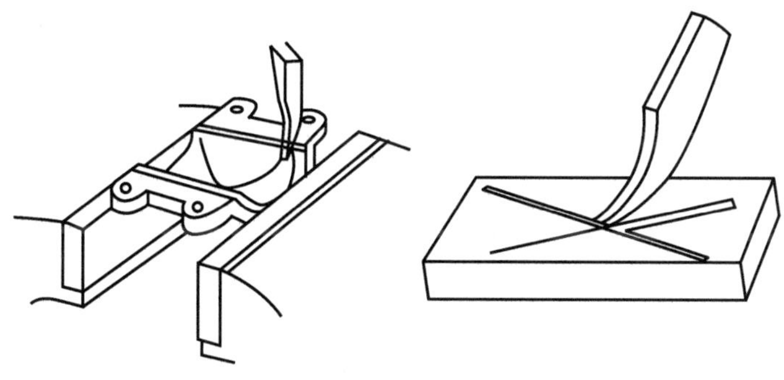

图 7.31　錾油槽

(4) 錾断的方法。錾断薄板(厚度 4mm 以下)和小直径棒料(直径 13mm 以下)可在台虎钳上进行，如图 7.32(a)所示，用扁錾沿着钳口并斜对着板料成 45° 角自右向左錾削；对于较大或大型板料，如果不能在台虎钳上进行，可在铁砧上錾断，如图 7.32(b)所示。

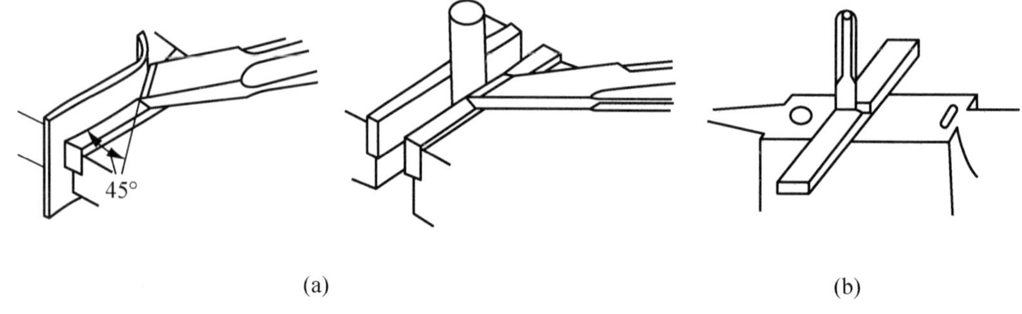

图 7.32 錾断

(5) 錾削操作时的注意事项有以下几个方面。

① 工件应夹持牢固，以免錾削时松动。

② 錾头如有毛边，应在砂轮机上磨掉，以免錾削时手锤偏斜而伤手。

③ 勿用手摸錾头端面，以免沾油锤击时打滑。

④ 錾削用的工作台必须有防护网，以免錾屑伤人。

7.2.4 钻孔、扩孔、铰孔与锪孔

各种零件上的孔加工，除一部分由车、镗、铣等机床完成外，很大一部分是由钳工利用各种钻床和钻孔工具完成的。钳工加工孔的方法一般是指钻孔、扩孔、铰孔及锪孔。钳工中的钻孔、扩孔、铰孔、锪孔工作，多在钻床上进行，用钻床加工不方便的场合，经常用手电钻进行钻孔、扩孔，用手铰刀进行铰孔。

1. 钻床

常用的钻床有台式钻床、立式钻床、摇臂钻床 3 种，手电钻也是常用的钻孔工具。

1) 台式钻床

台式钻床简称台钻，如图 7.33 所示，是一种放在工作台上使用的小型钻床，台钻重量轻，移动方便，转速较高(最低转速在 400r/min 以上)，主轴的转速可用改变 V 带在带轮上的位置来调节，主轴的进给是手动的。台式钻床适用于钻小型零件上直径不超过 13mm 的小孔。

2) 立式钻床

立式钻床简称立钻，如图 7.34 所示，其规格用最大钻孔直径表示，常用的有 25mm、35mm、40mm 和 50mm 等几种。

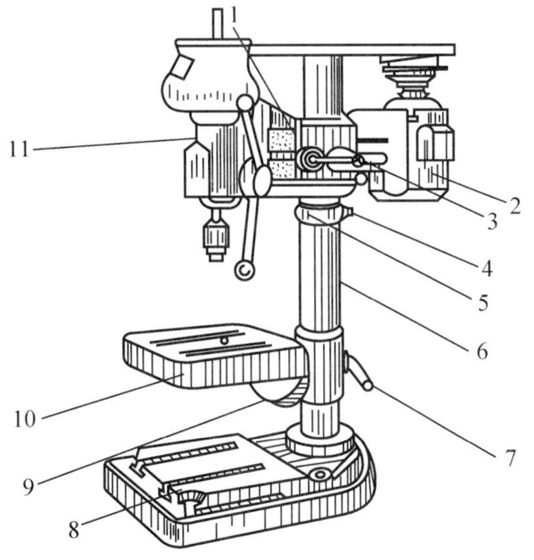

图 7.33 台式钻床

1—主轴架；2—电动机；3、7—锁紧手柄；4—锁紧螺钉；5—定位环；6—立柱；
8—机座；9—转盘；10—工作台；11—钻头进给手柄

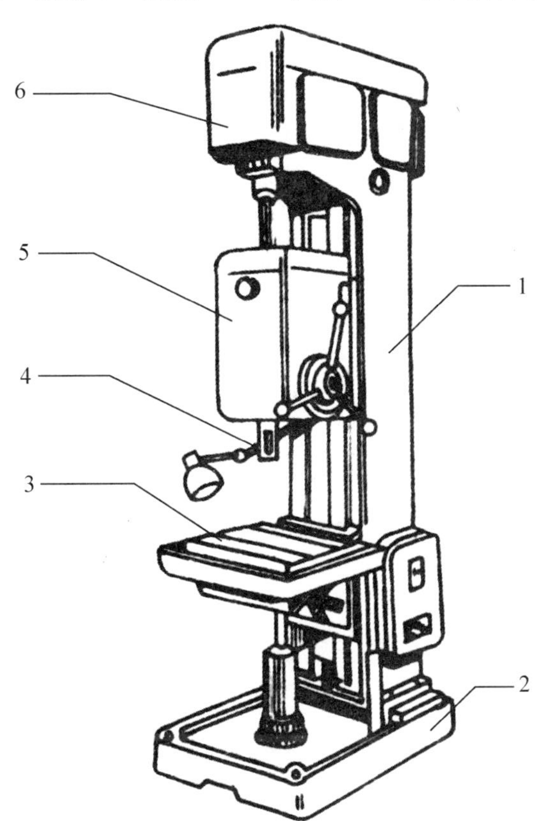

图 7.34 立式钻床

1—立柱；2—机座；3—工作台；4—主轴；5—进给箱；6—主轴箱

立钻主要由主轴、主轴箱、进给箱、立柱、工作台和机座组成。电动机的运动通过主轴变速箱使主轴获得所需要的各种转速。主轴变速箱与车床的主轴箱相似，钻小孔时转速较高，钻大孔时转速较低。钻床主轴在主轴套筒内做旋转运动，即主运动；同时通过进给箱中的机构使主轴随主轴套筒按需要的进给量作直线移动，即进给运动。

与台钻相比，立钻刚性好、功率大，因而允许采用较大的切削用量，生产效率较高，加工精度也较高，主轴的转速和进给量变化范围大，而且钻头可以自动进给，故可以使用不同的刀具进行钻孔、扩孔、锪孔、攻螺纹等多种加工。在立钻上钻完一个孔后再钻另一个孔时，必须移动工件，使钻头对准另一个孔的中心，由于大工件移动起来不方便，因此立钻适用于单件小批量生产中的中小型工件。

3) 摇臂钻床

摇臂钻床如图 7.35 所示。这类钻床结构完善，它有一个能绕立柱旋转的摇臂，摇臂带动主轴箱可沿立体垂直移动，同时主轴箱还能在摇臂上作横向移动。由于结构上的这些特点，故操作时能很方便地调整刀具位置，以对准待加工孔的中心，而不需要移动工件来进行加工。此外，主轴转速范围和进给量范围很大，因此适用于笨重、大型工件及多孔工件的加工。

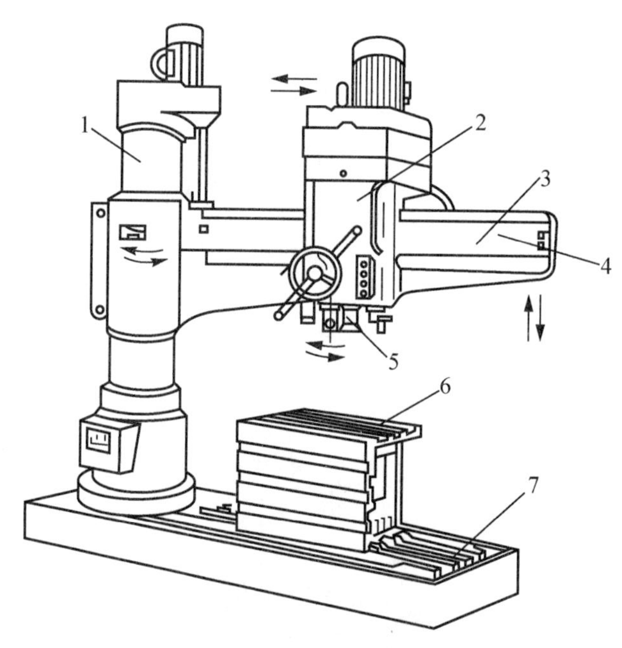

图 7.35　摇臂钻床

1—立柱；2—主轴箱；3—摇臂导轨；4—摇臂；5—主轴；6—工作台；7—机座

4) 手电钻

手电钻如图 7.36 所示，主要用于钻直径在 12mm 以下的孔。其电源有 220V 和 380V 两种，手电钻携带方便、操作简单、使用灵活，应用比较广泛。

2. 钻孔

钻孔是用钻头在实体材料上加工孔的方法。在钻床上钻孔时，工件固定不动，钻头一边旋转(主运动 1)，轴一边向下移动(进给运动 2)，如图 7.37 所示。钻孔属于粗加工，尺寸公差等级一般为 IT14～IT11，表面粗糙度 *Ra* 值为 50～12.5μm。

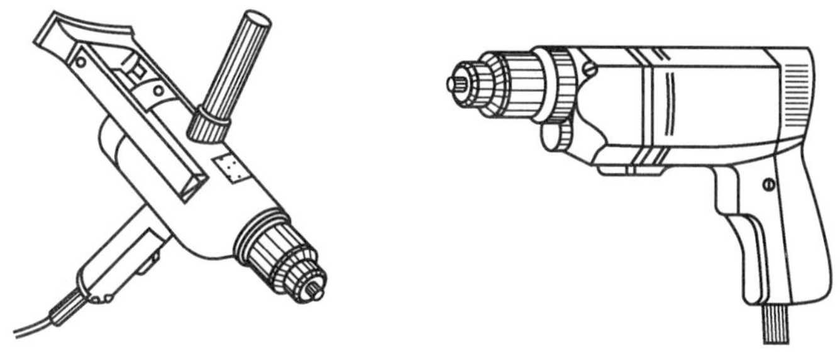

图 7.36 手电钻

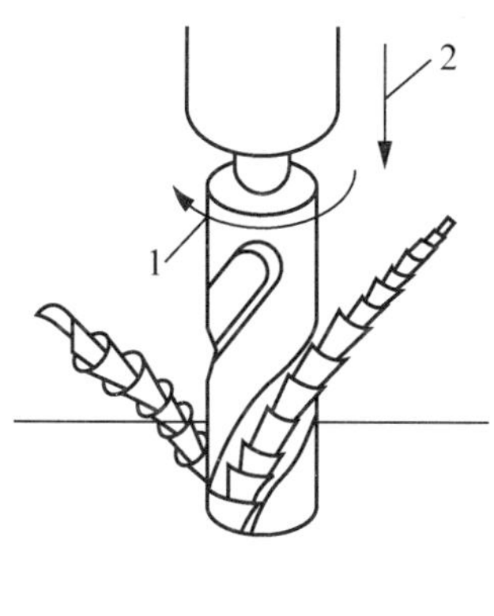

图 7.37 钻削时钻头的运动

1) 麻花钻头

麻花钻头是钻孔最常用的刀具，其组成部分如图 7.38 所示。麻花钻前端的切削部分，如图 7.39 所示，它有两个对称的主切削刃，钻头顶部有横刃，横刃的存在使钻削时轴向力增加。麻花钻有两条螺旋槽和两条刃带，螺旋槽的作用是形成切削刃并向孔外排屑；刃带的作用是减少钻头与孔壁的摩擦并导向。麻花钻头的结构决定了它的刚性和导向性均比较差。

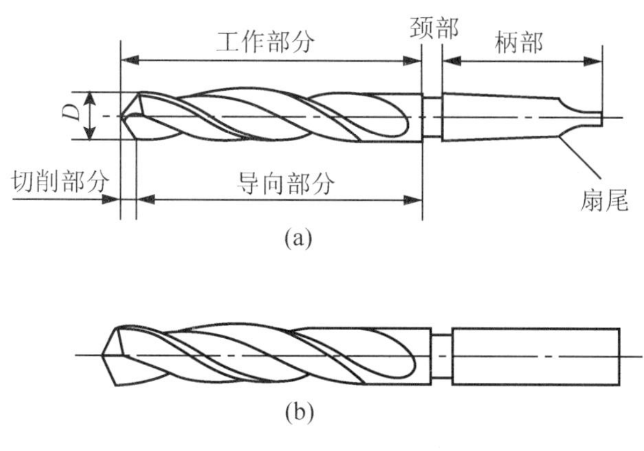

图 7.38 麻花钻头的组成部分

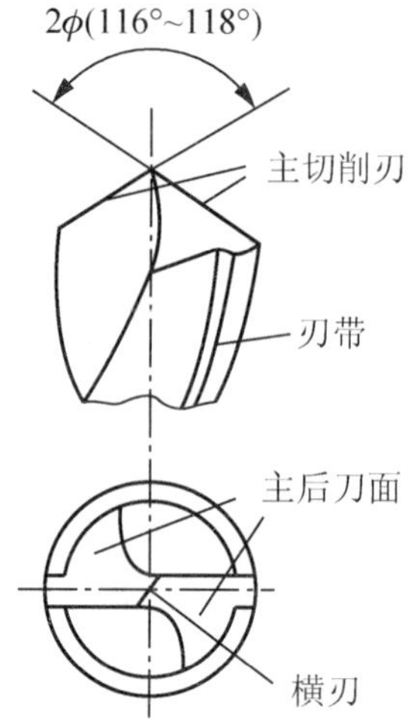

图7.39　麻花钻头的切削部分

2) 钻孔用附件

麻花钻头按柄部形状的不同，有不同的装夹方法。锥柄钻头可以直接装入机床主轴的锥孔内，当钻头的柄部小于机床主轴锥孔时，则需选用合适的过渡套筒，如图7.40所示，因为过渡套筒要和各种规格的麻花钻装夹在一起，所以套筒一般需用数只；柱柄钻头通常用钻夹头装夹，如图7.41所示，旋转固紧扳手，可带动螺纹环转动，因而使3个夹爪自动定心并夹紧。

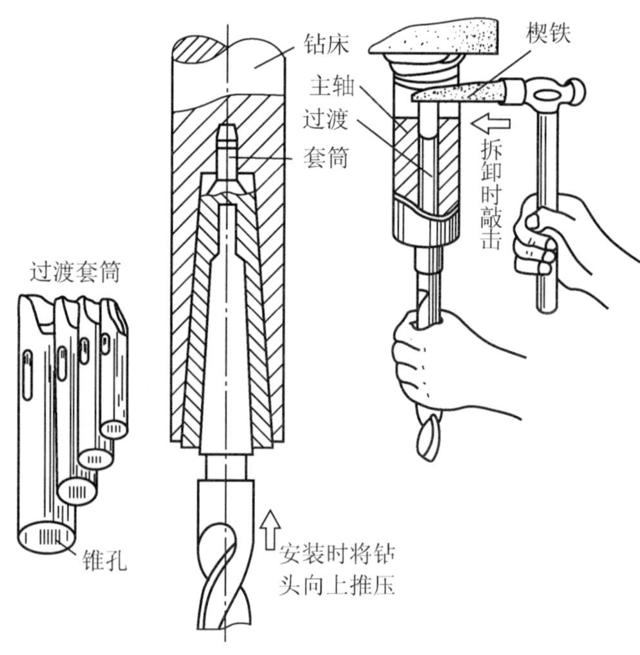

图7.40　用过渡套筒安装与拆卸钻头

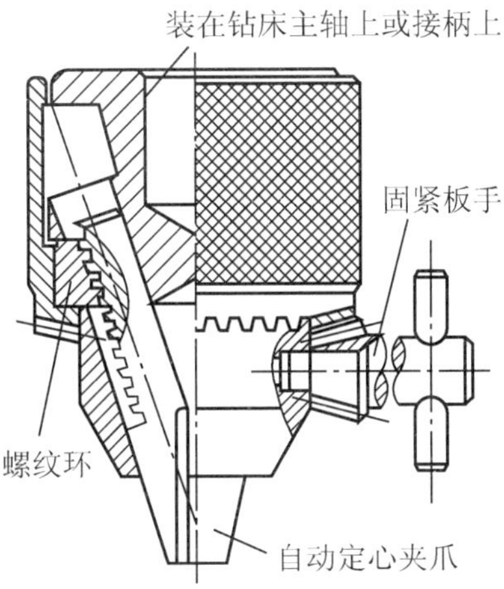

装在钻床主轴上或接柄上
固紧板手
螺纹环
自动定心夹爪

图 7.41 钻夹头

在立钻或台钻上钻孔时，工件通常用平口钳安装，如图 7.42(a)所示；较大的工件可用压板、螺钉直接安装在工作台上，如图 7.42(b)所示。夹紧前先按划线标志的孔位进行找正，压板应垫平，以免夹紧时工件移动。

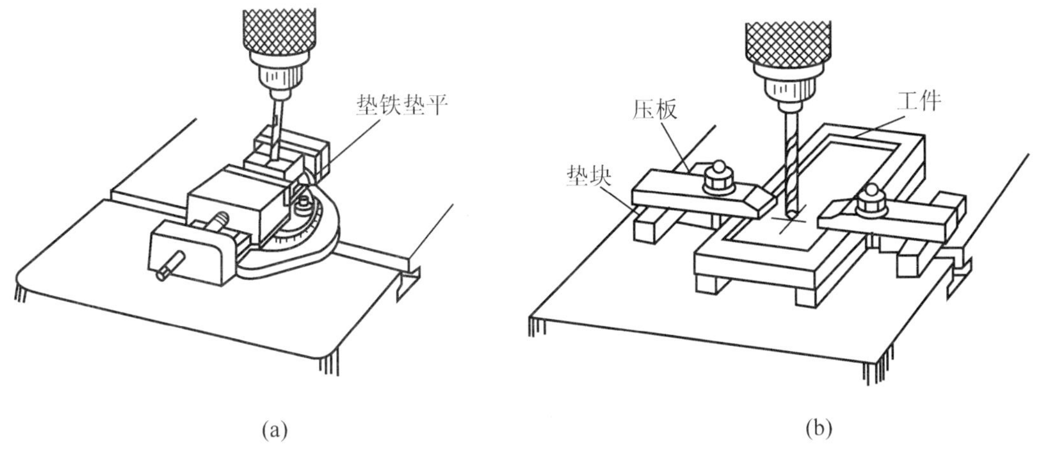

图 7.42 钻孔时工件的安装

(a) 用平口钳安装；(b) 用压板螺栓安装

3) 钻孔方法

按划线钻孔时，一定要使麻花钻的尖头对准孔中心的样冲眼，一般先钻一小孔用以判断是否对准。

钻孔开始时要用较大的力向下进给，以免钻头在工件表面上来回晃动而不能切入。用麻花钻头钻较深的孔时要经常退出钻头以免排出切屑和进行冷却，否则可能使切屑堵塞在孔内卡断钻头或由于过热而增加钻头的磨损。为了降低钻削温度而提高钻头耐用度，钻孔时要加切削液，钻孔临近钻透时，压力应逐渐减小。

直径大于 30mm 的孔，由于有很大的轴向抗力故很难一次钻出，这时可先钻出一个直径较小的孔(为加工孔径的 0.2～0.4 倍)，然后用第二把钻头将孔扩大到所要求的直径。

3. 扩孔

扩孔是用扩孔钻或钻头对已有孔进行孔径扩大的加工方法。扩孔可以适当提高孔的加工精度和减小表面粗糙度 *Ra* 值。扩孔属于半精加工，尺寸公差等级可达 IT10～IT9，表面粗糙度 *Ra* 值可达 6.3～3.2μm。

扩孔可以校正孔的轴线偏斜，并使其获得较正确的几何形状。扩孔可作为孔加工的最后工序，也可作为铰孔前的准备工序，扩孔加工余量为 0.5～4mm。小孔取较小值，大孔取较大值。

扩孔钻的形状与麻花钻相似，如图 7.43 所示，不同的是：扩孔钻有 3～4 个刃且没有横刃；扩孔钻的钻心粗，刚度较好，由于它的分齿数较多且刚性好，故扩孔时导向性比麻花钻好。

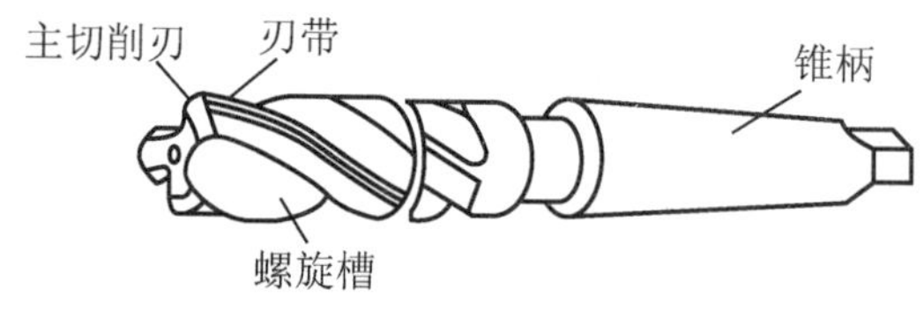

图 7.43 扩孔钻

4. 铰孔

铰孔是用铰刃对已有孔进行精加工的方法，其尺寸公差等级可达 IT8～IT9，表面粗糙度 *Ra* 值可达 1.6～0.8μm。铰刀的结构如图 7.44 所示，分为机铰刀和手铰刀两种。铰刀的工作部分包括切削部分和修光部分。机铰刀多为锥柄，装在钻床或车床上进行铰孔；手铰刀的切削部分长，导向作用较好。手铰孔时，将铰刀沿原孔放正，然后用铰杠转动并轻压进给。图 7.45 所示为可调式铰杠，转动右边手柄即可调节方孔的大小。

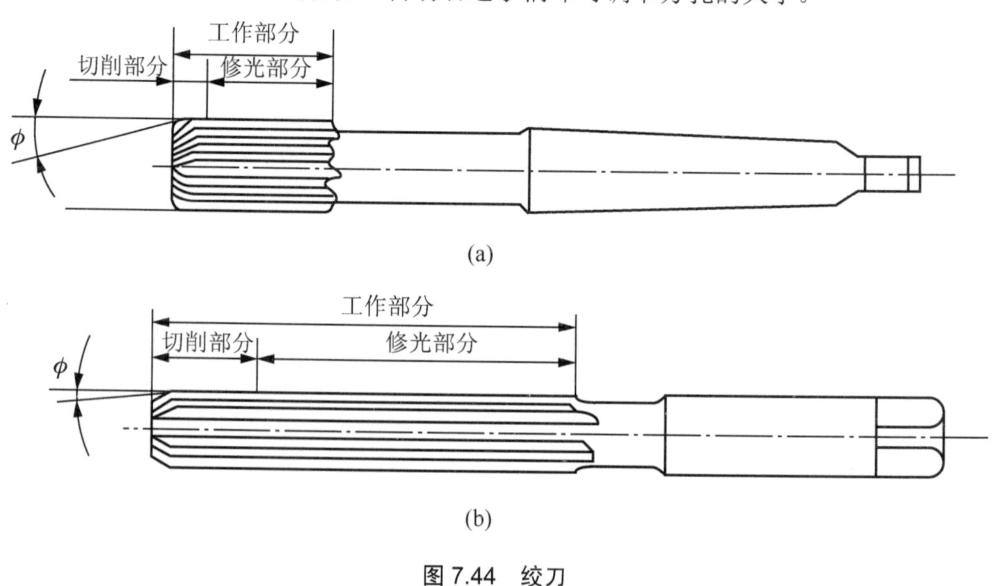

图 7.44 绞刀

(a) 机绞刀；(b) 手绞刀

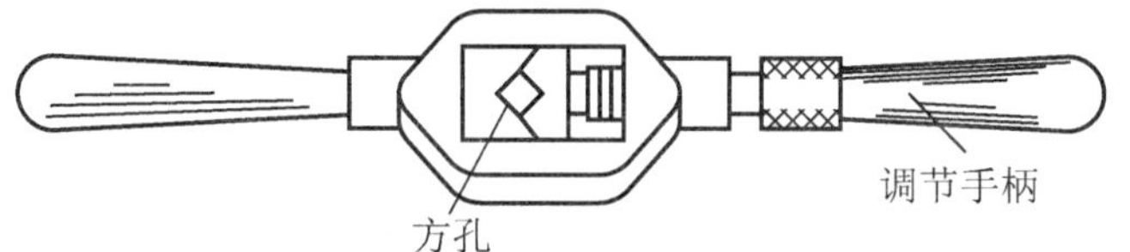

图 7.45 铰杠

铰刀的形状类似扩孔钻，不过它有着更多的刃(6～12 个)和较小的顶角，铰刀每个刃上的负荷明显小于扩孔钻，这些因素都使出铰的槽度大为提高和明显地减小了表面粗糙度 *Ra* 的值。

铰刀的刀刃多做成偶数，并成对地位于通过直径的平面内，目的是便于测量直径的尺寸。

机铰时为了获得较细的表面粗糙度，必须想办法避免产生机屑瘤，因此应取较低的切削速度。用高速钢铰刀铰孔时，粗铰 v=0.067～1.67m/s，精铰 1.5～5m/min，进给量可取 0.2～1.2mm/r(为钻孔时进给量的 3～4 倍)。铰孔时铰刀不可倒转，以免崩刃。另外铰孔时要选用适当的切削液，以控制铰孔的扩张量，去除切削的粘附，并冷却润滑铰刀。

铰孔操作除了铰圆柱孔以外，还可用圆锥形铰刀铰圆锥销孔。图 7.46 所示是用来铰圆锥销孔的铰刀，其切削部分的锥度为 1∶50，与圆锥销相符。尺寸较小的圆锥孔，可先按小头直径钻出圆柱孔，然后用圆锥铰刀铰削即可。对于直径尺寸和深度较大的孔，铰孔前首先钻出阶梯孔，然后再用铰刀铰孔。铰孔过程中要经常用相配的锥销来检查尺寸，如图 7.47 所示。

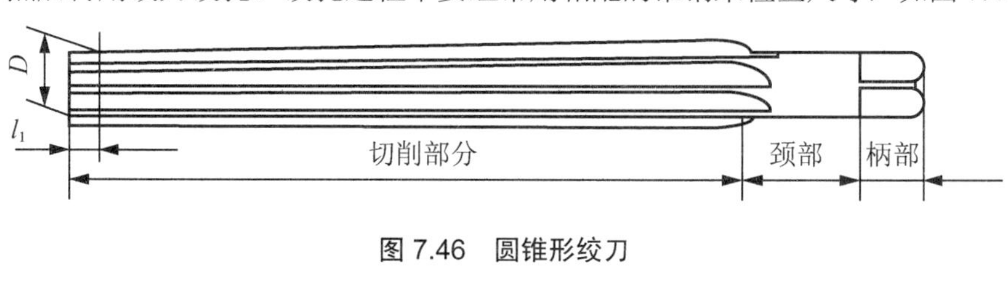

图 7.46 圆锥形绞刀

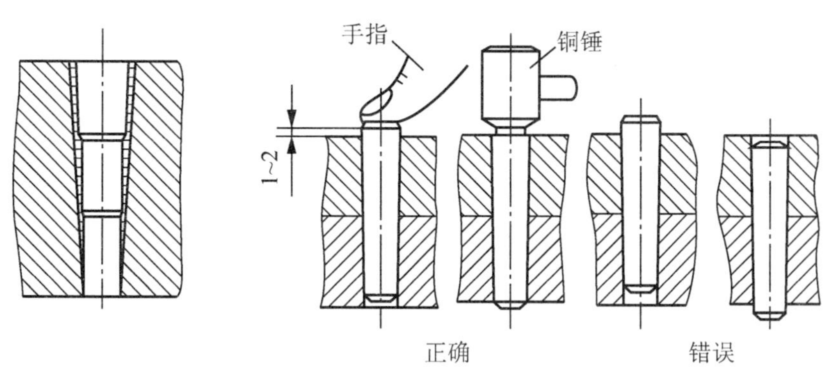

图 7.47 铰圆锥孔及检查

5.锪孔

用锪钻加工锥形或柱形的沉坑称为锪孔。沉坑是埋放螺钉头的，因此锪孔是不可缺少的加工方法，锪孔一般在钻床上进行，加工的表面粗糙度 *Ra* 值为 6.3～3.2μm。

锥形埋头螺钉的沉坑可用 90° 锥锪钻加工，如图 7.48(a)所示。柱形埋头螺钉的沉坑可

用圆柱形锪钻加工，如图 7.48(b)所示，柱形锪钻下端的导向柱可保证沉坑与小孔的同轴度。柱形沉坑的另一个简便的加工方法是将麻花钻的两个主切削刃磨成与轴线垂直的两个平刃，中部具有很小的钻尖，先以钻尖定心加工沉坑，如图 7.48(c)所示，再以沉坑底部的锥坑定位，用麻花钻钻小孔，如图 7.48(d)所示，这一方法具有简单、费用较低的优点。

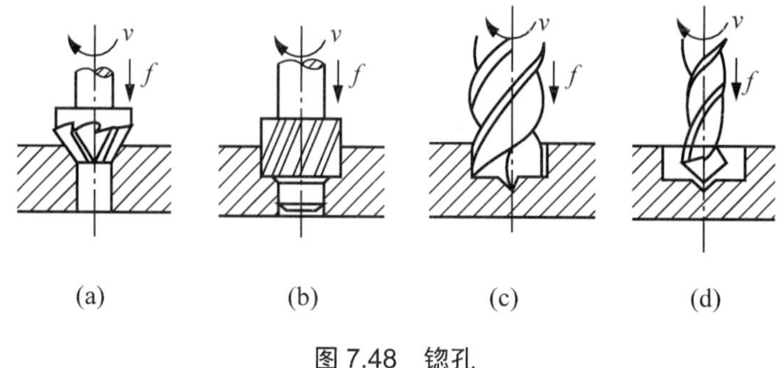

图 7.48　锪孔

7.2.5　攻螺纹与套螺纹

攻螺纹(又称攻丝)、套螺纹(又称套扣)是钳工加工内外螺纹的操作。

1. 攻螺纹

攻螺纹是用丝锥加工内螺纹的操作。

1) 丝锥

丝锥是专门用来做攻螺纹的刀具，其结构形状如图 7.49 所示。丝锥的前端为切削部分，有锋利的刃，这部分起主要的切削作用；中间为定径部分，起修光螺纹和引导丝锥的作用。

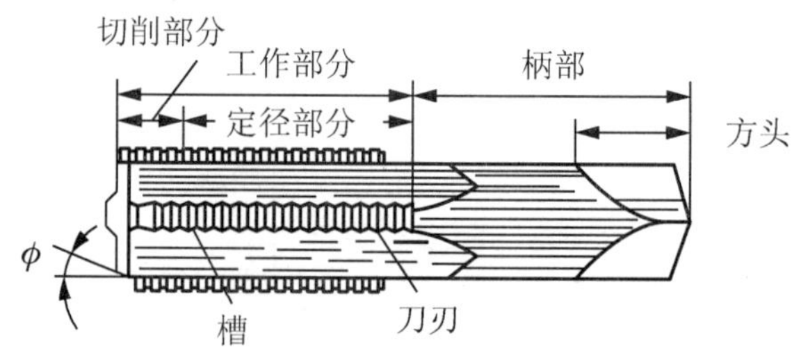

图 7.49　丝锥

手用丝锥 M3～M20 每种尺寸多为两只一组，称为头锥、二锥。两只丝锥的区别在于其切削部分的不同：头锥切削部分有 5～7 个不完整的牙齿，其斜角ϕ较小；二锥有 1～2 个不完整的牙齿，切削部分的斜角ϕ较大。攻螺纹时，先用头锥，再用二锥。机用丝锥一般只有一只。

2) 攻螺纹的操作

(1) 钻螺纹底孔。底孔的直径可以查手册或按下面的经验公式计算。加工钢及塑性材料时，钻头直径 $D=d-P$(mm)；加工铸铁及脆性材料时，钻头直径 $D=d-1.1P$(mm)。式中 d 为螺纹大径(mm)，P 为螺距(mm)。攻盲孔的螺纹时，丝锥不能攻到孔底，所以孔的深度要大于螺纹长度。盲孔深度可按下式计算：

$$盲孔的深度=要求的螺纹长度+0.7d$$

式中，d 为螺纹大径。

(2) 用头锥攻螺纹。开始用头锥攻螺纹时，必须先旋入 1～2 圈，检查丝锥是否与孔的端面垂直(可用目测或用 90° 角尺在互相垂直的两个方向检查)，并及时纠正丝锥，然后继续用铰杠轻压旋入，当丝锥旋入 3～4 圈后，即可只转动不加压，每转 1～2 圈应反转 1/4 圈，以使切削断落。攻钢料螺纹时，应加切削液，如图 7.50 所示。

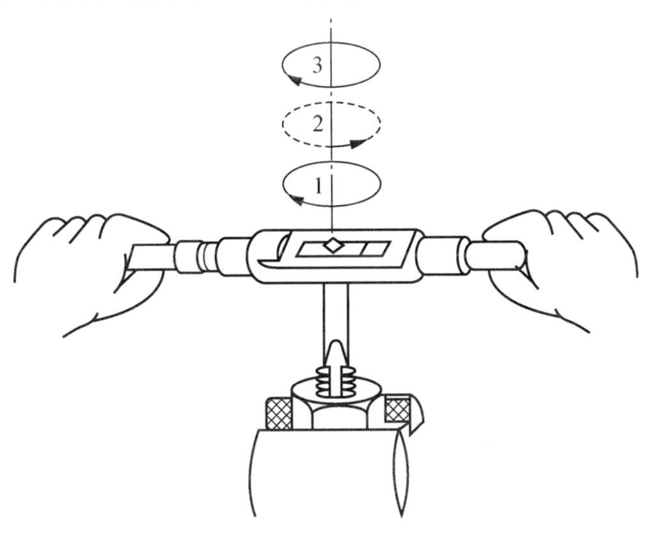

图 7.50　攻螺纹

(3) 用二锥攻螺纹。二锥攻螺纹时，先将丝锥放入孔内，用手旋入几圈后再用铰杠转动，旋转铰杠时不需加压。

2. 套螺纹

套螺纹是用板牙切出外螺纹的操作。套螺纹的工具有板牙和板牙架。

1) 板牙和板牙架

板牙是加工外螺纹的工具，常用合金工具钢或高速钢制造，并经淬火硬化。板牙由切削部分、校准部分和排屑孔组成。其本身就像一个圆螺母，在它上面钻有几个排屑孔而形成刀刃。板牙有固定式和开缝式(可调节的)两种。图 7.51(a)所示为开缝式板牙，其螺纹孔的大小可做微量调节，孔的两端有 60° 的锥度部分，起主要的切削作用。板牙架是用来装夹板牙的，如图 7.51(b)所示。

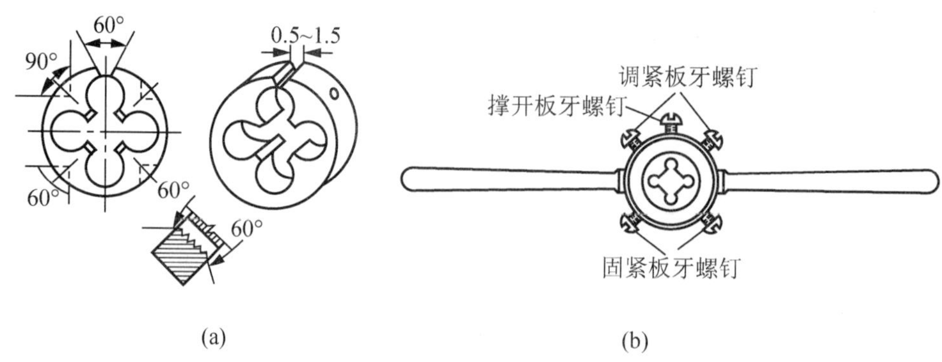

图 7.51　开缝式板牙和板牙架

(a) 开缝式板牙；(b) 板牙架

2) 套螺纹的操作方法

套螺纹前应检查圆杠的直径大小，太小则难以套入，且太小套出的螺纹牙齿不完整。用板牙在工件上套螺纹时，材料因受到撞压而变形，牙顶将被挤高一些，所以圆杆直径应稍小于螺纹大径的尺寸。一般圆杆直径可用下列经验公式计算：

$$D = d - 0.13P$$

式中，D 为套螺纹前圆杆直径；d 为螺纹公称直径(螺纹大径)；P 为螺距。

为了使板牙起套时，容易切入工件并作正确的引导，圆杆端部要倒成锥半角为15°～20°的锥体倒角。起套时，用右手掌按住铰手中部，沿圆杆的轴向施加压力，左手配合使板牙架顺向旋进，转动要慢，压力要大，并保证板牙端面与圆杆垂直，不歪斜,如图 7.52 所示。在板牙旋转切入圆杆 2～3 圈时，要及时检查板牙与圆杆垂直情况并及时校正(作准确校正)。进入正常套螺纹后，不再加压力，让板牙自然引进，以免损坏螺纹和板牙，并经常倒转以断屑。在钢件上套螺纹时要加冷却润滑液，以减小加工螺纹的表面粗糙度和延长板牙使用寿命，一般可用机油或较浓的乳化液，要求高时可用工业植物油。起套时，要从两个方向进行垂直度的及时校正，这是保证套螺纹质量的重要一环。套螺纹时，由于板牙切削部分的锥角较大，起套时的导向性较差，容易产生板牙端面与圆杆轴心线的不垂直，造成切出的螺纹牙形一面深一面浅，并随着螺纹长度的增加，其歪斜现象将按比例明显增加，甚至不能继续切削。起套的正确性及套螺纹时能控制两手用力均匀和掌握好最大用力限度，是套螺纹的基本功之一，必须用心掌握。

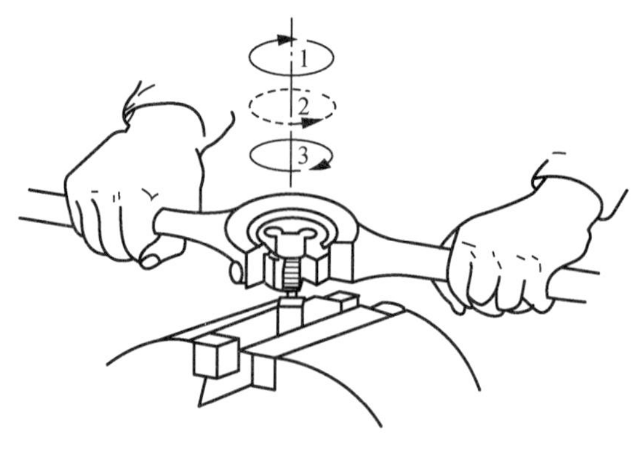

图 7.52　套螺纹

7.2.6 刮削

刮削是用刮刀从工件已加工表面上刮去一层很薄的金属的操作。刮削均在机械加工以后进行，刮削时刮刀对工件表面既有切削作用，又有压光作用，经刮削的表面留下微浅刀痕，形成存油空隙，减少摩擦阻力，改善了表面质量，也减小了表面粗糙度 *Ra* 值，提高了工件耐磨性。

刮削是一种精加工的方法，常用于零件上互相配合的重要滑动表面，如机床导轨、滑动轴承等，以使彼此均匀接触。因此，刮削在机械制造和修理工作中占有重要地位，得到了广泛的应用，但是刮削生产率低，劳动强度大，因此多用于那些磨削难以加工的地方。

1. 刮刀及其使用方法

常用的刮刀有平面刮刀和曲面刮刀等。刮刀一般用碳素工具钢 T10A～T12A 或轴承钢锻成，也有的刮刀头部焊上硬质合金用以刮削硬金属。

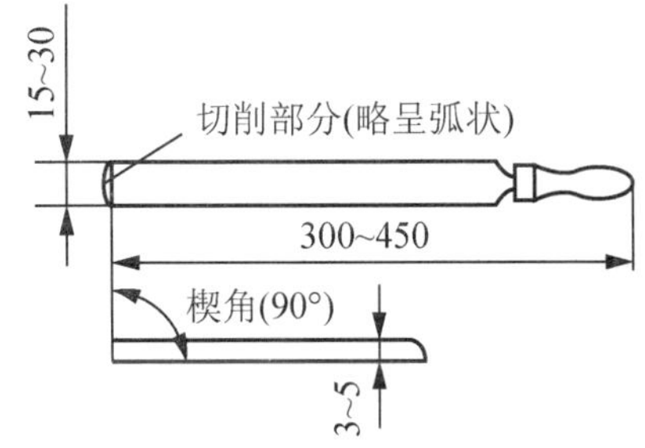

图 7.53 平面刮刀

1) 平面刮刀

平面刮刀如图 7.53 所示，主要用来刮削平面，如平板、工作台等，也可用来刮削外曲面。

平面刮刀的使用方法有手刮法与挺刮法两种。图 7.54(a)所示为手刮法，右手握刀柄方向并加压；图 7.54(b)所示为挺刮法，刮削时利用腿部和腹部的力量，使刮刀向前推挤。刮削时，要均匀用力，拿稳刮刀，以免刮刀刃口两侧的棱角将工件刮伤。

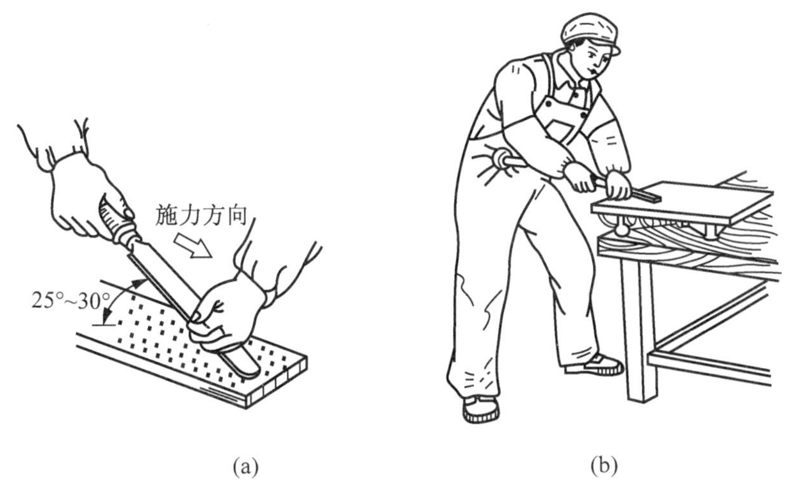

图 7.54 手刮法及挺刮法

(a) 手刮法；(b) 挺刮法

2) 曲面刮刀

主要用来刮削内曲面，如滑动轴承内孔等。曲面刮刀有多种形状，如三角刮刀、匙形刮刀、蛇头刮刀和圆头刮刀等。这里主要介绍三角刮刀，如图7.55(a)所示，是用来刮削要求较高的滑动轴承的轴瓦，以得到与轴颈良好的配合，刮削时的姿势如图7.55(b)所示。

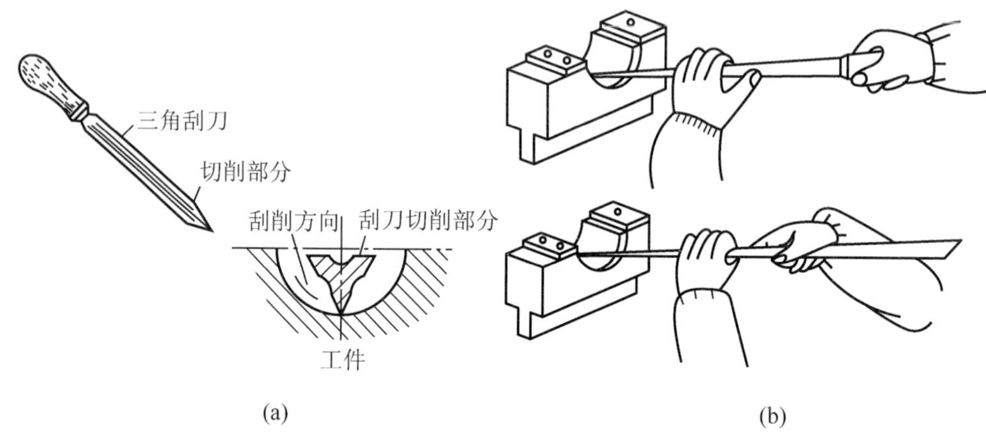

图7.55　三角刮刀及其刮削方法

(a) 用三角刮刀刮削轴瓦；(b) 刮削姿势

2. 平面刮削步骤

(1) 粗刮。粗刮是用粗刮刀在刮削面上均匀地铲去一层较厚的金属，使其很快去除刀痕，锈斑或过多的余量。方法是用粗刮刀连续推铲，刀迹连成片。在整个刮削面上要均匀刮削，并根据测量情况对凸凹不平的地方进行不同程度的刮削。当粗刮至每25～50mm内有2～3个研点时，粗刮结束。

(2) 细刮。细刮是用细刮刀在刮削面上刮去稀疏的大块研点，使刮削面进一步改善。随着研点的增多，刀迹要逐步缩短。两个方向刮完一遍后，再交叉刮削第二遍，以此消除原方向上的刀迹。刮削过程中要控制好刀头方向，避免在刮削面上划出深刀痕。显示剂要涂抹得薄而均匀，推研后的硬点应刮重些，软点应刮轻些。直至显示出的研点硬软均匀，在整个刮削面上每25mm×25mm内有12～15个研点，细刮结束。

(3) 精刮。用精刮刀采用点刮法以增加研点，进一步提高刮削面精度。刮削时，找点要准，落刀要轻，起刀要快。在每个研点上只刮一刀，不能重复，刮削方向要按交叉原则进行。最大最亮的研点全部刮去，中等研点只刮去顶点一小片，小研点留着不刮。当研点逐渐增多到每25mm×25mm内有20个研点以上时，就要在最后的几遍刮削中，让刀迹的大小交叉一致，排列整齐美观，以结束精刮。

3. 刮削质量的检验方法

刮削后的平面可用平板进行检验。平板由铸铁制成，它必须具有刚度好、不变形、非常平直和光洁的特征。

用平板检查工件的方法为：将刮削后的平面(工件)擦净，并均匀地涂上一层很薄的红丹油(红丹粉与机油的混合剂)，然后将涂有红丹油的平面(工件表面)与备好的平板稍加压力配研，如图 7.56(a)所示；配研后工件表面上的高点(与平板的贴合点)便因磨去红丹油而显示出亮点来，如图 7.56(b)所示。这种显示亮点的方法称为研点子。

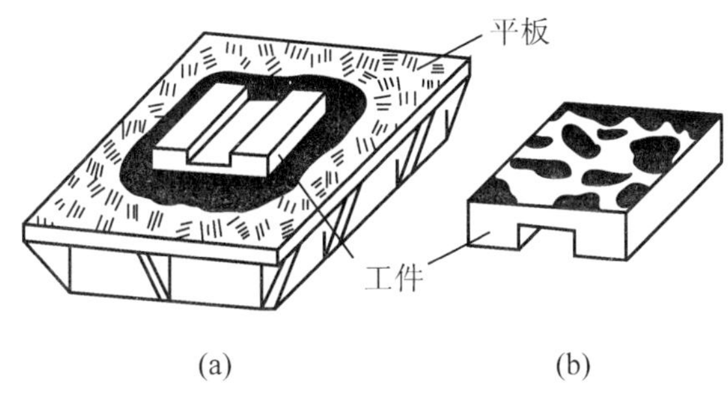

图 7.56　研点子

刮削研点的检查以 25mm×25mm 面积内均匀分布的贴合点数来衡量刮削的质量。卧式机床的导轨要求研点子为 8～10 点。

7.3 装配工艺

机械装配就是按照设计的技术要求实现机械零件或部件的连接，把机械零件或部件组合成机器。机械装配是机器制造和修理的重要环节，特别是对机械修理来说，由于提供装配的零件有利于机械制造时的情况，更使得装配工作具有特殊性。装配工作的好坏对机器的效能、修理的工期、工作的劳力和成本等都起着非常重要的作用。

7.3.1　概述

1. 装配的概念

任何一台机器都是由许多零件和部件组成的。按照规定的装配精度和技术要求，将若干个零件和部件进行必要的配合与连接，并经调整、试验使之成为合格产品的过程称为装配。零件是机器最基本的单元。相应地来说，将若干个零件安装在一个基础零件上面构成组件的装配称为组件装配；将若干零件、组件安装在另一个基础零件上而构成部件的装配称为部件装配；将若干个零件、组件、部件安装在一个较大、较重的基础零件上而构成产品的装配称为总装配。

2. 典型零件的装配

1) 螺栓、螺母的装配

螺纹连接是机器中最常见的一种可拆卸固定连接。它具有装拆简便，调整、更换容易，易于多次拆装等优点。在装配工作中，常遇到大量的螺栓、螺母的装配，在装配中应注意以下各项。

(1) 螺纹配合应做到螺母能用手自由旋入，既不能过紧，也不能过松，过紧会咬坏螺纹，过松会在螺纹受力后，使其易断裂。

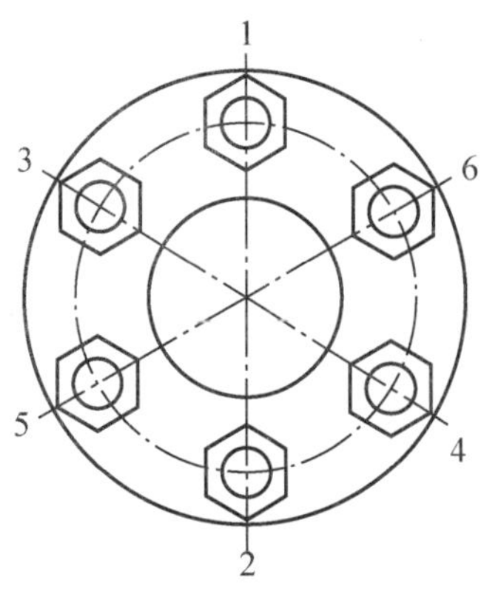

图 7.57 螺母的拧紧顺序

(2) 螺母端面应与螺纹的轴线垂直，以便受力均匀，零件与螺母的贴合面应平整光洁。为了提高贴合质量和防松，一般应加垫圈。

(3) 装配成组螺栓、螺母时，为了保证贴合面受力均匀，应按一定的顺序拧紧，如图 7.57 所示的 1～6，并且一次不能拧紧，应按顺序分两次或三次拧紧。

(4) 螺纹连接应采取防松措施。

2) 滚动轴承的装配

滚动轴承的装配多数为较小的过盈配合，常用锤子或压力机装。为了使轴承圈受到均匀压力，应采用垫套加压。

轴承往轴上装配时，应通过垫套施力于轴承内圈端面，如图 7.58(a)所示；轴承压到机体孔中时，则应施力于外圈端面，如图 7.58(b)所示；若同时将轴承压到轴上和机体孔中，则内外圈端面应同时加压，如图 7.58(c)所示。

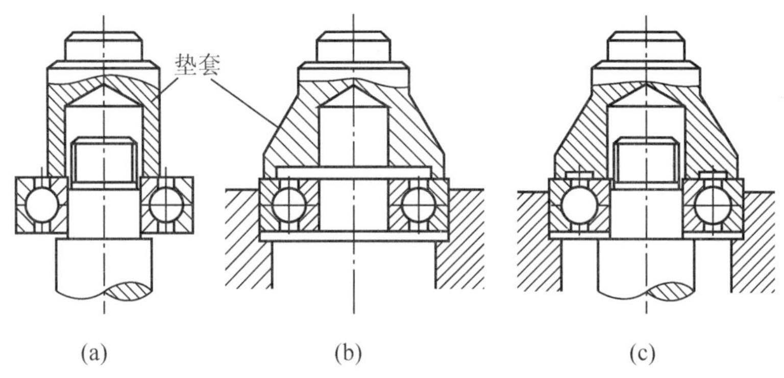

图 7.58 用垫套压装滚动轴承

若轴承与轴为较大的过盈配合时最好将轴承吊在 80～90℃的热油中加热，然后趁热装入。

3) 轴与传动轮的装配

传动轮(如齿轮、带轮、蜗轮等)与轴一般采用键联接，如图 7.59 所示。键与轴槽、轴与轮多采用过渡配合；键与轮槽常采用间隙配合或过渡配合。

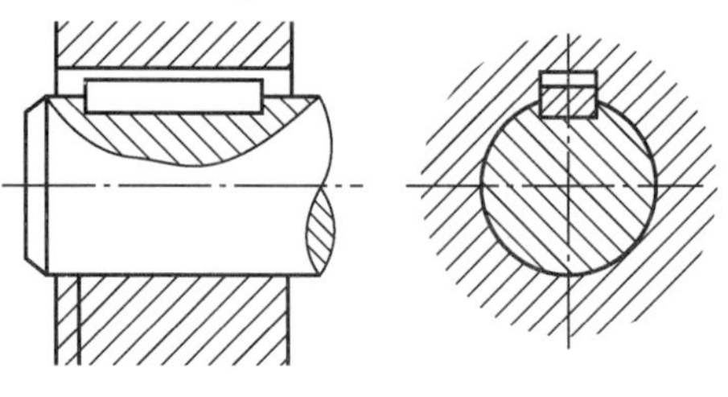
图 7.59 普通平键联接

在单件小批量生产中，轴、键、传动轮的装配要点如下。

(1) 清理键及键槽上的毛刺。

(2) 用键的头部与轴槽试配，使键能较紧的嵌入轴槽中。

(3) 锉配键长，使键与轴槽在轴向有 0.1mm 左右的间隙。

(4) 在装合面上加机油，用铜棒或台虎钳(钳口座加铜皮)将键压入轴槽中，并与槽底接触良好。

(5) 试配并安装好传动轮，注意槽底部与键应留有间隙。

7.3.2 拆装工艺

1.装配

1) 制定装配工艺规程

装配前，研究和熟悉装配图的技术条件，了解产品的结构和零件的作用以及相互连接的关系，确定装配的方法(有完全互换装配法、分组装配法、修配装配法和调整装配法等)和装配的工艺规程。

装配工艺规程是指导装配生产的主要技术文件，制订此规程是生产技术准备工作中的一项重要项目，对保证装配质量、提高装配生产效率、缩短装配周期、减轻工人的劳动强度等都有着重要的影响。

制订装配工艺规程，最主要的是划分装配单元、确定装配顺序。将产品划分为可进行独立装配的单元是制订装配工艺规程中最重要的一个步骤。

2) 装配程序

依据制定的装配单元系统图按组件装配－部件装配－总装配的次序进行，并经调整、试验、检验、喷漆、装箱等步骤。

3) 传动轴组件装配示例

减速箱中的传动轴组件结构装配图如图 7.60 所示。现以此为例说明装配单元系统图的绘制方法和装配方法。

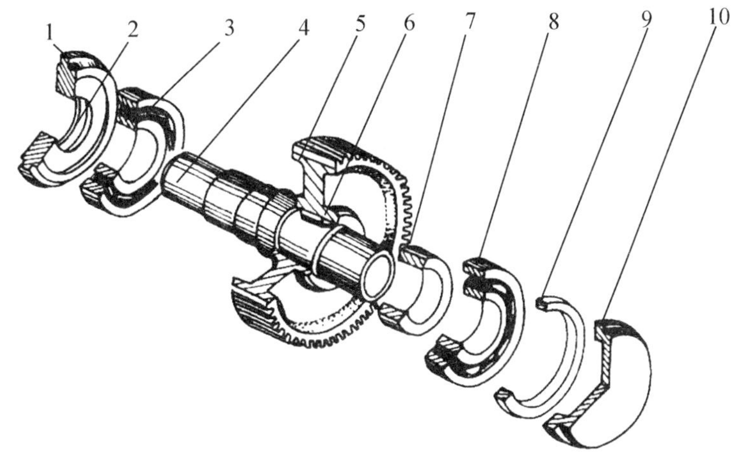

图 7.60　传动轴组件结构

1—端盖；2—油封；3—滚动轴承；4—轴；5—齿轮；6—键；7—支撑环；8—滚动轴承；9—调整环

(1) 系统图的绘制方法。

① 先画一条横线。

② 横线的左端画一小长方格代表基准零件，在长方格中要注明装配单元的编号、名称和数量。

③ 横线的右端画一小长方格代表装配的成品。

④ 横线自左至右表示装配的顺序，直接进入装配的零件画在横线的上面，直接进入装配的组件画在横线的下面，如图 7.61 所示。

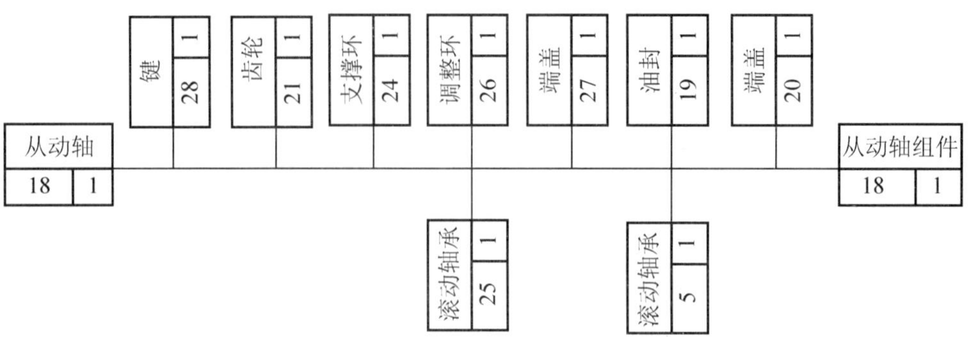

图 7.61　传动轴组件装配单元系统图

(2) 组件的装配方法。

① 将键 28 装在基准件从动轴 18 上。

② 装入齿轮 21。

③ 装入支撑环 24。

④ 装入滚动轴承 25。

⑤ 装调整环 26。

⑥ 装端盖 27。

⑦ 装另一滚动轴承 25。

⑧ 装入油封(毛毡)19。

⑨ 装入端盖 20。

装配后，转动调试。

4) 装配要求

(1) 装配时，应检查零件与装配有关的形状和尺寸精度是否合格，检查有无变形、损坏等，应注意零件上的各种标记，防止装错。

(2) 固定连接的零部件，不允许有间隙；活动的零件能在正常的间隙下灵活均匀地按规定的方向活动。

(3) 各种运动部件的接触表面，必须保证有足够的润滑，若有油路则必须使之畅通。

(4) 各种管道和密封部件，装配后不得有渗漏现象。

(5) 试车前，应检查各部件连接的可靠性和运动的灵活性，检查各种变速和变向机构的操纵是否灵活。

(6) 根据试车情况进行必要的调整，但应注意不能在运动中调整。

2. 拆卸

机器使用一段时间后要进行检查和修理，这时要对机器进行拆卸。拆卸要注意如下几项。

(1) 机器拆卸工作，应按其结构的不同预先考虑拆卸的顺序，以免先后倒置。拆卸的顺序应与装配的顺序相反，一般应先拆外部附件，然后按总成、部件进行拆卸。在拆卸部件或组件时，应按从外部到内部、从上部到下部的顺序，依次拆卸组件或零件。

(2) 拆卸时，使用的工具必须保证对合格零件不发生损坏，尽可能使用专用工具(如各种拉出器、固定扳手、铜锤、铜棒等)，严禁用硬手锤直接在零件的工作表面上敲击。

(3) 拆卸时要记住每个零件原来的位置，防止以后装错。零件拆下后，要摆放整齐，严防丢失，配合件要做上记号，以免搞乱。

(4) 紧固件上的防松装置，在拆卸后一般要更换，以避免这些零件在重新使用时折断而造成事故。

7.3.3　装配质量与产品性能

装配是机械制造过程中的最后一个阶段。为了使产品达到规定的技术要求，装配不仅是指零、部件的结合过程，还应包括调整、检验、试验、油漆和包装等工作。

机器的质量是以机器的性能、使用效果、可靠性和寿命等综合指标来评定的。这些指标除与产品结构设计的正确性和零件的制造质量有关外，还与机器的装配质量有密切的关系。

机器的质量，即产品的性能、使用效果、可靠性等，最终是通过装配工艺来保证的。若装配不当，即使零件的制造质量都合格，也不一定能够装配出合格的产品；反之，当零件的质量不是很好，但只要在装配中采取合格的工艺措施，也能使产品达到规定的要求。因此装配质量对保证产品性能起着十分重要的作用。

另外通过机器的装配，可以发现机器设计上的错误(如不合理的结构和尺寸等)和零件加工工艺中存在的问题，并加以改进。装配起到了在机器生产过程中作为最终检验环节的作用。

思　考　题

1. 划线的作用是什么？
2. 什么叫作划线基准？如何选择划线基准？
3. 怎样选择锯条？为什么锯齿多为波浪形或折形排列？
4. 起锯时和锯削时的操作要领是什么？
5. 锯软材料为什么要选用粗齿的锯条？推锯时速度为什么不要太快或太慢？
6. 锉平工件的操作要领是什么？
7. 交叉锉、顺向锉、推锉各有何优点？如何正确使用？
8. 怎样检验锉后工件的平直度和直角？
9. 錾削时怎样起錾？怎样錾出？
10. 怎样錾平面？錾较大平面时为什么先用窄錾开槽，再用平錾錾平？
11. 台钻、立钻和摇臂钻床的结构和用途有何不同？
12. 麻花钻的切削部分和导向部分的作用有何不同？
13. 用小钻头和大钻头钻孔时，钻头转速、进给量有何不同？为什么？
14. 塑性材料和脆性材料攻螺纹时，其底孔直径为什么不同？
15. 攻盲孔螺纹时，为什么丝锥不能攻到底？盲孔深度应如何确定？
16. 为什么在套螺纹前要检查圆杠的直径？其大小怎样决定？为什么要倒角？
17. 在攻螺纹、套螺纹时为什么要经常反转？
18. 攻螺纹前底孔直径是否等于螺纹内径？套螺纹前圆杠直径为什么要比螺纹大径小一些？

19. 刮削有何特点？多用在什么场合？
20. 减速箱装配过程中哪些是组件装配、部件装配、总装配？
21. 装配工作中应注意哪些事项？
22. 在2.5h内完成如图7.62、图7.63所示工件(任选一个)。

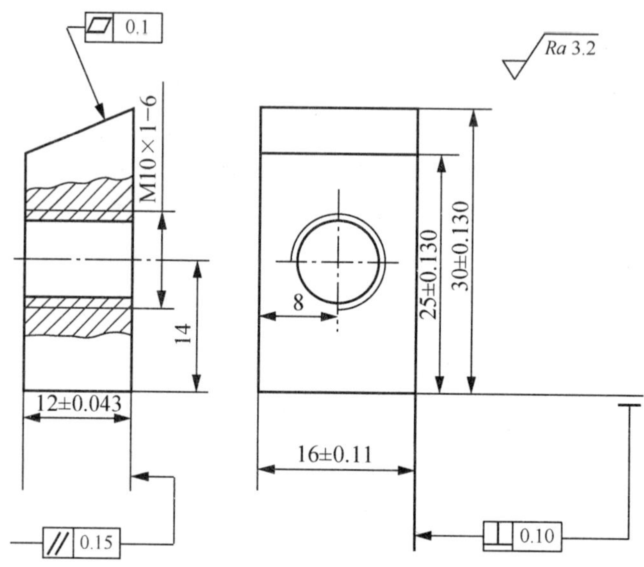

图7.62　挡块

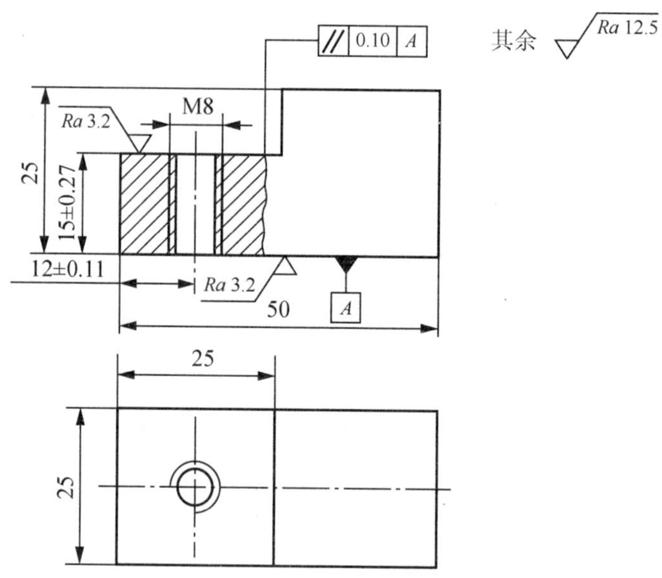

图7.63　挡块

第 8 章

金属切削基本知识

切削加工是利用切削工具与工件之间的相对运动，从毛坯(如铸件、锻件、型材等)上切去多余部分材料，以获得所需要的尺寸精度、形状精度、相互位置精度及表面粗糙度的一种加工方法。

在现代机械制造中，除少数零件可以采用精密铸造、精密锻造、粉末冶金及工程塑料通过铸造、锻压、压制等方法直接获得要求的精度外(部分也需要切削加工)，绝大多数零件都需要通过切削加工(无屑加工实际上也属于切削加工，如搓制螺纹、轧制齿轮等)来保证零件的加工精度与表面粗糙度。因此，切削加工是历史悠久、应用最广泛的加工方法，切削加工的先进程度会直接影响产品的生产率和质量。切削加工分为钳工和机械加工两部分。

(1) 钳工一般是工人手持工具进行的切削加工。其主要内容有划线、錾削、锉削、锯割、刮研、钻孔、铰孔、攻螺纹和套螺纹等，机械修理和装配也属于钳工范围，但随着科学技术的发展，一些钳工工序也被机械加工所代替了。

(2) 机械加工是工人操作机床进行的切削加工。切削加工所使用的切削工具分为两大类：一类是切削刀具，如车刀、铣刀、镗刀、钻头、铰刀等；另一类是磨料，如磨削用的砂轮、珩磨用的珩磨轮、研磨用的磨料等。

电加工、超声波加工、激光加工等特种加工已突破传统的依靠机械加工的范围，它们适应于难加工材料、各种复杂形状、具有特殊要求的工件的加工要求。

8.1 切削加工的运动分析

为进行切削加工以获得工件所需的各种形状，并达到要求的加工精度和表面粗糙度，刀具和工件必须完成一系列的运动，它直接影响表面的成形方法和机床运动。

1. 表面成形运动

直接参与切削过程，使之在工件上形成一定几何形状表面的刀具与工件间的相对运动，称为表面成形运动。

任何表面都可以看成为一条发生线(也称母线)沿着另一条发生线(也称导线)运动的连续位置的总和，如图 8.1 所示。

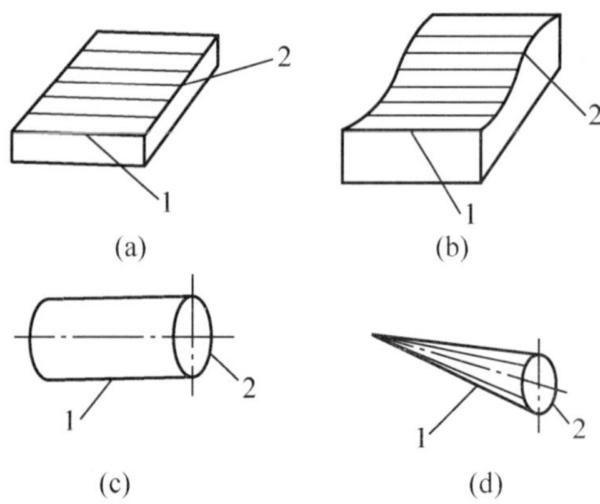

图 8.1　几何表面的形成

1—母线；2—导线

各类机床在加工时所必需的表面成形运动的形式和数目，取决于被加工表面的形状和所采用的加工方法及刀具的结构。

通常所采用的表面成形方法有以下几种。

(1) 轨迹法。轨迹法是指母线沿导线运动逐渐形成表面，如图 8.2(a)所示。

(2) 成形法。成形法是指发生线(刀具刃口轮廓形状)沿导线运动一次形成表面，如图 8.2(b)所示。

(3) 包络线法。包络线法是指表面由刀具运动轨迹的包络线形成，如图 8.2(c)所示。

(4) 展成法。展成法是指利用齿轮啮合原理，使齿轮加工刀具(如齿轮滚刀)与被加工齿轮处于啮合状态而切出齿形的加工方法，如图 8.2(d)所示。

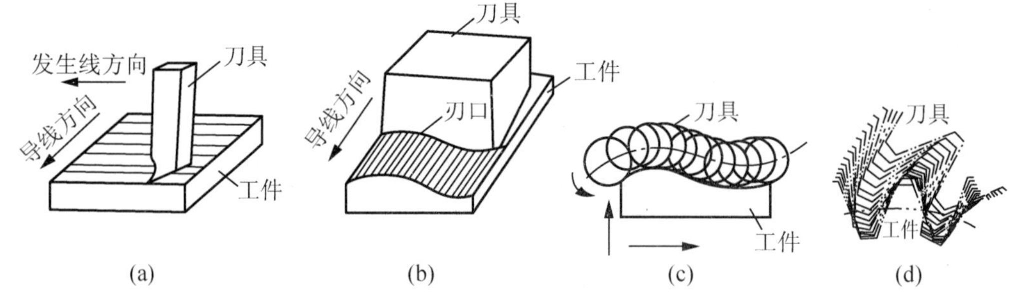

图 8.2　表面成形方法

(a) 轨迹法；(b) 成形法；(c) 包络线法；(d) 展成法

同一表面，因表面成形方法不同，则机床的运动数目和刀具结构也不同，如图 8.3 所示。

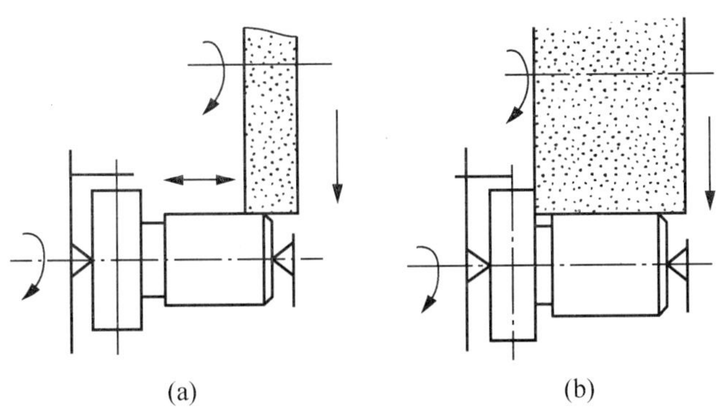

图 8.3　同一表面不同成形方法

(a) 轨迹法；(b) 成形法

2. 切削运动

切削时的基本运动是直线运动和回转运动，按切削时工件与刀具相对运动所起作用的不同可分为主运动和进给运动，图 8.4 所示为在车床上加工外圆表面时的切削运动(轨迹法)。

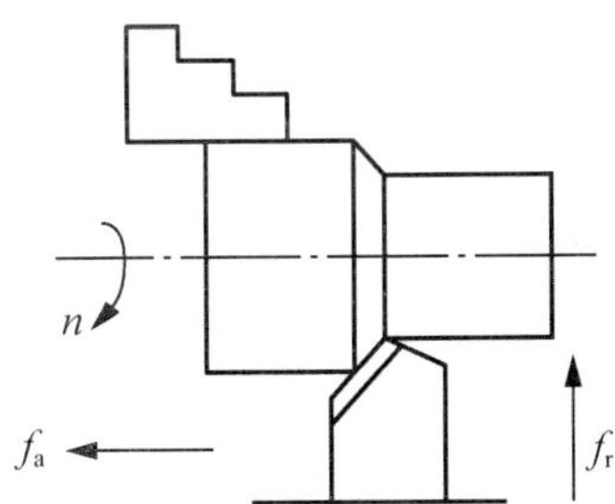

图 8.4　车削外圆表面的切削运动

1) 主运动

主运动是指由机床或人提供的最主要运动。通常它的速度最高，消耗的机床动力最多。机床的主运动一般只有一个，如车削时工件的回转、钻削时钻头的回转、牛头刨床刨削时刨刀的往复直线运动、磨削时砂轮的回转等。

2) 进给运动

进给运动与主运动配合后，将能保持切削工作连续进行，从而切除金属层形成已加工表面。机床的进给运动可由一个或几个组成，图 8.4 所示为在卧式车床上进行的外圆表面加工，刀具的进给运动有两个，一个是沿工件轴线方向的运动 f_a(也称纵向进给)，以便能连续不断地切削形成圆柱表面；另一个是与工件轴线垂直方向的运动 f_r(也称横向进给)，以便保证工件的直径尺寸。

进给运动通常消耗的功率较小，可以是连续的，如车床刀具的进给运动；也可以是间歇的，如牛头刨床工作台的进给运动。

3. 切削要素

切削要素包括切削用量三要素和切削层的几何参数，如图 8.5 所示。

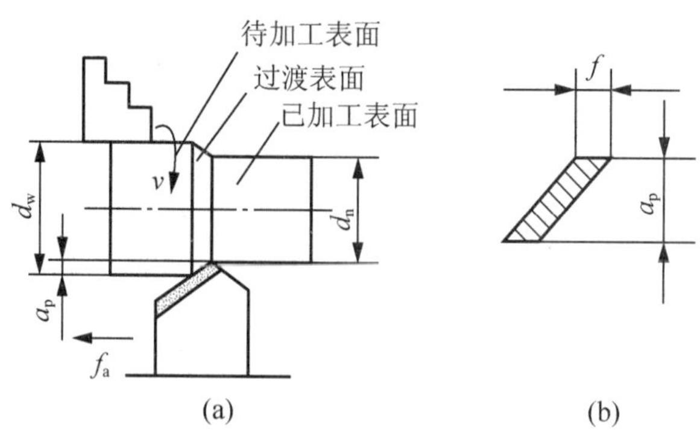

图 8.5　车削时的车削要素

1) 切削用量三要素

(1) 切削速度 v。切削速度是指刀具切削刃的选定点相对于工件主运动的瞬时速度，单位为 m/s，它是衡量主运动速度高低的参数。

当主运动为回转运动(车削、钻削、铣削、磨削等)时，切削速度的计算公式为

$$v = \pi dn / (1000 \times 60)(\mathrm{m/s}) \tag{8-1}$$

式中：n——工件或主轴的转速(r/min)；

d——工件过渡表面或刀具切削处的最大直径(mm)。

当主运动为往复直线运动(牛头刨床刨削)时，切削速度(平均速度)的计算公式为

$$v = 2Ln_r / (1000 \times 60)(\mathrm{m/s}) \tag{8-2}$$

式中：L——刀具或工件往复直线运动的行程长度(mm)；

n_r——刀具或工件每分钟的往复次数(次/min)。

(2) 进给量 f。刀具在进给运动方向上相对工件的位移量，用刀具或工件每转或每行程的位移量来表示和度量。在车削时，进给量为主轴每转一转时工件与刀具相对的位移量，单位为 mm/r；在钻床上钻削时的进给量是钻头每转一转时钻头沿进给运动方向的位移量，单位为 mm/r；在牛头刨床上刨削时的进给量是指刨刀每往复一个行程时工件沿进给运动方向的位移量，单位为 mm/往复行程；在铣削加工时，进给量可以用每分钟进给量，也可以用每齿进给量表示。

(3) 背吃刀量 a_p。背吃刀量是指待加工表面和已加工表面之间的垂直距离，如图 8.5(b)所示。在加工外圆时，背吃刀量 a_p 为

$$a_p = (d_w - d_n) / 2 \tag{8-3}$$

式中：d_w——待加工表面的直径(mm)；

d_n——已加工表面的直径(mm)。

2) 切削时间及金属切削率

(1) 切削时间是反映切削生产率高低的指标之一，如图 8.6 所示。车削时的切削时间为 t_m(min) 可由下式计算

$$t_m = LA / (v_f a_p) \tag{8-4}$$

式中：L——刀具(或床鞍)的行程长度(mm)，$L = L' + a + b$；

A——半径方向的加工余量(mm)。

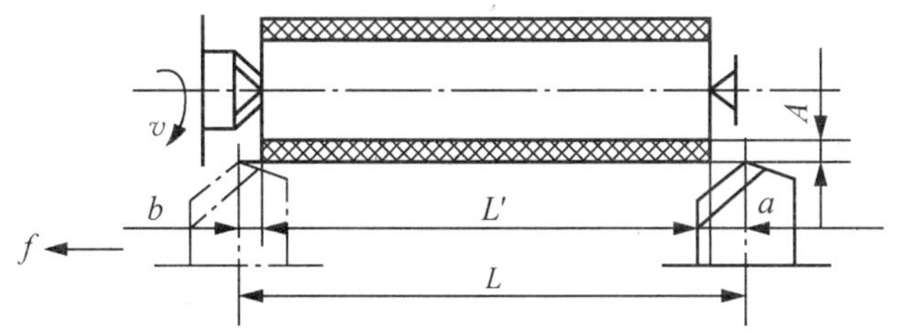

图 8.6　车削时切削时间计算图

a—切入长度；*b*—切出长度；*c*—计算长度

将式(8-1)、式(8-2)代入式(8-4)中，可得

$$t_m = \pi dLA / (1000 \times 60 a_p fv) \tag{8-5}$$

从式(8-5)中可以看出，提高切削用量 v 、 f 、 a_p 中任何一个要素，都可以缩短切削时间，提高生产率。

(2) 金屑切削率 Q_z 。金属切削率是衡量劳动生产率的又一个指标，它是指每分钟切下工件材料的体积。$Q_z(\text{mm}^3/\text{min})$ 由下式计算

$$Q_z = 1000 \times 60 v a_p f \tag{8-6}$$

8.2　金属切削刀具

金属切削刀具种类繁多，形状也各有不同，但是，不管多么复杂形状的刀具，都是在刀具的基本类型基础上发展起来的，以便适应不同条件下的切削加工，因此，应掌握切削刀具的基本类型即外圆车刀。现分析如下。

1. 刀具的组成

外圆车刀从总体结构上分为切削部分(也称刀头)及夹持部分(也称刀杆或刀体)，如图 8.7 所示，刀体装在刀架上，刀头装在刀体上(可焊接或机械装卡)。切削部分的组成如下。

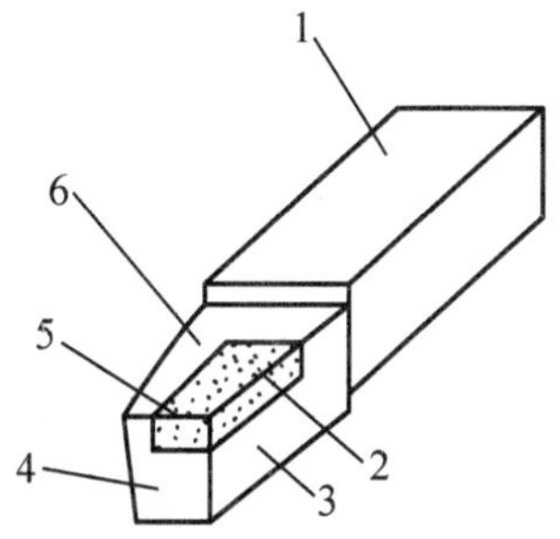

图 8.7　车刀的组成

1—刀体；2—主切削刃；3—主后刀面；4—刀头；5—副切削刃；6—前刀面

(1) 前刀面。切屑流出时经过的表面。

(2) 主后刀面。切削时刀具上与工件加工表面相对的表面。

(3) 副后刀面。切削时刀具上与工件已加工表面相对的表面。

(4) 主切削刃。前刀面与主后刀面的交线，起主要的切削作用。

(5) 副切削刃。前刀面与副后刀面的交线，起辅助切削作用。

(6) 刀尖。主切削刃与副切削刃的交点。为提高刀尖刚度及耐磨性，刀尖可磨成圆弧形成过渡刀刃。

2. 刀具切削部分角度

刀具角度是影响加工质量及劳动生产率的重要因素。

1) 确定刀具角度的辅助平面

为了测量和确定刀具角度，需要假设3个相互垂直的辅助平面，如图8.8所示。

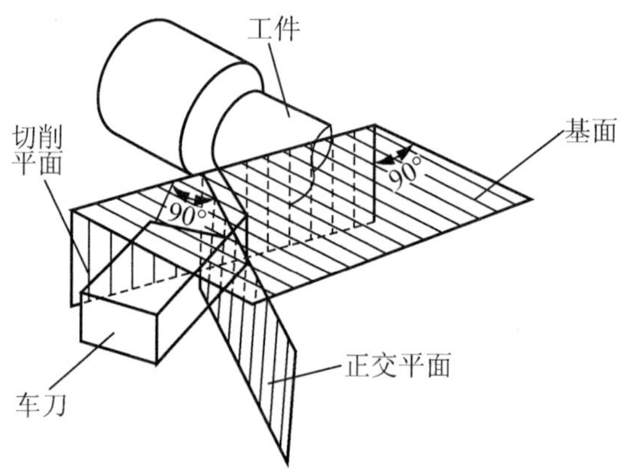

图8.8　确定刀具角度的辅助平面

(1) 切削平面。经过主切削刃上某一点并与工件加工表面相切的平面。

(2) 基面。通过主切削刃上某一点并与该点的切削速度方向垂直的平面，它与切削平面相互垂直。

(3) 正交平面。通过主切削刃上某一点并且垂直于主切削刃在基面上投影的平面。

2) 车刀的标注角度

车刀的切削部分包括5个主要的基本角度，即前角γ_0、后角α_0、主偏角κ_γ、副偏角κ'_γ、刃倾角λ_s，如图8.9所示。

在正交平面上测量的刀具角度有前角γ_0和后角α_0。

(1) 前角γ_0。前刀面与基面的夹角，表示前刀面的倾斜程度。前角可以是正值、零值或负值。在正交平面中，前刀面与基面平行时为零；前刀面与切削平面间夹角小于90° 时前角为正；大于90° 时前角为负。

(2) 后角α_0。主后刀面与切削平面之间的夹角，表示主后刀面的倾斜程度。主后刀面与基面的夹角小于90° 时后角为正值；等于90° 时后角为零值；大于90° 时后角为负值。车刀角度正负规定如图8.10所示。

在基面内测量的角度有主偏角κ_γ和副偏角κ'_γ。

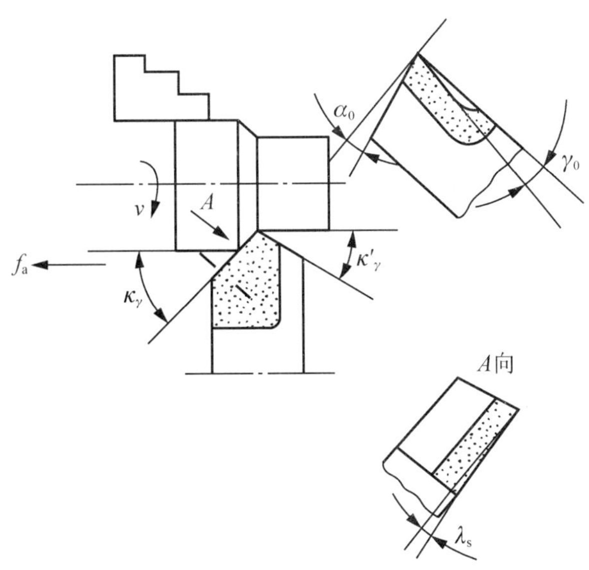

图 8.9　车刀的主要角度

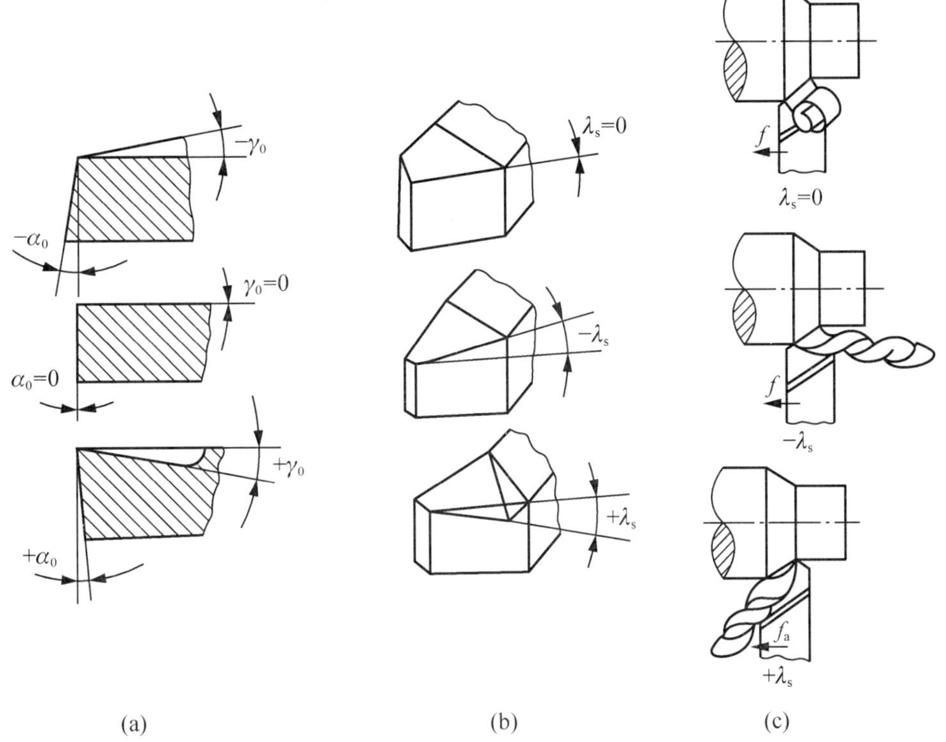

图 8.10　车刀角度正负的规定方法及刃倾角对切屑流向的影响

(a) 前角 γ_0、后角 α_0；(b) 刃倾角 λ_s；(c) 刃倾角对切屑流向的影响

(1) 主偏角 κ_γ。主切削刃在基面上的投影与进给方向之间的夹角。

(2) 副偏角 κ'_γ。副切削刃在基面上的投影与进给方向之间的夹角。

在切削平面内测量的角度有刃倾角 λ_s。它是主切削刃与基面之间的夹角，如图 8.10(b)所示。

3) 刀具角度的选择

正确选择刀具角度，对保证加工精度、提高劳动生产率有着十分重要意义。刀具角度的选择与切削用量、刀具及工件的材料有关。因此，选择刀具角度要综合考虑各种因素，特别要考虑工件的材料特性。现针对车刀角度的选择提供几个原则。

(1) 前角 γ_0 的选择。前角大小影响切屑流出的难易程度及刀刃的强度。

增大前角，切屑易流出，可使切削力下降，切削时省力；但过大的前角会降低刀刃的强度。当加工塑性材料时，工件材料硬度较低或是在精加工时，前角可取大些，如加工低碳钢时，$\gamma_0=30°$；加工铝或铜时，$\gamma_0=35°\sim40°$。

减小前角，可提高刀刃强度，但切屑流出不畅，一般在加工脆性材料或加工硬度较高的材料及粗加工时，往往减少前角，如加工不锈钢时 $\gamma_0=15°\sim25°$；加工高碳钢时，$\gamma_0=-5°$。

(2) 后角 α_0 的选择。增大后角，可以减少刀具后刀面与工件之间的摩擦；但过大的后角会降低刀刃强度，容易损坏刀具。当加工塑性材料时，后角可以取大些，如采用高速钢车刀加工中、低碳钢或精加工时，$\alpha_0=6°\sim18°$。

当强力车削或粗加工时适当减小后角，以提高刀刃强度，如用硬质合金车刀粗车碳钢工件时 $\alpha_0=3°\sim6°$；精车时 $\alpha_0=6°\sim10°$。

(3) 主偏角 κ_γ 的选择。在背吃刀量和进给量不变的条件下，增大主偏角，使轴向切削力增大，径向切削力减小，有利于加工细长轴类零件，减小因径向力引起的工件弯曲变形，提高加工精度，也使振动减小；但是，增大主偏角时，使参加切削工作的主切削刃长度缩短，刀刃单位长度上切削负荷加大，散热性能下降，刀具磨损加快。通常加工细长轴时 $\kappa_\gamma=75°\sim90°$；加工硬材料时 $\kappa_\gamma=10°\sim30°$。

(4) 刃倾角的选择。增大刃倾角有利于刀具承受冲击。刃倾角为正值时，切屑向待加工表面方向流出；为负值时，切屑向已加工表面方向流出，如图 8.10(c)所示。通常精车时 $\lambda_s=0°\sim4°$；粗车时 $\lambda_s=-10°\sim-5°$。

3. 车刀的刃磨

车刀用钝后，必须刃磨，以便恢复其合理的形状和角度(详见第 9 章)。车刀是在砂轮机上刃磨的。磨高速钢车刀时，用氧化铝砂轮(一般为白色)；磨硬质合金车刀时，用碳化硅砂轮(一般为绿色)。刃磨的顺序和姿势如图 8.11 所示。

车刀在砂轮上刃磨后，还要用油石加机油将各面修磨光，以提高车刀耐用度和被加工零件的加工精度。

刃磨车刀时应注意以下事项。

(1) 刃磨时两手握稳车刀，使刀杆靠在支架上，并使受磨面轻贴砂轮。切勿用力过猛，以免挤碎砂轮，造成事故。

(2) 应将刃磨的车刀在砂轮的圆周面上左右移动，使砂轮磨耗均匀，不出沟槽。应避免在砂轮两侧面用力粗磨车刀，以至砂轮受力后偏摆、跳动，甚至破碎。

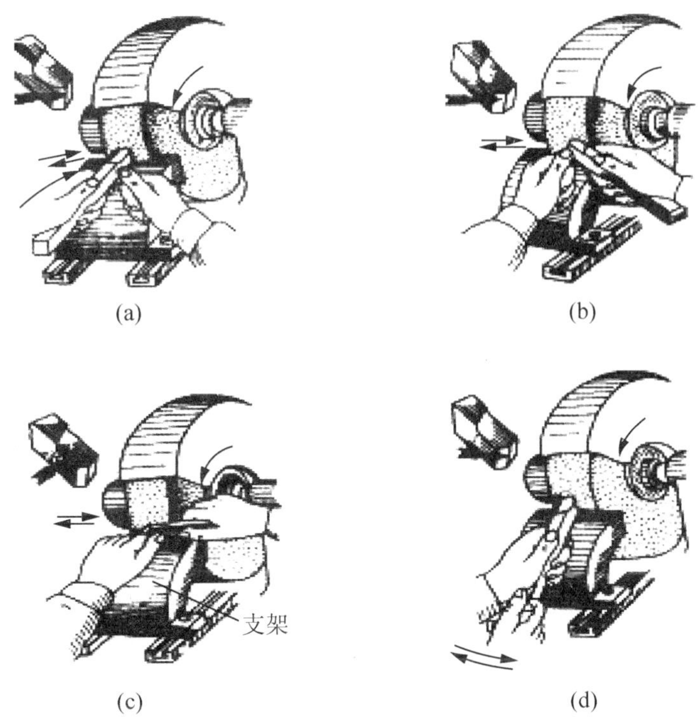

图 8.11　车刀的刃磨

(a) 磨主后刀面；(b) 磨削后刀面；(c) 磨前刀面；(d) 磨刀尖过渡刃

(3) 刀头磨热时应蘸水冷却，以免刀头因温度升高而降低硬度。但磨硬质合金车刀时应在空气中冷却，不应蘸水，以免产生裂纹。

(4) 刃磨时人不要站在砂轮的正面，以防砂轮破碎时使操作者受伤。

4. 刀具材料

刀具材料性能的优劣是影响表面加工质量、切削效率、刀具寿命的基本因素。正确选择刀具材料是设计和选择刀具的重要内容之一。

1) 刀具材料应具备的性能

(1) 高硬度。刀具材料的硬度要高于被加工材料的硬度，一般硬度应在 60HRC 以上。

(2) 高耐磨性。刀具材料应具备较强的耐磨性。它一方面取决于刀具材料的硬度，另一方面取决于化学成分及显微组织状态。

(3) 足够的强度和韧性。刀具在切削过程中承受较大的切削力和冲击，特别是在粗加工和断续切削情况下常出现刀刃断裂和崩刃现象，所以刀具材料要有足够的强度和韧性。

(4) 高的耐热性及化学稳定性。耐热性是指刀具在高温下维持材料硬度的性能，可用红硬性表示(红硬性是维持刀具切削性能的最高温度限度，它是衡量刀具材料性能的主要指标)。化学稳定性是指在高温条件下刀具材料不与工件材料和周围介质发生化学反应的能力，包括抗氧化性、抗粘结能力等。

除上述性能外，刀具材料还要有良好的工艺性及经济性。

2) 常用刀具的材料

刀具材料分为工具钢、硬质合金、陶瓷及超硬材料四大类。它们的分类及主要性能见表 8-1。

表 8-1　常用刀具材料

刀具材料种类		刀具材料牌号	拉弯强度/MPa	耐热性/℃	切削速度/(m/s)
工具钢	碳素工具钢	T8、T10	216	200～250	0.32～0.4
	高速钢	W18Cr4V	600～410	600～700	1～1.2
硬质合金	钨钴类	YG3YG6	108～216	800	3.2～4.8
	钨钛钴类	YT15YT30	80～137	900	4～4.8
陶瓷	氧化铝陶瓷	主要成分 Al_2O_3	144～68	1200	8～12
	氮化硅陶瓷	主要成分 Si_2N_4	73～68	1300	—
超硬材料	立方氮化硼	CBN	29.4	1400～1500	—
	人造金刚石	JR	21～48	700～800	≈25

8.3　切削过程中的物理现象

1. 切削过程中的金属变形

切削过程是指刀具在切削运动中从工件表面上切下一层金属形成切屑的过程，其实质是被切金属受到刀具的挤压和摩擦，产生弹性变形、塑性变形，最终使金属层与母体金属分离形成切屑。

常见的 3 种切屑形态，如图 8.12 所示。

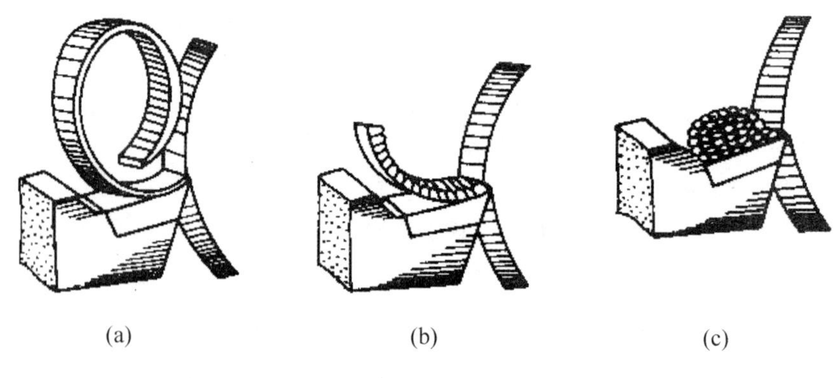

图 8.12　切屑形态

(a) 带状；(b) 节状；(c) 崩碎状

(1) 带状切屑。图 8.12(a)所示为带状切屑。它是采用较高的切削速度和较小的进给量切削塑性材料而又没有采用断屑措施形成的切屑。

(2) 节状切屑。图 8.12(b)所示为节状切屑。当采用较大的进给量和较低的切削速度，加工中等硬度的塑性材料时(特别是粗加工时)，易出现节状切屑。

(3) 崩碎状切屑。图 8.12(c)所示为崩碎状切屑。在加工灰铸铁、黄铜等脆性材料时，切削层金属不经过塑性变形(材料本身塑性较差)而直接形成崩碎状切屑。

切屑形状对切削过程产生较大的影响，与加工表面质量也有密切关系。因此，通过改变切削条件可以控制切屑的变形状态。

2. 切削力

切削力是金属在切削过程中的主要物理现象之一。切削过程的消耗能量较大，这些能量消耗在克服切削变形而产生的抗力、克服切削与前刀面的摩擦阻力等。

切削力的大小随着加工材料和切削条件不同而异，它的影响因素有以下 3 点。

(1) 工件材料硬度、强度、塑性、韧性越大，切削力就越大。

(2) 增大背吃刀量和进给量，切下金属增多，切削力增大。

(3) 刀具前角与后角的大小影响切削力的变化。若前角增大，则切削轻快，切削力减小。

3. 切削热

在切削过程中，绝大部分切削功转换为热能，所以切削区域产生大量的热称为切削热。产生切削热的原因主要是材料的弹性与塑性变形，这是切削热的主要来源。其次，切屑与刀具前刀面的摩擦热及刀具后刀面与工件摩擦产生的热量也是切削热的来源。

切削热主要由切屑传出，其余由工件、刀具及空气或切削液传出，不同的加工工艺、不同的切削条件，切削热传出的方式也不同。为有效地降低切削温度，常使用切削液。切削液能吸收大量的热量，使刀具、工件在切削进程中得到冷却。常用的切削液有切削油、水溶液、乳化液等。

应当注意在加工铸铁时不要使用切削液，因铸件本身含有游离石墨，能起润滑作用。另外，使用硬质合金刀具也不宜使用切削液，因硬质合金可以耐高温，而且使用切削液会使刀片产生裂纹而损坏刀具。

4. 刀具的磨损

在切削过程中，刀具从工件上切下切屑，切屑及工件均使刀具产生磨损。刀具磨损后可以重磨。刀具寿命是指一把刀从开始使用到报废为止的总切削时间，其中含刀具的多次重磨。

8.4 切 削 液

切削液主要用来减少摩擦和降低切削温度。合理使用切削液，对提高刀具耐用度和表面加工质量有着重要的意义。

1. 切削液的功用

(1) 冷却作用。切削液浇注在切削区域后，通过切削热的传导、对流和汽化，使切屑、刀具和工件上的热量散逸而起到冷却作用。冷却的目的主要是降低前刀面的温度，以提高刀具的耐用度。

(2) 润滑作用。切削液在切削过程中渗透到刀具、切屑和工件中，并在之间形成润滑膜而达到润滑的目的。润滑性能的好坏与形成的油膜性质有关。切削液形成的润滑膜是因为切削液的油脂中存在着极性分子，该分子带极性的一端吸附在金屑表面上而引起的。

(3) 洗涤和排屑作用。浇注切削液可冲走切割过程中留下的细屑和磨粒(磨床加工时)，从而起到冲洗作用，以防细屑刮伤工件表面和机床导轨表面。在深孔加工时，注入切削液可以起到排屑作用。

(4) 防锈作用。在切削液中加入防锈添加剂，如亚硫酸钠等使金属产生保护膜，防止机床、工件受到水分、空气和酸介质的腐蚀，起到防腐作用。

2. 常用的切削液及其选择

常用的切削液有：水溶液切削液，主要起冷却和排屑作用；油溶液切削液，除冷却和排屑作用外还有防锈作用。

1) 水溶液切削液

水溶液切削液有水溶液、乳化液和化学合成液。

(1) 水溶液。见表8-2，在水中加入缓蚀剂、清洗剂(亚硝酸钠、磷酸三钠)，有时加入油性添加剂(聚乙二醇、油酸等)，以加强润滑性，可以广泛应用在磨削和粗加工中。

表8-2 水溶液切削液(体积分数)

碳酸钠水溶液			磷酸三钠水溶液		
水	亚硝酸钠	碳酸钠	水	磷酸三钠	亚硝酸钠
99%	0.2%～0.3%	0.7%～0.8%	99%	0.75%	0.25%

(2) 乳化液。乳化液是水中加乳化油经搅拌而成的乳白色液体。乳化油是由矿物质油和表面活性乳化剂配制而成的一种油膏。乳化液可配成高浓度和低浓度两种：高浓度适合于精加工，主要起润滑作用；低浓度用于磨削和粗加工，主要起冷却作用，见表8-3。

表8-3 乳化液配制及选用(体积分数)

加工要求	粗车	切断	粗铣	铰孔	齿轮加工
浓度	3%～5%	10%～20%	5%	10%～15%	15%～20%

(3) 化学合成液。化学合成液是一种新型的高性能切削液，它是由50%的水和表面活性剂、油酸钠、三乙醇胺和亚硝酸钠组成的，适合于切削速度$v \geq 80$m/s的切削中。

2) 油溶液切削液

油溶液切削液有切削油和极压切削油2类。

(1) 切削油。切削油有矿物质油(L-AN15、L-AN32、L-AN46 全损耗系统用油、轻柴油、煤油)、动植物油(豆油、菜油、棉籽油等)、动植物混合油3种。一般动植物油可食用、易变质，故很少使用。

普通车削、攻螺纹可用机油；在加工有色金属或铸铁时，为提高加工表面质量，常使用粘度较小的煤油。

(2) 极压切削油。在切削液中加入硫、氯和磷极压添加剂，能提高润滑和冷却作用。特别是精加工、关键工序和难加工材料切削时尤为重要。

思 考 题

1. 各类机床在加工某一表面时所需提供成形运动的形式和数目取决于什么？
2. 表面成形运动的方法有哪些？
3. 切削运动按其功能可分为几种？
4. 什么是切削三要素？
5. 刀具切削部分由哪几部分组成？
6. 什么是切削平面、基面、正交平面？
7. 在正交平面上测量和确定的角度有哪些？
8. 如何选择刀具的前角、后角及主偏角？
9. 刀具材料应具备哪些性能？
10. 常用的刀具材料有哪些？T8、YG3、YT15、CBN、JR 分别代表哪种刀具材料？
11. 切屑有哪几种形态？各出现在什么切削条件下？
12. 切削液的功用是什么？
13. 切削液有哪些种类？各自有什么特点？

第 9 章 车削加工

车削加工是机械加工中的基本工种。它的技术性很强，主要用车床来加工回转表面，所用刀具是车刀，还可用钻头、铰刀、丝锥、滚花刀等刀具。

9.1 车削加工概述

1. 车床的种类

在金属切削机床中，车床所占比例最大，占金属切削机床总台数的 20%～35%。车床的应用范围很广、种类很多。按用途和结构的不同，主要分为下列几类。

(1) 卧式车床及落地车床。

(2) 立式车床。

(3) 转塔车床。

(4) 单轴自动车床。

(5) 多轴自动和半自动车床。

(6) 仿形车床及多刀车床。

(7) 专门化车床。如凸轮轴车床、曲轴车床、凸轮车床、铲齿车床等。

此外，在大批量生产中还有各种各样专用的车床。在所有车床中，以卧式车床应用最为广泛。

2. 车床的加工范围

车床的加工范围很广，主要用于各种回转表面加工，其中包括端面、外圆、内圆、锥面、螺纹、回转成形面、回转沟槽以及滚花等，如图 9.1 所示。卧式车床加工尺寸公差等级可达 IT8～IT7，表面粗糙度值可达 1.6μm。

3. 车床的基本构造

车床的种类很多，目前在大多数工厂内使用较多的是 CA6140 型，它具有性能良好、结构先进、操作方便和外观整齐美观等优点。图 9.2 所示为 CA6140 型卧式车床的外形图，它主要由下列几部分组成。

(1) 床身。床身是车床的基础件，它用来支承和安装车床的主轴变速箱、进给变速箱、光杠、丝杠、离合器操纵杠、溜板箱和尾座等机床部件。床身上与溜板箱和尾座接触的上

表面有精确 V 型和平面导轨，以便溜板箱和尾座纵向直线移动。

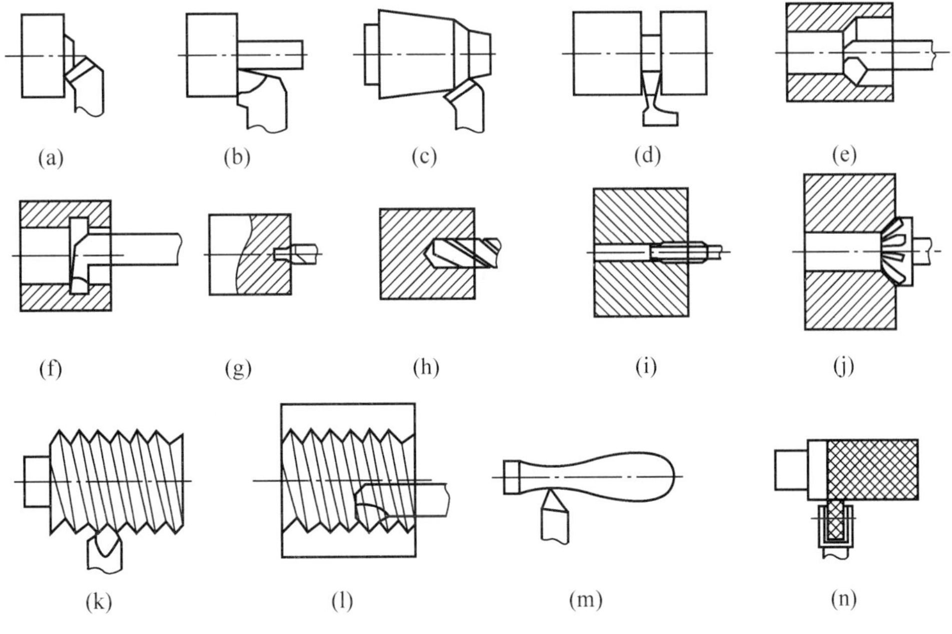

图 9.1 车床加工应用举例

(a) 车端面；(b) 车外圆；(c) 车锥面；(d) 车槽、切断；(e) 镗孔；(f) 车内槽；(g) 钻中心孔；(h) 钻孔；(i) 铰孔；(j) 锪孔；(k) 车外螺纹；(l) 车内螺纹；(m) 车成型面；(n) 滚花

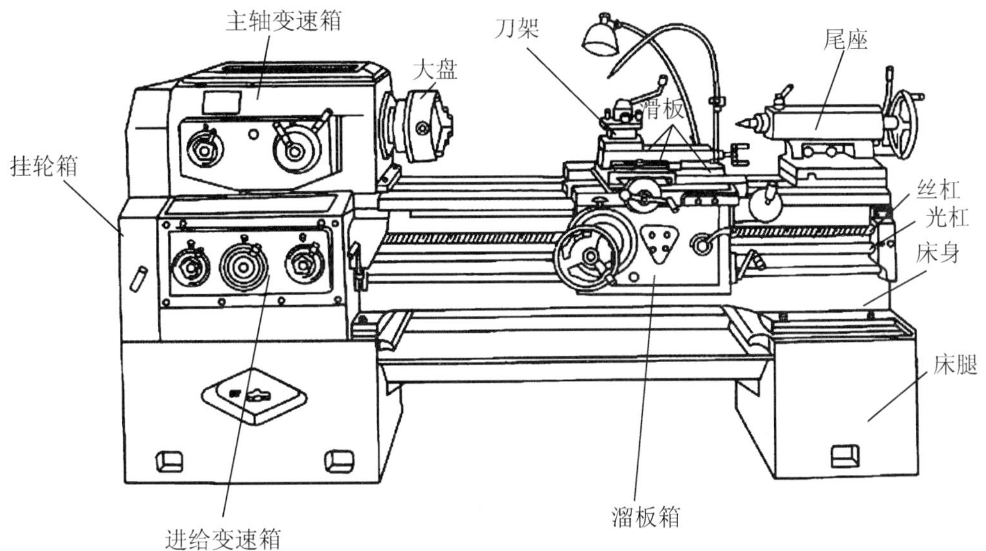

图 9.2 CA6140 型卧式车床外形图

(2) 主轴变速箱。它固定在床身的左面，用来支承主轴并带动主轴按照操作人员选定的转速转动。主轴右端有外螺纹，用以连接卡盘等附件，主轴是空心的，内部有锥孔，用以安装顶尖，以便装夹细长棒料和用顶杆卸下顶尖。主轴是重要的零件，必须做得很精确，此外它的刚性要好。

(3) 进给变速箱。进给变速箱固定在车床的左前侧。它将主轴传来的旋转运动，通过其内部的齿轮机构传给光杠或丝杠，可以改变光杠或丝杠的转速以获得不同的进给速度或螺距。一般进给时，将运动传给光杠，使拖板和车刀按要求的速度作直线进给运动；车削螺纹时，将运动传给丝杠，使拖板和车刀按要求的速比作很精确的直线移动。

(4) 交换齿轮箱(挂轮箱)。交换齿轮箱位于车床的最左侧，它用来把主轴的转动传给进给变速箱，调换箱内的齿轮，并跟进给变速箱配合可以车削不同螺距的螺纹。

(5) 溜板箱。溜板箱固定在刀架的底部，通过它的传动机构，可使光杠的转动变为刀架的纵向或横向进给运动和快速移动，也可使丝杠的转动通过溜板箱内的开合螺母变为刀架的纵向移动，以车削螺纹。

(6) 拖板。在床身的上面有拖板，它分为大拖板、中拖板和小拖板三层。大拖板与溜板箱连接，可沿床身导轨作纵向移动；中拖板可沿大拖板上的导轨作横向移动；小拖板置于中拖板上，以转盘形式与中拖扳连接，转盘上面有导轨，小拖板可沿导轨作短距离移动，当转盘转在不同位置时，小拖板带动车刀作纵向、横向或斜向的移动。

(7) 刀架。刀架位于小拖板的上部，用以装夹车刀。

(8) 尾座。尾座如图 9.2 所示，位于床身的尾架导轨上，能在床身导轨上作纵向移动，并可随时固定于需要的位置。尾座的套筒内可安装顶尖与主轴箱配合支承工件，也可安装钻头、铰刀等刀具进行孔的加工。尾座分尾座体和底座两部分。当松开固定螺钉后，利用调节螺钉可调整尾座顶尖的横向位置。

(9) 附件。这部分内容在 9.4 节会详细介绍。

9.2 车　床

在使用卧式车床时，除熟悉车床的总体结构及各部分功能外，还必须了解卧式车床的传动系统，以便充分利用车床的各种功能。

机床传动装置按传动的方式不同可分为机械传动、液压传动、气压传动、电气传动。机械传动应用于齿轮、带轮、高合器、丝杠螺母等机械元件的传递运动和动力，这种传动方式工作可靠、维修方便，故其应用最广；液压传动用油液作介质，通过液压元件传递运动和动力，其结构简单、传动平稳，容易实现自动化；气压传动动作迅速，容易实现自动化，但其有运动不平稳、噪声大的缺点，故它主要用于夹具上；电气传动比较复杂、成本高，主要用于大型机床。卧式车床传动主要是机械传动。

1. 卧式车床传动系统

图 9.3 所示为 CA6140 型卧式车床传动系统图，它表示出了机床的运动和传动情况。图 9.3 中以简单的规定符号代表各种传动元件，各传动元件按照运动传递的先后顺序，以展开图的形式画了出来。传动系统图只能表示传动关系，而不能代表各元件的实际尺寸和空间位置。图 9.3 中的罗马数字代表传动轴的编号，阿拉伯数字代表齿轮齿数或带轮直径，字母 M 代表离合器等。

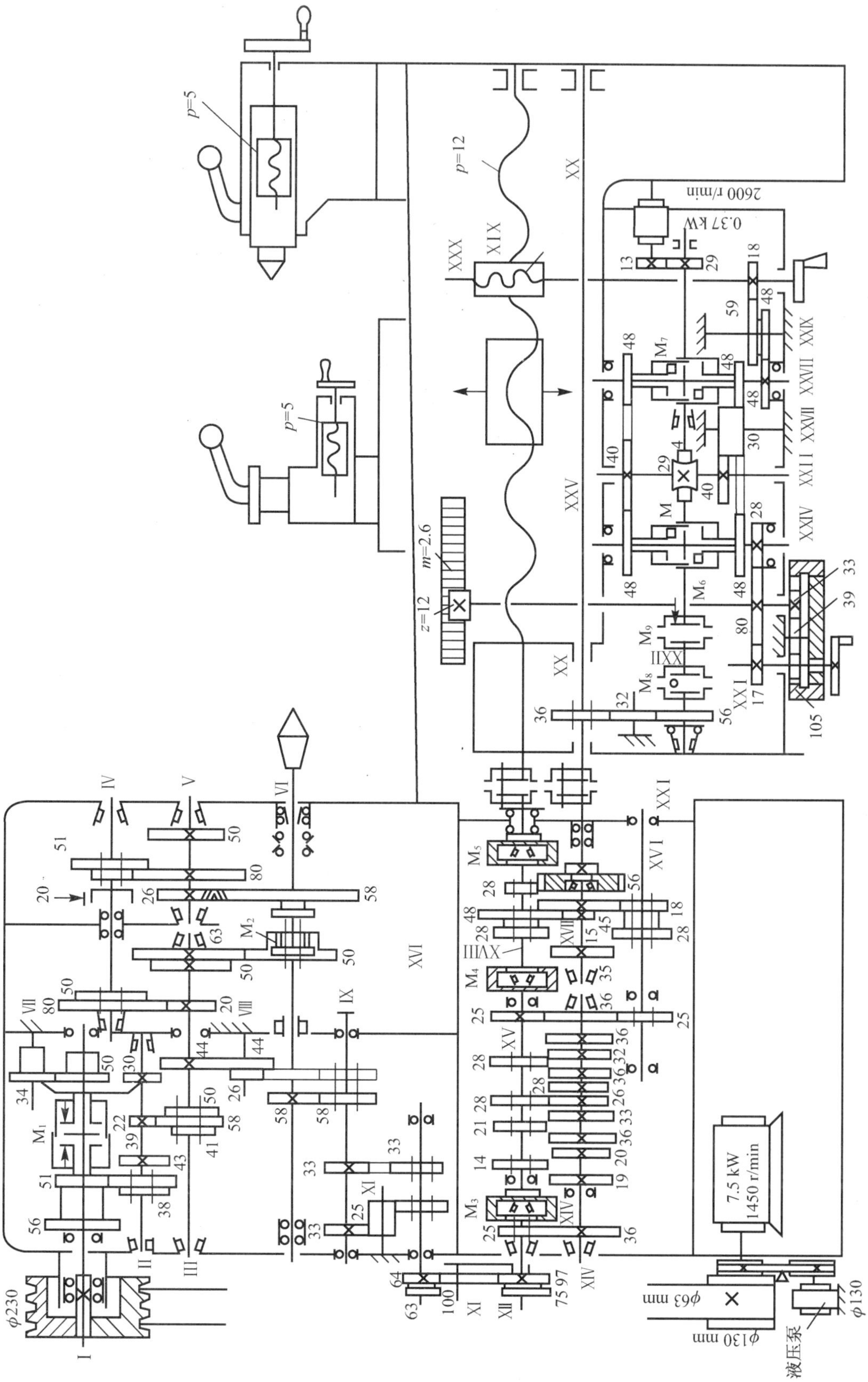

图 9.3 CA6140 型卧式车床传动系统图

2. 主运动传动系统

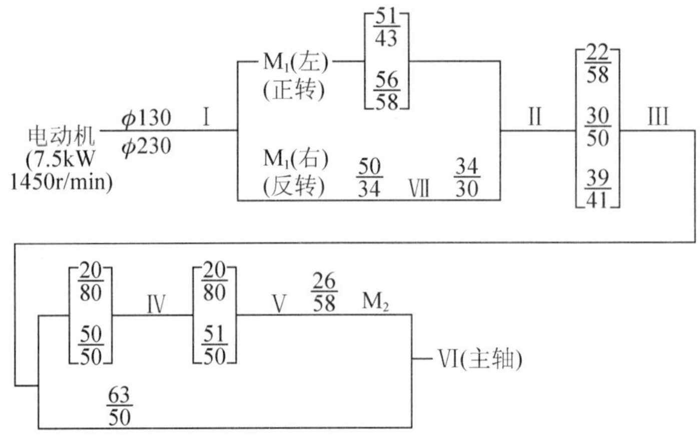

主运动即主轴的旋转运动是由电动机至主轴之间的传动系统来实现的，其传动路线为电动机—带轮—主轴箱—主轴。主运动传动路线可写成：CA6140 型卧式车床的主传动链可使主轴获得 24 级正转转速(10～1400r/min)及 12 级反转转速(14～1580r/min)。其传动路线是，运动由主电动机(7.5kW，1450r/min)经Ⅴ带传至主轴箱中的轴Ⅰ，轴Ⅰ上装有一个双向多片式摩擦离合器 M_i(i=1，2，…)，用以控制主轴的起动、停止和换向。离合器 M_1 向左接合时，主轴正转；向右接合时，主轴反转；左、右都不接合时，主轴停转。轴Ⅰ的运动经离合器 M_1 和轴Ⅰ-Ⅲ间的变速齿轮传至轴Ⅲ，然后分两路传给主轴，当主轴Ⅵ上的滑移齿轮 50 处于左边位置时，运动经齿轮副 63/50 直接传给主轴，使主轴得到高转速；当滑移齿轮 60 处于右边位置时，使齿轮式离合器 M_2 接合时，则运动经轴Ⅲ-Ⅳ-Ⅴ间的背轮机构和齿轮副 26/58 传给主轴，使主轴获得中、低转速。

3. 主轴的转速级数与转速计算

根据传动系统图和传动路线表达式，主轴可获得 30 级转速，但由于轴Ⅲ-Ⅴ间的 4 种传动比为

$$u_1=20/80\times20/80=1/16 \qquad u_2=50/50\times20/80=1/4$$

$$u_3=20/80\times51/50\approx1/4 \qquad u_4=50/50\times51/50\approx1$$

其中，u_2 和 u_3 近似相等，因此运动经背轮机构这条路线传动时，主轴实际上只能得到 $2\times3\times(2\times2-1)=18$ 级正转转速，加上经齿轮副 63/50 直接传动时的 6 级转速，主轴实际上只能获得 24 级正转转速。

同理，主轴反转时也只能获得 $3+3\times(2\times2-1)=12$ 级不同的转速。

主轴的转速可按下列运动平衡式计算为

$$n_{主}=1450\times130/230\times(1-\varepsilon)u_{\text{I}-\text{II}}u_{\text{II}-\text{III}}u_{\text{III}-\text{IV}}$$

式中：$n_{主}$——主轴转速(r/min)；

ε——V 带传动的滑动系数，$\varepsilon=0.02$；

$u_{\text{I}-\text{II}}$、$u_{\text{II}-\text{III}}$、$u_{\text{III}-\text{IV}}$——轴Ⅰ-Ⅱ、Ⅱ-Ⅲ、Ⅲ-Ⅳ间的可变传动比。

主轴反转时，轴Ⅰ-Ⅱ间的传动比大于正转时的传动比，所以反转转速高于正转。主

轴反转主要用于车螺纹时，在不断开主轴和刀架间传动联系的情况下，使刀架退至起始位置，采用较高的转速，可节省辅助的时间。

4. 螺纹进给传动链

CA6140 型卧式车床的螺纹进给传动链保证机床可车削米制、英制、模数制和径节制 4 种标准螺纹；此外，还可以车削大导程、非标准和较精密的螺纹，这些螺纹可以是右旋的也可以是左旋的。不同标准的螺纹用不同的参数表示其螺距。

车螺纹时，必须保证主轴每转一转，刀具准确地移动被加工螺纹一个导程的距离。

下面以车削米制螺纹为例分析螺纹进给传动链。

米制螺纹是我国常用的螺纹，其标准螺距值在国家标准中有规定。米制螺纹标准螺距值的特点是按分段等差数列的规律排列的，见表 9-1。为此要求螺纹进给传动链的变速机构能按照分段等差数列的规律变换其传动比，这一要求是通过适当调整进给箱中的变速机构来实现的。

表 9-1 CA6140 车床米制螺纹表

	26/28	28/28	32/28	36/28	19/14	20/14	33/21	36/21
18/45×15/48=1/8			1			1.25		1.5
28/35×15/48=1/4		1.75	2	2.25		2.5		3
18/45×35/28=1/2		3.5	4	4.5		5	5.5	6
28/35×35/28=1		7	8	9		10	11	12

车削米制螺纹时，进给箱中离合器 M_3 脱开、M_5 接合。此时运动由主轴Ⅵ经齿轮副 58/58、轴Ⅸ至轴Ⅺ间的左右螺纹换向机构、挂轮 63/100×100/75，传至进给箱的轴Ⅻ，然后再经齿轮副 25/36 轴ⅩⅢ至轴ⅩⅣ间的滑移齿轮变速机构(基本螺距机构)、齿轮副 25/36×36/25，传至轴ⅩⅤ，接下去再经轴ⅩⅤ至轴ⅩⅦ间的两组滑移齿轮变速机构(增倍机构)和离合器 M_5 传动丝杠ⅩⅧ旋转。合上溜板箱中的开合螺母使其与丝杠啮合，便带动刀架纵向移动。车削米制螺纹时传动链的传动路线表达式为

$$\text{主轴 VI}-\frac{58}{58}-\text{IX}-\begin{bmatrix}\frac{33}{33}\\(\text{右旋螺纹})\\\frac{33}{25}\times\frac{25}{33}\\(\text{左旋螺纹})\end{bmatrix}-\text{XI}-\frac{63}{100}\times\frac{100}{75}-\text{XII}-\frac{25}{36}-\text{XIII}-u_{\text{基}}-\text{XIV}-\frac{25}{36}\times\frac{36}{25}-\text{XV}-u_{\text{倍}}-\text{XVI}-M_5-\text{XVII}(\text{丝杠}P=12\text{mm})-\text{刀架}$$

$u_{\text{基}}$ 为轴ⅩⅢ至轴ⅩⅣ间变速机构的可变传动比，共有以下 8 种。

$u_{\text{基}1}=26/28=6.5/7$ $u_{\text{基}2}=28/28=7/7$ $u_{\text{基}3}=32/28=8/7$ $u_{\text{基}4}=36/28=9/7$

$u_{\text{基}5}=19/14=9.5/7$ $u_{\text{基}6}=20/14=10/7$ $u_{\text{基}7}=33/21=11/7$ $u_{\text{基}8}=36/21=12/7$

可以看出它们近似按等差数列的规律排列，上述变速机构是获得各种螺纹导程的基本机构，故通常称其为基本螺距结构或基本组。

$u_{倍}$为轴XV至轴XVII间变速机构的可变传动比，共有以下4种。

$u_{倍1}=28/35\times35/28=1$　　$u_{倍2}=18/45\times35/28=1/2$

$u_{倍3}=28/35\times15/48=1/4$　　$u_{倍4}=18/45\times15/48=1/8$

可以看出它们按倍数关系排列，这个变速机构用于扩大机床车削螺纹导程的种数，一般称其为增倍机构或增倍组。

根据传动系统图或传动链的传动路线表达式，可列出车削米制螺纹时的运动平衡式为

$$L=KP=1_{(主轴)}\times58/58\times33/33\times63/100\times100/75\times25/36\times u_{基}\times25/36\times36/25\times u_{倍}\times12$$

式中：L——被加工螺纹导程(单位为mm，对于单头螺纹为螺距P)；

P——被加工螺纹螺距，(mm)；

K——被加工螺纹线数。

将上式化简后得

$$L=7u_{基}u_{倍}$$

把$u_{基}$和$u_{倍}$的数值代入上式，可得8×8=32种导程值，其中符合标准的只有20种，见表9-1。

由表9-1可以看出，通过变换基本螺距机构的传动比，可以得到某一行大体上按等差数列规律排列的导程值(或螺距值)，通过变换增倍机构的传动比，可把由基本螺距机构得到的导程值，按1∶2∶4∶8的关系增大或缩小，两种变速机构传动比不同组合的结果，便得到所需的导程(或螺距)数列。

9.3 车刀的安装及刃磨

1. 车刀的结构形式与种类

常用车刀的结构形式有以下3种。

(1) 整体车刀。它是指刀柄和切削部分为同一种材料的车刀，多用高速工具钢的制造，如图9.4(a)所示。

(2) 机夹可转位车刀。它是将硬质合金刀片机械夹固在标准刀柄上的一种车刀。一条切削刃用钝后，只需松开压紧螺钉，使刀片转位换成另一条新的切削刃，再夹紧刀片，可继续切削，从而减少刀具的装卸，以提高效率。刀柄可重复使用，如图9.4(b)所示。

(3) 焊接车刀。它是将硬质合金刀头焊接在刀体上的车刀。其结构简单，节省刀具材料，能方便地刃磨出所需几何角度。但在焊接高温及刃磨时易产生内应力和裂纹，使切削性能下降。

车刀的种类很多，按其用途分有外圆车刀、端面车刀、切断刀、镗孔刀、成形车刀、螺纹车刀等；按刀头形状车刀又可分为偏刀、弯头刀、成形车刀等。常用车刀的种类如图9.5所示。

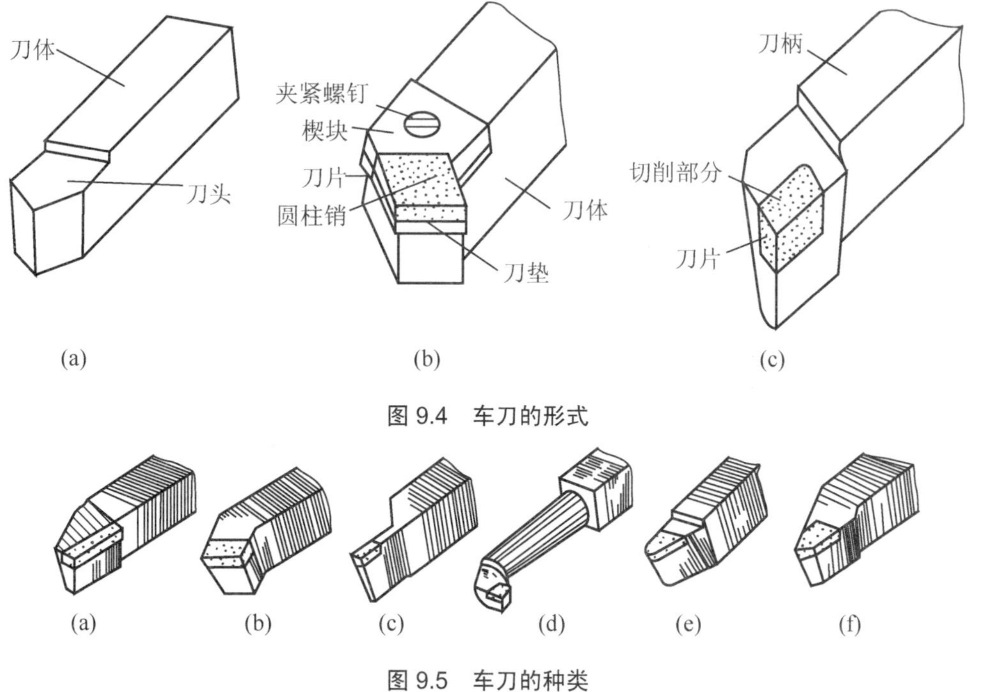

图 9.4　车刀的形式

图 9.5　车刀的种类

(a) 偏刀；(b) 弯头刀；(c) 切断刀；(d) 内孔车刀；(e) 成形车刀；(f) 螺纹车刀

2. 车刀的安装

为使切削正常、顺利进行，车刀必须正确地安装在方刀架上。刀尖应与工件轴线等高，判断方法可用尺测量车床床面到刀尖的距离，也可用装在尾座上的后顶尖来校对车刀刀尖的高低，还可试车端平面，若端平面中心留有凸台，说明车刀安装高度不合要求，需进一步调整。一般采用车刀下面放置垫片的方法进行调整。此外，车刀在方刀架上伸出的长度要合适，通常不超过刀体高度的两倍。车刀与方刀架都要锁紧，一般只用方刀架上的两个螺钉紧固车刀，且应交替逐个拧紧，不得在专用扳手上加套管紧固螺钉。车刀的安装如图 9.6 所示。

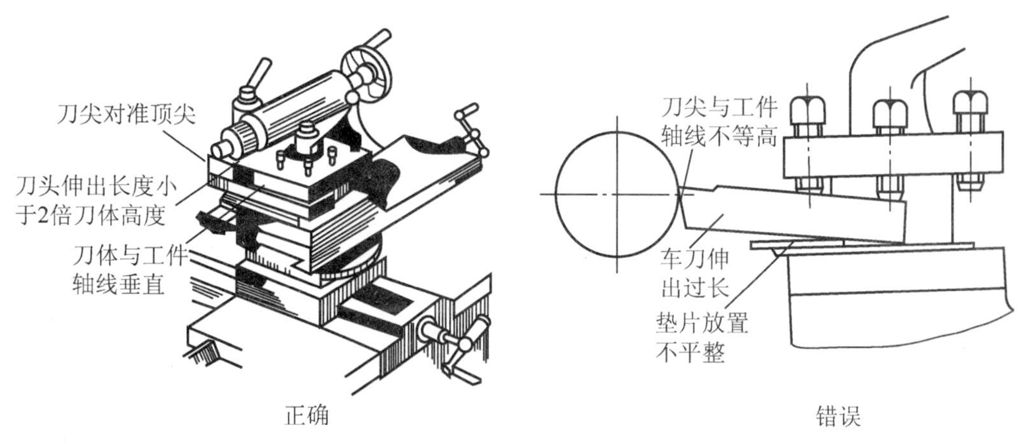

图 9.6　车刀的安装

3. 车刀的刃磨

车刀用钝后一般是在砂轮机上重新刃磨，以恢复其原来的形状和几何角度，使刃口锋利。刃磨高速钢车刀宜选用韧性较好的白刚玉砂轮；刃磨硬质合金车刀宜选用绿色碳化硅砂轮。磨刀前应首先检查砂轮有无破损、裂纹，砂轮机是否正常，开机后砂轮运转是否平稳。磨刀时人不可正对着砂轮，应站在砂轮侧面，双手拿稳车刀，倾斜角度应合适。车刀和砂轮圆周表面接触时，用力要均匀，不宜压力过大，且应左右移动车刀。刃磨高速钢车刀时，要经常蘸水冷却，以免刀头因温升过高而退火软化；刃磨硬质合金车刀时，刀头部分不可蘸水急冷，以免硬质合金刀片骤冷骤热而产生裂纹。

刃磨车刀的步骤如图 8.11 所示。首先刃磨前刀面，以获得车刀的前角 γ_o 和刃倾角 λ_s；其次刃磨主后面，以获得车刀的主后角 α_0 和主偏角 κ_γ；接着刃磨副后面，以获得车刀的副后角 α_0' 和副偏角 κ_γ'；最后刃磨刀尖圆弧，以提高刀尖强度和改善散热条件。

在砂轮机上刃磨后的车刀，应再用油石精磨车刀各面，以降低各刀面的表面粗糙度值，使刃口更为锋利，从而提高刀具的寿命和加工工件的表面质量。

9.4 工件的安装方法及附件

车削时，工具旋转的主运动是由主轴通过夹具实现的。安装的工件应使被加工表面的回转中心和车床主轴的回转中心重合，以保证工件有正确的位置。因工件受到切削力的作用，所以工件必须夹紧，保证车削时的安全。由于工件的形状、大小等不同，故使用的夹具及安装的方法也不一样。在卧式车床上常用以下附件来安装工件。

1. 三爪自定心卡盘

三爪自定心卡盘是车床上应用最广的通用夹具，适合于安装较短的轴类或盘类工件，它的构造如图 9.7 所示。

三爪自定心卡盘体内有 3 个小圆锥齿轮，转动其中任何一个小圆锥齿轮时，可以使与它相啮合的大圆锥齿轮旋转，大圆锥齿轮背面的平面螺纹与 3 个卡爪背面的平面螺纹相啮合。当大圆锥齿轮旋转时，3 个卡爪就在卡盘体上的平面螺纹内同时作向内或向外的移动，以夹紧或松开工件。

三爪自定心卡盘能自动定心，因此装夹方便；但其定心精度受卡盘本身制造精度和使用后磨损的影响，故对同轴度要求较高的工件表面，应尽可能在一次装夹中车出。此外，三爪自定心卡盘的夹紧力较小，一般仅适用于夹持表面光滑的圆柱形或六角形等工件。

用三爪自定心卡盘安装工件时，可按下列步骤进行。

(1) 工件在卡爪间放正，先轻轻夹紧。

(2) 开动机床，使主轴低速旋转，检查工件有无偏摆，若有偏摆应停车，用小锤轻轻找正，然后夹紧工件。夹紧后，必须立即取下扳手，以免开车时飞出，造成人身或机床损坏事故。

(3) 移动车刀至车削行程的左端。用手转动卡盘，检查刀架等是否与卡盘或工件碰撞。

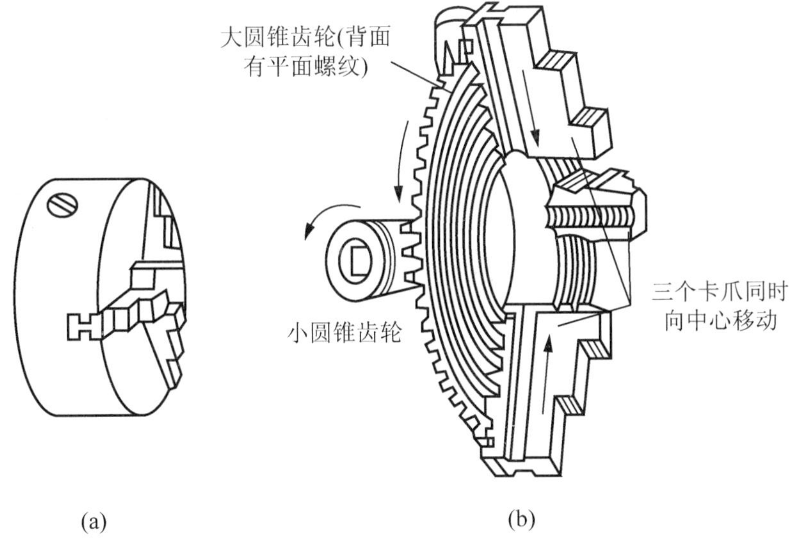

图 9.7 三爪自定心卡盘

(a) 外形；(b) 内部结构

2. 四爪单动卡盘

四爪单动卡盘的结构外形如图 9.8(a)所示，四爪单动卡盘具有 4 个对称分布的卡爪，每个卡爪均可独立移动，因此，可用来夹持方形、椭圆或不规则形状的工件。同时，四爪单动卡盘的夹紧力大，所以也用来夹持尺寸较大的圆形工件。

用四爪单动卡盘安装工件时，一般根据工件的加工精度要求把工件调整至所需的任意位置，但精确找正很费时间，故应按预先在工件上划的线的方法进行找正，如图 9.8(b)所示。

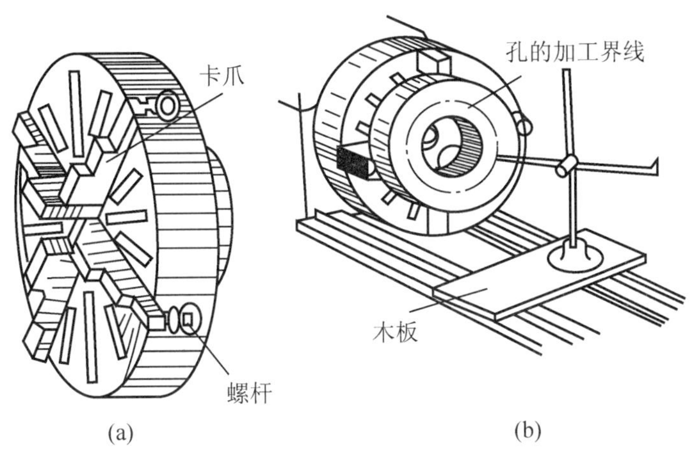

图 9.8 用四爪单动卡盘安装工件

按划线找正工件的方法如下。

(1) 使划针靠近工件上划出的加工界线。

(2) 慢慢转动卡盘，先校正端面，在离针尖最近的工件端面上用小锤轻轻敲击，直至各处距离相等为止。

(3) 转动卡盘，校正中心，将离开针尖最远处的一个卡爪松开，拧紧其对面的一个卡爪，反复调整几次，直至校正为止。

3. 顶尖

加工较长的轴和丝杠以及车削后需经铣削、磨削等加工的零件，一般多采用前后顶尖安装的方法，如图9.9所示。主轴的旋转运动是通过拨盘带动夹紧在轴端的卡箍而传给工件的。

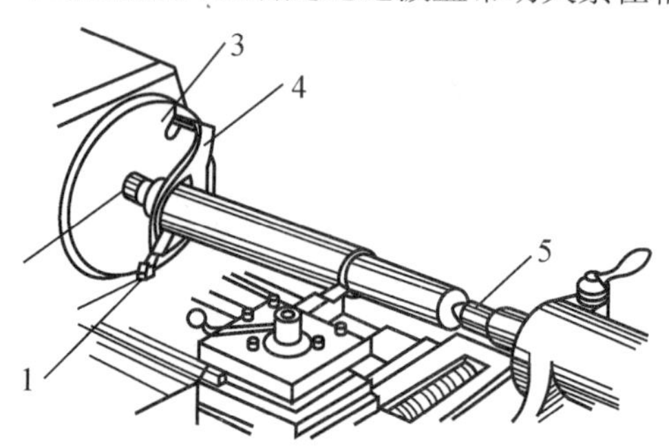

图9.9 用顶尖和拨盘安装工件

1—夹紧螺钉；2—前顶尖；3—拨盘；4—卡箍；5—后顶尖

有时也可用三爪自定心卡盘代替拨盘安装工件，如图9.10所示，此时，前顶尖是用一段钢料车成的。

普通顶尖的形状，如图9.11所示。由于后顶尖容易磨损，因此，在工件旋转速度较高的情况下常采用活顶尖，如图9.12所示。加工时，活顶尖与工件一起转动。

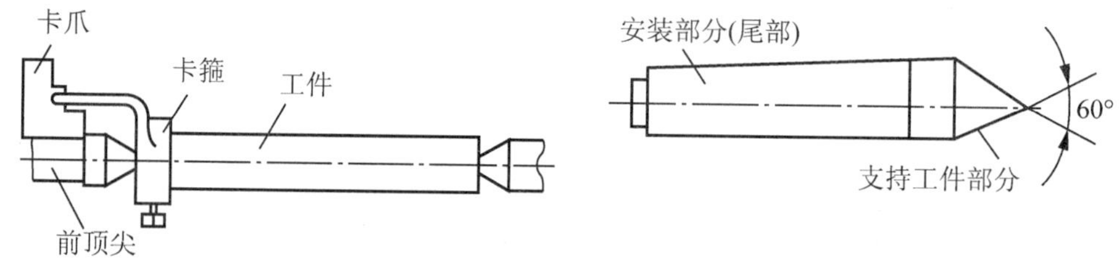

图9.10 用卡盘代替拨盘安装工件

图9.11 普通顶尖

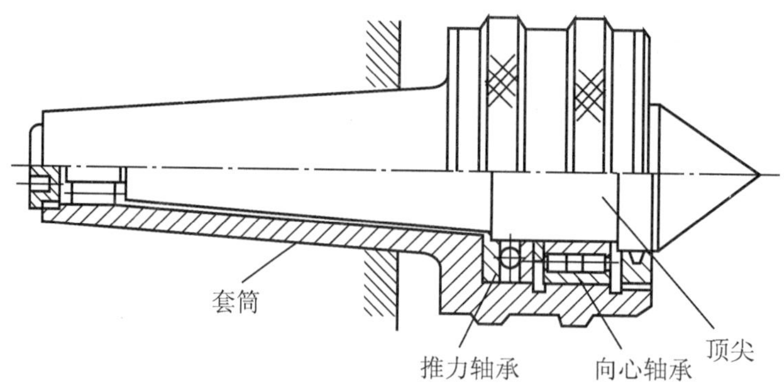

图9.12 活顶尖

用顶尖安装工件前，要先车平工件的端面，用中心钻钻出中心孔，如图 9.13(a)所示。中心孔的轴线应与工件毛坯的轴线相重合。中心孔的圆锥孔部分应平直光滑，因为中心孔的锥面是和顶尖锥面相配合的。中心孔的圆柱孔部分一方面用来容纳润滑油；另一方面是不使顶尖尖端接触工件，并保证在锥面处配合良好。

带有 120°保护锥面的中心孔为双锥面中心孔，如图 9.13(b)所示，主要是为了防止 60°的锥面被碰伤而不能与顶尖紧密的接触，另外也便于工件装夹在顶尖上后进一步加工工件的端面。

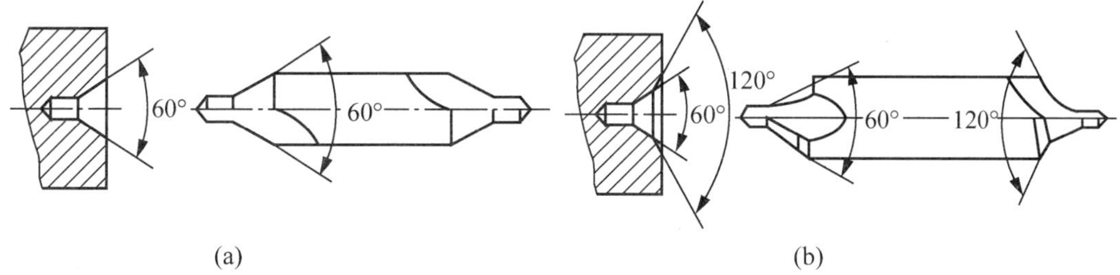

图 9.13　中心孔和中心钻

用顶尖安装工件的步骤如下。

(1) 在工件一端安装卡箍，如图 9.14 所示。先用手稍微拧紧卡箍螺钉，在工件的另一端中心孔里涂上润滑油(黄油)。

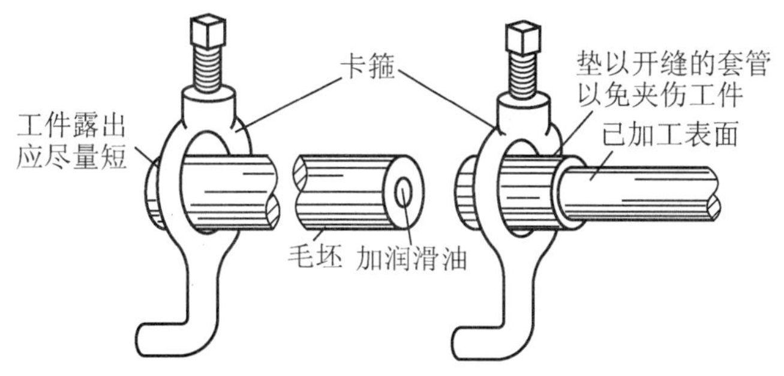

图 9.14　安装卡箍

(2) 将工件置于顶尖间，如图 9.15 所示。根据工件长短调整尾座的位置，以保证能让刀架移至车削行程的最右端，同时又要尽量使尾架套筒伸出最短，然后将尾座固定。

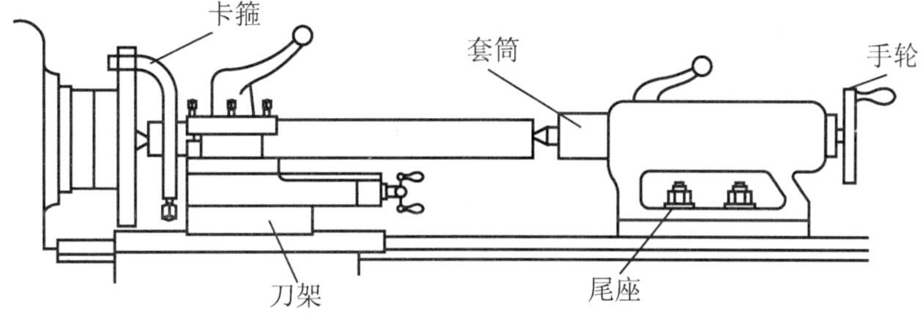

图 9.15　顶尖安装工件

(3) 转动尾座手轮，调节工件在顶尖间的松紧，使之既能自由旋转，但又不会有轴向窜动，最后夹紧尾座套筒。

(4) 将刀架移至车削行程最左端，用手转动拨盘及卡箍，检查是否会与刀架等碰撞。

(5) 拧紧卡箍螺钉。

使用顶尖装夹工件应注意下列事项。

(1) 前后顶尖应对准，如图 9.16(a)所示。若在水平面发生偏移，则工件轴线与刀架纵向移动的方向不平行，此时将车出圆锥体，如图 9.16(b)所示。为使两顶尖轴线重合，可横向调节尾座体，如图 9.16(c)所示。

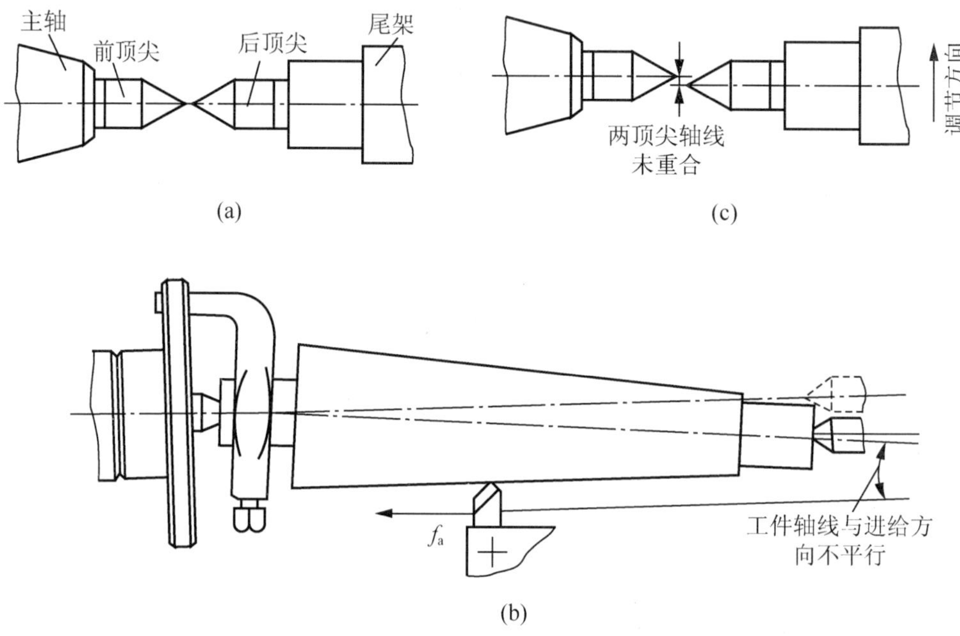

图 9.16 对准顶尖使轴线重合

(2) 中心孔必须平滑和清洁。

(3) 两顶尖工件中心孔的配合不宜太松或太紧。过松时，工件定心不准，容易引起振动，有时会发生工件飞出的情况；过紧时，因锥面间摩擦增加会将顶尖和中心孔磨损，甚至会烧坏。当切削用量较大时，工件因发热而伸长，在加工过程中还需将顶尖位置作一次调整。

4. 用其他附件安装工件

1) 花盘

加工某些形状不规则的工件时，为了保证工件上需加工的表面与安装基准面平行或外圆、孔的轴线与安装基准面垂直，可以把工件直接压紧在花盘上加工，如图 9.17 所示。花盘是直接装在车床主轴上的铸铁大圆盘。盘面上有许多长短不等的径向槽，用来穿放压紧螺栓。花盘的端平面度和地平面度应较高，并与车床的主轴线垂直，所用垫铁高度和压板位置要有利于夹紧工件。用花盘和弯板安装工件时，找正比较费时。同时，在安装不规则的工件时，重心往往偏向一边，需在另一边加平衡铁予以平衡，从而保证旋转时平稳，其方法是在平衡铁安装好后，用手多次旋转花盘，如果花盘能在任意位置上停下来，说明已

平衡，否则必须重新调整平衡铁在花盘上的位置或增减重量，直至平衡为止。

2) 跟刀架和中心架

在车削长径比大于10的细长轴类零件时，由于其刚性差，加工过程中容易产生振动，并且常会出现两头细中间粗的腰鼓形，因此，须采用跟刀架或中心架作为附加支承。

跟刀架主要用来车削细长的光轴，它装在车床的床鞍上与整个刀架一起移动，如图9.18所示。两个支承安装在车刀的对面，用以抵住工件。车削时，在工件头上先车好一段外圆，然后使支承与其接触，并调整至松紧适宜。工作时支承处要加油润滑。

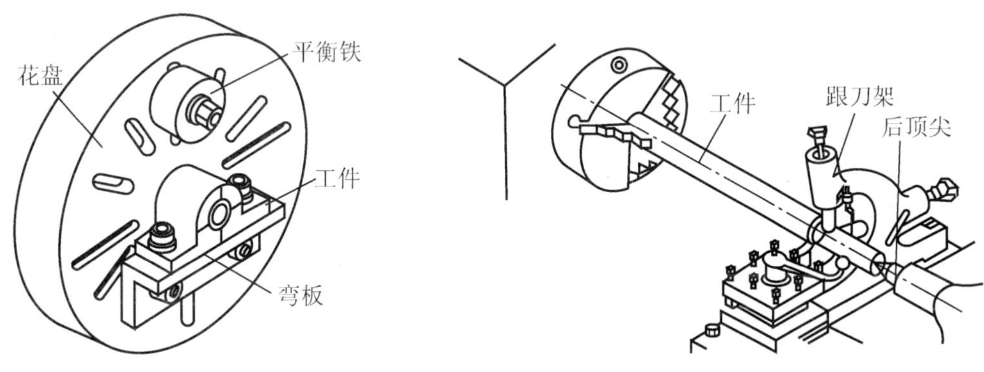

图9.17　用花盘安装工件　　图9.18　跟刀架的应用

中心架主要用以车削有台阶或需要调头车削的细长轴。中心架是固定在床身导轨上的，如图9.19所示。车削时，先在工件上中心架的支承处车出凹槽，调整3个支承与其接触，注意不能太紧或太松，然后进行车削，一头车完后再调头车另一头。

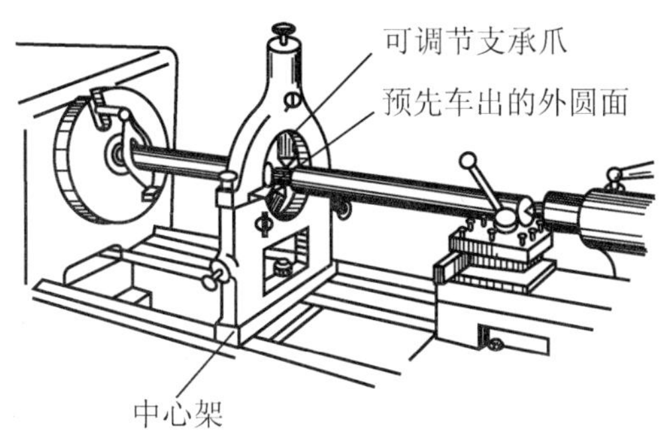

图9.19　中心架的应用

跟刀架与中心架的作用都是为增加工件的刚性，不同之处是跟刀架一般只有两个支承爪，而另一个由车刀所代替，另外，跟刀架固定在床鞍上，并跟随床鞍一起作纵向移动。使用跟刀架时，需先在工件上靠后顶尖的一端车出一小段所需直径的外圆，根据该外圆调节支承爪的位置，然后车出工件的全长。

3) 心轴安装

为了保证盘套类零件的外圆、孔和端面间的位置精度，可利用精加工过的孔把工件装在心轴上，再将心轴安装在前后顶尖之间，用顶尖安装轴类工件的特点来精加工外圆或端面。

心轴一般用工具钢制造，种类很多，常用的有锥度心轴、圆柱体心轴、可胀心轴等。根据工件的形状、尺寸、精度要求及加工数量的不同，应采用不同结构的心轴。

当工件长度大于工件孔径时，可采用略带有锥度(1∶1000～1∶2000)的心轴，如图9.20所示，靠心轴圆锥表面与工件间的变形而将工件夹紧。由于切削力是靠其配合面的摩擦力传递的，故其背吃刀量不能太大。

当工件长度比孔径小时，则应做成带螺母压紧的心轴，如图9.21所示，工件左端紧靠心轴的轴肩，由螺母及垫圈压紧在心轴上。为了保证内外圆同轴度，孔与心轴之间的配合间隙应尽可能小。

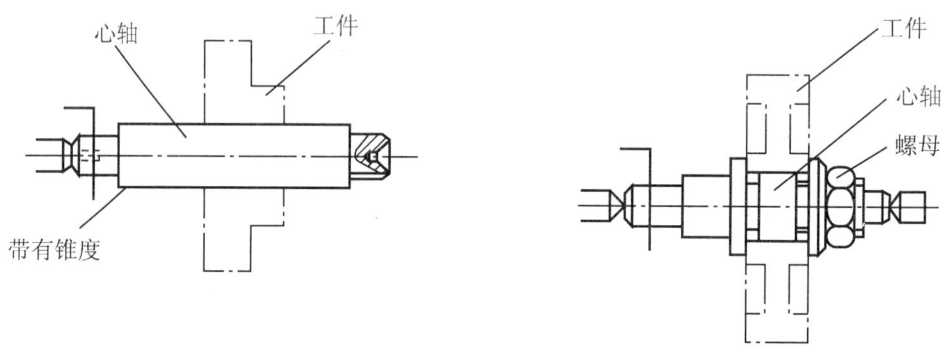

图9.20 带锥度的心轴　　图9.21 带螺母压紧的心轴

9.5 车床操作要点

1. 刻度盘及刻度盘手柄的使用

在车削工件时要准确、迅速地控制背吃刀量，必须熟练地使用横刀架和小刀架的刻度盘。横刀架的刻度盘装在横向丝杠轴头上，横刀架和丝杠由螺母紧固在一起。当横刀架手柄带着刻度盘转一周时，丝杠也转一周，这时螺母带着横刀架移动一个螺距。所以刻度盘每转一格横刀架移动的距离等于丝杠螺距除以刻度盘总格数，横刀架移动的距离可根据刻度盘转过的格数来计算。

如C6132型车床横刀架丝杠螺距为4mm，横刀架的刻度盘等分为200格，故每转一格横刀架移动的距离为4mm/200=0.02mm。车刀是在旋转的工件上切削，当横刀架刻度盘每进一格时，工件直径的变化量是背吃刀量的两倍，即0.04mm。回转表面的加工余量都是相对直径而言的，测量工件尺寸也是看其直径的变化，所以用横刀架刻度进刀切削时，通常将每格读做0.04mm。加工外表面时，车刀向工件中心移动为进刀，远离中心移动为退刀；加工内表面时，则与之相反。由于丝杠与螺母之间有间隙，进刀时必须慢慢地将刻度转到所需要的格数，如图9.22(a)所示。如果刻度盘手柄转过了头，或试切后发现尺寸不对而需将车刀退回时，绝不能简单地直接退回几格，如图9.22(b)所示；必须向相反方向退回全部空行程，再转到所需要的格数，如图9.22(c)所示。

小刀架刻度盘的原理及其使用方法与横刀架刻度盘相同。小刀架刻度盘主要用于控制工件长度方向的尺寸，它与加工圆柱面不同，即小刀架移动了多少，工件的长度尺寸就改变了多少。

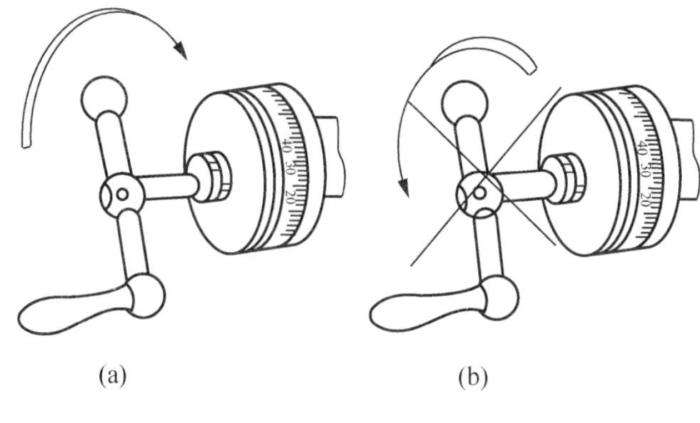

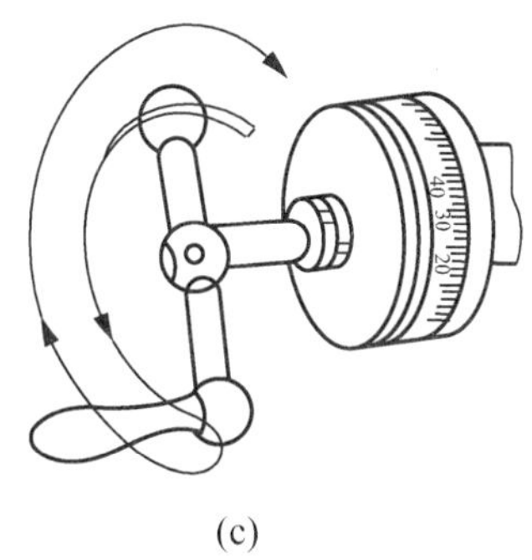

(a) (b) (c)

图 9.22 刻度盘的使用

2. 粗车和精车

在车床上加工一个零件，往往需要经过许多的车削步骤才能完成。为了提高生产效率，保证加工质量，生产中把车削加工分为粗车和精车。当零件精度高但还需要磨削时，车削分为粗车和半精车。

1) 粗车

粗车的目的是尽快地从工件上切去大部分加工余量，使工件接近最后的尺寸和形状。粗车要给精车留有合适的加工余量。粗车加工精度较低。实践证明，加大背吃刀量不仅可以提高生产率，而且对车刀的耐用度影响不大，因此粗车时要优先选用较大的背吃刀量；其次，根据可能适当加大进给量，最后确定切削速度。

选择粗车的切削用量时，要看加工时的具体情况，如工件安装是否牢固等。若工件夹持的长度较短或表面凹凸不平，则切削用量不宜过大。

2) 精车

粗车给精车(或半精车)留的加工余量一般为 0.5～2mm，加大背吃刀量对精车来说并不重要。精车的目的是要保证零件的尺寸精度和表面粗糙度的要求。

精车的加工精度一般为 IT8～IT7，表面粗糙度一般为 Ra=2.5～1.6μm。

为保证加工精度和表面粗糙度要求，应采取如下措施。

(1) 合理选择车刀角度。采用较小的主偏角或副偏角，或刀尖磨有小圆弧时，都会减小残留面积，使表面粗糙度 Ra 值减小；选用较大的前角，并用油石把车刀的前刀面和后刀面修光，也可使 Ra 值减小。

(2) 合理选择切削用量。生产实践证明，较高的切削速度(v =1.67m/s 以上)或较低的切削速度(v=0.1m/s 以下)都可获得较小的 Ra 值，但采用低速切削生产率低，一般只有在精车较小工件时使用。选用较小的背吃刀量对减小 Ra 值较为有利，但若背吃刀量过小(a_p <0.03mm)，工件上道工序留下的凹凸不平的表面可能没有完全切除掉，从而达不到加工的要求。采用较小的进给量可使残留面积减小，因而有利于减小 Ra 值。

精车的切削用量推荐为：背吃刀量 a_p=0.3～0.5mm(高速精车)或 0.05～0.10mm(低速精车)；进给量 f =0.05～0.2mm/r；用硬质合金车刀高速精车时，切削速度 v=1.67～3.33m/s(加工钢件)或 1～1.67m/s(加工铸铁)。

(3) 合理地使用切削液。低速精车钢件时使用乳化液；低速精车铸铁件时常用煤油。上述均有助于减小表面粗糙度 Ra 的值。

无论粗车还是精车，加工时首先要对刀，对刀时要开车进行，此时刀尖要轻轻接触工件加工表面，并以此为基准确定背吃刀量进行试切。

3. 试切的方法与步骤

半精车和精车时，为了保证工件的尺寸精度，完全靠刻度盘确定背吃刀量是不够的，还要进行试切。因为刻度盘和丝杠都有误差，往往不能满足半精车和精车的要求。为了防止造成废品，也需要采用试切的方法。现以车外圆为例说明试切的方法与步骤，如图9.23所示。

(1) 开车对刀。开动机床，工件旋转，摇手柄横向进刀，让车刀的刀尖与外圆面轻微接触。在刀具接近工件外圆时，进刀要仔细。

(2) 向右退出车刀。摇动大刀架的手轮，使刀具向右移动，从而脱开与工件的接触。

(3) 横向进刀。顺时针转动横向进给手柄，并根据其上的刻度盘，调整背吃刀量 a_{p1}。

(4) 试切1～2mm。手摇(或机动)大刀架上的手轮，向左试切1～2mm。

(5) 退刀度量。试切后，操纵大刀架手轮向右退刀，脱离刀具与工件的接触。然后停车，即工件停止转动，用量具测量试切外圆的直径。如果尺寸合格，开车以(3)步调整的切削深度 a_{p1} 机动进给车削工件的整个外圆面；若尺寸不合格则进行下面一步。向右退刀离开工件的距离以不影响测量为宜。

(6) 横向再进刀。因未到尺寸，再次横向进刀，调整背吃刀量 a_{p2} 为测量直径和所需直径差值的一半。之后可开车车削外圆。

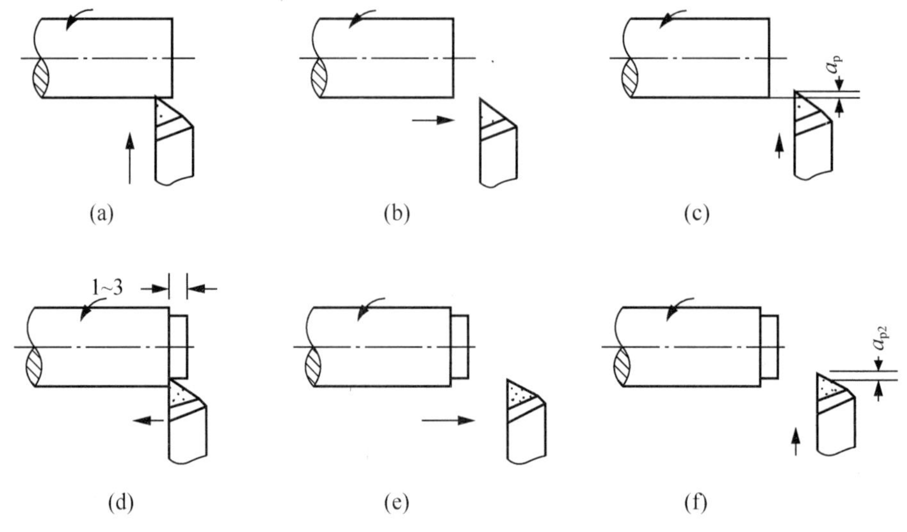

图9.23　试切的方法与步骤

9.6　基本车削工艺

1. 车外圆

外圆车削是车削加工中最基本、最常见的工作。

1) 外圆车刀

常见的外圆车刀及车外圆的方法如图9.24所示。

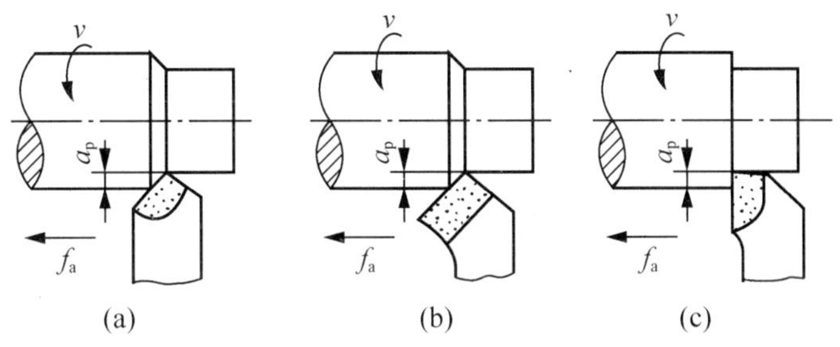

图 9.24 外圆车刀

(a) 尖刀车外圆；(b) 45° 弯头刀车外圆；(c) 90° 偏刀车外圆

2) 空车练习

(1) 练习双手交替缓慢均匀地移动中滑板和小滑板，熟悉中滑板的进退刀方向。

(2) 练习主轴箱和进给箱的变速，变换溜板箱的手柄位置，进行纵横自动进刀练习。

3) 车外圆的方法

(1) 手动进刀车削外圆。车削外圆时，主轴带动工件做旋转运动，刀具夹持在刀架上切入工件一定深度并作纵向运动。为了准确地确定背吃刀量，保证工件的尺寸精度，通常需进行试切。试切的方法与步骤如图 9.23 所示。为了确保外圆的车削长度，可采用刻线痕法，如图 9.25 所示。轴上的台阶面可在车外圆时同时车出，台阶高度在 5mm 以下时，可一次车出，如图 9.26 所示；台阶高度在 5mm 以上时应分层进行切削，如图 9.27 所示。

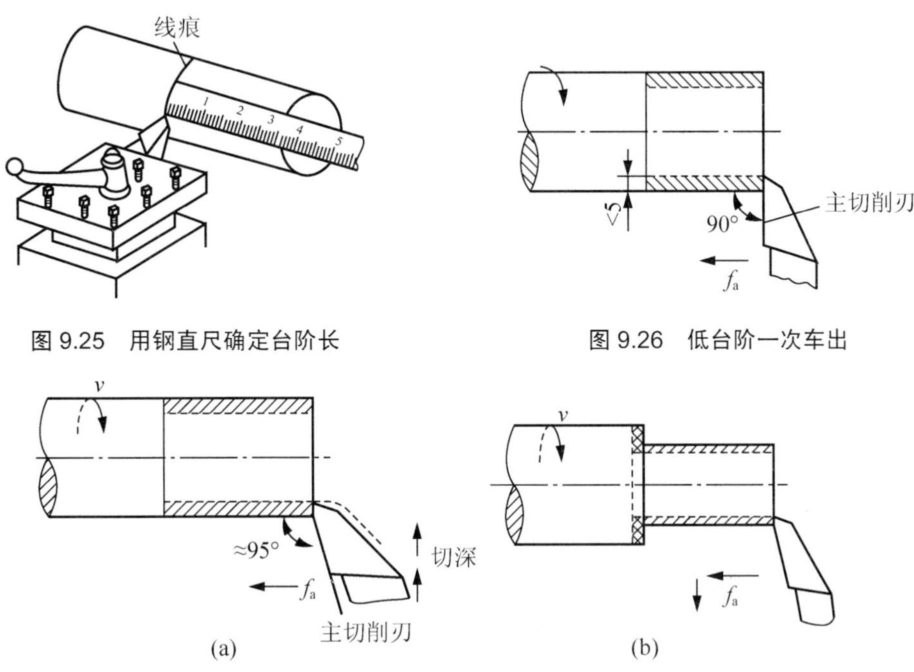

图 9.25 用钢直尺确定台阶长

图 9.26 低台阶一次车出

图 9.27 高台阶分层次车出

(a) 偏刀切削刃和工件轴线约成 95°，分多次纵向进给车削；

(b) 在末次纵向进给后，车刀横向退出，车出 90° 台阶

(2) 自动进刀车削外圆。自动进刀与手动进刀相比，具有操作省力、进刀均匀、加工后工件表面粗糙度 Ra 值小等优点；但自动进刀是机械传动，操作者必须对车床手柄位置相当熟悉，否则在紧急情况下容易发生事故。

车外圆时，必须正确使用中滑板上的刻度盘来控制吃刀量。当中滑板手柄带刻度盘转一圈时，螺母带中滑板移动一个螺距，所以刻度盘每转一格中滑板移动的距离(mm)=丝杠螺距/刻度盘格数。

使用刻度盘时，应缓慢转到所需格数，如果刻度盘转过了头，或试切后发现尺寸不对，需将车刀退回，不能简单地退回几格。这是因为丝杠和螺母之间有间隙，中滑板并未因刻度盘退回的格数而移动相应的距离。应使刻度盘反转一周后，再转至所需的位置。

2. 车端面

如图 9.28 所示，端面往往是零件长度方向尺寸的度量基准，要在工件上钻中心孔或钻孔时，一般也应先车端面。车削端面时常用偏刀或弯尖刀，如图 9.28 所示。车削时可由工件外向中心切削，也可由工件中心向外切削。

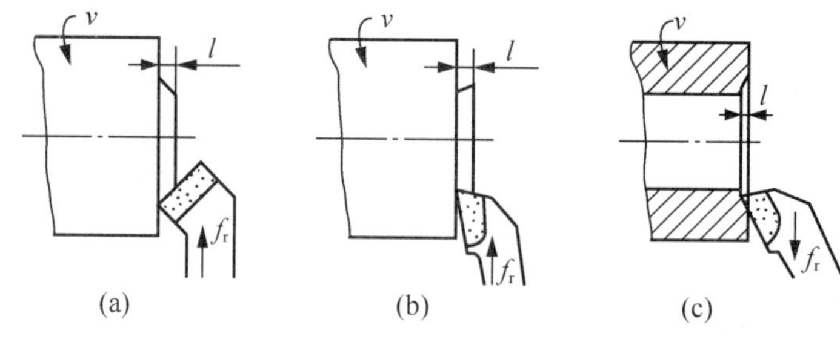

图 9.28　车端面

(a) 弯头车刀车端面；(b) 偏头向中心进刀车端面；(c) 偏头向外进刀车端面

车端面时应注意下列事项。

(1) 车刀安装时刀尖应准确地对准工件中心，以免车出的端面中心留有凸台，如图 9.29 所示。

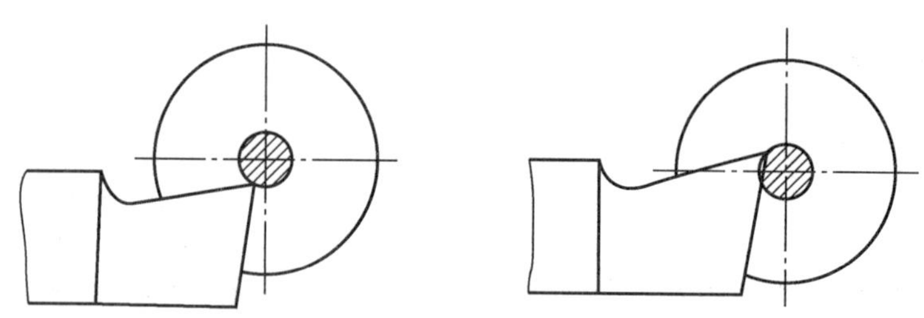

图 9.29　车刀安装时未对准工件中心

(2) 用弯头车刀车端面比用偏刀有利。因为用偏刀车削端面，车到工件中心时凸台一下车掉，容易损坏刀尖；弯头刀车到工件中心时凸台则是逐渐去掉的。

(3) 精车端面时用偏刀若由工件中心向外进给，可提高端面加工质量，如图 9.28(c)所示。

(4) 车削直径较大的端面若出现凹或凸面，应检查车刀和方刀架是否锁紧以及中滑板的松紧程度。此外为使车刀准确地横向进给而无纵向松动，应将床鞍紧固于床身上，用小滑板调整背吃刀量。

3. 孔加工

在车床上可以用钻头、车孔刀、扩孔钻、绞刀进行钻孔、车孔、扩孔和绞孔。

在实体材料上钻孔前应把工件端面车平。为便于钻头定中心，防止引偏钻头，最好先用中心钻在端面钻出中心孔，或用小锋角大直径短钻头预钻一个锥坑，然后再用所需直径钻头钻孔。钻削小于 30mm 的孔时，可一次钻出；当孔径 D 大于 30mm 时，第一次用直径 $(0.5\sim0.7)D$ 的钻头，第二次用直径为 D 的钻头扩孔。

1) 钻孔

在车床上钻孔的方法如图 9.30 所示，其操作步骤如下。

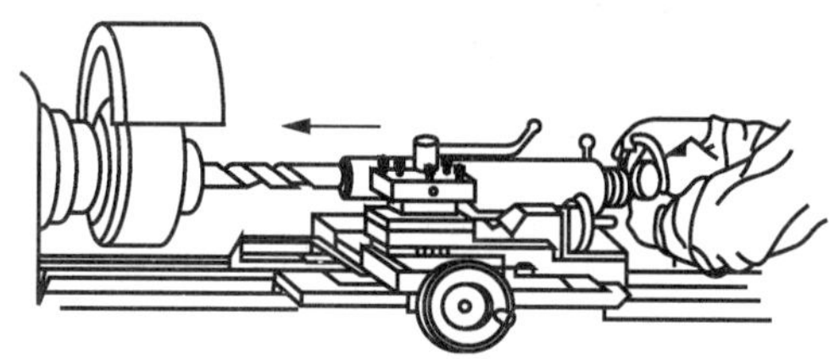

图 9.30 在车床上钻孔

(1) 车平端面。车平端面目的是便于钻头定心，以免将孔钻偏。

(2) 装夹钻头。锥柄钻头直接装在尾座套筒的锥孔内；直柄钻头装在钻夹头内，把钻夹头装在尾座套筒的锥孔内。装入前各配合表面要擦干净。

(3) 调整尾座位置。调整尾座位置的目的是为了使钻头能进给至所需钻孔深度，同时应注意使套筒伸出较短长度，然后将尾座固定。

(4) 开车钻削。钻削时切削速度不宜过大，开始时进给要慢，以使钻头准确定心，然后加大进给量。钻削中须经常退出钻头排屑，当孔将要钻通时应减小进给速度，钻通后先退出钻头，然后停车。

(5) 钻盲孔。钻盲孔时，可先在钻头上用粉笔划出盲孔深度，以便控制孔深。

2) 车孔

在车床上用车孔刀对工件上已铸出、锻出或钻后的孔的加工称为车孔，如图 9.31 所示。

车盲孔或台阶孔时，当车刀纵向进给至钻孔深度时，需作横向进给加工内孔端面，以保证内孔端面对孔轴线的垂直度要求。

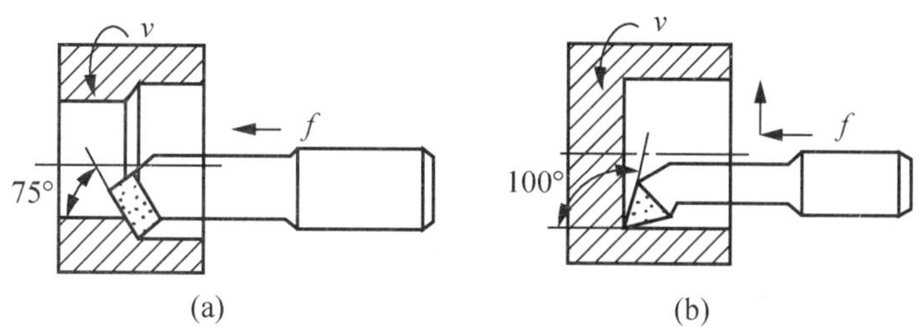

图 9.31 车孔

(a) 车通孔；(b) 车盲孔

相对外圆车刀，车孔刀刚性较差，观察测量不方便，排屑冷却困难，故其切削用量应取得小些。车孔刀的刀杆尺寸应尽可能大些，伸出刀架的长度应尽量小些，刀尖高度要与主轴中心线等高或略高，刀杆中心线应大致平行于纵向进给方向。车削时应先试切，试切方法与车削外圆基本相同。

3) 扩孔

扩孔是用图9.32所示的扩孔钻对钻过的孔进行半精加工。扩孔不仅能提高钻孔的尺寸精度等级，降低表面粗糙度值，而且能够校正孔的轴线偏差。扩孔可以作为孔加工的最后工序，也可以作为铰孔前的准备工序，扩孔加工余量一般为0.5～2mm，扩孔尺寸精度为IT10～IT9，表面粗糙度 *Ra* 值为6.3～3.2μm。

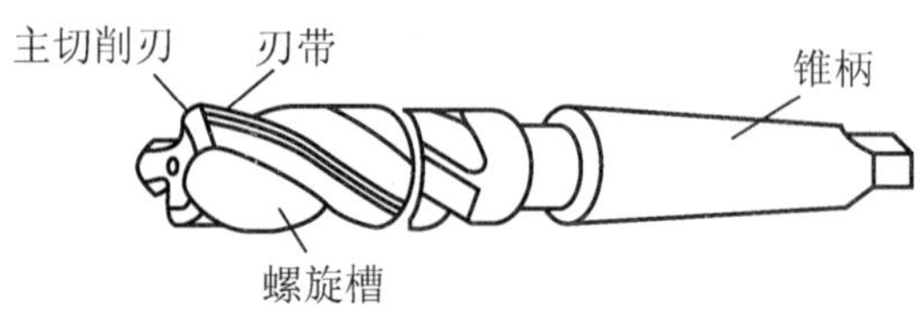

图9.32　扩孔钻

4) 铰孔

铰孔是用图9.33所示的绞刀对扩孔或半精车后的孔的精加工。铰孔余量一般为0.05～0.25mm，铰孔尺寸精度可达IT8～IT7，表面粗糙度 *Ra* 值为1.6～0.8μm。

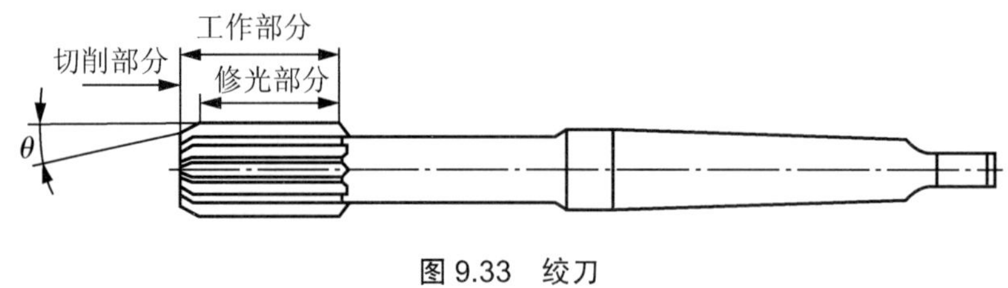

图9.33　绞刀

4. 车槽和切断

1) 车槽

车削加工槽的常见形状有外沟槽、内沟槽和平面沟槽，如图9.34所示。

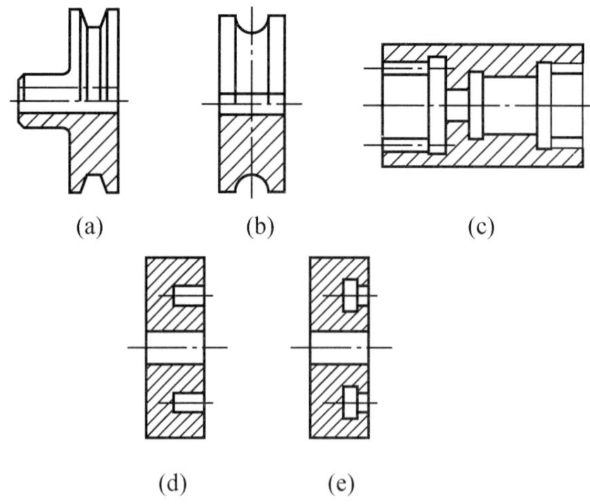

图9.34　沟槽的种类

(a)、(b) 外沟槽；(c) 内沟槽；(d)、(e) 平面沟槽

矩形的外沟槽和内沟槽多属于退刀槽，其作用是当车削螺纹或进行磨削时便于退刀，同时在装配时可以使装配的零件间具有准确的轴向位置。

(1) 车外沟槽。车外沟槽时要用切槽刀，切槽刀的形状和几何角度如图 9.35(a)所示。安装时，刀尖应与工件轴线等高，主切削刃平行于工件的轴线，两副偏角相等，如图 9.35(b)所示。车削 5mm 以下的窄槽时，主切削刃宽度等于槽宽，可一次车出；车削宽槽的方法如图 9.36 所示。

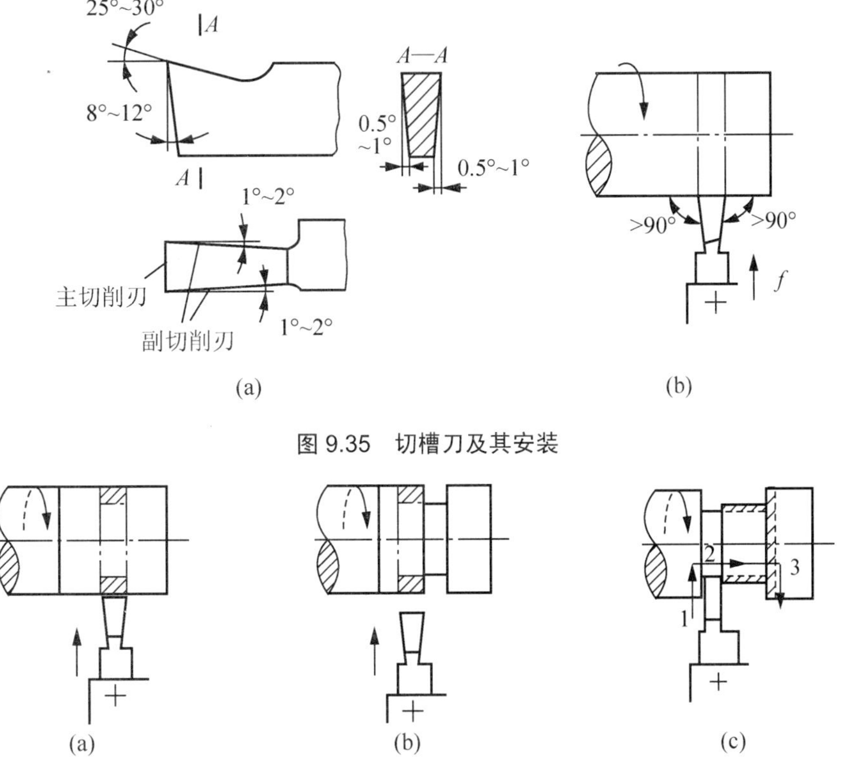

图 9.35 切槽刀及其安装

图 9.36 车宽槽

(a) 第一次横向进给；(b) 第二次横向进给；(c) 末一次横向进给

1—纵向进给；2—精车槽底；3—退刀

(2) 车内沟槽。车内沟槽方法与外沟槽基本相同。车宽度较小或要求不高的窄沟槽时，用刀宽等于槽宽的内沟槽刀采用一次车出；车精度要求较高的内沟槽，第一次车槽时，槽壁与槽底应留少量余量，最后用等宽刀修整。

2) 切断

切断与车槽的切削运动相同，但是切断刀具必须横向进给至工件的回转中心。切断刀形状与切槽刀相似，但因刀头窄而长，切断时伸进工件内部，散热条件差，排屑困难，故切断时刀头容易折断。

切断时应注意下列事项。

(1) 切断时工件安装在卡盘上，工件的切断部位距卡盘尽可能近些，以减小切削振动。

(2) 切断刀刀尖必须与工件轴线等高，过高或过低在切断处均会剩有凸台，且刀头容易损坏。刀具伸出刀架长度不要过大。切断刀要装正，否则会使刃口受力不均而折断。

(3) 切断时应选择较小的切削速度，要尽可能减小主轴间隙及刀架滑动部分的间隙。

(4) 开始切断时刀应缓慢地进给，将要切断时须放慢进给速度，以免刀头折断。

(5) 合理地使用切削液，铸铁的切断一般不加切削液，而切断钢件最好使用切削液，以减少刀具的磨损。

5. 车圆锥面

车削圆锥面常用的方法有4种：小滑板转位法、尾座偏移法、靠模法和宽刀法。

1) 小滑板转位法

根据工件锥度 K 或锥角 α，把小滑板下的转盘扳转 $\alpha/2$ 并锁紧。转动小滑板手柄，刀尖则沿圆锥面母线移动，从而加工出所需圆锥面，如图 9.37 所示。此法操作简单，可加工任意锥角的内、外圆锥面。但由于受小滑板行程限制，不能加工较长的锥面，而且操作中只能手动进给，并且劳动强度大，表面粗糙度较难控制。

2) 尾座偏移法

根据工件的锥度 K 或锥角 α，将尾座顶尖横向偏移一定距离后，使工件回转轴线与车床主轴轴线的夹角等于 $\alpha/2$，利用车刀纵向进给，即可车出所需锥面，如图 9.38 所示。

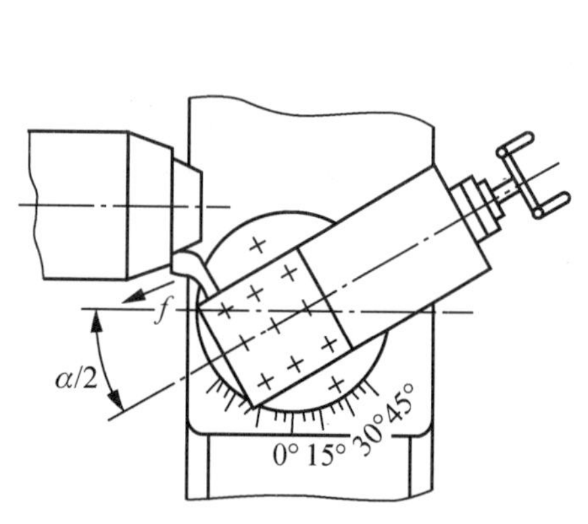

图 9.37　转动小滑板车圆锥面

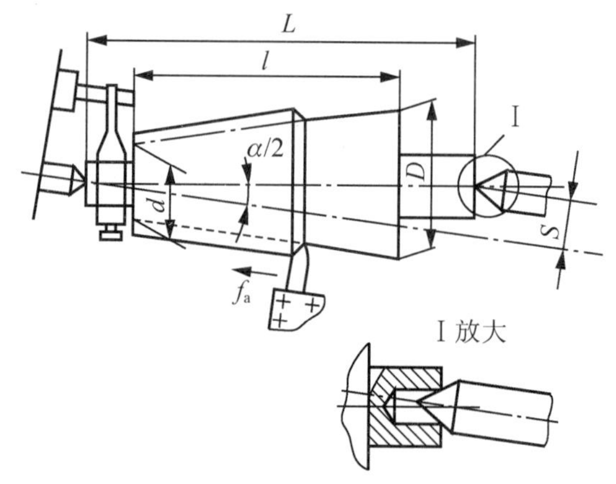

图 9.38　尾座偏移法车锥面

尾座偏移量 S 为

$$S = L(D-d)/2l$$

尾座偏移法适于加工较长的外圆锥面。一般斜角不能太大，$\alpha/2<8^\circ$。

3) 靠模法车锥面

当生产批量较大时可用此法，其加工原理和方法类似于靠模法车成形面，只是将车成形面的靠模换成斜面靠模。

4) 宽刀法车锥面

如图 9.39 所示，主切削刃与工件回转轴线间夹角为 $\alpha/2$，刀具横向进给，可车削内外锥面，表面粗糙度 Ra 值为 1.6μm。

6. 螺纹加工

在车床上能加工各种螺纹。决定螺纹加工精度的主要参数为牙型角、螺距及中径的加工精度。现以普通螺纹车削为例予以说明。

1) 保证牙型角α(取决于车刀的刃磨和安装)

(1) 正确刃磨车刀。螺纹车刀是一种成形刀具，刃磨后两侧刃的夹角应与螺纹轴向剖面的牙型角α一致。粗车时可刃磨5°～15°的正前角，而精车时$\gamma_0 = 0°$。

(2) 正确安装车刀。车刀的刀尖应与工件回转轴线等高，刀尖角的平分线必须和工件回转轴线垂直。采用对刀样板安装车刀，如图9.40所示。

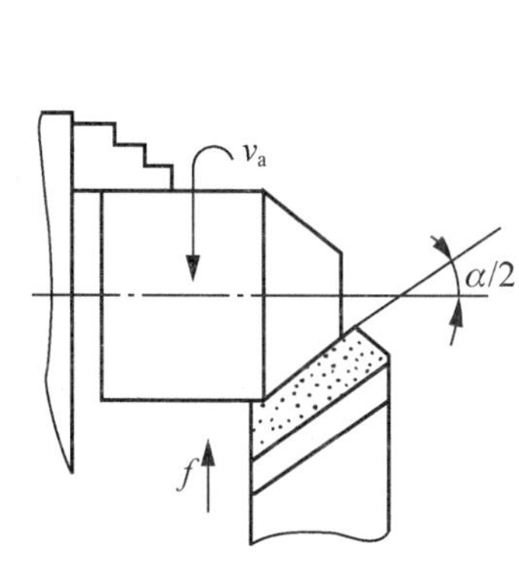

图9.39 宽刀法车锥面

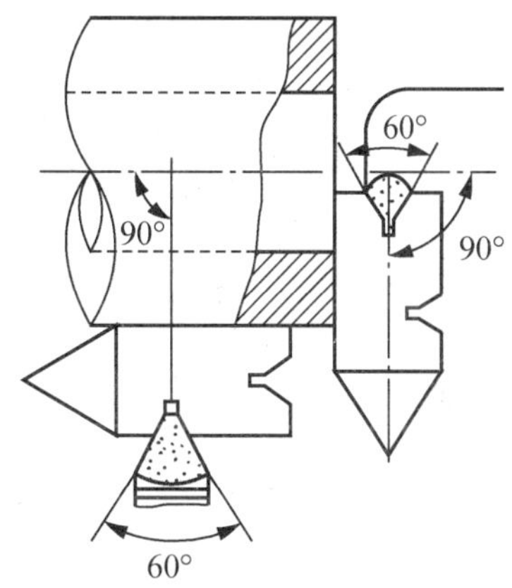

图9.40 螺纹车刀的安装方法

2) 保证螺距P

螺距大小通过计算交换齿轮来确定，螺距精度主要由机床传动系统精度来保证，同时要注意防止乱牙。

(1) 刀具与工件间的相对运动要求。C6132型车床车螺纹的传动关系，如图9.41所示。工件旋转由主轴带动，刀具由丝杠副传动。主轴与丝杠之间是通过换向机构的齿轮、交换齿轮和进给箱连接起来的，操纵换向机构齿轮，可改变丝杠的旋转方向，从而加工左旋或右旋螺纹。车螺纹必须保证当工件转一转时，车刀纵向移动的距离等于工件的螺距值(指车削单头螺纹)。一般在加工前，根据被加工件的螺距值P，按照车床标牌上所指明的交换齿轮的齿数及进给箱上各手柄应处的位置调整好机床，在正式车削前，先在工件表面上试切一条很浅的螺旋线，以检查螺距是否正确。

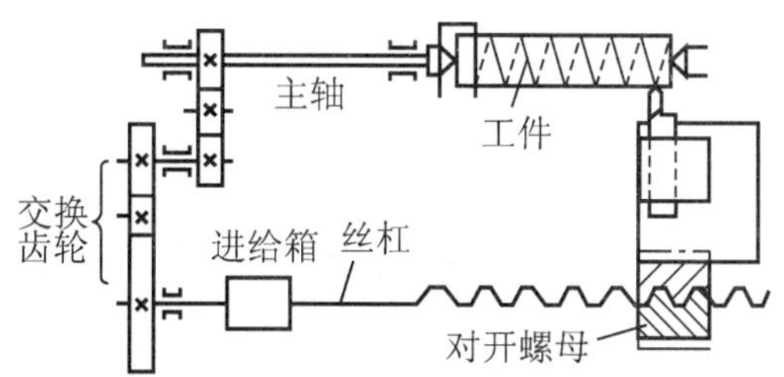

图9.41 车螺纹时传动示意图

(2) 避免乱牙。每次进给必须保证刀具落在已车出的螺旋槽内，否则就称为乱牙。当车床丝杠螺距 $P_{丝}$与工件螺距 $P_{工}$的比值成整数时，不会产生乱牙现象。采用开正反车法车螺纹时，每次进给结束，车刀退离螺旋槽后，立即开反车(即主轴反转)退刀，在车出合格螺纹前，开合螺母与丝杠始终啮合，否则易造成乱牙。

3) 保证螺纹中径 d_2

螺纹中径是靠控制多次进刀的总背吃刀量来保证的。一般根据螺纹牙型高度由刻度盘大致控制背吃刀量，然后用图 9.42 所示的螺纹千分尺测量。两个测量触头视牙型角和螺距不同可以更换。测量时，两个触头正好卡在螺纹牙型面上，所测得的尺寸就是螺纹的实际中径。

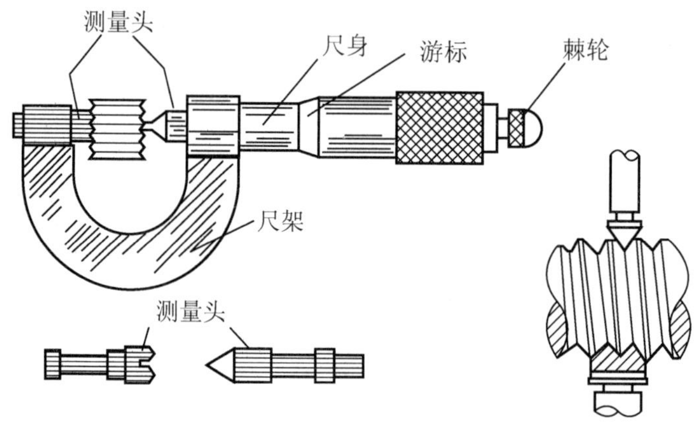

图 9.42　螺纹千分尺

4) 操作方法

车削螺纹的操作方法如图 9.43 所示。图 9.43(a)为开车时使车刀与工件轻微接触，记下刻度盘读数，向右退出车刀；图 9.43(b)为合上对开螺母，在工件表面车出一条螺纹线，横向推出车刀，停车；图 9.43(c)为开反车使车刀退到工件右端，停车，用钢直尺检查螺距是否正确；图 9.43(d)为利用刻度盘调整被吃刀量，开车切削；图 9.43(e)为车刀将至行程终了时，作好退刀停车准备，先快速退出车刀，主轴反转使车刀退回；图 9.43(f)为再次横向切入，继续切削，按图示切削过程路线，直至被切螺纹合格为止。

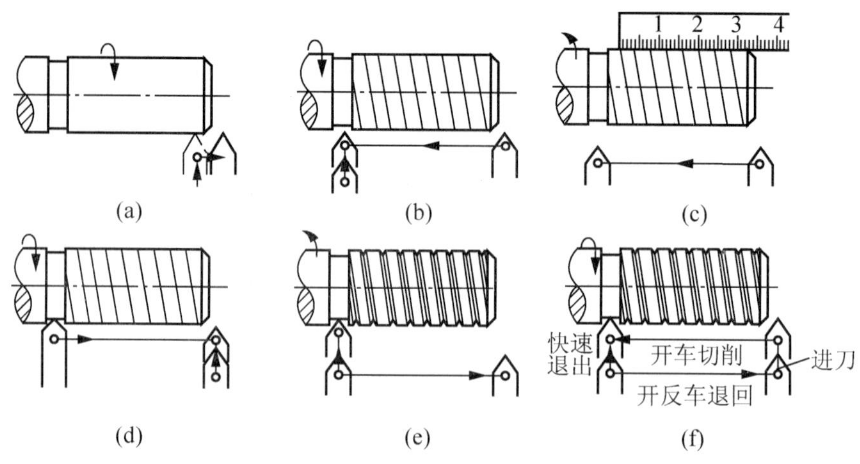

图 9.43　车削螺纹的方法

5) 三角螺纹的测量

(1) 螺纹规。螺纹规只检查螺纹的牙型及螺距。检查时，查找螺纹规中与工件螺纹相同的螺距，通过光隙检查螺纹的加工质量。

(2) 螺纹量规。图 9.44 所示螺纹量规分为螺纹环规与螺纹塞规两种，每种均由通规和止规组成。检查螺纹时，如果螺纹通规通过，螺纹止规不能旋入工件螺纹，即可认定该螺纹加工合格。

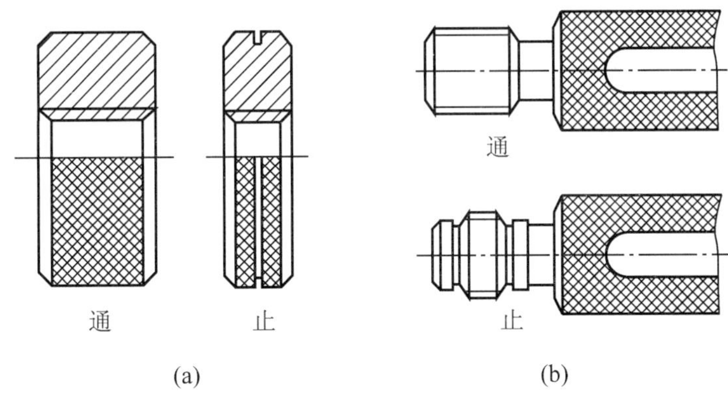

图 9.44 螺纹量规

(a) 螺纹环规；(b) 螺纹塞规

6) 注意事项

(1) 车螺纹时，第二次进刀的运动轨迹与第一次进刀的运动轨迹不重合，结果把螺纹车乱而报废称为乱扣。为避免乱扣，在车削过程中和退刀时一般不得脱开对开螺母。但当丝杠螺距与工件螺距之比为整数时，退刀时可以脱开对开螺母，再次切削时及时合上，这样就不会乱扣。

(2) 工件与主轴及车刀的相对位置不可改变，确需改变时须重新对刀检查。

(3) 车削内螺纹时，车刀横向进退方向与车外螺纹时相反。如果公称直径较小，也可以在车床上用丝锥攻螺纹或板牙套螺纹。

7. 车回转成形面

以一条曲线为母线绕一固定轴旋转而成的表面称为回转成形面，如卧式车床上小滑板的手柄、变速箱操纵杆上的圆球、滚动轴承内外圈的圆弧滚道等。下面将介绍车回转成形面的 3 种方法。

1) 双手控制法车回转成形面

用此法车回转成形面一般使用带有圆弧刃的车刀。车削时用双手同时操纵中滑板和小滑板(或床鞍)的手柄。把纵向和横向的进给运动合成为一个运动，使切削刃所运动的轨迹与回转成形的母线尽量一致，如图 9.45 所示。加工过程中往往需要多次用样板度量。一般在车削后要用锉刀仔细修整，最后再用砂布抛光。表面粗糙度 *Ra* 为 12.5～3.2μm。这种方法只适宜于单件小批生产中加工精度不高的回转成形面。

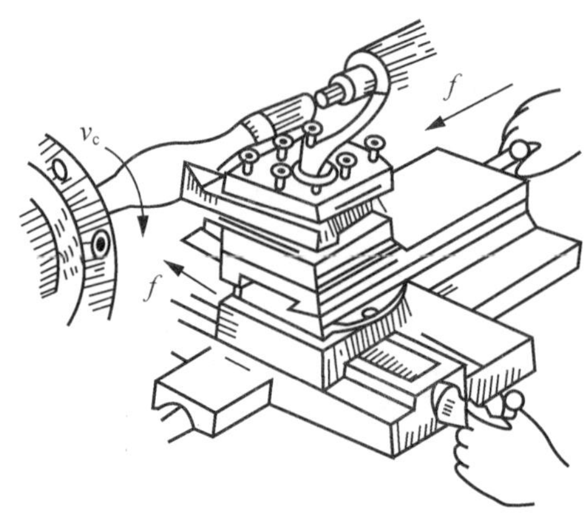

图 9.45　双手控制法车成形面

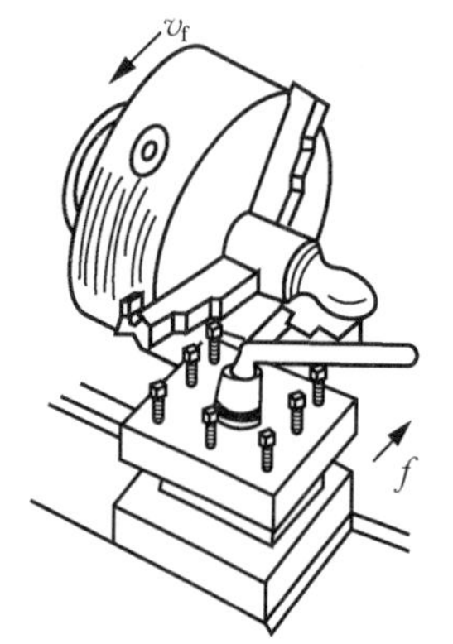

图 9.46　用成形刀具车回转成形面

2) 用成形刀具车回转成形面

如图 9.46 所示，此种方法就是使用切削刃与零件表面轮廓相同的车刀来加工成形面。刀具只需连续横向进给就可以车出成形面。成形面的加工精度取决于车刀刃形刃磨的精度，而成形刀切削刃的制造和刃磨较困难，所以这种方法适合于批量生产中加工尺寸较小、成形面简单的工件。

3) 用靠模装置车回转成形面

图 9.47 表示用靠模装置车削手柄的成形面。靠模装置固定在床身外侧的适当位置，靠模上有一曲线沟槽，其形状与工件母线相同，连接板一端固定在中滑板上，另一端与曲线沟槽中的滚柱连接。当床鞍纵向移动时，滚子则在曲线沟槽内移动，从而带动车刀也随着作曲线进给运动，即可车出手柄的成形面。这种方法操作简单、生产率较高，但它需要制造安装专用的靠模，故这种方法多用于大批量生产中车削长度较大、形状较为简单的成形面。

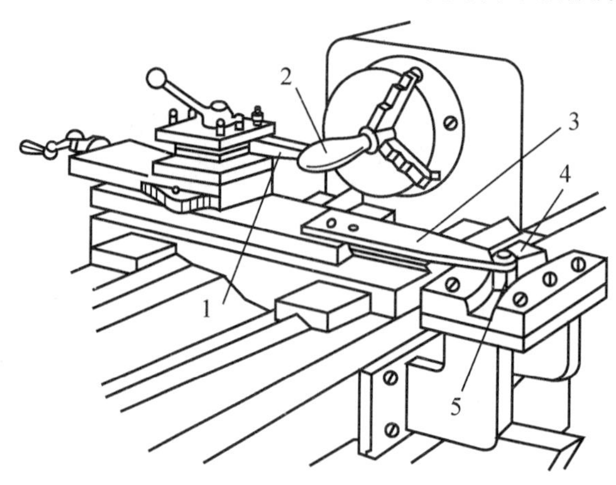

图 9.47　用靠模装置车回转成形面

1—车刀；2—手柄；3—连接板；4—靠模；5—滚柱

8. 滚花

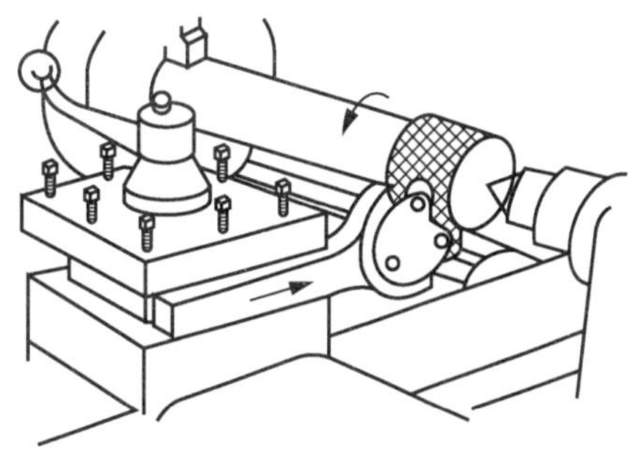

图 9.48 滚花方法

某些工具和零件为了美观和增大手握部分的摩擦力，常在表面上滚压出花纹，如千分尺的套管，攻螺纹、套螺纹用的绞扛扳手及螺纹量规等握手外圆表面都需进行滚花。

滚花是用滚花刀挤压工件，使其表面产生塑性变形而形成花纹。图 9.48 所示是用安装在方刀架上的滚花刀滚制网状花纹。滚花时，工件低速旋转，滚花轮以适当的力径向挤压在工件表面上，再作纵向进给。为了避免研坏滚花刀和防止细屑滞塞在滚花刀内而产生乱纹，应充分供给切削液。

9.7 典型零件车削加工实例

由于机器性能和用途不同，因而机器零件的结构形状和技术要求也是多样的。一个零件往往需要多个工种、多道工序才能完成加工。零件形状越复杂，加工质量要求就越高，需要的加工工序也就越多，因此加工前需合理安排加工工艺过程。

1. 制订零件加工工艺应遵循的一般原则

(1) 粗精加工分开的原则。零件表面多数要先粗加工，后精加工。精度高的表面，一般需在零件其他表面加工后，再进行精加工。这样不仅可消除粗加工时因切削力、切削热和内应力引起的变形，而且也可以发现粗加工后工件的缺陷和余量大小是否影响零件加工的质量，从而及时确定后续工序能否进行。此外，这也有利于热处理工序的安排，以及合理使用精度高低不同的机床。

(2) 精基准面先行的原则。在机械加工时，工件在机床或夹具中需占有一个正确的位置称为定位。工件上用作定位的表面称为基准面，其中加工过的定位表面称为精基准面，而未加工过的表面称为粗基准面。第一道工序应先加工出精基准面，后续工序以此精基准面定位加工各表面，保证各表面间的位置精度。如长轴类零件往往先加工出轴两端的中心孔，以中心孔的 60° 锥面为精基准面，再车削、铣削、磨削各表面。

(3) “一刀活”原则。在单件小批量生产中，对于有位置精度要求的有关表面，应尽量在一次装夹中完成精加工。这样可以减少工件装夹次数，从而保证各表面间的位置精度。

2. 制订零件加工工艺的内容和步骤

(1) 对加工零件进行工艺分析。这一阶段主要是了解装配图，审查零件图、零件材料、零件的结构工艺性、零件的技术要求等。

(2) 确定零件加工顺序。这部分包括的主要内容是切削加工工序，热处理工序和检验、去毛刺、清洗等辅助工序的合理安排。零件加工顺序是根据精度、表面质量、热处理等全部技术要求，以及产品数量及毛坯种类、结构、尺寸来确定的。

(3) 确定加工余量及所用机床。从毛坯到零件，从某一表面上切除掉的总金属层厚度称为总余量，而每道工序切除掉的金属层厚度称为工序余量。在单件小批生产中，加工中小型零件的单边余量有以下几种。

① 总余量：手工造型的铸件为3～6mm；自由锻件为3.5～7mm；圆钢件为1.5～2.5mm。

② 工序余量：半精车为0.8～1.5mm；高速精车为0.4～0.5mm；低速精车为0.1～0.3mm；磨削为0.15～0.25mm。

安排好加工顺序后，就要确定各道工序所用的机床、附件、工件装夹方法、加工方法、度量方法及加工尺寸。

(4) 确定切削用量和工时定额。单件小批量生产时的切削用量，一般由工人根据经验来确定。单件时间定额是安排生产计划和核算成本的重要依据，不可定的过紧或过松。单件小批生产的工时定额多凭经验估算得到。

(5) 填写工艺卡片。将上述内容以简单文字和工艺简图的形式填写在工艺卡片上。

3. 轴类零件加工工艺

轴类零件主要由外圆面、轴肩组成，有时有螺纹和键槽。当表面粗糙度值 $Ra>1.6\mu m$ 时，可安排粗车、半精车和精车的工艺方案；而 $Ra\leqslant 1.6\mu m$ 时，多在半精车后进行磨削。图9.49所示为轴的零件图，其加工工艺过程见表9-2。

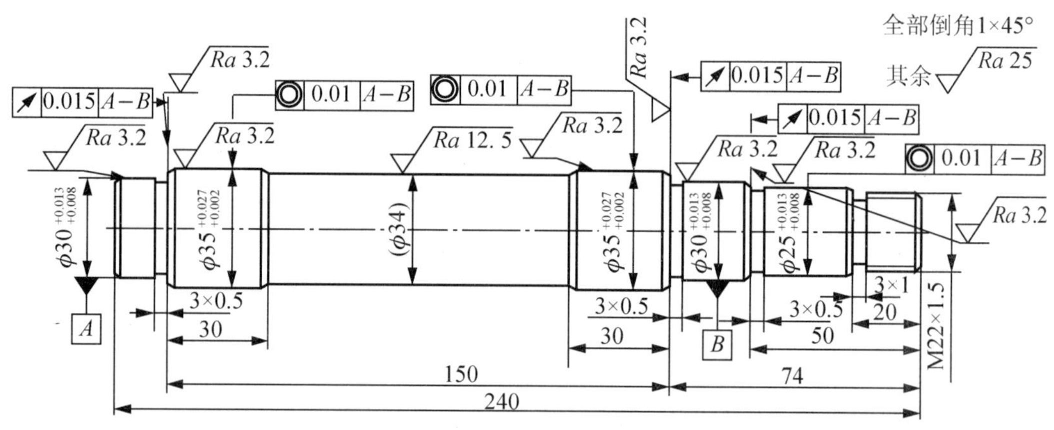

图9.49 轴的零件图

表9-2 轴的车削工艺过程

工序号	加工简图	加工内容	装卡方法	备注
1		下料 ϕ40mm×243mm，五件		
2		车端面；钻 ϕ2.5mm 中心孔	三爪自定心卡盘	
3		调头，车端面保证总长240mm； 粗车外圆 ϕ32mm×15mm，钻 ϕ2.5mm 中心孔	三爪自定心卡盘	

续表

工序号	加工简图	加工内容	装卡方法	备注
4		粗车各台阶，车ϕ36mm 外圆全长； 车外圆ϕ31mm×74mm； 车外圆ϕ26mm×50mm； 车外圆ϕ23mm×20mm，切槽3 个； 车外圆ϕ34 mm 至尺寸	顶尖卡箍	
5		调头精车，切槽 1 个； 光小端面保证尺寸 150mm； 车 $\phi30^{+0.013}_{-0.008}$ mm 至尺寸； 车两外圆 $\phi35^{+0.027}_{-0.002}$ mm 至尺寸； 倒角 1×45°	顶尖卡箍	
6		调头精车，车外圆$\phi30^{+0.013}_{-0.008}$ mm 至尺寸； 车外圆 $\phi25^{+0.013}_{-0.008}$ mm 至尺寸； 车螺纹外圆 $\phi22^{-0.1}_{-0.2}$ mm 至尺寸； 修光台肩小端面； 倒角 1mm×45°，4 个； 车螺纹 M22×1.5	顶尖卡箍(垫铁皮)	
7		检验		

该轴尺寸精度要求较高，表面粗糙度数值较小，工件长度与直径比值较大(通常称长径比)，加工时不可能一次完成全部表面，往往需多次调头安装。为了保证零件的安装精度，并且安装方便可靠，轴类零件一般都采用顶尖安装，所以首先应把轴两端的中心孔加工出来，这符合精基准面先行加工的原则。

4. 盘套筒类零件的加工工艺

盘套筒类零件主要由外圆、端面和孔组成，它的特点是对外圆及内孔同轴度要求较高、零件壁厚较小，装卡及加工中容易变形，故加工时尽可能使工件的外圆、内孔、端面在一次装卡中全部加工完成，以保证内孔和外圆、外圆与端面的位置度要求。此类零件，当表面粗糙度值 $Ra \geqslant 3.2 \sim 1.6\mu m$，尺寸精度不高于 IT7 级时，可只安排车削；对于 $Ra < 1.6\mu m$，精度高于 IT7 级的钢件和铸铁件，一般在粗车、半精车后安排磨削；而有色金属件不宜磨削，可在最后进行精细车。

(1) 套筒类零件。图 9.50 所示为套筒零件图，表 9-3 中列出了套筒加工工艺过程。

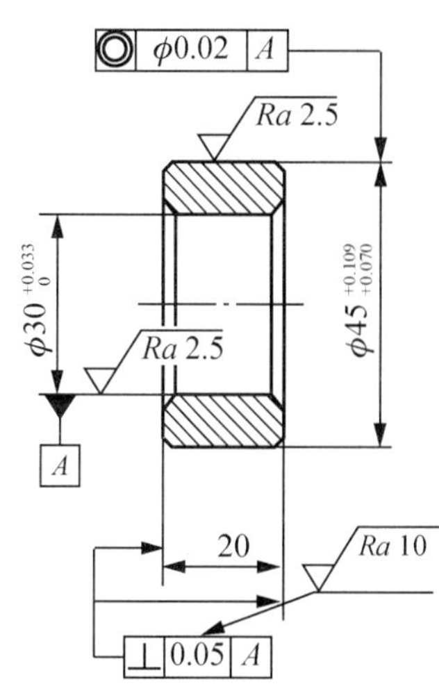

图 9.50　套筒零件图

表 9-3　套筒加工工艺过程

工序号	加工内容	定位
1	下料 ϕ 48mm×130mm(五件合一)	
2	(1)车端面，钻、车孔 $\phi30_{0}^{+0.033}$ mm，留磨量 0.3mm；车外圆 $\phi45_{+0.070}^{+0.109}$，留磨量 0.3mm，倒角，切断 (2) 调头，车端面，保证尺寸 20mm，倒角	
3	热处理：淬火，45～50HRC	
4	磨孔 $\phi30_{0}^{+0.033}$ mm	外圆
5	磨外圆 $\phi45_{+0.070}^{+0.109}$ mm	内孔
6	检验	

(2) 盘类零件。盘形齿轮为典型的盘类零件，其齿坯的加工零件图如图 9.51 所示。表 9-4 中列出了齿坯车削工艺过程。

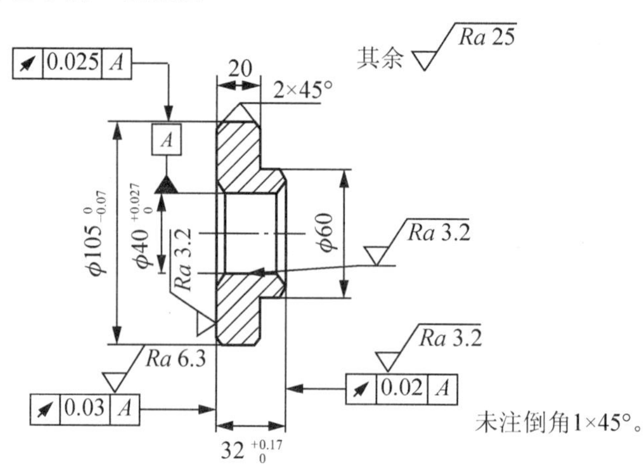

图 9.51　齿坯的加工零件图

表 9-4　齿坯车削工艺过程

工序号	加工简图	加工内容	装卡方法	备注
1		下料 ϕ 110mm×36mm，五件		
2		车外圆 ϕ 110mm×20mm 车端面 车外圆 ϕ 63mm×10mm	三爪自定心卡盘	
3		车外圆 ϕ 63mm 粗车端面、外圆至 ϕ 107mm 钻孔 ϕ 36mm 粗精车孔 $\phi40_{0}^{+0.027}$ mm 至尺寸 精车端面 33mm 精车外圆 $\phi105_{-0.07}^{0}$ mm 至尺寸 倒内角 1mm×45°；外角 2mm×45°	三爪自定心卡盘	

续表

工序号	加工简图	加工内容	装卡方法	备注
4		车外圆ϕ 105mm、垫铁皮、找正 精车台肩面保证长度 20mm 车小端面、总长 $\phi 32.3^{+0.2}_{0}$ mm 精车外圆ϕ 60mm 至尺寸 倒内角 1.3mm×45°；外角 2mm×45	三爪自定心卡盘	
5		精车小端面 保证总长 $\phi 32^{+0.17}_{0}$	顶尖 卡箍 锥度 心轴	有条件 可平磨 小端面
6		检验		

5. 异形零件

车床上加工异形零件的回转表面时，必须保证被加工的孔或外圆的轴线与主轴的回转轴线一致。图 9.52 所示是支架的零件图，其加工工艺过程见表 9-5。

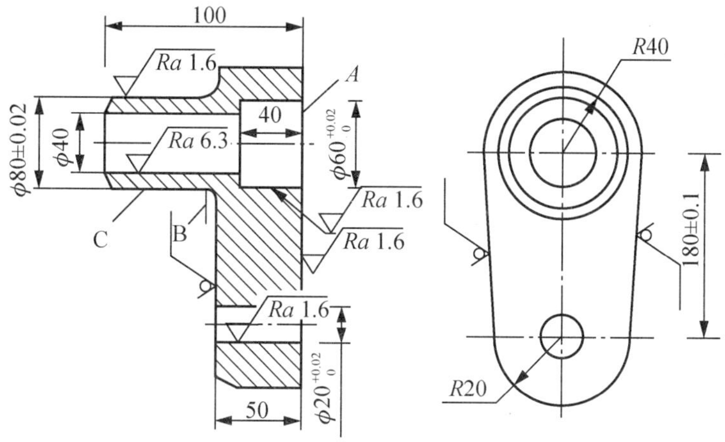

图 9.52 支架的零件图

表 9-5　支架的加工工艺过程

工序号	工序名称	加工简图	加工内容
05	粗车	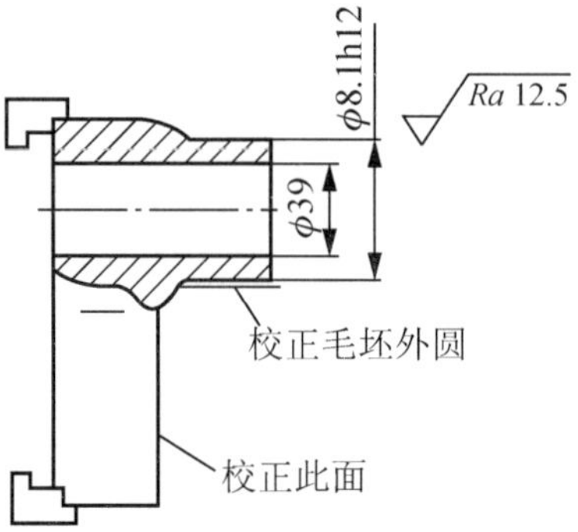	四爪单动卡盘夹紧 车平面 车外圆 倒角 粗车内孔倒角
10	粗车	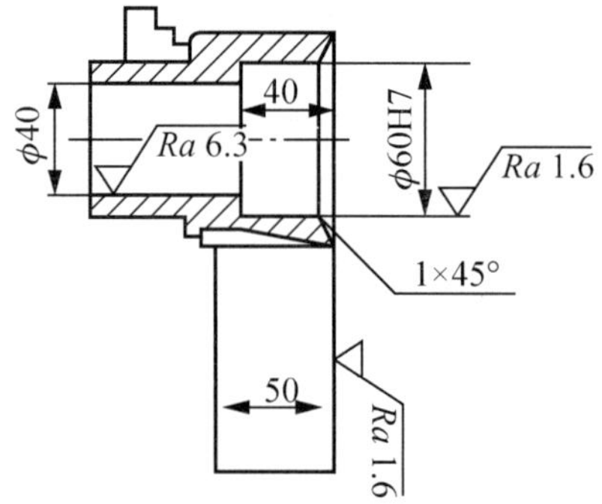	三爪自定心卡盘夹紧 车大端面 车内孔φ 40mm 车台阶孔φ 60H7 倒角
15	精车	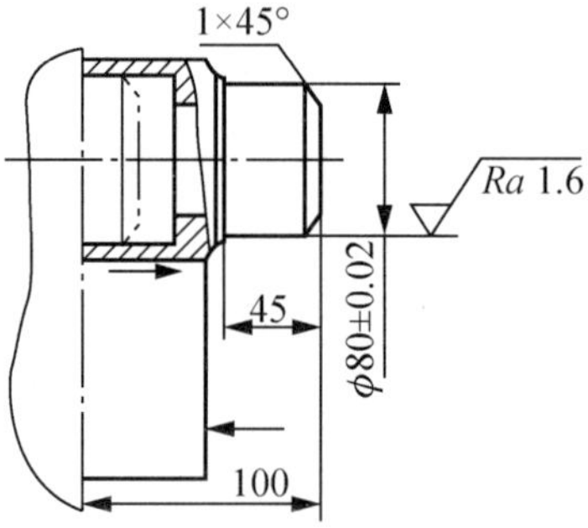	圆柱销定位、夹紧 车φ 80mm 端面 车外圆倒角
20	车	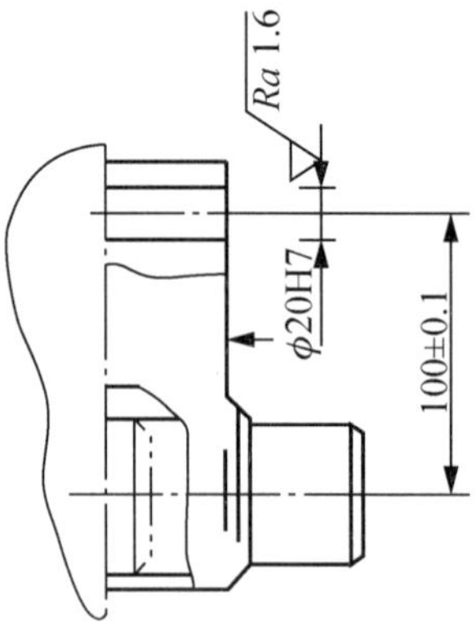	支撑板与其垂直的短圆柱销和浮动 V 形块定位、夹紧 钻孔、粗铰 精铰
25	检验		

9.8 车削零件的结构工艺性

车削零件的结构工艺性是指在满足使用要求的前提下进行车削加工的难易程度及经济精度，其基本要求有以下 7 点。

(1) 尺寸公差、形位公差和表面粗糙度的要求应合理。

(2) 各加工表面几何形状应尽量简单。

(3) 有相互位置要求的表面应能尽量在一次装卡中加工。

(4) 零件应有合理的工艺基准并尽量与设计基准相一致。

(5) 零件的结构应便于装卡、加工和测量。

(6) 零件的结构要素应尽可能统一，并使其能尽量使用普通设备和标准刀具进行加工。

(7) 在选用加工方法时应充分考虑到各种加工方法的经济精度。表 9-6 中介绍了车削外圆和端面时各种加工方法所能达到的经济精度。

表 9-6 车削加工的经济精度

加工方法		精度等级	表面粗糙度 Ra/μm
车削外圆	粗车	IT11～IT13	12.5～50
	粗车→半精车	IT8～IT10	3.2～6.3
	粗车→半精车→精车	IT7～IT8	0.8～1.6
	粗车→半精车→精车→细车	IT6～IT7	0.025～0.4
车端面	粗车	IT11～IT13	12.5～50
	粗车→半精车	IT8～IT10	3.2～6.3
	粗车→半精车→精车	IT7～IT8	0.8～1.6
切槽			3.2～25

下面从几方面举例说明对车削零件结构工艺性的要求。

1. 零件的尺寸标注

(1) 按加工顺序标注尺，如图 9.53 所示。

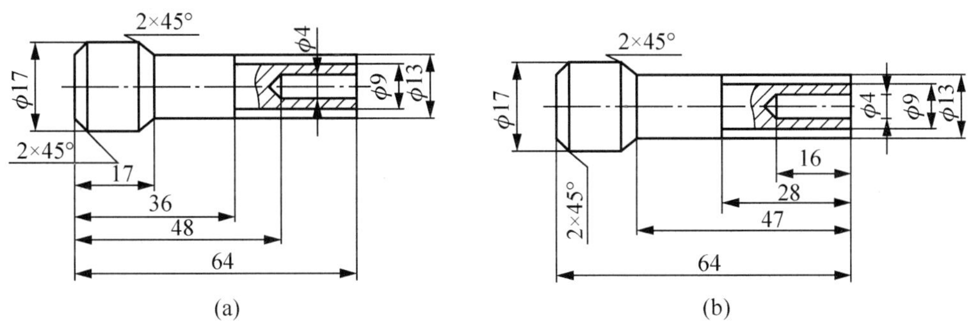

图 9.53 按加工顺序标注尺寸

(a) 没有按加工顺序标注尺寸；(b) 按加工顺序标注尺寸

(2) 尺寸标注要便于测量，图 9.54 所示为尺寸是否便于测量的对比。

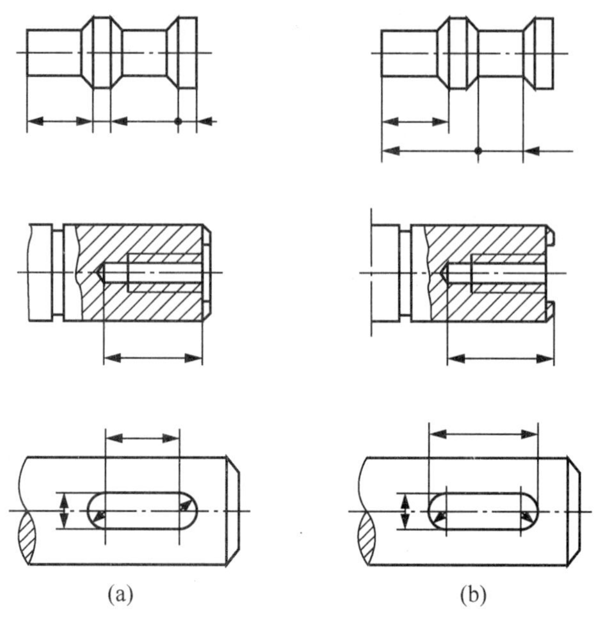

图 9.54　尺寸标注要便于测量

(a) 不便于测量；(b) 便于测量

2. 退刀槽的设计

为保证工件在加工时刀具能方便退出，避免工件上的台阶处的圆弧影响装配精度设计出退刀槽，如图 9.55 所示。

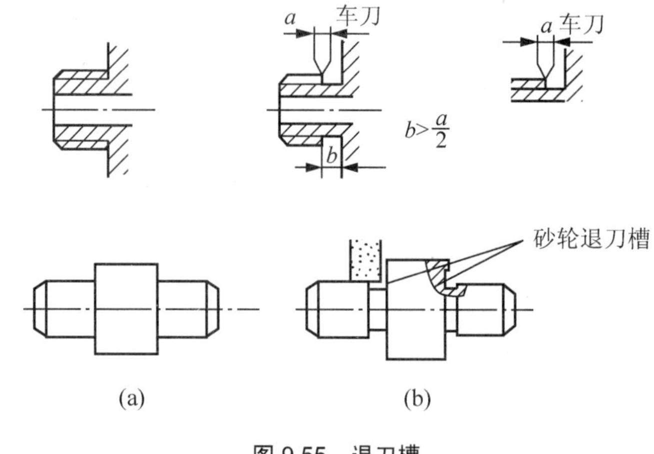

图 9.55　退刀槽

(a) 无退刀槽；(b) 有退刀槽

3. 尽量简化加工表面

简化加工表面的主要目的是提高生产率。图 9.56(a)所示为槽宽不一致；图 9.56(b)所示为各槽宽一致，可以减少刀具规格和换刀次数。

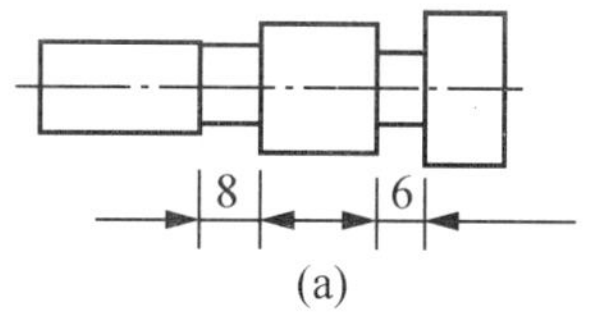

(a)

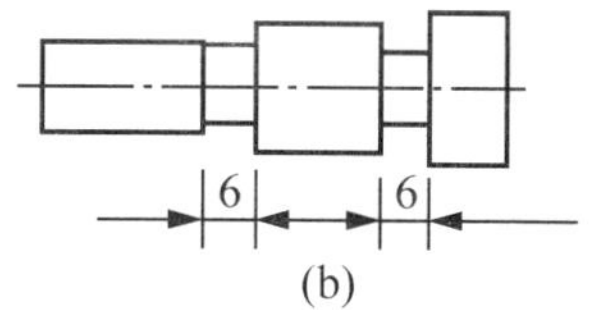

(b)

图 9.56 槽宽尺寸尽可能一致

细长孔的加工十分困难，在不影响使用性能的条件下，应尽量缩短细长孔的深度，才可以保证质量和改善加工条件，如图 9.57 所示。

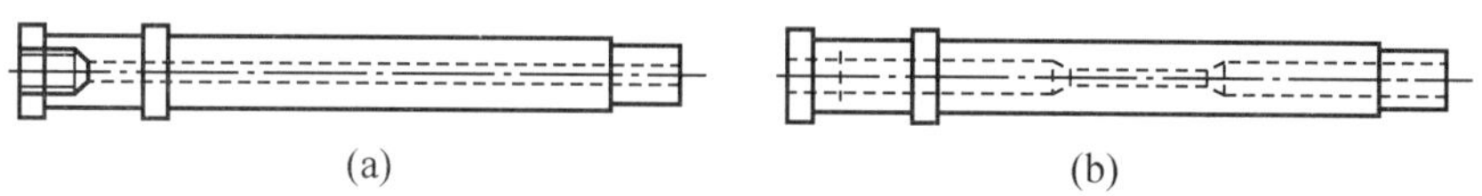

(a) (b)

图 9.57 缩短细长孔的深度

(a) 改进前；(b) 改进后

工件的锐棱应有倒角，阶梯轴根部(轴颈)应设计出圆角或退刀槽，如图 9.58 所示。

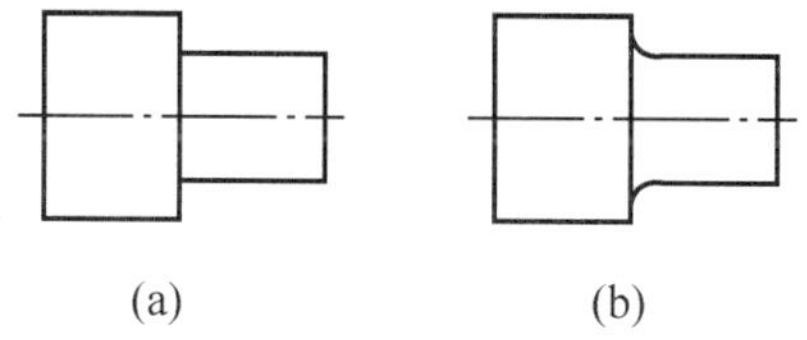

(a) (b)

图 9.58 轴径的设计

(a) 错误；(b) 正确

思 考 题

1. 车刀的结构形式有哪几种？
2. 车刀的切削部分是由哪些部分组成的？
3. 三爪自定心卡盘和四爪单动卡盘的结构有何异同？它们各用在什么场合？
4. 使用四爪单动卡盘、花盘等安装工件时，分别应如何找正？
5. 跟刀架、中心架、心轴有何功用？
6. 粗车和精车的加工要求是什么？切削用量如何选择？
7. 车外圆常用哪些车刀？车削细长轴的外圆时，为什么常用 90° 的偏刀？
8. 切断和车端面时车刀的安装有何要求？为什么？
9. 试说明宽槽和窄槽的深度和宽度尺寸是如何保证的。
10. 螺纹车刀的形状和外圆车刀有何区别？应如何安装？为什么？
11. 车螺纹时为何必须用丝杠带动刀架移动？主轴转速与刀具移动速度有何关系？
12. 如何防止车螺纹时的“乱扣”现象？试说明车螺纹的步骤。
13. 在车床上车圆锥常用方法有哪些？各有何特点？
14. 车削加工的精度一般可达几级？表面粗糙度为多少？

第10章

铣 削 加 工

铣削加工是在铣床上利用铣刀的旋转运动和工件的移动来完成加工工件的。它是切削加工中常用的方法之一。

10.1 概　　述

铣削是平面加工的主要方法之一。就加工平面而言，由于铣削用的铣刀是多齿刀具，在铣削时有几个齿同时参加切削，且切削速度高，所以铣削的生产率较高，在机械加工中所占的比重较大，广泛应用于各种生产场合。

1. 铣削加工的特点

(1) 铣削质量。由于在铣削时容易产生振动，切削不平稳，使铣削质量的提高受到了一定的限制。铣削加工的质量与刨削的质量相当，经粗铣、精铣后，尺寸精度可达 IT9～IT7，表面粗糙度 *Ra* 值可达 3.2～1.6μm，直线度可达 0.12～0.08mm/m。

(2) 铣削生产率。因铣刀是多刃刀具，有几个刀齿同时参加切削，无空行程，可实现高速切削，故生产率较高。

(3) 铣削加工成本。由于铣床和铣刀比刨床和刨刀复杂性高，因此铣削成本比刨削高。铣削适用于单件小批量生产，也适用于大批大量生产。

2. 铣削用量

铣削用量是指在铣削时调整机床用的参量，也称铣削用量要素，如图 10.1 所示。

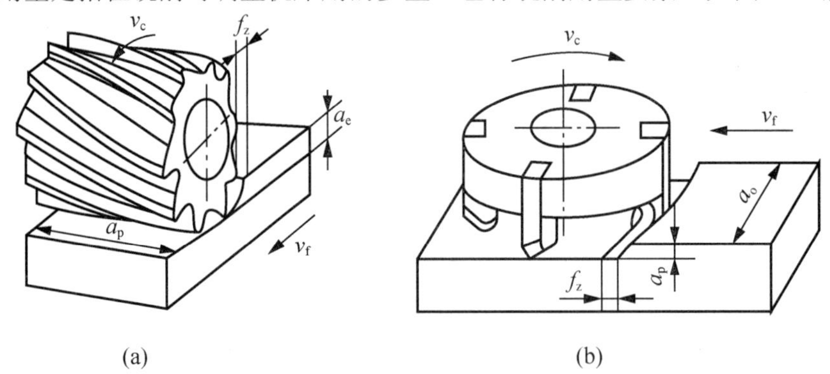

图 10.1　铣削运动及铣削用量

(a) 圆柱铣刀铣削；(b) 面铣刀铣削

(1) 铣削速度 v_c。它是指铣刀最大直径处切削刃的线速度，单位为 m/min。其计算公式为

$$v_c = \pi D_0 n / 1000$$

式中：D_0——铣刀直径，mm；

n——铣刀转速，r / min。

(2) 进给量。它是指工件与铣刀沿进给方向的相对位移量。它有以下三种表示方式。

① 进给速度 v_f。单位时间内工件与铣刀沿进给方向的相对位移，单位为 mm/min。

② 每转进给量 f。铣刀每转一转，工件与铣刀沿进给方向的相对位移，单位为 mm/r。

③ 每齿进给量 f_z。铣刀每转过一齿时，工件与铣刀沿进给方向的相对位移，单位为 mm/z。

通常铣床铭牌上标注的是 v_f，因此，首先应根据具体加工条件选择 f_z，然后计算出 v_f，并按铭牌上实有的 v_f 调整机床。三种进给量的关系为

$$v_f = fn = f_z zn$$

式中：z——铣刀齿数。

(3) 背吃刀量 α_p。它是指平行于铣刀轴线方向测量的切削层尺寸，单位为 mm。圆周铣削时，α_p 为已加工表面宽度；端铣时，α_p 为切削层深度。

(4) 侧吃刀量 α_e。它是指垂直于铣刀轴线方向测量的切削层尺寸，单位为 mm。圆周铣削时，α_e 为切削层深度；端铣时，α_e 为已加工表面的宽度。

3. 铣削加工范围

铣床的加工范围很广，在铣床上利用各种铣刀可加工平面(包括水平面、垂直面、斜面)、沟槽(包括直槽、键槽、燕尾槽、形槽、圆弧槽、螺旋槽)和成形表面，有时钻孔、镗孔加工也可在铣床上进行，如图 10.2 所示。

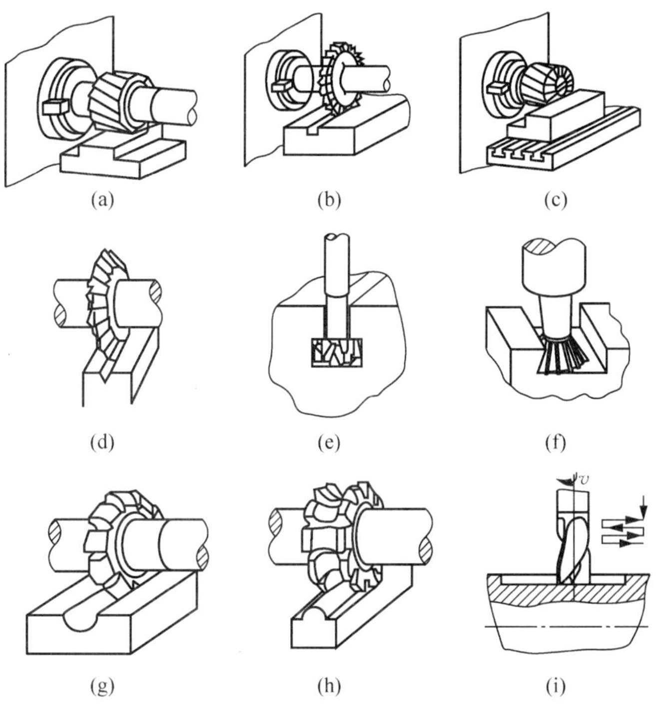

图 10.2 铣削加工范围

(a) 铣平面；(b) 铣直槽；(c) 铣台阶；(d) 铣 V 形槽；(e) 铣 T 形槽；
(f) 铣燕尾槽；(g) 铣凹圆弧；(h) 铣凸圆弧；(i) 铣键槽

10.2 铣　　床

铣床是指作旋转主运动的铣刀对作直线进给运动的工件进行铣削加工的机床。铣床的种类很多，常用的有卧式铣床和立式铣床两种。

1. 卧式万能铣床

卧式升降台铣床简称卧铣，如图 10.3 所示。它的主轴处于水平位置，铣削时，铣刀安装在铣刀轴上，铣刀的旋转为主运动，工件用螺栓、压板或夹具安装在工作台上，可随工作台作纵向进给运动。滑座沿升降台上的导轨移动，可实现横向进给运动；升降台可沿床身导轨升降，实现垂直进给运动。工作台能在水平面内旋转一定角度(±45°)的卧式铣床称为卧式万能铣床。

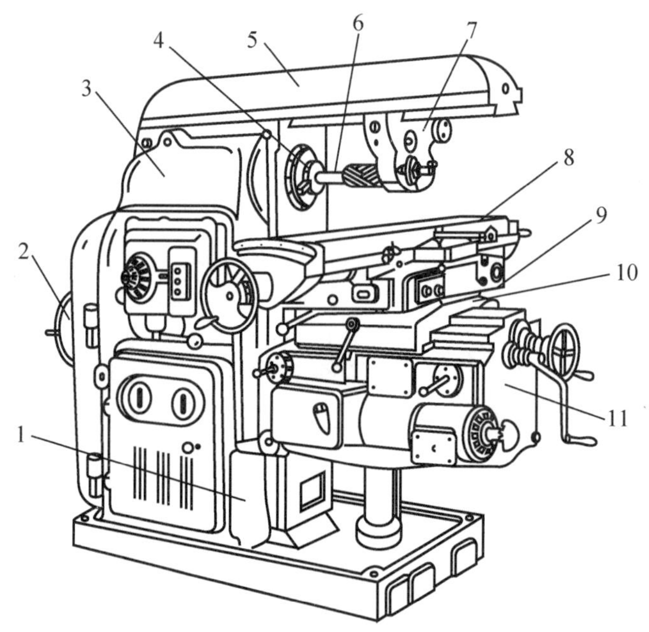

图 10.3　卧式升降台铣床

1—床身；2—电动机；3—变速机构；4—主轴；5—横梁；6—刀杆；
7—刀杆支架；8—纵向工作台；9—转台；10—横向工作台；11—升降台；

卧式升降台铣床常见的型号有 X6132、X6020B、X62W(老型号)等。

2. 立式铣床

立式升降台铣床简称立铣，如图 10.4 所示。它与卧式铣床的主要区别在于它的主轴是直立的，与工作台面垂直。有的立式铣床的主轴还能在垂直面内转动一定的角度，以扩大加工作范围。

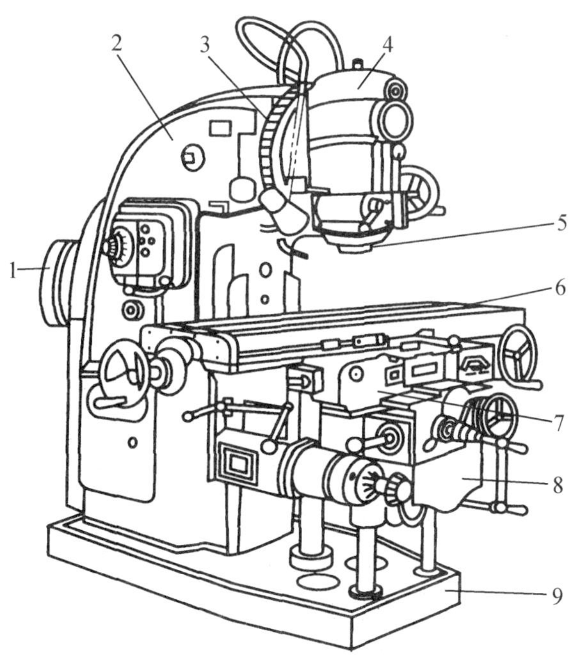

图 10.4 立式升降台铣床

1—电动机；2—床身；3—立铣头旋转刻度盘；4—立铣头；5—主轴；
6—纵向工作台；7—横向工作台；8—升降台；9—底座

立式升降台铣床常见的型号有 X5032、X5040、X52K(老型号)等。

3. 无升降台式铣床

无升降台铣床的特点是工作台不能作升降运动，而只能在固定的台座上作纵、横向移动或绕垂直轴转动，刀具和工件在垂直方向的调整和进给运动由机床主轴完成。这种铣床的刚性和抗振性比升降台式铣床好得多。它通常制成较大的尺寸，适于加工中型零件。图 10.5 所示为无升降台的圆工作台铣床的外形。

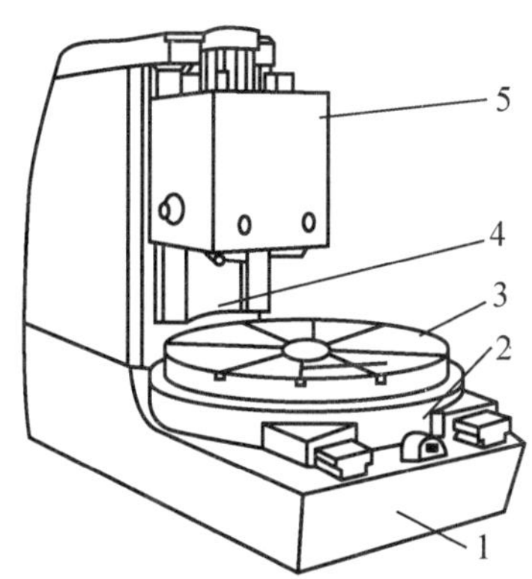

图 10.5 圆工作台铣床

1—床身；2—滑座；3—圆工作台；4—立柱；5—主轴箱

4. 龙门铣床

龙门铣床主要用于加工中型和大型工件上的平面，如图 10.6 所示。机床具有一个龙门式的框架，其横梁与机床立柱上装有主轴箱(铣头)，通用的龙门铣床一般装有 3～4 个铣头，每个铣头都是一个独立的主运动传动部件。在加工时，工作台带动工件作纵向进给运动，当工件从铣刀下通过后，它就被加工出来了。由于龙门铣床的刚性与抗振性都很好，又是几把铣刀同时工作，所以其生产率高，它在成批和大量生产中得到了广泛的应用。

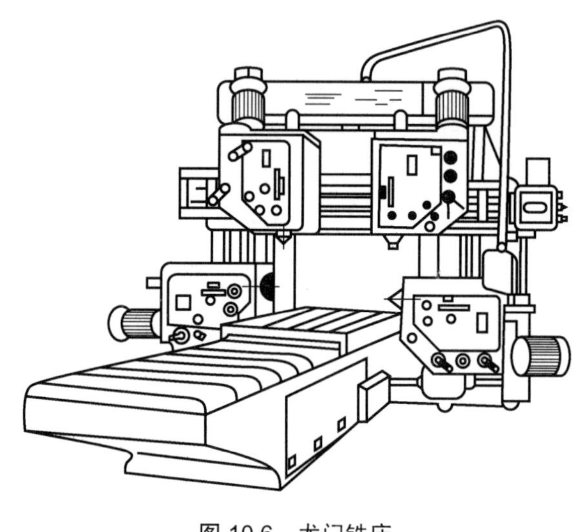

图 10.6　龙门铣床

5. 特钟铣床

特种铣床种类很多，它是为某种特殊用途而设计制造的铣床，如仿形铣床按其仿形的坐标数可分为双向坐标与三向坐标仿形两类，其适用于加工各种复杂形状的平面凸轮和立体曲面零件(如塑料模、玻壳模、锻模等的型腔)。特钟铣床是模具和异形零件加工常用的机床。

10.3　铣刀及其安装

1. 铣刀的种类和用途

铣刀的种类很多，用于加工各类平面，常用的铣刀及其应用介绍如下。

⑴圆柱铣刀。圆柱铣刀如图 10.7(a)所示，其切削刃分布在圆柱表面上(无副切削刃)，一般由高速钢整体制造，也可镶焊硬质合金刀片。它用于卧式铣床上加工平面，加工效率不太高。

(2) 面铣刀。面铣刀(也称端铣刀)如图 10.7(b)所示，其主切削刃分布在圆柱或圆锥面上，刀齿由硬质合金刀片制成，用机夹或焊接固定在刀体上。它用于在立式铣床上加工平面，尤其适合加工大面积平面，加工效率较高。

(3) 槽铣刀。槽铣刀(也称盘铣刀)分为单面刃、三面刃和错齿三面刃铣刀 3 种。图 10.7(c)所示为错齿三面刃铣刀，它的圆柱面和两端面上均有切削刃，并且圆柱面上的刀齿呈左右旋交错分布，既具有刀齿逐渐切入工件、切削较为平稳的优点，又可以使左右轴向力获得

平衡。槽铣刀主要用于加工直槽，也可加工台阶面，其加工效率较高。

薄片的槽铣刀也称锯片铣刀，如图 10.7(d)所示，主要用于切削窄槽或切断工件。

(4) 立铣刀。立铣刀如图 10.7(e)、图 10.7(f)所示，主切削刃分布在圆柱面上。它主要用于立式铣床加工沟槽，也可用于加工平面。

(5) 键槽铣刀。键槽铣刀如图 10.7(g)所示，其刃瓣只有两个，兼有钻头和立铣刀的功能。在铣槽时沿铣刀轴向钻孔，再沿工件轴向铣出键槽。

(6) T 形槽铣刀。T 形槽铣刀如图 10.7(h)所示，若不考虑柄部和尺寸的大小，它类似于三面刃铣刀，其主切削刃分布在圆柱面上。它主要用于加工 T 形槽。

(7) 角度铣刀。角度铣刀如图 10.7(i)、图 10.7(j)所示，用于铣削角度槽和斜面。

(8) 成形铣刀。成形铣刀如图 10.7(k)、图 10.7(l)所示，是铣削外成形表面的专用铣刀。

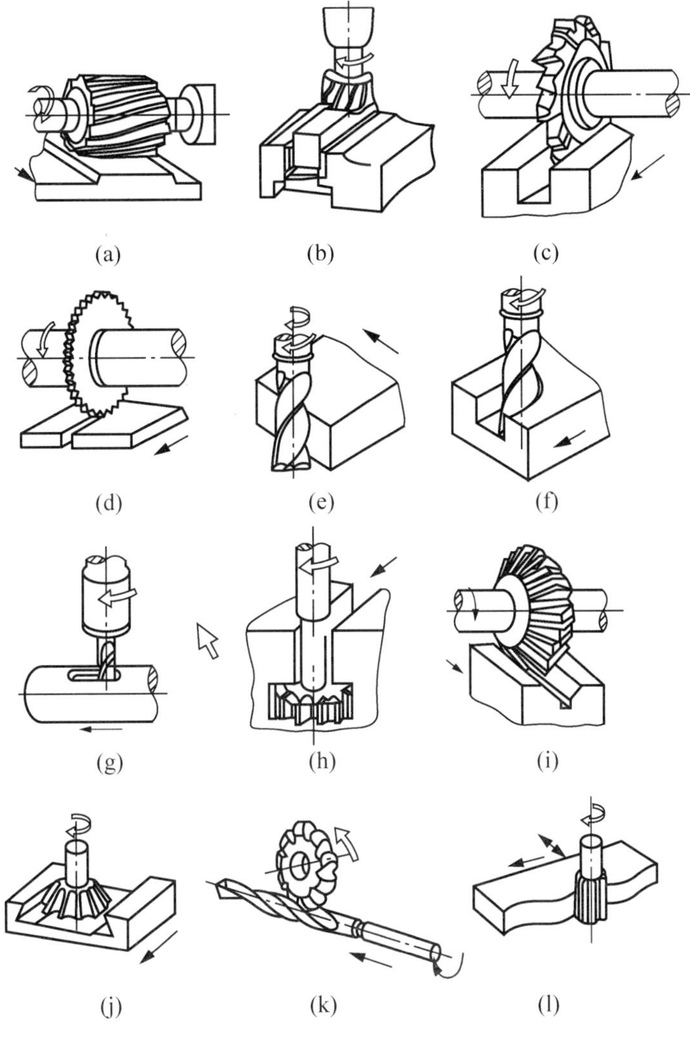

图 10.7　铣刀的类型及应用

(a) 圆柱铣刀；(b) 面铣刀；(c) 槽铣刀；(d) 锯片铣刀；(e)、(f) 立铣刀；(g) 键槽铣刀；(h) T 形槽铣刀；(i)、(j) 角度铣刀；(k)、(l) 成形铣刀

2. 铣刀的安装

(1) 在卧式铣床上安装圆柱铣刀或槽铣刀，其安装步骤如图 10.8 所示。

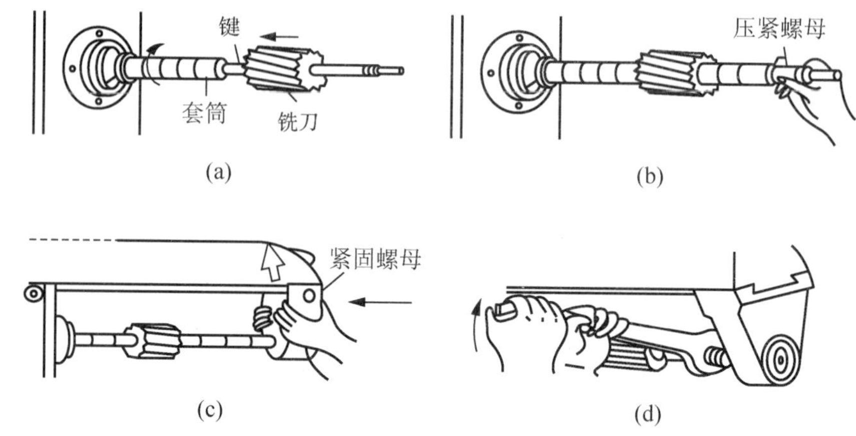

图 10.8　安装圆柱铣刀的步骤

(a) 安装刀杆和铣刀；(b) 装上几个套筒后拧上螺母；(c) 装上吊架；(d) 拧紧螺母

(2) 在立式铣床上安装面铣刀，如图 10.9 所示。

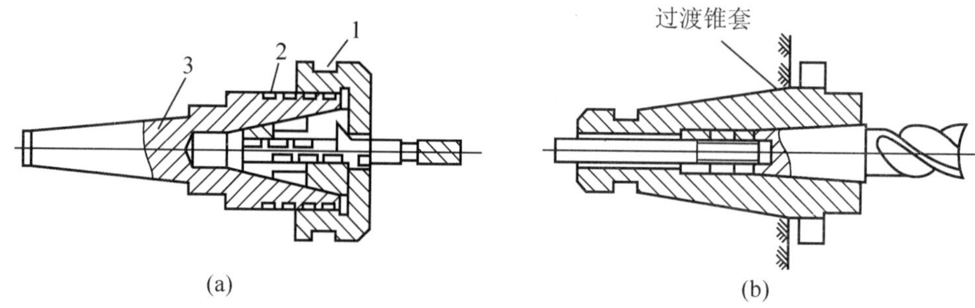

图 10.9　立铣刀的安装

(a) 使用弹簧夹头安装直柄铣刀；(b) 使用过渡锥套安装锥柄铣刀

1—螺母；2—弹簧套；3—夹头体

图 10.9(a)为直柄铣刀的安装，铣刀的柱柄插入弹簧套 2 的光滑圆孔中，用螺母 1 压弹簧套的端面，弹簧套的外锥挤紧在夹头体 3 的锥孔中而将铣刀夹住。通过更换弹簧套和在弹簧套内加上不同内径的套筒，这种夹头可以安装直径在ϕ20mm 以内的直柄立铣刀。

图 10.9(b)为锥柄铣刀的安装，锥柄铣刀可直接安装在铣床主轴的锥孔中，或使用过渡锥套安装。

10.4　铣削基本工艺

10.4.1　铣平面

1. 用圆柱铣刀铣平面

圆柱铣刀一般用于卧式铣床铣平面，它分为直齿和螺旋齿两种，如图 10.10 所示。由于直齿切削不如螺旋齿切削平稳，因而现在多用螺旋齿圆柱铣刀。

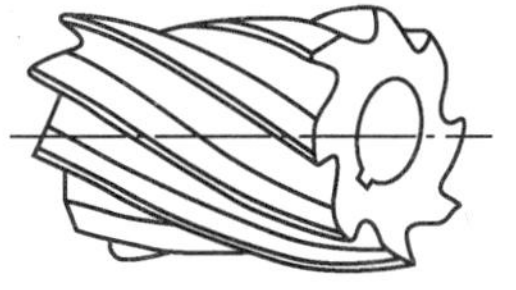

图 10.10　圆柱铣刀的分类

(1) 逆铣和顺铣。用圆柱铣刀加工时，有两种不同的铣削方式，即逆铣和顺铣，如图 10.11 所示。

逆铣指铣刀旋转方向和工件进给方向相反，而顺铣则相同。实践证明，顺铣和逆铣相比，顺铣有利于高速铣削，能提高工件表面的加工质量，并有助于工件夹持稳固，但它只能应用在装有能消除工作台进给丝杠与螺母之间间隙的这样一种机构的铣床上，对没有硬皮的工件进行加工，而在一般情况下都是采用逆铣法加工。

(2) 工件的安装。在铣平面时，工件可夹紧在机用虎钳上，也可用压板直接压紧在工作台上。工件的安装方法与刨平面时相似。

(3) 铣刀的安装。圆柱铣刀是安装在刀杆上的。刀杆与主轴的连接方法如图 10.12 所示。安装圆柱铣刀的步骤如图 10.13 所示。

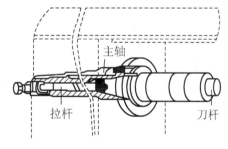

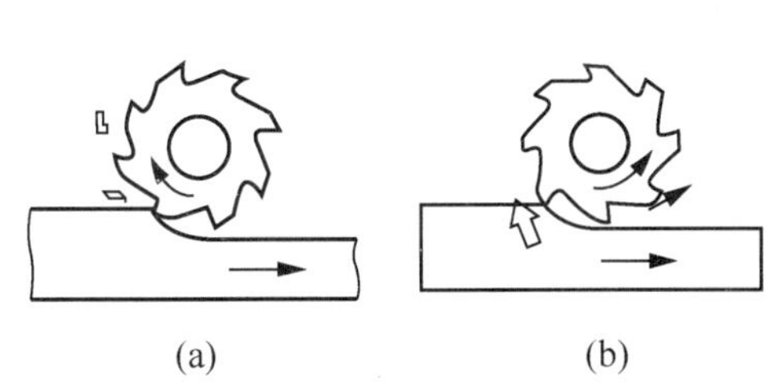

图 10.11　逆铣和顺铣

(a) 逆铣；(b) 顺铣

图 10.12　刀杆与主轴的连接方法

安装圆柱铣刀的操作步骤如下。

① 刀杆上先套上几个垫圈，装上键，再套上铣刀，如图 10.13(a)所示。

② 铣刀外边的刀杆上再套上几个垫圈后，拧上左旋螺母，如图 10.13(b)所示。

③ 装上支架，拧紧支架紧固螺钉，轴承孔内加油润滑，如图 10.13(c)所示。

④ 初步拧紧螺母，开车观察铣刀是否装正，装正后用力拧紧螺母，如图 10.13(d)所示。

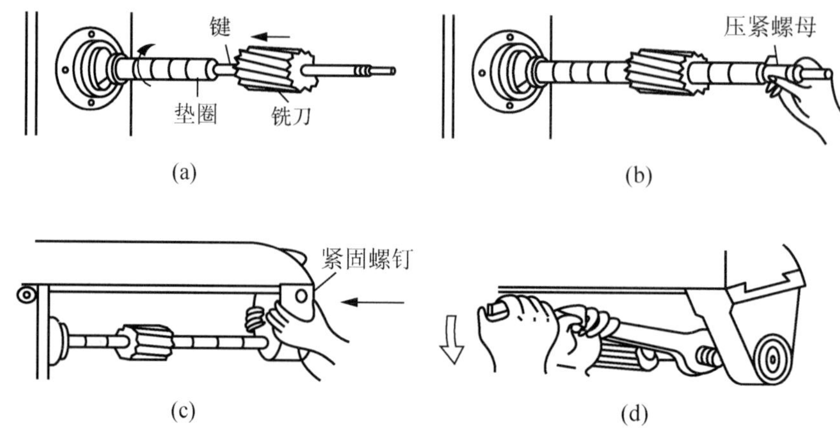

图 10.13　安装圆柱铣刀的步骤

此外，选用铣刀的宽度要大于所铣平面的宽度，螺旋齿圆柱铣刀的螺旋线方向应使铣削时所产生轴向力将铣刀推向主轴轴承方向。

(4) 铣平面的步骤。在卧式万能铣床上用圆柱铣刀铣平面的步骤如图 10.14 所示。

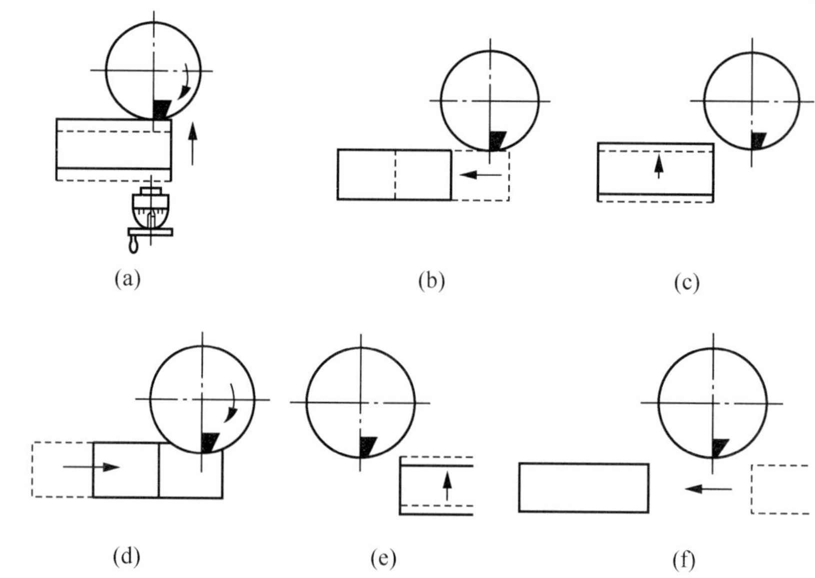

图 10.14　铣削平面的步骤

① 开车使铣刀旋转，升高工作台使工件和铣刀稍微接触，然后停车将垂直丝杠刻度盘零线对准，如图 10.14(a)所示。

② 纵向退出工件，如图 10.14(b)所示。

③ 利用刻度盘将工作台升高到规定的铣削深度位置，紧固升降台和横滑板，如图 10.14(c)所示。

④ 先用手动使工作台纵向进给，当工件被稍微切入后，改为自动进给。工件的进给方向通常与切削方向相反，如图 10.14(d)所示。

⑤ 铣完一遍后，停车，下降工作台，如图 10.14(e)所示。

⑥ 退回工作台，测量工件尺寸，并观察表面粗糙度。重复铣削到规定要求，如图 10.14(f)所示。

2. 用端铣刀铣平面

端铣刀(图 10.15)一般用于立式铣床上铣平面，如图 10.16(a)所示，也可用在卧式铣床上铣侧面，如图 10.16(b)所示。

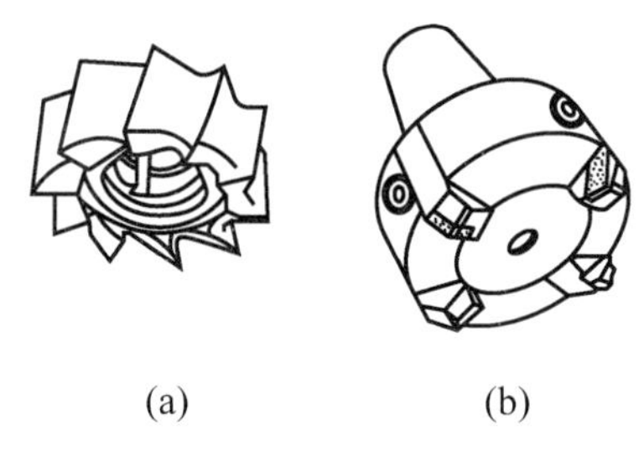

(a)　　(b)

图 10.15　端铣刀

(a) 整体式；(b) 镶齿式

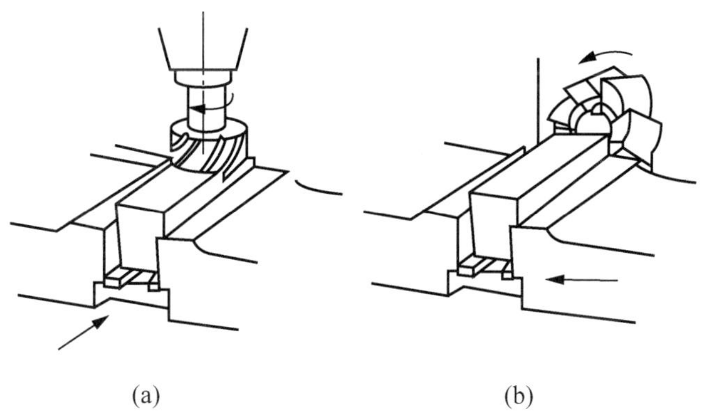

(a)　　(b)

图 10.16　用端铣刀铣平面

用端铣刀铣平面与用圆柱铣刀铣平面相比，其特点是：切削厚度变化较小，同时参与切削的刀齿较多，因此切削比较平稳；端铣刀的主切削刃担负着主要的切削工作，而副切削刃又有修光作用，所以表面加工质量好；端铣刀易于镶装硬质合金刀齿；端铣刀刀杆比圆铣刀的刀杆短，刚性较好，能减少加工中的振动，提高切削用量。因此在铣削平面时，广泛采用端铣刀铣平面这种方法。

10.4.2　铣台阶面

台阶面可以用三面刃盘铣刀在卧式铣床上铣削，如图 10.17(a)所示；也可用大直径的立铣刀在立式铣床上铣削，如图 10.17(b)所示；在成批生产中，则用组合铣刀同时铣削几个台阶面，如图 10.17(c)所示。

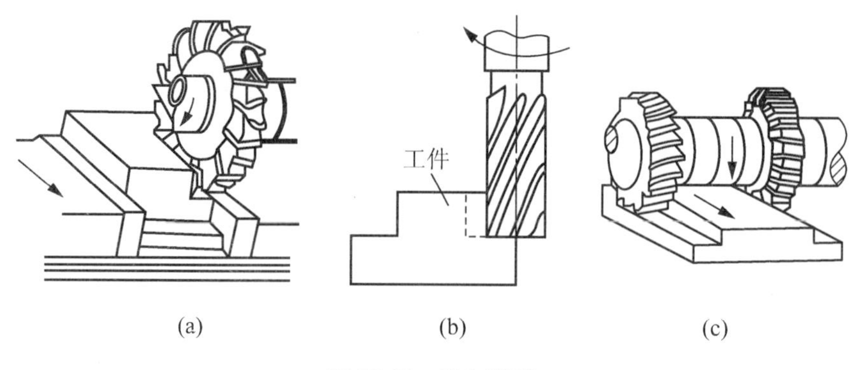

图 10.17　铣台阶面

(a) 用三面刃盘铣刀；(b) 用立铣刀；(c) 用组合铣刀

10.4.3　铣键槽

在铣床上可铣削各种沟槽。轴上的键槽通常就是在铣床上铣削的。开口键槽可在卧式铣床上用三面刃盘铣刀来铣削，如图 10.18 所示。

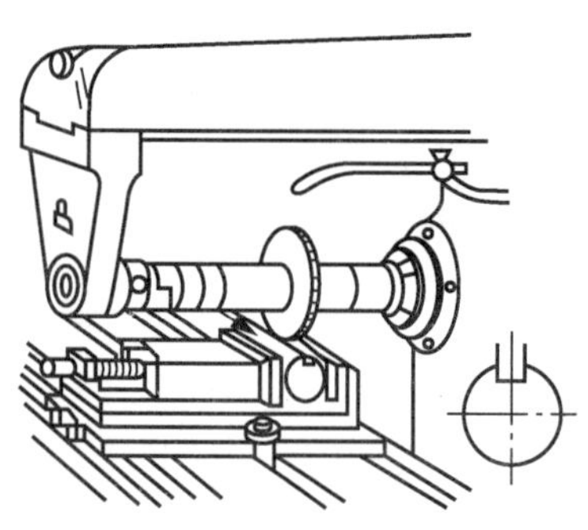

图 10.18　盘铣刀铣键槽示意图

三面刃盘铣刀铣键槽步骤如下。

(1) 选择及安装铣刀。三面刃盘铣刀的宽度应根据键槽的宽度选择。铣刀必须装得准确，不应左右摆动，否则铣出的槽宽将不准确。

(2) 安装工件。轴类工件常用虎钳安装。为使铣出的键槽平行于轴的中心线，虎钳钳口须与纵进给方向平行，如图 10.19 所示。在装夹工件时，应使轴的端部伸出钳口外，以便对刀和检验键槽尺寸。

(3) 对刀。在铣削时盘铣刀的中心平面应和轴的中心线对准，对刀方法如图 10.20 所示。铣刀对准后，将横溜板紧固。

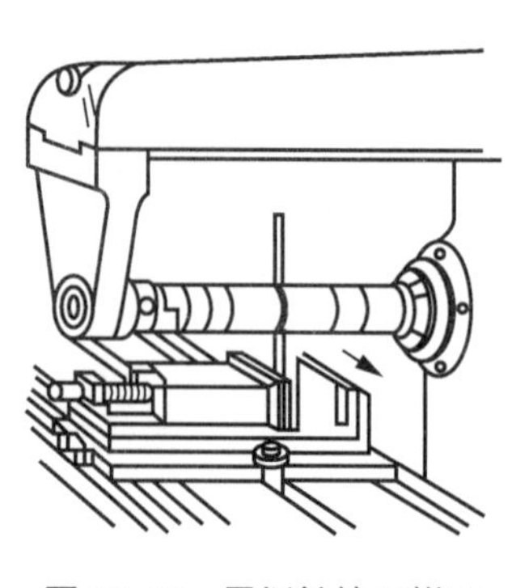

图 10.19　用划针校正钳口

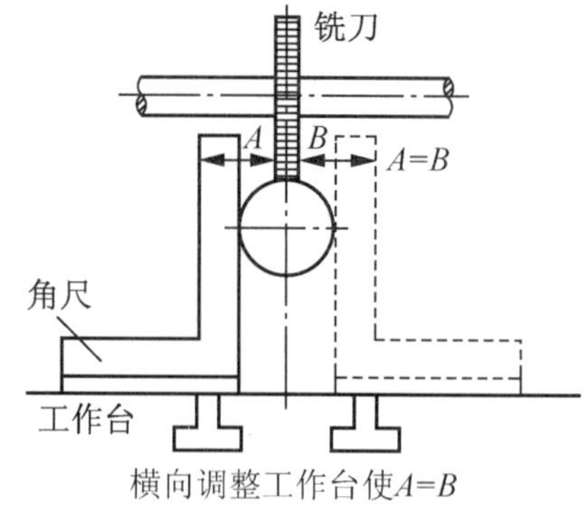

图 10.20　对刀方法

(4) 调整铣床。调整方法与铣平面相同，先试切，检验槽宽，然后铣出键槽的全长。当铣削较深的键槽时，须分成几次进行。

封闭键槽大多在立式铣床上用键槽铣刀来铣削，如图 10.21 所示。

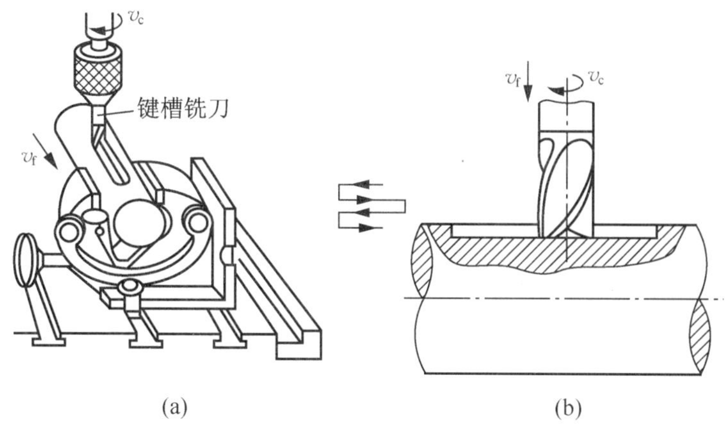

图 10.21 在立式铣床上铣封闭键槽

10.4.4 铣直齿圆柱齿轮

直齿圆柱齿轮的加工方法有两大基本类型，即成形法和展成法。

1. 成形法

用与被加工齿轮齿槽形状相符的成形铣刀来加工出齿形的方法，称作成形法。在卧式铣床上加工直齿圆柱齿轮如图 10.22 所示。

图 10.22 直齿圆柱齿轮

1—分度头；2—拨块；3—卡箍；4—模数铣刀；5—工件；6—心轴；7—尾架

铣直齿轮要用专门的齿轮铣刀——模数铣刀。铣刀应根据齿轮的模数和齿数来选择。同一模数的齿轮铣刀通常由 8 个号组成一套。每一号铣刀仅适合于加工一定齿数范围的齿轮，见表 10-1。

表 10-1　铣刀号数与齿轮齿数的关系

铣刀号数	1	2	3	4	5	6	7	8
能铣制的齿轮齿数	12～13	14～16	17～20	21～25	26～34	35～54	55～135	135 以上

在加工时，齿轮坯套在心轴上，安装于分度头主轴与尾架之间，每铣削一齿，就利用分度头进行一次分度，直至铣完全部轮齿为止。

每个齿的深度可按下式计算

齿深=2.25×模数

当齿深不大时，可一次粗铣完，约留 0.21mm 作为精铣余量；齿深较大时，应分几次铣出整个齿槽。

成形法加工的特点有以下几个方面。

(1) 不需专用设备(普通铣床即可)，刀具成本低。

(2) 铣刀每铣一齿都要重复消耗一段切入、退刀和分度的辅助时间，因而生产率较低。

(3) 加工出的齿轮精度较低，只能达到 IT11～IT9。这是因为每一号铣刀的刀齿轮廓只与该号范围内最少齿数齿槽的理论轮廓相一致，对其他齿数的齿轮只能获得近似齿形。此外分度误差也比较大。

根据以上特点，成形法铣齿一般多用于修配或单件制造某些低转速和精度要求不高的齿轮。

2. *展成法*

利用齿轮刀具与被加工齿轮的互相啮合运动而加工出齿形的方法，称作展成法。常用的有插齿和滚齿两种。

1) 插齿

它是在插齿机上用插齿刀加工齿轮的方法，如图 10.23 所示。

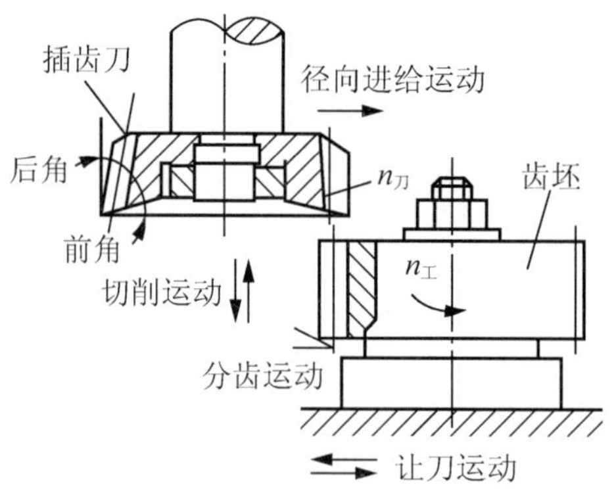

图 10.23　插齿法

插齿用的插齿刀相当于一个直齿圆柱齿轮，在每一个牙齿上均磨出前、后刀面，从而形成了刀刃。

插齿的工作原理相当于一对直齿圆柱齿轮啮合的原理。因此在插齿时，插齿刀与被切齿轮坯之间应具有严格的强制啮合关系，即

$$n_{刀}/n_{坯}=z_{坯}/z_{刀}$$

式中：$n_{刀}$——插齿刀转速；

$n_{坯}$——齿轮坯转速；

$z_{刀}$——插齿刀的齿数；

$z_{坯}$——齿轮坯的齿数。

此外插齿刀还须做上下往复运动和径向进给运动，以切出全齿。齿轮坯还应在插齿刀返回时，作往复让刀运动。

插齿除用于加工直齿圆柱齿轮外，还可以用来加工多联齿轮和内齿轮等。

插齿加工所能达到的精度为 IT8～IT7，齿面粗糙度 *Ra* 值为 3.2～1.6 μm。

2) 滚齿

它是在滚齿机上用滚刀加工齿轮的方法，如图 10.24 所示。

滚齿用的滚刀可以看成是一个齿数很少(单头滚刀的齿数等于 1)的螺旋齿轮。因为其齿数少，螺旋角又很大，所以成蜗杆状。为形成切削刃和前、后角，又在这个蜗杆上进行开槽和铲齿，于是就形成了滚刀。

滚齿的工作原理相当于一对螺旋齿轮啮合的原理。因此在滚齿时，滚刀与被加工齿轮坯之间应具有严格的强制啮合关系，即滚刀每转一周，齿轮坯应转过 *K* 个齿(*K* 为滚刀的头数)。此外，滚刀还沿齿轮坯的轴线方向作进给移动，直至切出全齿为止。

在安装滚刀时，应使滚刀的齿向与被加工齿轮的齿向一致，因此滚刀要偏转一个角度。当用滚刀加工直齿圆柱齿轮时，滚刀的轴线应从水平位置偏转一个 α 角(图 10.25)，使它等于滚刀的螺旋升角 λ。

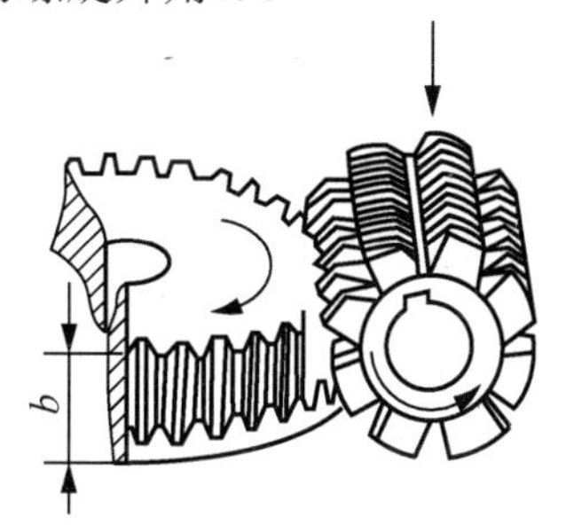

图 10.24 滚齿

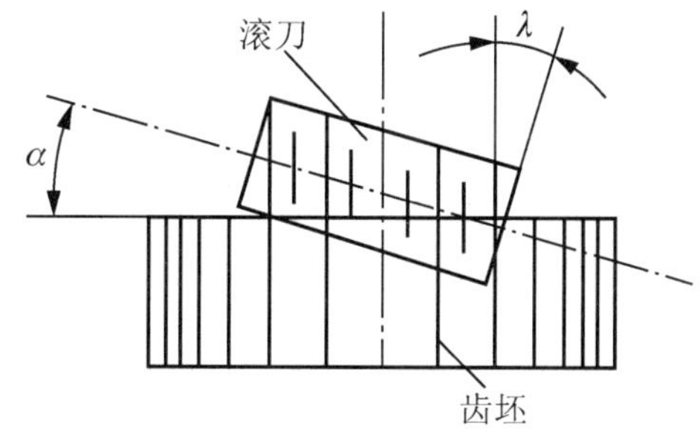

图 10.25 滚直齿圆柱齿乾时滚刀的安装角

滚齿除用于加工直齿、斜齿圆柱齿轮外，还可以用来加工蜗轮和链轮等。

滚齿加工所能达到的精度为 IT8～IT7，齿面粗糙度 *Ra* 值为 3.2～1.6μm。

滚齿和插齿均能用一把刀具加工同一模数任意齿数的齿轮，其加工精度和生产效率都比成形法加工高，因此应用较为广泛。

10.5 铣床附件及应用

1. 回转工作台

回转工作台也称圆工作台，它是铣床的常用附件之一。它主要用来装夹工件，以满足工件沿圆周分度或铣削工件上的圆弧表面的要求。它分为手动进给和机动进给两种。机动和手动两用回转工作台(图 10.26)主要由转台、手柄、手轮、传动轴和底座等组成。当手动时，可将手柄放在中间位置，使内部的离合器与锥齿轮脱开；摇动手轮，通过内部蜗杆带动蜗轮和转台一起转动。当需要机动时，则可将手柄推向两端位置(工作台左旋或右旋)，使离合器与锥齿轮啮合，再将传动轴与万向节头联接，由铣床的传动装置来驱动转台旋转。

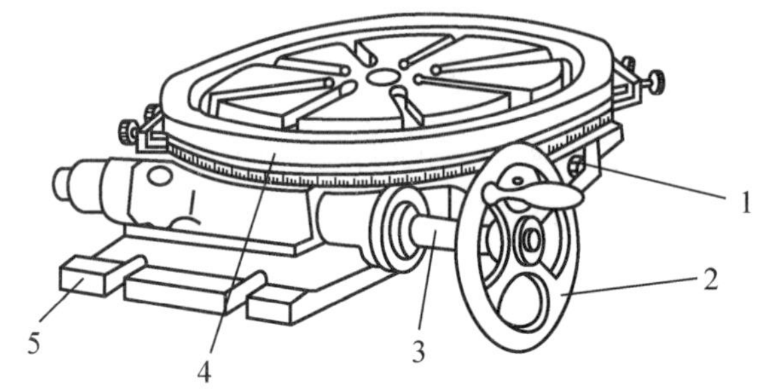

图 10.26　回转工作台

1—螺钉；2—手轮；3—蜗轮轴；4—转台；5—底座

2. 万能分度头

1) 分度头的作用与组成

当铣削多边形零件或花键轴时，每铣完一个面或一个槽后，便需转过一个角度，再铣第二面或槽，这种转角度的工作叫分度。分度头是分度机构，是铣床的主要附件之一，它主要用于加工多面体零件(如四方头螺栓、六角头螺钉、螺母、花键轴、离合器等)。

分度头有多种类型，其中以万能分度头应用较广泛。图 10.27 所示为 FW250 型万能分度头在铣床上装夹工件的情形。它主要由分度盘、旋转手柄、机座、传动机构和夹持工件部分等组成。在其工作时，可使工件周期性地绕其轴线转动一定角度，把工件等分或不等分成若干部分。万能分度头适用于单件小批量生产及维修工作。

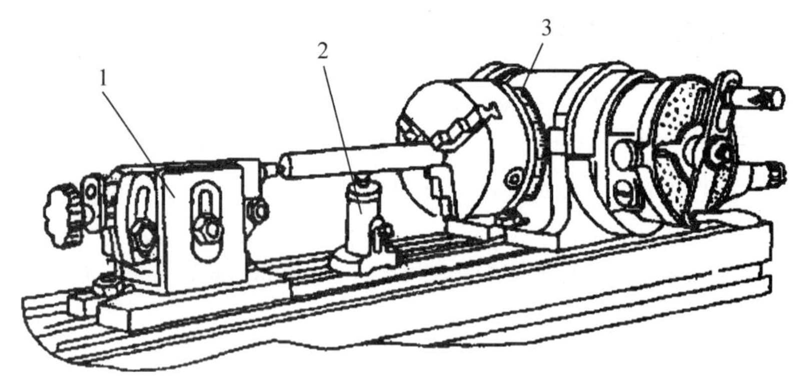

图 10.27　FW250 型万能分度头装夹工件的情形

1—尾座；2—千斤顶；3—分度头

2) 简单分度

简单分度直接利用分度盘进行，如图 10.28 所示，蜗杆蜗轮副的传动比为 1∶40。在

分度时，用锁紧螺钉将分度盘固定，旋转手柄 K，通过蜗杆、蜗轮使主轴转动。手柄转一圈，主轴及工件转过 1/40 转(转过 9°)。若工件需 z 等分，则每铣完一等分后，主轴应转过 $1/z$ 转，手柄便应转 n 转，即

$$1:(1/40)=n:(1/z)$$

$$n=40/z=(\alpha+p)/g$$

式中：α——每次分度时，手柄应转的整数转(当 $z>40$ 时，$\alpha=0$)；

g——分度盘上所适用孔圈的孔数；

p——手柄 K 在适用的孔圈上转过的孔数。

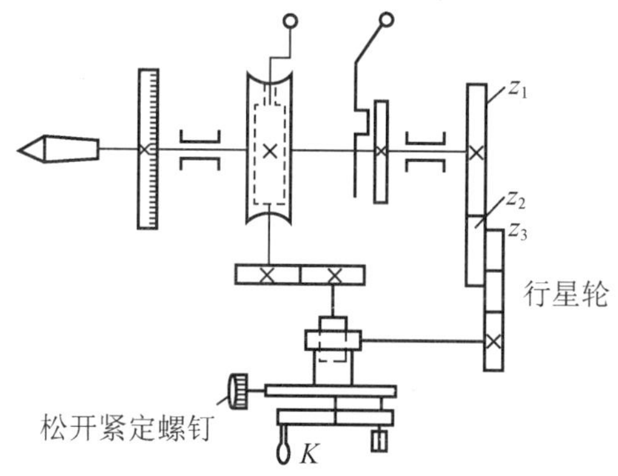

图 10.28 分度头传动系统图

如铣 35 个齿的齿轮，每分一个齿时(即工件应转过 1/35 转)，手柄便应转 $n=40/z=40/35=1+4/28$ (转)。

28、42、49 均为分度盘上具有的孔圈孔数。如果选 28 个孔的孔圈，则每分一个齿，手柄应转一整转，再在 28 孔的孔圈上转过 4 个孔。

为便于记录所转过的孔数可使用分度叉，分度叉的两个脚可调整为任意角度。

简单分度只适用于分度数 z 与分度盘上孔圈孔数相同，或 $40/z$ 约分后，其分母为分度盘上某个孔圈孔数的因数的情况。

10.6 铣削操作的安全规程与维护保养

铣削操作除参照执行车工实习的安全规程外，还需要注意以下几点。

(1) 当多人共同使用一台铣床时，每次只能一人操作，并注意他人的安全。

(2) 在切削时绝对禁止用手去触摸刀具和工件，也不能开机测量工件。

(3) 工件必须压紧夹牢，以防发生事故。

(4) 工作结束后，关闭电源，清除切屑，仔细擦拭机床，添加润滑油，保持良好的工作环境。

思 考 题

1. 铣削时刀具和工件做哪些运动？铣削用量如何表示？铣床上能加工哪些表面？

2. 铣削加工的精度一般可达到几级？表面粗糙度值 Ra 为多少？

3. 铣床有哪几种？它们的主要区别是什么？

4. 卧式万能铣床主要由哪几部分组成？各自有何功用？

5. 分度头有何功用？试述分度头的工作原理。

6. 若工件需作 11、28、45 等几种等分，试分别进行分度。

7. 当用圆柱铣刀铣平面时，有顺铣和逆铣之分，它们的不同点是什么？在什么条件下才能使用顺铣？

8. 为什么用端铣刀铣平面比用圆柱铣刀铣平面好？

9. 铣台阶面的方法有哪几种？

10. 铣斜面的方法有哪几种？

11. 当加工轴上封闭式键槽时常选用什么铣床和刀具？

12. T 形槽和燕尾槽是怎样铣削的？铣削时应注意些什么？

13. 铣曲面的方法有哪几种？各自有何特点？

14. 在铣床上如何铣螺旋槽？

15. 用成形法加工齿轮有何特点？

第 11 章 刨削加工

在刨床上用刨刀加工工件的方法称为刨削。刨削是最普通的切削加工方法之一。

11.1 刨削加工概述

1. 刨削加工特点

(1) 机床刀具简单、通用性好。刨削可以加工各种平面、沟槽及成形面，它所用机床成本低，刀具的生产和刃磨简单，生产准备周期短，所以刨削加工的成本低。

(2) 生产率较低。因为刨刀回程时不切削，加工不是连续的；加之一般又是用单刃刨刀进行加工，而且加工时冲击现象很严重，这就限制了切削速度的提高，所以，刨削加工生产率较低，一般用于单件小批生产或修配工作。

(3) 加工精度较低。一般加工精度可达 IT9～IT8，表面粗糙度可达 Ra12.5～1.6μm。

(4) 刨削加工长而窄的表面时仍可得到较高的生产率。

2. 刨削用量

它是指刨削时所采用的刨削深度 α_p、进给量 f 和切削速度 v，如图 11.1 所示。

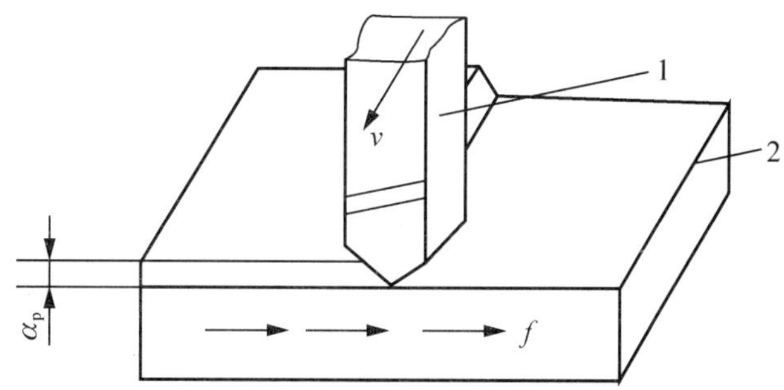

图 11.1 牛头刨床的切削用量

1—刨刀；2—工件

(1) 刨削深度 α_p。刨削深度是工件待加工表面与已加工表面之间的垂直距离，单位为mm。

(2) 进给量 f。进给量是刨刀每往复一次工件在进给方向上相对于刨刀的位移量，单位为 mm/str，对于 B6065 牛头刨床来说，它的计算公式为

$$f = z / 3(\text{mm/str})$$

式中：z——滑枕每往复行程一次棘轮被拨过的齿数。

进给量 f 的范围为 0.33～3.3mm。

(3) 切削速度 v。切削速度是刨刀切削时往复运动的平均速度。因为刨削时，工件行程速度慢，回程速度快，且各瞬间的速度也是变化的，所以刨削的切削速度用平均速度 v 表示：

$$v = 2Ln / (1000 \times 60)(\text{m/s})$$

式中：L——刀具行程(mm)；

n——滑枕每分钟往复次数。

3. 刨削加工范围

刨削是最普通的平面加工方法之一。刨床的加工范围很广，主要用来加工平面(水平面、垂直面、斜面)、各种沟槽(直槽、T 形槽、V 形槽、燕尾槽)及一些成形面。刨床的加工范围见表 11-1。刨床上加工的典型零件如图 11.2 所示。

表 11-1　刨削加工范围

刨削名称	刨平面	刨垂直面	刨斜面	刨燕尾槽
加工简图	v, f	v, f	v, f	f, v

刨削名称	刨 T 形槽	刨直槽	刨成形面
加工简图	v, f	v, f	v, f_1, f_2

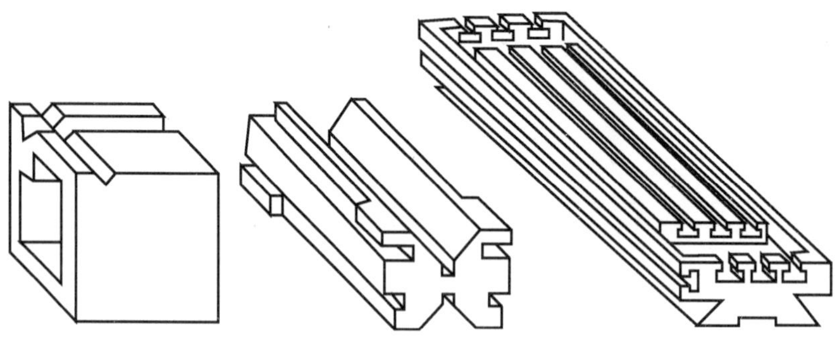

图 11.2　刨床上加工的典型零件

11.2　刨　　床

11.2.1　牛头刨床

牛头刨床是刨削类机床中应用较广泛的一种，主要用于加工中小型工件。下面以常用的 B6065 型(相当于原型号 B665)牛头刨床为例，介绍其组成和典型的传动机构及调整。

1. B6065 型牛头刨床的主要组成部分及其作用

图 11.3 所示为 B6065 型牛头刨床外形图。

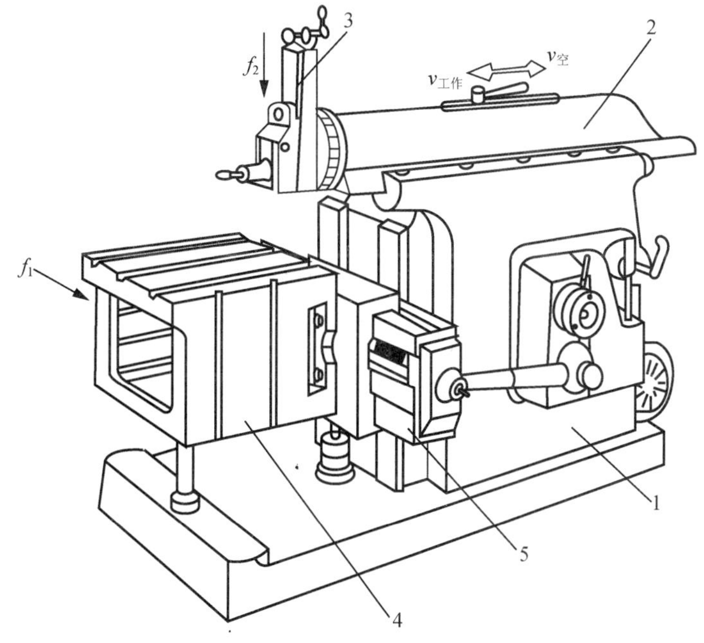

图 11.3　B6065 型牛头刨床

1—床身；2—滑枕；3—刀架；4—工作台；5—横梁

B6065 型号含义如下。

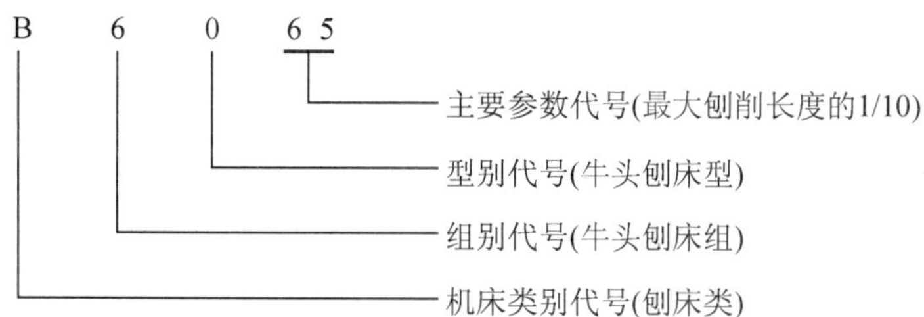

即它是最大刨削长度为 650m 的牛头刨床。

B6065 型牛头刨床主要组成部分的名称和作用如下。

(1) 床身。它用来支承刨床各部件，其顶面燕尾形轨供滑枕作往复运动用，垂直面轨供工作台升降用。床身的内部有传动机构。

(2) 滑枕。滑枕主要用来带动刨刀作直线往复运动，其前端有刀架。

(3) 刀架。刀架(图 11.4)用以夹持刨刀。摇动刀架手柄时，滑板便可沿转盘上的导轨带动刨刀作上下移动。松开转盘上的螺母，将转盘扳转一定角度后,就可使刀架斜向进给。滑板上还装有可偏转的刀座，抬刀板可以绕刀座的轴向上抬起。刨刀安装在刀夹上，在返回行程时，可绕刀轴自由上抬，以减少与工件的摩擦。

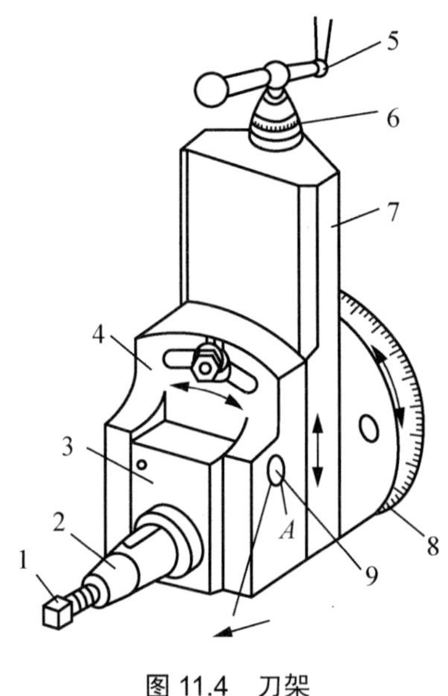

图 11.4 刀架

1—紧固螺钉；2—刀夹；3—抬刀板；4—刀座；5—手柄；
6—刻度环；7—滑板；8—刻度转盘；9—轴

(4) 工作台。工作台是用来安装工件的，它可以随横梁作上下调整，并可沿横梁作水平方向移动或作进给运动。

2. 牛头刨床的传动机构

1) 摇臂机构

摇臂机构装在床身内部，其作用是把电动机传来的旋转运动转变成滑枕的往复直线运动。摇臂机构是由摇臂齿轮和摇臂等组成的，如图 11.5 所示。摇臂的下端与支架相连，上端与滑枕的螺母相连，摇臂的滑槽与摇臂齿轮上的偏心滑块相连。当摇臂齿轮由小齿轮带动旋转时，偏心滑块就带动摇臂绕支架中心左右摆动，于是滑枕便作往复直线运动。

刨削前，要调节滑枕的行程大小，使它的长度略大于工件刨削表面的长度。调节滑枕行程长度的方法是改变摇臂齿轮上滑块的偏心位置(图 11.6)。转动方头便可使滑块在摇臂齿轮的导槽内移动，从而改变其偏心距(图 11.5 中的 R)。偏心距越大，则滑枕行程越长。

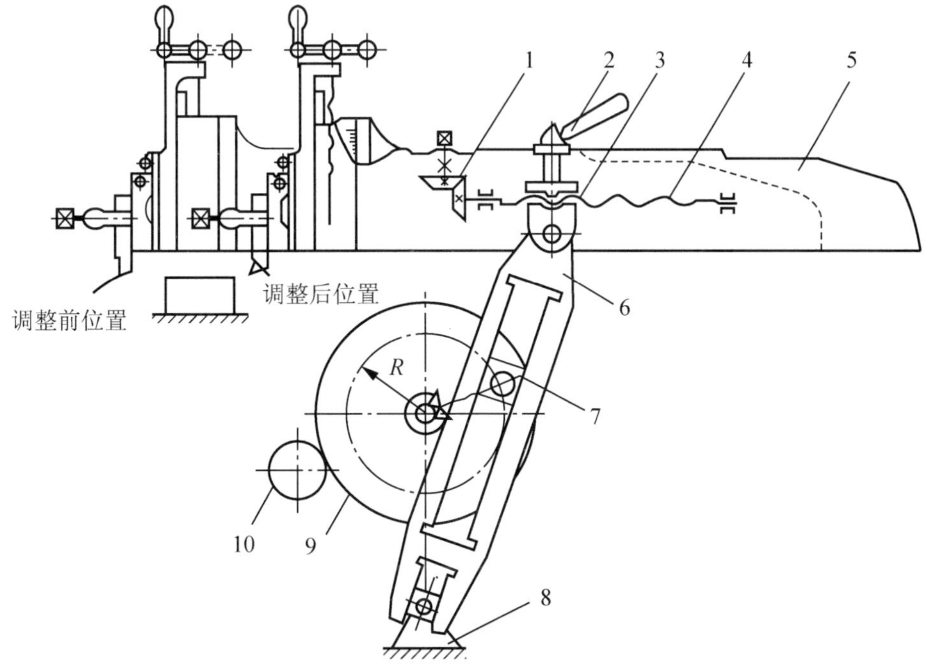

图 11.5　摇臂机构示意图

1—锥齿轮；2—缩紧手柄；3—螺母；4—丝杠；5—滑枕；6—摇臂；
7—偏心滑块；8—支架；9—摇臂齿轮；10—小齿轮

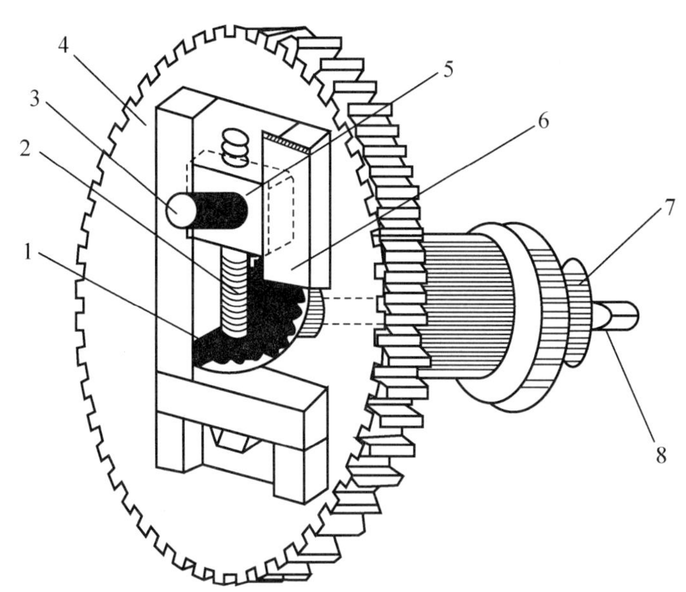

图 11.6　偏心滑块的调整

1—锥齿轮；2—丝杠；3—曲柄销；4—摇臂齿轮；5—偏心滑块；6—摇臂；7—锁紧螺母；8—小轴

刨削前，还要根据工件的左右位置来调节滑枕的行程位置。调节方法是先使摇臂停留在极右位置，松开锁紧手柄，用扳手转动滑枕内的圆锥齿轮使丝杆旋转，从而使滑枕右移至合适的位置(图 11.7 中虚线所示)，最后扳紧锁紧手柄。

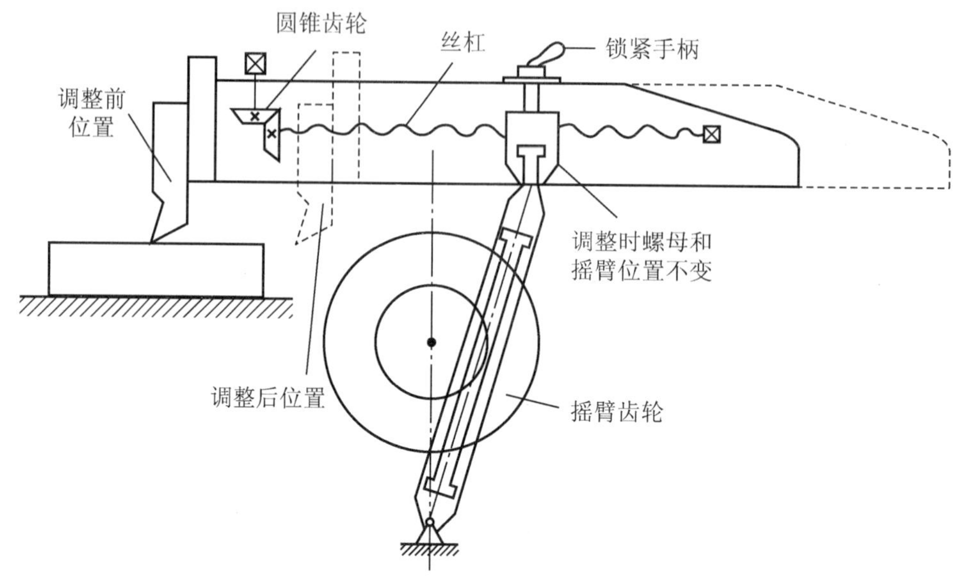

图 11.7　调节滑枕行程位置

2) 棘轮机构

棘轮机构的作用是将摇臂齿轮轴的旋转运动间歇地传递给横梁内的水平进给丝杠，使工作台在水平方向作自动进给运动。

图 11.8 所示为棘轮机构示意图。棘爪架空套在丝杠轴上，棘轮则由键和丝杠相连。齿轮 Z_{12} 固定于摇臂齿轮轴上。当齿轮 Z_{13} 被齿轮 Z_{12} 带动旋转时，偏心销借连杆使棘爪架往复摆动。摇臂齿轮 Z_{12} 每转一周(即刨刀往复一次)，摇杆往复摆动一次。

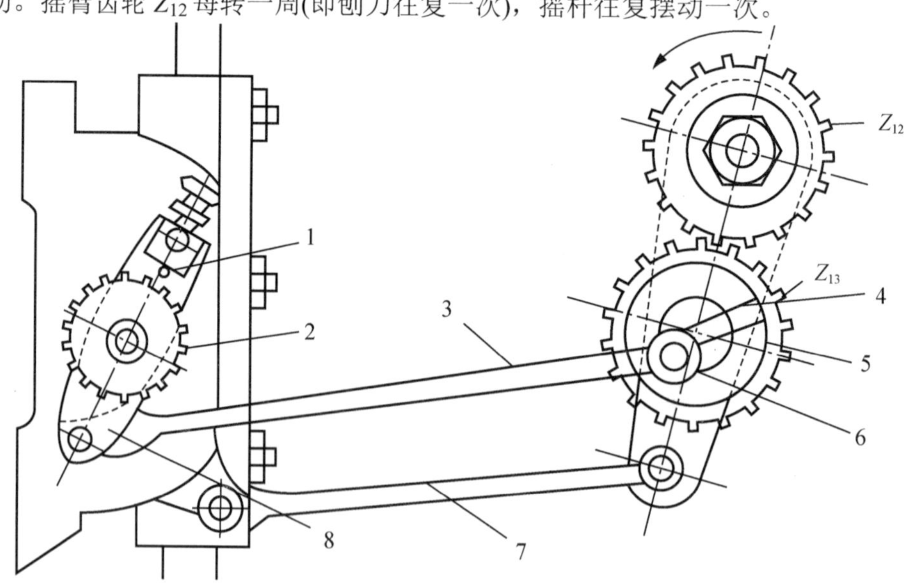

图 11.8　棘轮机构示意图

1—棘爪；2—棘轮；3—连杆；4—销子槽；5—圆盘；6—曲柄销；7—顶杆；8—棘爪架

棘爪架上有棘轮爪(图 11.9)，借弹簧压力使棘轮爪与棘轮保持接触。摇杆向左方摆动时，棘轮爪的垂直面推动棘轮；摇杆向右方摆动时，棘轮爪的斜面从棘轮齿上滑过。因此棘爪架每往复摆动一次，即推动棘轮向左转动若干齿，从而使工作台沿水平方向移动一定的距离。改变棘轮爪的方位，即可改变工作台的进给方向。如将棘轮爪提起，则棘轮爪与棘轮分离，机动进给停止，此时可用手动使工作台移动。

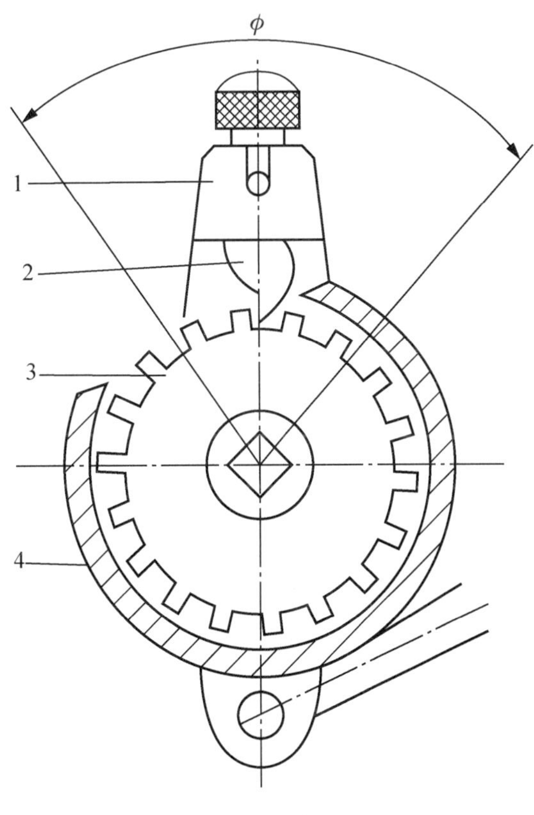

图 11.9　棘轮爪

1—棘爪架；2—棘爪；3—棘轮；4—棘轮罩

工作台进给量的大小，可借调节棘轮罩的位置，使其在棘轮爪摆动角度范围内遮住一部分齿，改变棘轮爪每次有效拨动的齿数。另一种调节进给量大小的方法是改变齿轮 Z_{13} (图 11.8)上偏心销的偏心距，若偏心距小，则棘轮爪每次拨过的齿数少，进给量就小，反之则进给量大。

11.2.2　龙门刨床

龙门刨床的外形如图 11.10 所示。它主要由床身、工作台、立柱、横梁和刀架等组成。它的主运动是工作台的直线往复运动，主参数是最大刨削宽度。刨削时，工件装夹在工作台上，根据被加工面的需要，可分别或同时使用垂直刀架和侧刀架，垂直刀架和侧刀架可作垂直或水平进给。刨斜面时，可以将垂直刀架转动一定的角度。

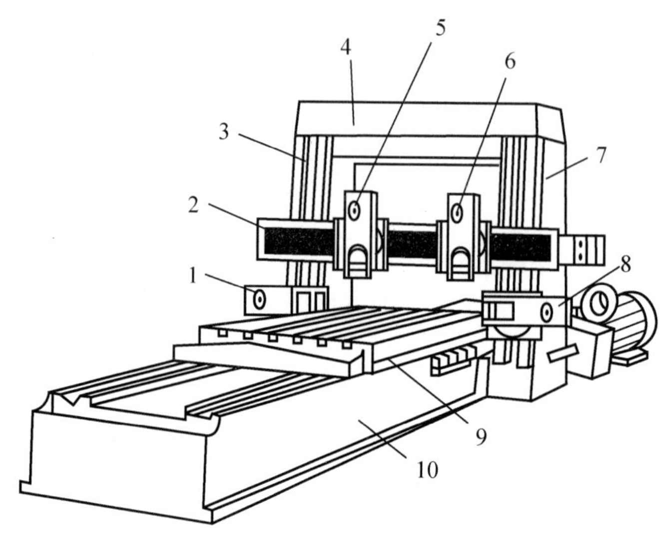

图 11.10　龙门刨床

1、8—左、右侧刀架；2—横梁；3、7—左、右立柱；4—连接梁
5、6—左右垂直刀架；9—工作台；10—床身

与牛头刨床相比，龙门刨床具有形体大、结构复杂、动力大、刚性好、传动平稳、工作行程长、操作方便、适应性强和加工精度高等特点。龙门刨床主要用来加工大平面，尤其是长窄平面，也可用来加工平面沟槽或同时加工若干个中、小型工件的平面。

龙门刨床常见的型号有 B2010、BQ2020A、B2016A 等。

11.2.3　插床

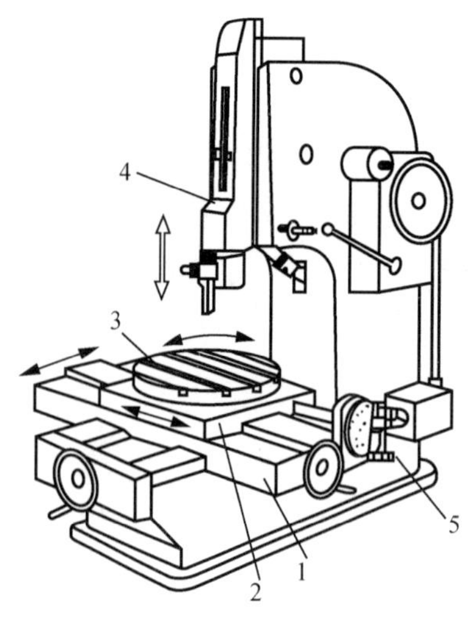

图 11.11　插床

1—床鞍；2—溜板；3—圆工作台；4—滑枕；
5—分度装置

插床实质上是一种立式牛头刨床，如图 11.11 所示。它的主运动是插刀的上下直线往复运动，主参数是最大插削长度。加工时，插刀安装在滑枕的刀架上，滑枕可沿床身导轨作垂直的往复直线运动。安装在工作台上的工件可由下拖板、上拖板及圆工作台带动，作横向进给、纵向进给及回转运动。由于插床的生产率较低，主要用于单件小批量生产中加工工件的内表面，如孔内键槽、方孔、多边形孔等。

插床常见的型号有 B5032、B5050A、B5080 等。

11.3　刨　　刀

1. 刨刀的结构特点

刨刀的结构与车刀相似，其几何角度的选取原则也与车刀基本相同。但是由于刨削过程中有冲击，所以刨刀的前角比车刀要小(一般小于 5°～6°)，而且刨刀的刃倾角也应取较大的负值，以使刨刀切入工件时所产生的冲击力不是作用在刀尖上，而是作用在离刀尖稍远的切削刃上。为了避免刨刀扎入工件影响加工表面的质量，在生产中常把刨刀刀杆做成弯头形状，如图 11.12 所示。

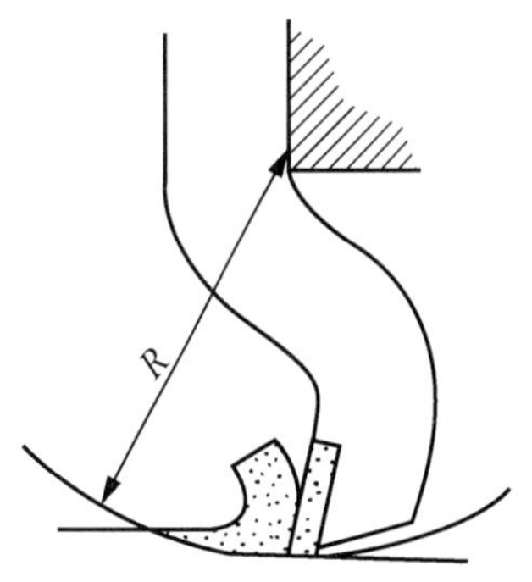

图 11.12　刨刀刀杆的形状

2. 刨刀的种类及用途

刨刀的种类很多，按加工形式和用途不同，一般有平面刨刀、偏刀、切刀、角度刀及成形刀等。平面刨刀用来加工水平表面；偏刀用来加工垂直表面或斜面；切刀用来加工槽或切断工件；角度刀用来加工相互成一定角度的表面；成形刀用来加工成形表面。常见刨刀的形状及应用如图 11.13 所示。

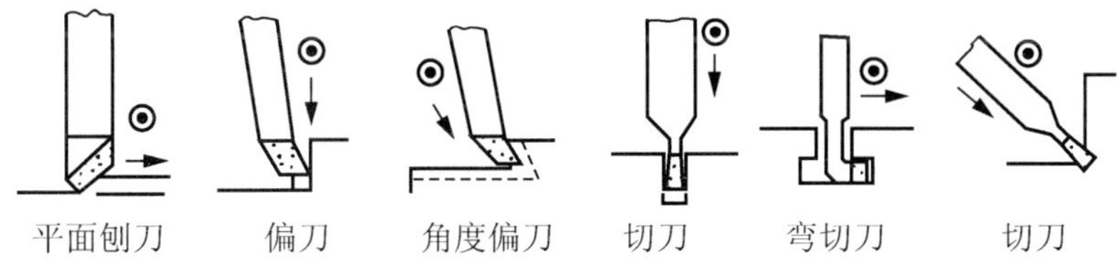

图 11.13　常见刨刀的形状及应用

11.4　工件的安装

在刨床上工件的装卡方法有以下几种。

1. 用平口钳安装

平口钳是一种通用的装卡工具。应先把平口钳钳口找正并固定在工作台上，然后装卡工件。常用的按划线找正的装卡方法如图 11.14 所示。

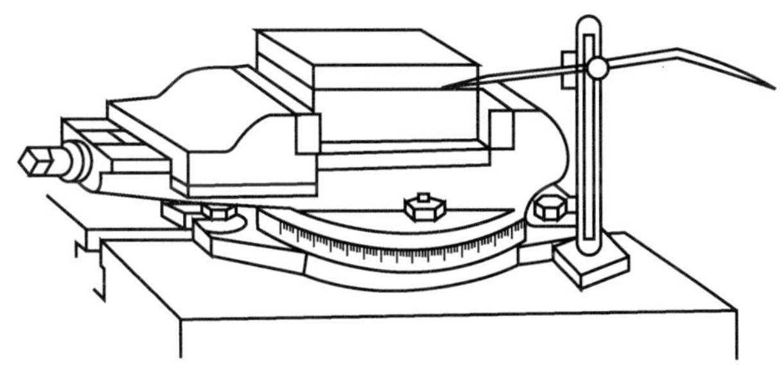

图 11.14　按划线找正的装卡方法

在平口钳中装卡工件的注意事项有以下几个方面。

(1) 工件的被加工面必须高出钳口，否则就要用平行垫铁垫高工件。

(2) 为了能装卡得牢固，防止刨削时工件走动，必须把比较平整的平面贴紧在垫铁和钳口上。要使工件贴紧在垫铁上，应该一面夹紧，一面用手锤轻击工件的上平面。要注意的是光洁的上平面要用铜棒进行敲击，以防止敲伤光洁表面。

(3) 为了不使钳口损坏和保护已加工表面，往往夹紧工件时要在钳口处垫上铜皮。

(4) 用手挪动垫铁来检查其夹紧程度，如有松动说明工件与垫铁之间贴合不好，应该松开平口钳重新夹紧。

(5) 刚性不足的工件需要支撑，以免夹紧力使工件变形，如图 11.15 所示。

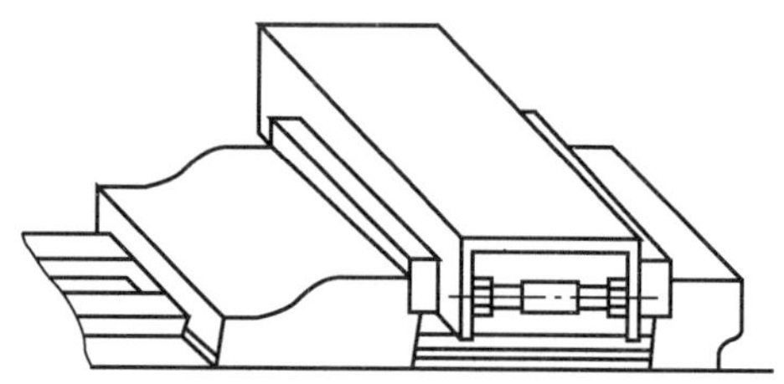

图 11.15　框形工件夹紧

2. 在工作台上用压板、螺栓安装

有些工件较大或形状特殊，需要用压板、螺栓和垫铁，把工件直接固定在工作台上进行刨削。装卡时先把工件找正，具体装卡方法如图 11.16 所示。

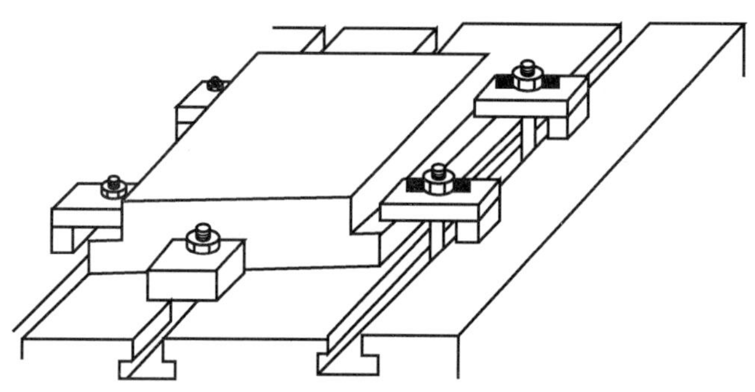

图 11.16　用压板、螺栓装卡工件

用压板、螺栓装卡工件的注意事项有以下几个方面。

(1) 压板的位置要安排得当，压点要靠近切削面，压力大小要合适。粗加工时，压紧力要大，以防止切削中工件移动；精加工时，压紧力要合适，注意防止工件发生变形。各种压紧方法的正、误比较如图 11.17 所示。

(2) 工件如果放在垫铁上，要检查工件与垫铁是否贴紧，若没有贴紧，必须垫上纸或铜皮，直到贴紧为止。

(3) 压板必须压在垫铁处，以免工件因受夹紧力而变形。

(4) 装卡薄壁工件时，在其空心位置处要用活动支承件支撑住，否则工件会因受切削力而产生振动和变形。薄壁件的装卡如图 11.18 所示。

(5) 工件夹紧后，要用划针复查加工线是否仍然与工作台平行，以避免工件在装卡过程中变形或走动。

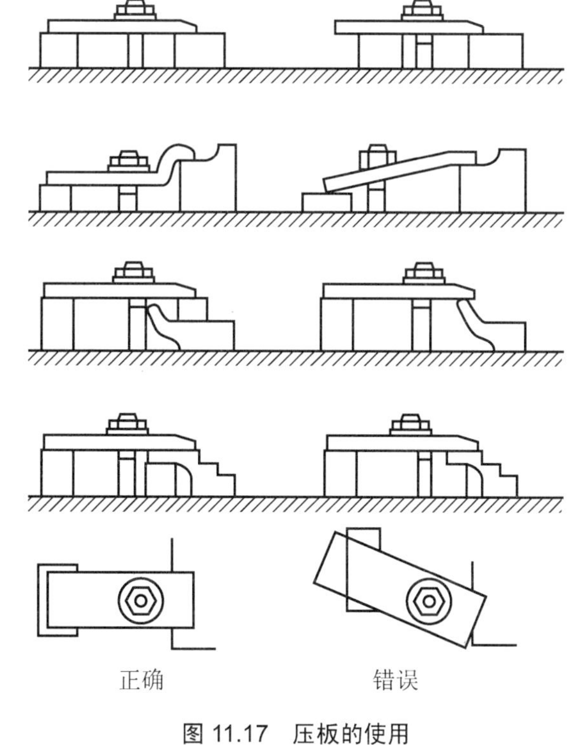

图 11.17　压板的使用

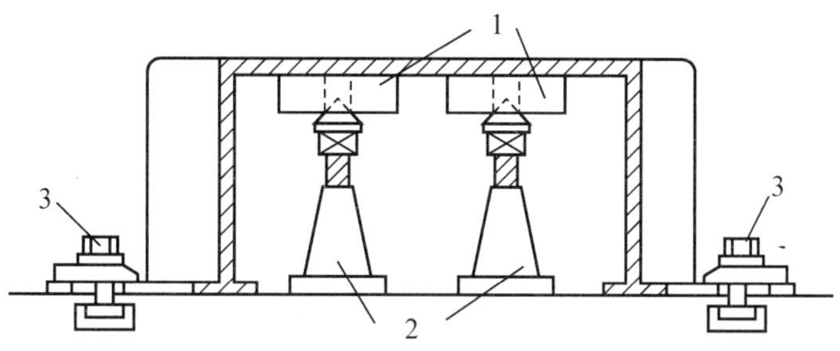

图 11.18　薄壁件的装卡

1—垫圈；2—千斤顶；3—压板螺栓

3. 用专用夹具安装

这种方法是较完善的装卡方法，它不仅保证工件加工后的准确性，而且装卡迅速，不需要花费时间找正。但要预先制造专用夹具，所以这种方法多用于成批生产。

11.5　刨削基本加工工艺

1. 刨平面

粗刨时用普通平面刨刀，精刨时可用窄的精刨刀。

刨平面可按下列顺序进行。

(1) 装夹工件。

(2) 装夹刀具。

(3) 把工作台升高到接近刀具的位置。

(4) 调整滑枕行程长度及位置。

(5) 调整滑枕每秒钟的往复次数和进给量。

(6) 开车，先手动进给试切，停车测量尺寸后，利用刀架上的刻度盘、调整切削深度，如果工件余量较大时，可分几次切削。当工件表面质量要求较高时，粗刨后还要进行精刨。精刨的切削深度和进给量应比粗刨小，切削速度可快些。为使工件表面光整，在刨刀返回时可用手掀起刀座上的抬刀板，使刀尖不与工件摩擦。刨削时一般不需用切削液。在牛头刨床上加工工件时，切削速度为0.2～0.5m/s，进给量为0.33～lmm/str，切削深度为0.5～2mm。

2. 刨垂直面、台阶面

刨垂直面、台阶面如图11.19(a)、图11.19(b)所示必须采用偏刀。安装偏刀时，刨刀伸出的长度应大于整个刨削面的高度。

刨削时，刀架转盘位置应对准零线，使刨刀能准确地沿垂直方向移动。此外，刀座必须偏转一定的角度，使刨刀在返回行程时能自动离开工件表面以减少刀具的磨损和避免擦伤已加工表面，如图11.19(c)所示。

安装工件时，要保证待加工表面与工作台台面垂直，并与切削方向平行。

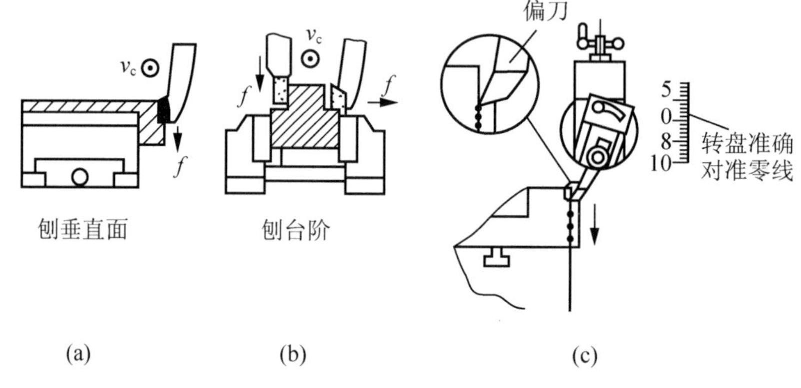

图11.19　垂直面、台阶面的刨削

3. 刨斜面

与水平面倾斜的平面称为斜面。机器零件上的斜面可分为内斜面与外斜面两种类型。刨削斜面的方法很多，最常用的方法是正夹斜刨，也称倾斜刀架法，如图11.20所示。它是把刀架和刀盒分别倾斜一定的角度，然后从上向下倾斜进刀刨削，此法与刨垂直面的进刀方法相似。

刀架倾斜的角度必须是工件待加工斜面与机床纵向铅垂面的夹角。刀盒倾斜的方向与刨垂直面时相同，即刀盒上端偏离被加工斜面。

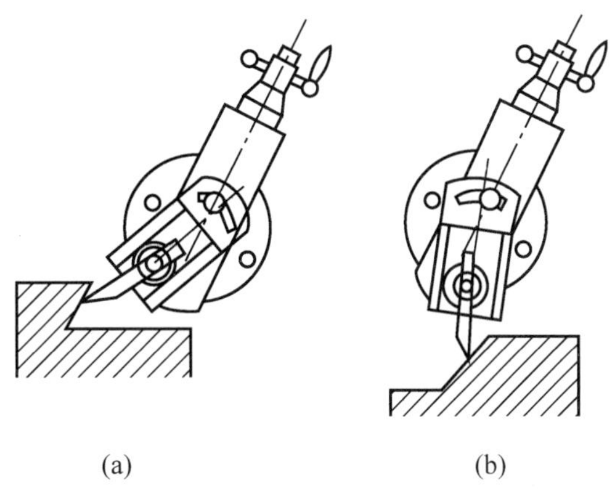

图 11.20 正夹斜刨示意图

(a) 刨内斜面；(b) 刨外斜面

4. T形槽、燕尾槽加工

刨T形槽时要先用切槽刀以垂直进给的方式刨出直槽，然后用左、右两把弯刀分别加工两侧凹槽，最后用45° 刨刀倒角，如图11.21所示。

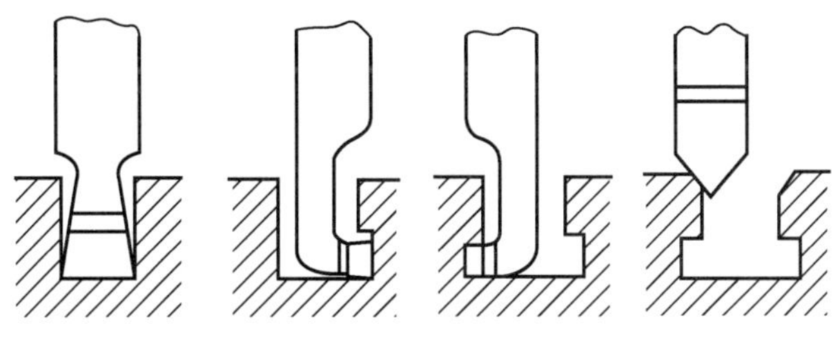

图 11.21 刨T形槽

刨燕尾槽的过程和刨T形槽相似，但当用偏刀刨削燕尾面时，刀架转盘要偏转一定的角度,如图11.22所示。

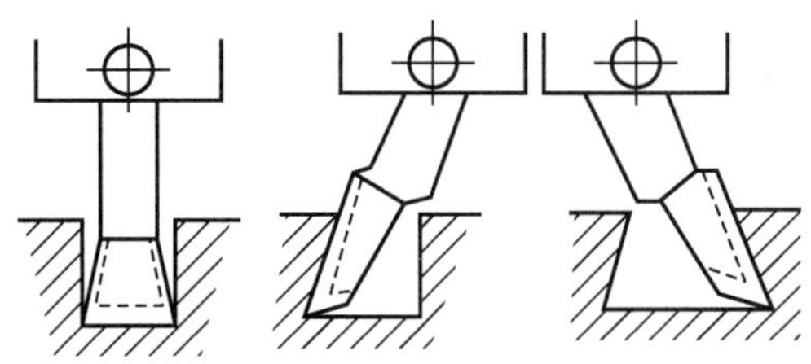

图 11.22 刨燕尾槽

5. 刨削操作的安全规程与维护保养

除可参照执行车工实习安全规程要求外，还应注意以下几点。

(1) 多人共同使用一台刨床时，只能一人操作，并注意他人的安全。

(2) 工件和刨刀必须装夹牢固，以防发生事故。

(3) 开动刨床后，不允许操作者离开机床；也不能开机测量工件，以防发生人身事故。

(4) 工作台和滑枕的调整不能超过极限位置，以防发生设备事故。

(5) 工作结束后，关闭电源，清除切屑，仔细擦拭机床，添加润滑油，保持良好的工作环境。

11.6 拉削加工简介

拉削就是在拉床上用拉刀加工工件的加工方法。

1. 拉床

图 11.23 为卧式拉床的示意图。

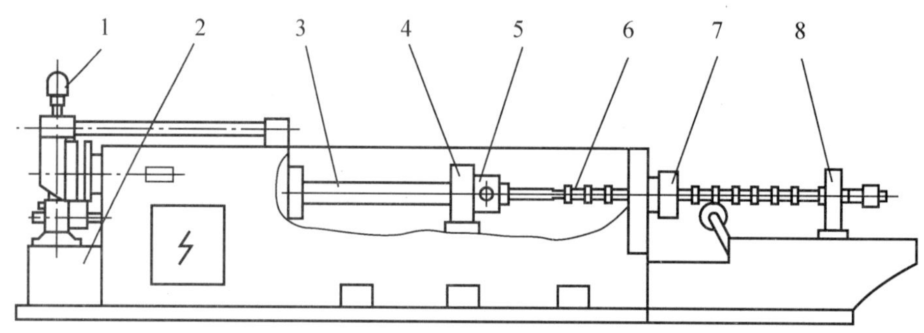

图 11.23 卧式拉床的示意图

1—压力表；2—液压部件；3—活塞拉杆；4—随动支架；5—刀架；6—拉刀；7—工件；8—随动刀架

2. 拉刀

拉削时使用的拉刀，其切削部分由一系列的刀齿组成，这些刀齿一个比一个高地排列着。当拉刀相对工件作直线移动时，拉刀上的刀齿一个一个地从工件上切削一层层的金属。当全部刀齿通过工件后，即完成了工件的加工。

图 11.24 所示为圆孔拉刀的主要组成部分。

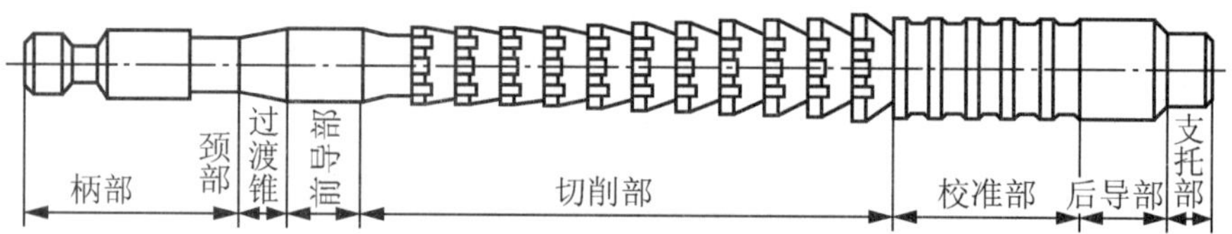

图 11.24 圆孔拉刀主要组成部分

(1) 柄部。它是用来将拉刀夹持在机床上，以传递动力。

(2) 颈部。它是柄部和过渡锥的连接部分。

(3) 过渡锥。它是颈部与前导部之间的过渡部分，起对准中心作用。

(4) 前导部。切削部进入工件前，起引导作用，防止拉刀歪斜，并可检查拉前孔径是否太小，避免拉刀第一个刀齿因负担太重而损坏。

(5) 切削部。它主要担负切削工作，包括粗切齿及精切齿，切去全部加工余量。

(6) 校准部。它主要起刮光、校准作用，提高工件表面光洁度及精度。

(7) 后导部。它用来保持拉刀最后的正确位置，防止拉刀在即将离开工件时因工件下垂而损坏已加工表面及刀齿。

(8) 支托部。它用来支持拉刀不使其下垂。

3. 拉削工艺特点

在拉床上用拉刀加工工件，叫拉削。

拉削时拉刀的直线移动为主运动，加工余量是借助于拉刀上一组刀齿分层切除的，所以拉刀经过工件一次即加工完毕，生产效率很高，加工质量也较好。但由于一把拉刀只能加工一种尺寸的表面，且拉刀较昂贵，故拉削加工主要用于大批大量生产。

4. 在拉床上可完成的工作

图 11.25 所示是在拉床上加工的各种孔的形状。

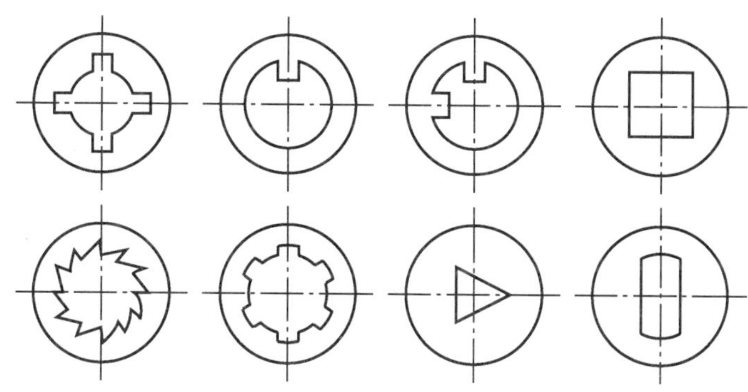

图 11.25 在拉床上加工的各种形状的孔

拉削加工的孔必须预先加工过(钻、镗等)。被拉孔的长度一般不超过孔径的 3 倍。

工件的外形应具有易于准确地安装在拉床上的形状，否则加工时易产生误差。若工件在拉削前，孔的端面未经加工，则应将其端面垫以球面垫圈，如图 11.26 所示。拉削时可以使工件上的孔自动调整到和拉刀轴线一致的方向。

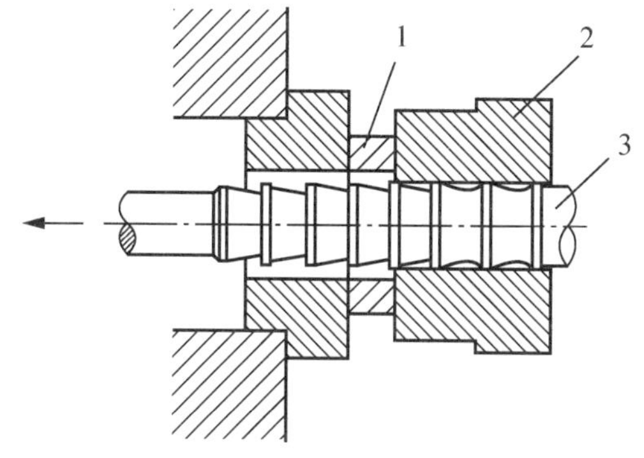

图 11.26 工件的安装

1—球面垫圈；2—工件；3—拉刀

思 考 题

1. 刨削时刀具和工件各做哪些运动？与车削相比，刨削运动有何特点？

2. 牛头刨床主要由哪几部分组成？各有何功用？刨削前，机床需作哪些方面的调整？应如何调整？

3. 滑枕往复直线运动的速度是如何变化的？为什么会这样变化？

4. 为什么刨刀往往做成弯头的形状？

5. 刀座的作用是什么？刨削垂直面和斜面时，如何调整刀架的各个部分？

6. 牛头刨床和龙门刨床的主运动及进给运动的主要区别是什么？

第12章

磨削加工

磨削是以砂轮作为刀具进行切削加工的，主要用于工件的精加工。磨削加工可使工件表面粗糙度 *Ra* 达到 0.8～0.4μm，加工精度达 IT6～IT5，在超精磨削时，加工精度会更高。

12.1 磨床种类及工艺范围

磨床是一种利用磨具研磨工件，以获得所需之形状、尺寸及精密加工面的工具机。磨床的作用是进行高度精密和粗糙面相当小的磨削，可进行高效率磨削。磨床能加工淬硬钢、硬质合金等硬度相当高的材质，也可以加工玻璃、花岗石等脆度较高的材料。磨床能作高精度和表面粗糙度很小的磨削，也能进行高效率的磨削，如强力磨削等。磨床按用途不同可分为外圆磨床、内圆磨床、无心磨床、平面磨床、工具磨床、螺纹磨床、齿轮磨床及专用磨床等。

1. 外圆磨床及工艺范围

外圆磨床是加工工件圆柱形、圆锥形或其他形状素线展成的外表面和轴肩端面的磨床，使用最广泛，不过外圆磨床自动化程度较低，只适用于小批单件生产或修配工作。图 12.1 所示为 M1432 型万能外圆磨床的外形图。

1) 万能外圆磨床的组成

(1) 床身 1。它用来支承和连接磨床的各个部件，其上有两组导轨：纵向导轨和横向导轨。纵向导轨安装工作台并引导它作纵向往复运动；横向导轨安装砂轮架并引导它作径向切入运动。在床身内部装有液压传动装置和其他传动结构。

(2) 工作台 2。它由上、下两层组成，上层可相对下层转动一定角度(8°～10°)，以磨削锥角较小的圆锥表面，下层由液压系统带动沿纵向导轨作往复运动，转动手轮 8，可实现工作台的手动纵向进给。

(3) 头架 3。它与尾座 6 都安装在工作台上，头架上有主轴，由一个电动机经变速机构带动旋转，以实现工件的圆周进给运动。主轴前端可安装卡盘或顶尖，与尾座 6 上的顶尖配合使用，以便装夹不同形状的工件。

(4) 砂轮架 4。它安装在床身的横向导轨上，砂轮由另一个电动机带动旋转，砂轮架可由液压系统带动，实现径向自动进给和快速进退，也可转动手轮 7 实现手动径向进给。

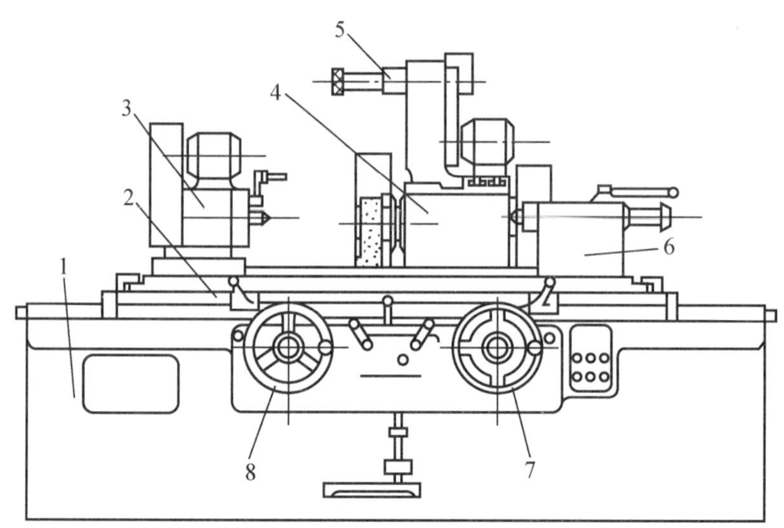

图 12.1　M1432 型万能外圆磨床

1—床身；2—工作台；3—头架；4—砂轮架；5—内圆磨具；6—尾座；7、8—手轮

(5) 内圆磨具 5。它是在外圆磨床上磨削内圆柱面、内圆锥面的专用部件。它使用时将它翻转放下，磨具主轴上安装磨内圆用的砂轮，并由一个电动机带动而高速旋转。

2) 工作台液压传动原理

磨床主要用来对零件进行精加工，特别是对淬火钢件和高硬度特殊材料制件的精加工。因此磨床采用液压传动，使其工作状态平稳，无冲击振动，加工质量高。

图 12.2 所示是 M1432 型万能外圆磨床工作台沿纵向往复运动的液压传动原理示意图。

液压泵 1 由电动机带动，将油液从油箱经过滤器吸入油管，压力油经开停阀 3、节流阀 4、换向阀 5，阀芯上的环形槽和管路 11 进入液压缸 6 的右腔，因液压缸固定在床身上不动，压力油便推动活塞 9，并带动工作台 8 向左移动(活塞通过活塞杠 10 与工作台相连接)，液压缸左腔的油液经管路、换向阀左端流回油箱，当工作台左移到达终点位置时，右挡块 7 将拨动手柄 12，即图 12.2 中双点划线位置，压力油则通过阀芯上的环形槽及管路进入液压缸左腔，并推动活塞和工作台向右移动，液压缸右腔的油液经管、换向阀右端流回油箱，当工作台移到终点位置时，左挡块拨动手柄回到图 12.2 中的实线位置，又重复上述循环过程。

工作台的运动速度可通过调节油路中的节流阀来控制。阀的开口越大，速度就越快；反之，速度越慢。

3) 万能外圆磨床的工艺范围

在万能外圆磨床上可以磨削内、外圆柱面，圆锥面和轴、孔的台阶端面等。

(1) 磨外圆柱面。磨削外圆柱面是万能外圆磨床的主要工作，其原理同在车床上车外圆面类似，所不同的是以砂轮代替车刀进行磨削。轴类工件常用顶尖装夹进行磨削，其特点是装夹迅速方便、加工精度高。在磨床上为了避免顶尖转动带来加工误差，都采用死顶尖，工件以两端中心孔定位。为提高中心孔的精度和减小表面粗糙度 *Ra* 值，使定位基准可靠，在磨削前应采用硬质合金顶尖或油石顶尖在车床上对中心孔进行修研。对于无中心孔的短轴、盘及套类工件，常用三爪自定心卡盘、四爪单动卡盘安装。

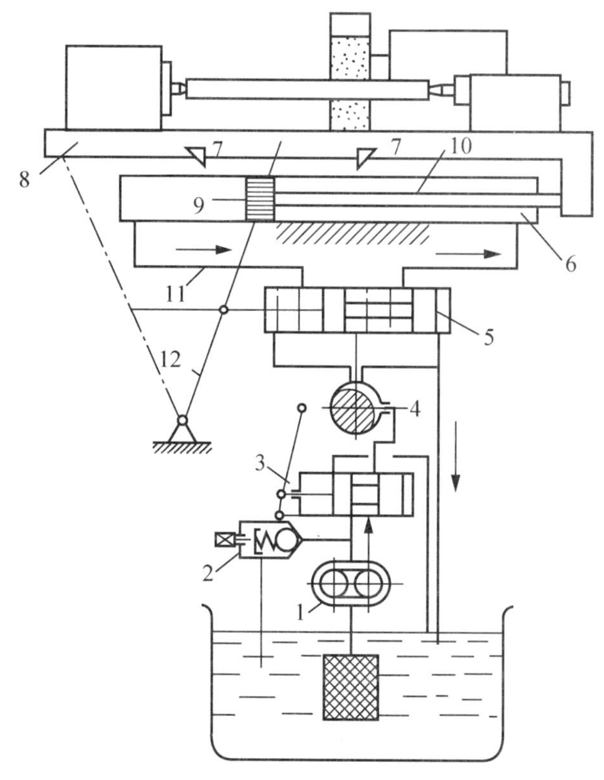

图 12.2　M1432 型万能外圆磨床液压传动原理示意图

1—液压泵；2—溢流阀；3—开停阀；4—节流阀；5—换向阀；6—液压缸；
7—挡铁；8—工作台；9—活塞；10—活塞杆；11—管路；12—手柄

在外圆磨床上磨削外圆柱面的方法有以下 3 种。

① 纵磨法，如图 12.3 所示。在磨削时，砂轮高速旋转起切削作用，工件旋转并和工作台一起作纵向往复运动。当每一次往复行程终了时，砂轮作周期性横向进给。每次的磨削深度都很小，磨削余量是在多次的往复行程中磨去的。这种方法磨削力小、磨削热少、散热条件好，而每次磨削深度较小，并且能多次光磨，所以工件的加工精度较高，表面质量好。另外还可以用一个砂轮磨削各种不同长度的工件，其适应性强。但此法生产效率低，故适用于精磨及单件、小批量生产。

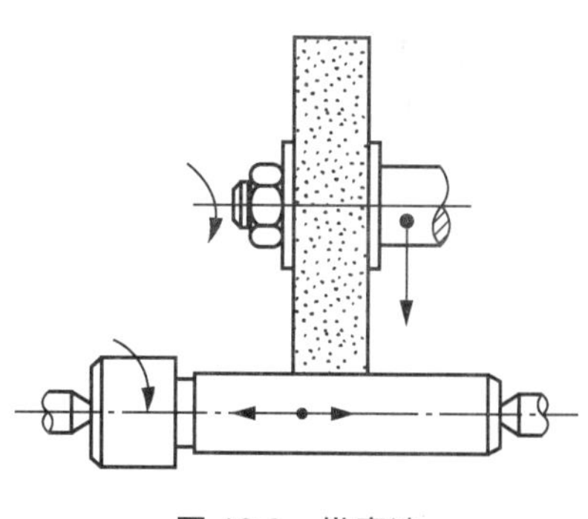

图 12.3　纵磨法

② 横磨法，如图 12.4 所示。工件不作纵向往复运动，砂轮一面高速转动，一面在液压系统带动下缓慢地作径向切入。磨削时砂轮宽度上的磨粒都参与加工，所以生产率高，适用于成批大量生产；但此法磨削力大，易使工件变形、发热，影响加工质量，因此常用于磨削刚性好、要求精度不太高的工件。

③ 深磨法，如图 12.5 所示。用较小的进给量，在一次纵向进刀过程中将全部加工余量磨去，此法生产效率高，适用于成批大量生产。

(2) 磨内圆柱面。图 12.6 所示是在万能外圆磨床上使用内圆磨具进行内圆柱面的磨削。在磨削时，工件以外圆面和端面作为定位基准装夹在卡盘上，工件和砂轮按相反方向旋转，同时砂轮还沿被加工孔的轴线作往复运动和横向进给，为了使用自动进刀结构，应将砂轮与工件的前壁接触。

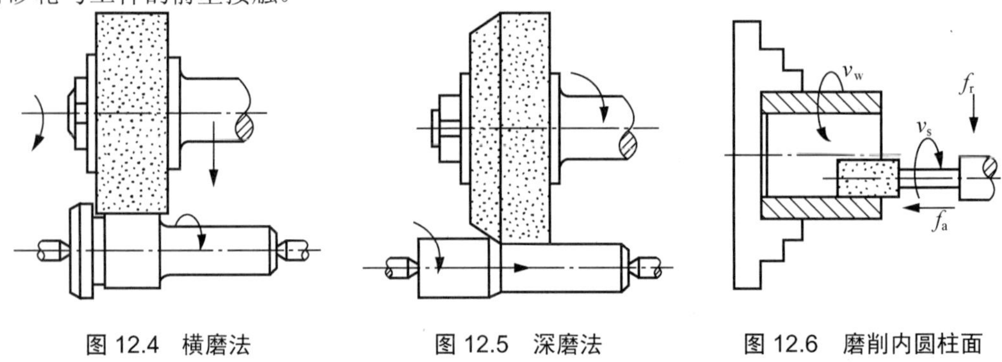

图 12.4　横磨法　　图 12.5　深磨法　　图 12.6　磨削内圆柱面

磨削内圆与磨削外圆的方法基本相同，也有纵磨法和横磨法两种形式，但在横磨时由于砂轮轴细长、刚性差，所以应用受到了一定限制。

在磨削内圆时，砂轮与工件接触面积大、发热量大，砂轮轴刚度又差，所以磨削内圆比磨削外圆的加工精度低、生产率低。

(3) 磨圆锥面。在万能外圆磨床上磨圆锥面有下述两种方法。

① 转动工作台，将上工作台相对下工作台旋转一工件锥面斜角α，使工件的旋转轴线与工作台的纵向进给方向成斜角α，如图 12.7 所示。由于工作台的转角有限，所以此法仅适用于磨削斜角小、锥面长的工件。

② 转动头架，将头架相对于工作台旋转一锥面斜角α，如图 12.8 所示。此法适用于磨削斜角大、锥面短的工件。

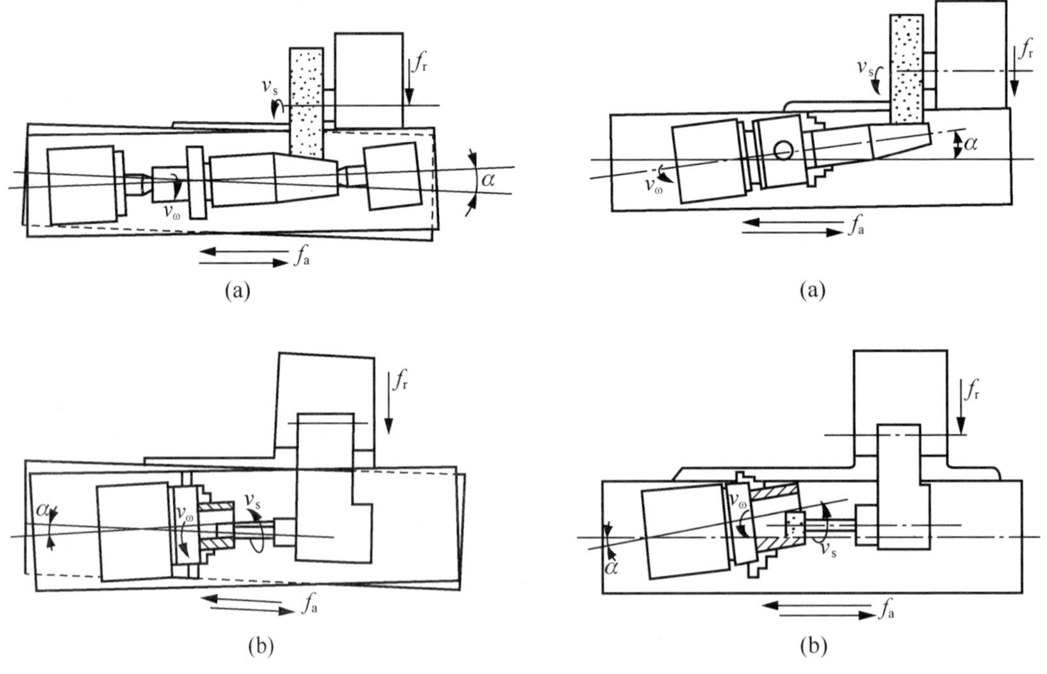

图 12.7　转动工作台磨圆锥面

(a) 磨外圆锥；(b) 磨内圆锥

图 12.8　转动头架磨圆锥面

(a) 磨外圆锥；(b) 磨内圆锥

2. 内圆磨床及工艺范围

砂轮主轴转速很高，可磨削圆柱、圆锥形内孔表面。普通内圆磨床仅适于单件、小批生产；自动、半自动内圆磨床除工作循环自动进行外，还可加工自动测量，大多用于大批量生产。图 12.9 所示为 M2120 型内圆磨床的外形图。

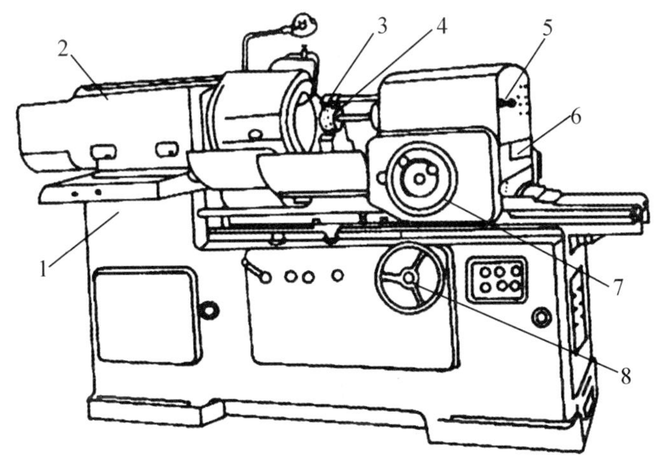

图 12.9　M2120 型内圆磨床外形图

1—床身；2—头架；3—砂轮修整器；4—砂轮；5—砂轮架；6—工作台；7、8—操作工作台手轮

M2120 型内圆磨床由床身 1、头架 2、砂轮修整器 3、砂轮 4、砂轮架 5、工作台 6 等主要部件组成。头架也可绕垂直轴转动一定角度以磨削内圆锥面。砂轮由一个电动机带动，并与工件反向旋转，砂轮安装在工作台上，由液压系统传动，随工作台作纵向进给，还可沿工作台的横向导轨作径向切入运动，也可通过手轮 8 和 7 分别实现砂轮的纵向和径向手动进给。

内圆磨床可磨削内圆柱面、圆锥孔及其端面。

3. 平面磨床及工艺范围

平面磨床用以磨削平面。工件一般夹紧在工作台上，或靠电磁吸力固定在电磁工作台上，然后用砂轮周边或端面磨削工件。图 12.10 所示为 M7120 型卧轴矩台式平面磨床的外形图，它由床身 1、径向进给手轮 2、工作台 3、行程挡块 4、立柱 5、砂轮修整器 6、轴向进给手轮 7、滑板 8、磨头 9、驱动工作台手轮 10 等主要部件组成，工作台由液压系统带动作纵向往复运动。工作台上的电磁吸盘是用来安装钢和铸铁类磁性材料的工件，利用电磁力将工件吸牢。对于铜、铝磁性材料工件的磨削，可使用精密机用虎钳装夹。当每一纵向行程终了时，磨头沿滑板的水平导轨移动，实现砂轮的轴向进给，以磨完整个平面，滑板沿立柱的垂直导轨向下移动，以实现砂轮的径向切入(进刀)运动。

按砂轮工作表面区分，平面磨削有圆周磨削和端面磨削两种方式。

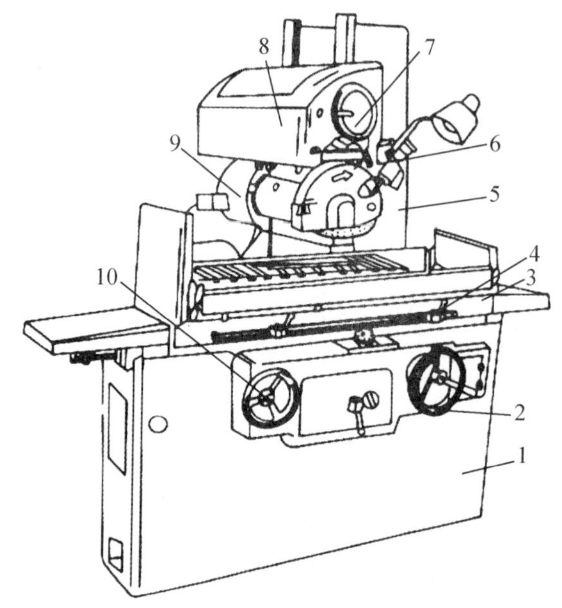

图 12.10　M7120 型卧轴矩台式平面磨床的外形图

1—床身；2—径向进给手轮；3—工作台；4—行程挡块；5—立柱；6—砂轮修整器；
7—轴向进给手轮；8—滑板；9—磨头；10—驱动工作台手轮

1) 圆周磨削

图 12.11(a)所示是以砂轮圆周面磨削平面的方法。磨削时砂轮与工件的接触面积小，磨削力小，磨削热少，冷却和排屑的条件好，砂轮的磨损也均匀。因此，这种磨削方法的加工精度较高，表面粗糙度 Ra 值较小。磨削后可以获得尺寸精度为 IT7～IT6，表面粗糙度 Ra 为 0.8～0.2μm。但此法磨削效率低，一般用于精磨。

2) 端面磨削

图 12.11(b)所示是以砂轮端面磨削平面的方法。磨削时砂轮与工件的接触面积大，磨削力大，磨削热多，冷却和排屑条件差，工件的热变形也大。另外砂轮端面径向各点的圆周速度不相等，砂轮的磨损也不均匀。因此，这种磨削方法的加工精度不高，一般用于磨削要求加工精度不高的平面。

4. 无心外圆磨床及工艺范围

前面所述在万能外圆磨床上磨削轴类工件时，工件都有确定的旋转中心线。无心磨削的特点是轴类零件不需打中心孔，套类零件不用卡盘安装，工件 1 自由地放置在砂轮 4 和导轮 2 之间的滑板 3 上，如图 12.12(a)所示。轴线水平安装的砂轮作低速旋转，由于导轮的轴心线在垂直面内与水平线倾斜了一个角度α，如图 12.12(b)所示。在摩擦力的带动下，工件一面旋转，一面做轴向移动，以实现圆周进给 v_w、轴向进给 f_a。无心磨削适用于无中心孔的小轴及销、套(外圆面)等工件的成批量生产，尺寸调整好，可实现连续生产，所以生产率高。

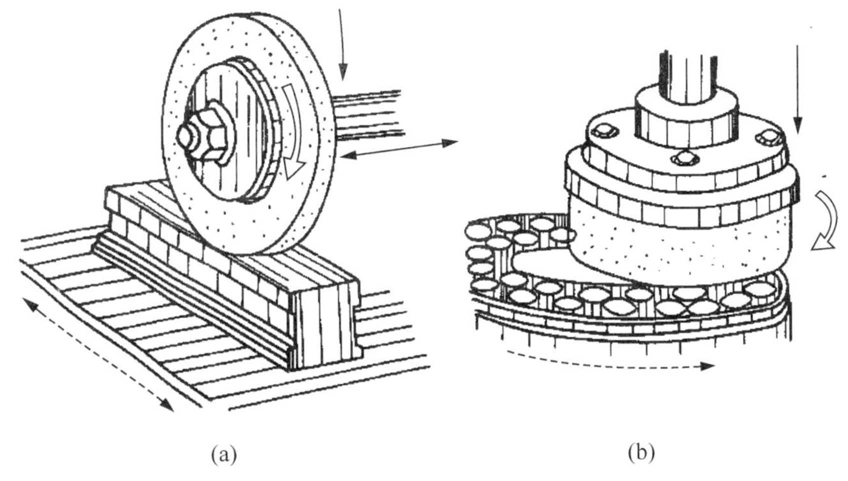

图 12.11　平面磨削方式

(a) 圆周磨削；(b) 端面磨削

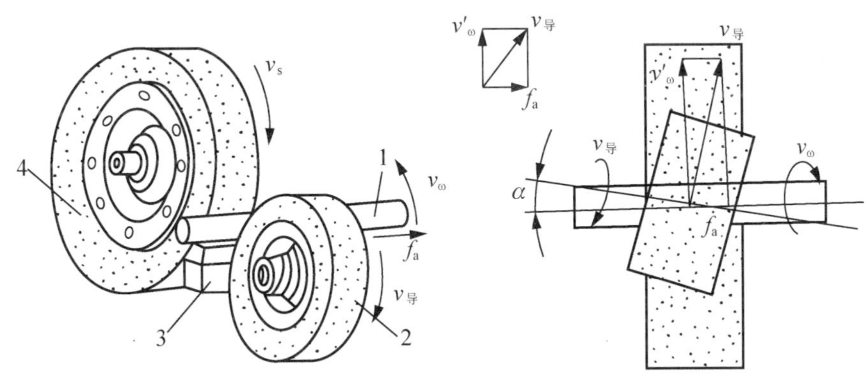

图 12.12　无心磨削

1—工件；2—导轮；3—滑板；4—砂轮

12.2　砂轮的特性及其应用

砂轮是磨削加工中最主要的一类磨具，砂轮是在磨料中加入结合剂，经压坯、干燥和焙烧而制成的多孔体。

1. 砂轮的分类

砂轮种类繁多。按所用磨料可分为普通磨料(刚玉和碳化硅等)砂轮、天然磨料砂轮和超硬磨料(金刚石和立方氮化硼等)砂轮；　按形状可分为平形砂轮、斜边砂轮、筒形砂轮、杯形砂轮、碟形砂轮等；按结合剂可分为陶瓷砂轮、树脂砂轮、橡胶砂轮、金属砂轮等。

2. 砂轮的特性

由于磨料、结合剂及制造工艺的不同，砂轮的特性差别很大，因此对磨削的加工质量、生产率和经济性有着重要影响。砂轮的特性包括形状、尺寸、磨粒、粒度、硬度、组织、结合剂和最高工作线速度。

1) 磨粒

磨粒是制造砂轮的主要原料，在磨削时，砂轮工作面上外露的磨粒担负着切削工作，所以磨粒必须锋利、坚韧，并能承受剧烈的挤压和耐高温。常用磨粒的种类、特性及用途见表 12-1。

2) 粒度

粒度指磨料颗粒的粗细。用筛选法获得的磨粒，其粒度号是指一英寸长度内的孔眼数。粒度号越大，颗粒越小。磨粒粒度的选择，主要与加工表面的粗糙度及生产率有关。在粗加工和磨软材料时应选用粒度号较小的砂轮；精加工时应选用粒度号较大的砂轮。

表 12-1　常用磨粒的种类、特性及用途

类别	名　　称	代号	主要成分及特性	用　　途
刚玉	棕刚玉	A	$w_{Al_2O_3}=91\%\sim96\%$，棕色，硬度高，韧性好，价格便宜，维氏硬度 2250HV	磨削碳钢、合金钢、可锻件铁、青铜等
	白刚玉	WA	$w_{Al_2O_3}=97\%\sim99\%$，白色，比棕玉刚硬度高，韧性低，自锐性好，磨削时发热少	精磨淬火钢、高碳钢、高速钢及薄壁零件
	铬刚玉	PA	$w_{Al_2O_3}>97.5\%$，$w_{Si_2O_2}<1.0\%$，$w_{Fe_2O_3}<0.01\%$，$w_{Cr_2O_3}=1.15\%\sim1.3\%$，玫瑰红色，硬度与白刚玉相近，韧性比白刚玉高，耐用度和效率均高于白刚玉	磨削各种表面硬度高和表面粗糙度 *Ra* 值均较小的量具、仪器、仪表零件
	单晶刚玉	SA	$w_{Al_2O_3}>97\%$，呈浅黄色或白色。每一颗粒都是一个晶体且为球形，有较高的抗破碎性，硬度和韧性均比白刚玉和棕刚玉高	适宜磨高速钢和不锈钢等硬度高、韧性大的材料
碳化物	微晶刚玉	MA	颜色和成分与棕刚玉相似，主要还含有不超过3%的二氧化钛；磨粒由许多微小尺寸的晶体组成，故强度高，韧性大，自锐性良好	适宜磨不锈钢、轴承钢、碳钢、球墨铸铁等
	人造刚玉	ZA	黑褐色，维氏硬度 1965HV，强度和耐磨性都高	磨削耐热合金钢、钛合金和奥氏体不锈钢
	碳化硅	C	$w_{SiC}>95\%$，呈黑色或深蓝色，有光泽，硬度比白刚玉高，性脆而锋利，导热性和导电性良好	磨削铸铁、黄铜、铝耐火材料及非金属材料
	绿碳化硅	GC	$w_{SiC}>97\%$，呈绿色，硬度和脆性比铸铁更高，导热性和导电性好	磨削硬质合金、光学玻璃、宝石、玉石、陶瓷、珩磨发动机气缸套等

3) 硬度

砂轮的硬度与磨粒的硬度是不同的概念。砂轮的硬度是指砂轮表面上的磨粒在外力作用下脱落的难易程度。磨粒容易脱落的表明砂轮硬度低；反之，则表面砂轮硬度高。用同一种磨粒可以制成不用硬度的砂轮，它主要取决于结合剂的性能、含量及制造工艺。

结合剂粘结强度越高，则表示砂轮硬度越高。常用的结合剂有陶瓷、树脂、橡胶和菱苦土。表12-2是砂轮硬度等级与代号，表12-3是砂轮用结合剂的名称及代号。

表12-2　砂轮硬度级别与代号

硬度等级		代　号	硬度等级		代　号
大　级	小　级		大　级	小　级	
超软	超软	D、E、F	中硬	中硬1	P
软	软1	G		中硬2	Q
	软2	H		中硬3	R
	软3	J	硬	硬1	S
中软	中软1	K		硬2	T
	中软2	L	超硬	超硬	Y
中	中1	M			
	中2	N			

表12-3　砂轮用结合剂的名称及代号

名　称	代　号	名　称	代　号	名　称	代　号
陶瓷结合剂	V	树脂结合剂	B	橡胶结合剂	R

合理选择砂轮的硬度，可以提高磨削生产率和加工质量。如果砂轮太硬，磨粒钝化后不能及时脱落，会使砂轮孔隙被磨屑堵塞，造成磨削力增大，磨削热量多，从而降低工件表面质量，使工件产生变形甚至产生烧伤和裂纹，并降低了生产率；如果砂轮选得太软，磨粒尚未钝化即过早脱落，从而增加了砂轮的消耗，也使砂轮失去了正确的几何形状与尺寸，影响加工精度。

另外，有色金属材料(如铜、铝等)韧性好，因磨屑易堵塞砂轮的孔隙，因此一般不进行磨削加工。

4) 组织

砂轮的组织表示砂轮连接的疏密程度，它是由组成砂轮的磨粒、结合剂与孔隙三者的体积比确定的，多数砂轮用磨粒所占体积的百分比即磨粒率来表示。砂轮中的孔隙也对磨削过程有重要作用，首先孔隙能容纳磨屑，其次还能把切削液、空气带入磨削区域，降低磨削温度，提高磨削质量。最后由于孔隙的作用，使砂轮在磨削过程中能逐层均匀地脱落，达到“自锐”的效果。表12-4列出了砂轮的组织号与磨粒率的关系，砂轮的形状及代号见表12-5。

表12-4　砂轮的组织号与磨粒率的关系

组织号	0	1	2	3	4	5	6	7	8	9	10	11	12	13	14
磨粒率/%	62	60	58	56	54	52	50	48	46	44	42	40	38	36	34

表 12-5　砂轮的形状及代号

系　　列	砂轮名称	代　　号	断 面 图
平行系	平形砂轮	P	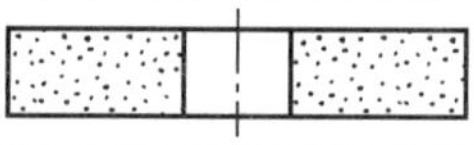
	弧形砂轮	PH	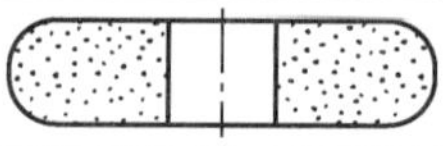
	双斜边一号砂轮	PSX_1	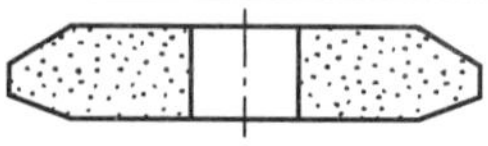
	单斜边一号砂轮	PDX_1	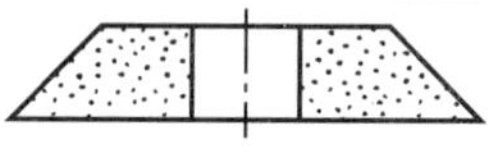
	单面凸砂轮	PDT	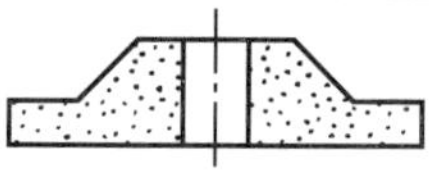
	单面凹砂轮	PDA	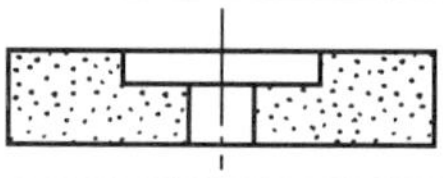
	双面凹砂轮	PSA	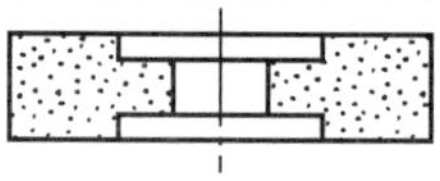
筒形系	筒形砂轮	N	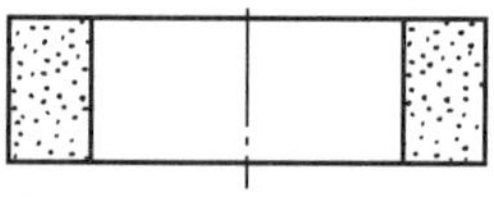
	筒形带槽砂轮	NC	
杯形系	杯形砂轮	B	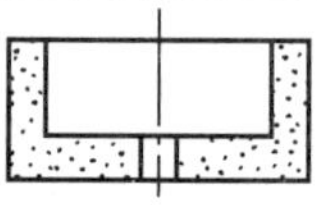
	碗形砂轮	BW	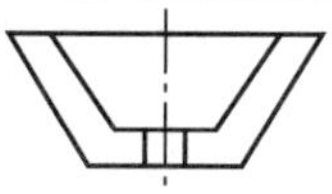
碟形系	碟形一号砂轮	D_1	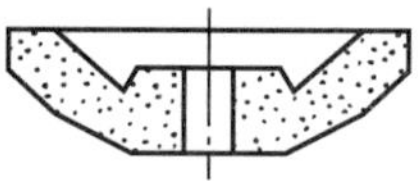
	碟形二号砂轮	D_2	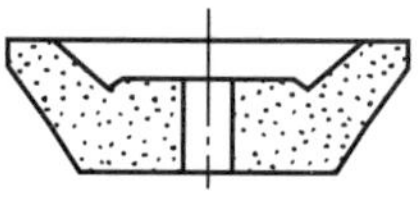
	碟形三号砂轮	D_3	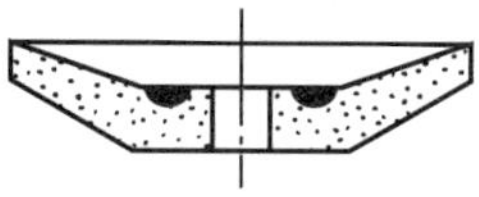

5) 砂轮的标注

砂轮各种特性的标注次序举例如下。

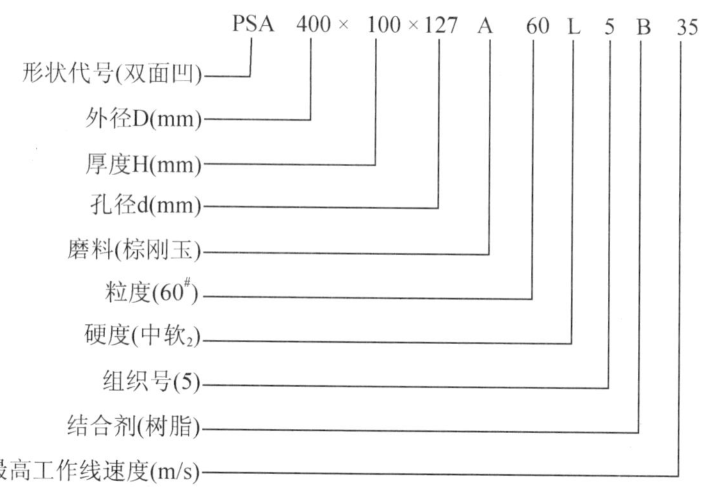

3. 砂轮的检查、安装及修整

由于砂轮工作转速很高，故使用前必须进行认真检查，合理安装后方可使用。

1) 砂轮的检查

砂轮安装前，应先检查有无裂纹，其方法是把砂轮吊起进行音响检查，用布锤轻轻敲击，若发出清脆声，则表示无裂纹，若有嘶哑声或杂音，则表示有裂纹。

2) 砂轮的安装

砂轮的形状、尺寸不同，安装方法也不一样，图 12.13 所示为常用砂轮的安装方法。在安装时砂轮孔与轴的配合松紧要适度，轮与法兰盘之间的力要合适，如果过紧由于磨削受热膨胀易使砂轮胀裂；过松则砂轮容易发生偏心，失去平衡，引起振动。一般配合间隙为 0.1～0.8mm，高速砂轮间隙应更小些，另外，法兰盘与砂轮之间应用厚纸或耐用橡皮等做衬垫，法兰盘直径大于砂轮外径的 1/3，使压力均匀分布。在安装时紧固螺纹的旋转方向应与砂轮的旋转方向相反。

砂轮运转的平稳性直接影响到工件的磨削质量。一般直径大于 125mm 的砂轮在使用前都要进行平衡，使砂轮的重心与它的旋转中心重合，以保证磨削过程平稳，图 12.14 所示为生产中常用的静平衡方法。将安装好的砂轮 1 装在平衡心轴 2 上，心轴两端支撑在平衡架 4 的导轨 5 的刀口上，调整法兰盘 3 端面环形槽内的平衡块 6 的位置并转动砂轮，使之在任意位置上均能静止为止。

3) 砂轮的修整

砂轮虽然有一定的“自锐性”，但由于影响磨削过程的因素较多，所以完全依靠砂轮的“自锐”作用来保持砂轮锋利实际上是不可能的。因此，砂轮在使用一段时间后会发生钝化而丧失切削能力。这时砂轮与工件之间会产生打滑现象，并可能引起振动和出现噪声，使磨削效率和工件表面的加工质量下降。同时由于磨削力及磨削热的增加会引起工件变形，从而影响磨削精度，严重时还会使磨削表面出现烧伤和细小裂纹。此外，由于砂轮硬度的不均匀，各部位磨粒脱落多少的不等，致使砂轮丧失外形精度，影响工件表面质量，以上情况都要求砂轮进行修整，即切去砂轮表面上的一层磨料，使砂轮表层重新露出光整锋利的磨粒，以恢复砂轮的切削能力与外形精度。

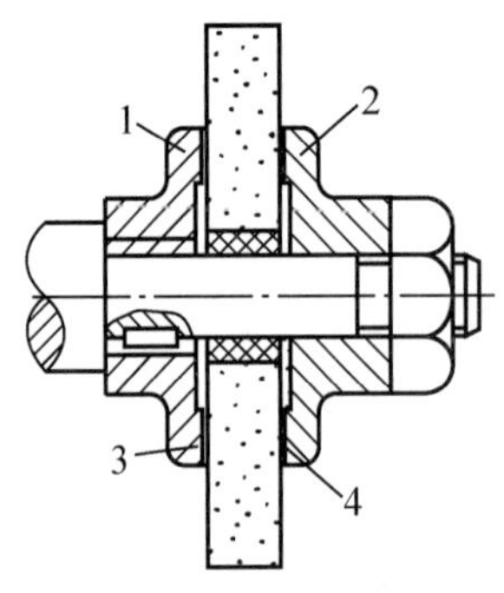

图 12.13 砂轮的安装

1、2—法兰盘；3、4—衬垫

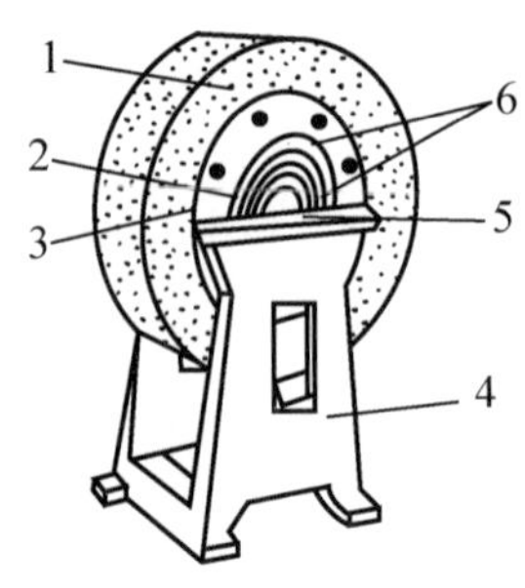

图 12.14 砂轮的静平衡

1—砂轮；2—平衡心轴；3—法兰盘；4—平衡架；5—导轨；6—平衡块

在生产中砂轮常用金刚石工具进行修整，金刚石笔是将大颗粒的金刚钻镶焊在特制刀杆上制成的。图 12.15 所示是使用金刚石笔修整砂轮的情形。

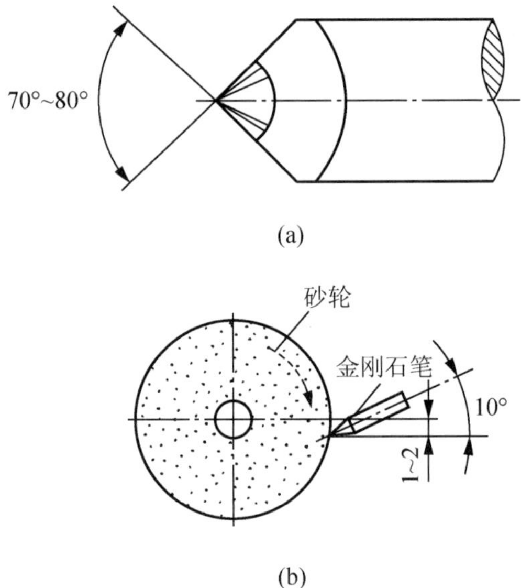

图 12.15 使用金刚石笔修整砂轮

(a) 金刚石笔；(b) 砂轮修整

将金刚石笔磨成 70°～80°的锥角，安装在工作台上，利用工作台的纵向往复运动对砂轮周边进行修整。修整时，必须采用大量的切削液，在整个砂轮宽度上浇注均匀，以防止金刚石忽冷忽热而碎裂。

12.3　磨削过程和磨削用量

1. 磨削过程

磨削也是一种切削加工，砂轮表面上分布着为数甚多的磨粒, 每平方厘米面积上约有60～1400 颗磨料，每个磨粒相当于多刃铣刀的一个刀齿,因此磨削过程可以看作是众多刀齿铣刀的一种超高速铣削。金属磨削的实质是工件被磨削的金属表层，在无数磨粒瞬间的挤压、摩擦作用下生产变形，而后转为磨屑，并形成光洁表面的过程。由于同时参与磨削的磨粒数量很多，每个磨粒一次磨去的金属很薄，而且磨钝的磨粒仍可对工件表面进行擦磨和抛光，故磨削加工可获得高的加工精度(IT6～IT5)和小的表面粗糙度(Ra0.8～0.2μm)。因此，大多数情况下磨削是最终加工工序，直接决定工件的质量。

2.磨削用量

在磨削工件时，须考虑采用多大的磨削用量。磨削用量的要素包括以下 4 点。

(1) 磨削速度(v_s)。它是指砂轮外圆的线速度。其计算式为

$$v_s = \pi D_s n_s / (1000 \times 60)(\mathrm{m/s})$$

式中：D_s——砂轮直径(mm)；

n_s——砂轮转速(r/min)。

普通磨削时，砂轮速度增高，可改善表面质量，提高生产效率；但对低粗糙度值的工件磨削时，由于砂轮已精细修整，随着 v_s 进一步提高，砂轮切削能力增强，相对抛光作用减弱，因此表面粗糙度反而不如低速时的好，另外，因 v_s 增高，磨削热增加，机床震动也增大，容易产生烧伤、震纹、螺旋形波纹等缺陷。

(2) 工件圆周速度(v_w)。它是指工件外圆处最大的线速度。其计算式为

$$v_w = \pi d_w n_w / (1000 \times 60)(\mathrm{m/s})$$

式中：d_w——工件的直径(mm)；

n_w——工件的转速(r/min)。

工件转速的选择，主要取决于加工表面粗糙度、纵向进给量及磨削深度。粗磨时，v_ω 为 0.3～0.5m/s；精磨时，v_w 为 0.03～0.07m/s。

(3) 纵向进给量(f_a)。它是指工件每转一周相对于砂轮沿轴向的移动。其计算式为

$$f_a = (0.2\text{～}0.8)B(\mathrm{mm/r})$$

式中：B——砂轮宽度(mm)。

粗磨时系数取上限，精磨时系数取下限。

(4) 进给量(f_r)。它是指工件与工作台一次纵向往复行程后，砂轮相对于工件径向移动的距离。粗磨时，f_r 为 0.01～0.04mm；精磨时，f_r 为 0.025～0.015mm。

思　考　题

1. 万能外圆磨床主要由哪几部分组成？各有什么作用？
2. 万能外圆磨床的功用有哪些？
3. 平面磨削常用的方法有哪些？各有何特点？
4. 无心外圆磨削有何特点？适宜磨削什么样的工件？导轮有何作用？
5. 砂轮的特性有哪些？
6. 生产中如何选用砂轮？
7. 砂轮的安装应注意哪些问题？
8. 磨削用量有哪些？磨削时应如何选择？

第 13 章 齿形加工

齿形加工方法很多，一般分为成形法和展成法(也称范成法)两大类。成形法又称仿形法，是指用与被切齿轮形状相符的成形刀具，直接切出齿形的加工方法。所用的加工刀具与机床的结构比较简单，可以在通用机床如铣床、刨床上用分度装置来加工，生产的成本较低。由于刀具刃形又受制造精度的影响，故齿轮齿形加工精度不高，生产效率较低。展成法又称包络法，是指利用齿轮刀具与被切齿轮的啮合运动，切出齿形的加工方法。其特点是将其中一个齿轮制成具有切削功能的刀具，另一个则为齿轮坯，通过专用机床使二者在啮合过程中由各刀齿的切削逐渐包络出零件齿形。其通用性好，用同一把刀具可以加工同一模数不同齿数的齿轮，刀刃的形状与所需表面几何形状不同，加工精度和生产效率较高。加工齿轮是一般机械厂主要的齿形加工方法，它广泛地应用在滚齿、插齿、磨齿、珩齿等齿轮加工机床上。本章主要介绍滚齿机、插齿机的加工原理及使用方法。

13.1 滚　　齿

滚切齿轮属于展成法，可看作是无啮合间隙的齿轮与齿条传动。

13.1.1 滚齿的加工原理

滚齿是利用滚刀在齿坯上加工出齿轮的方法。滚齿的过程就相当于一对螺旋齿轮的啮合过程，滚刀是由一个或几个齿数的螺旋齿轮做成刀具形状，这就是齿轮滚刀，如图 13.1(a)所示。

一般将齿轮滚刀做成轴向截面为齿条齿形的蜗杆，开出刀刃(开槽形成前刀面，铲背形成后角)，它在转动时，刀刃由上而下完成切削运动，并在轴向剖面内相当于一个齿条在连续向前移动，所以滚齿过程相当于齿轮(工件)与齿条(刀具)的啮合运动。当然，滚刀的转动与齿坯的转动保持着严格的啮合运动关系，这就是展成运动，也称为分齿运动，滚刀沿齿坯轴向移动为进给运动，以便加工出整个齿宽，完成齿形的加工，如图 13.1(b)所示。

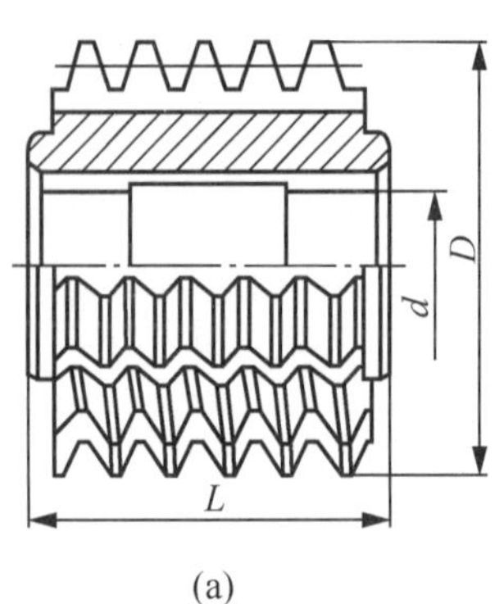

(a)

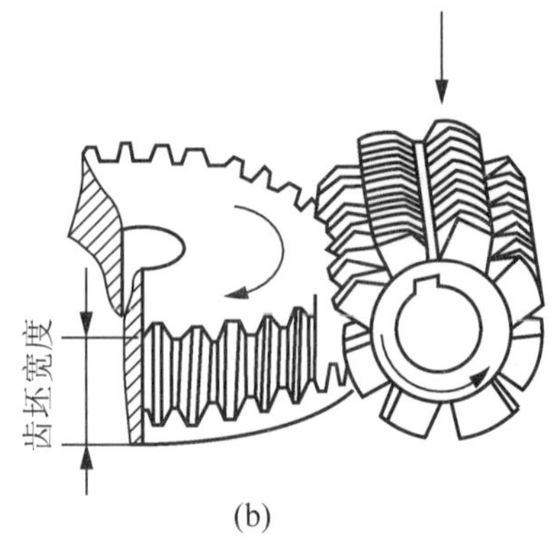

(b)

图 13.1　滚齿

(a) 滚刀；(b) 滚齿加工示意图

13.1.2　Y3150E 型滚齿机

Y3150E 型滚齿机是机械厂最常见的齿轮加工机床，它可以加工齿轮(圆柱直齿齿轮及斜齿齿轮)、链轮和蜗轮。图 13.2 所示为 Y3150E 型滚齿机。

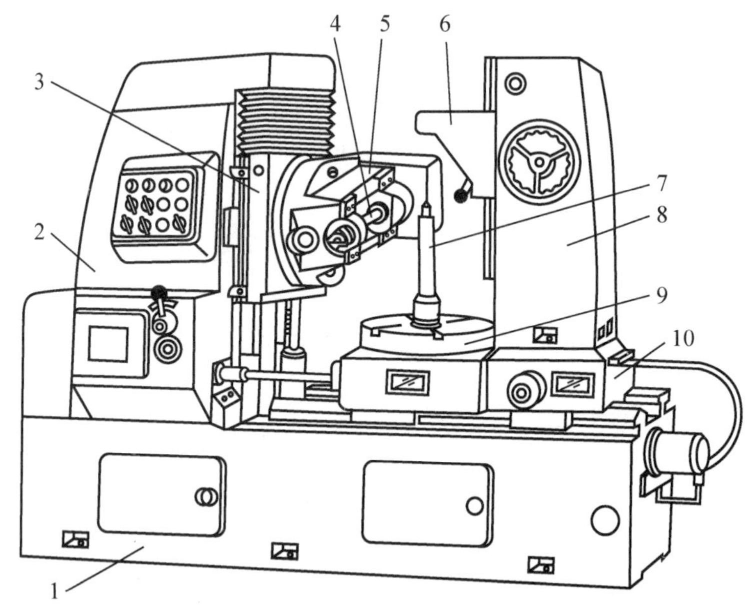

图 13.2　Y3150E 型滚齿机

1—床身；2—立柱；3—刀架滑板；4—刀杆；5—刀架；
6—支架；7—心轴；8—后立柱；9—工作台；10—床鞍

床身 1 上固定有立柱 2，刀架滑板 3 可沿立柱的导轨垂直移动，刀杆 4 安装在刀架 5 中的主轴上，工件安装在工作台 9 的心轴 7 上，随同工作台一起旋转，后立柱 8 和工作台安装在床鞍 10 上，可沿床身的水平导轨移动，用于调整工件的径向位置或径向进给运动，支架 6 可用轴套或顶尖支撑在心轴的上端。

13.1.3 圆柱齿轮的加工

1. 圆柱直齿齿轮的加工

在滚齿机上加工直齿圆柱齿轮必须具备两个运动：形成渐开线齿廓的展成运动和形成直线齿面(导线)的运动。

1) 机床的运动

(1) 主运动。即滚刀的旋转运动。

(2) 展成运动。即齿形曲线的成形运动。展成运动的传动联系是滚刀旋转 1 转，工件转过 K/Z 转，其中 K 为滚刀的头数，一般 K=1，Z 为被加工工件的齿数。

(3) 轴的进给运动。即滚刀沿工件轴线方向的移动，以保证切出全齿宽。

(4) 辅助运动。即该刀或工件的径向进给运动，以切出全齿深。

2) 滚刀及工件的安装

(1) 滚刀的安装。滚齿时，为了保证切出准确的齿形，应使滚刀和工件处于正确啮合位置，即该刀在切削点的螺旋线方向应与被加工齿轮齿槽方向一致。因此，安装时需将滚刀轴线相对齿坯(或称工件)顶面成一定角度，称为滚刀安装角δ，图 13.3 所示的右旋、左旋滚刀加工圆柱直齿齿轮时滚刀的安装角δ，其大小等于滚刀螺旋升角ω。

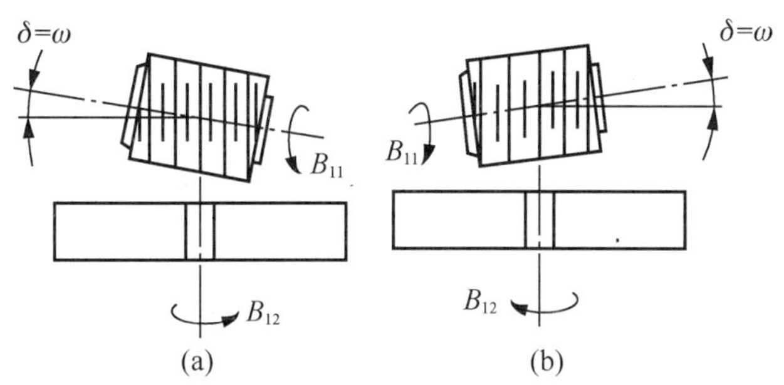

图 13.3 滚刀的安装角度

(a) 右旋滚刀；(b) 左旋滚刀

(2) 工件的安装。工件安装在工作台的心轴上，一般工件内孔与心轴外圆之间有一定的间隙，如果工件内孔与心轴间的间隙不均匀，加工出来的齿深不等，则影响齿轮加工精度。因此，在安装工件时，除注意夹紧外，还要检查工件外圆的径向跳动，以保证加工精度。齿坯径向跳动的检查方法如图 13.4 所示，磁性千分表座吸在后立柱上，对好千分表，工作台缓慢转动，在径向跳动检查合格后方能夹紧工件。

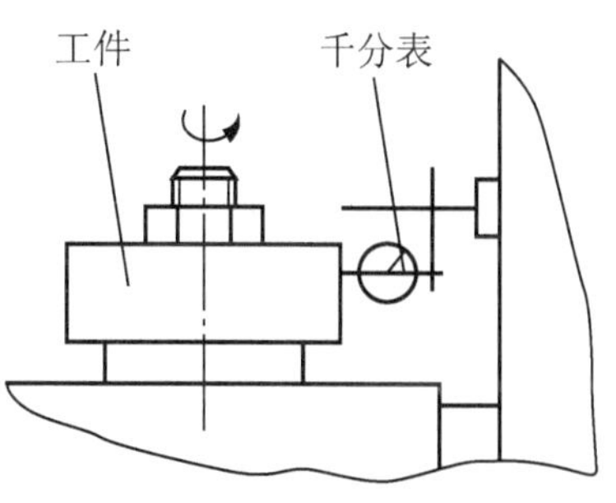

图 13.4 检查工件径向跳动

3) 滚齿加工中应注意的问题

(1) 介轮的使用问题。介轮也称惰轮或中间轮。它的作用是控制传动链两个端件的回转方向，传动比的计算只解决了数量上的关系，运动方向的确定就靠介轮。介轮只改变传动方向而不改变传动比大小，因此，它的齿数可根据传动轴空间位置任意选取。分齿运动的挂轮就是要保证滚刀的转向与齿坯的转向(即工作台的转向)符合一对螺旋齿轮传动方向。滚齿机上滚刀旋转的方向是不变的(不论是采用右旋滚刀还是左旋滚刀)，如图 13.5(a)所示。当选用右旋滚刀加工齿轮时，所加介轮必须使齿坯逆时针旋转[相当于齿条按图 13.5(a)中虚线箭头方向前进]，当选用左旋滚刀时，介轮必须使齿坯转向为顺时针，即“右逆左顺”，如图 13.5(b)所示。

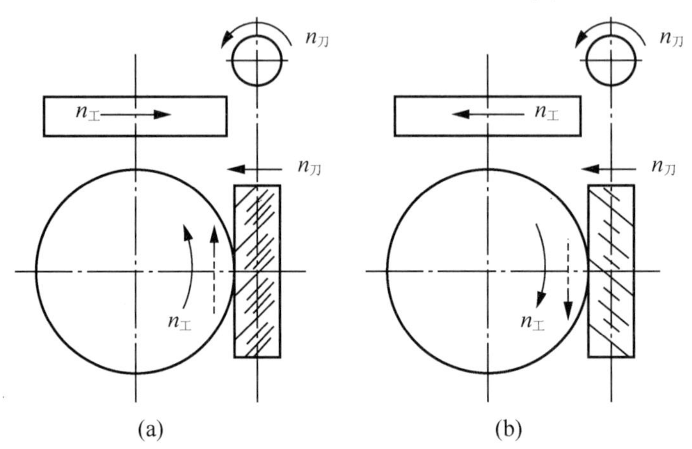

图 13.5 滚刀和工件的旋转方向

(a) 右旋滚刀；(b) 左旋滚刀

轴向进给运动链中的介轮要保证：用逆铣法时刀架自上而下进给运动；用顺铣法时刀架自下而上运动。因此，挂轮选好后，一般先不切削，而是先空转运行，看滚刀、齿轮坯的旋转方向是否正确，如不正确就要增加或减少介轮。

(2) 滚刀对中问题(俗称串刀)。滚刀开出刀刃后，分布在螺旋线上的刀齿就只有断续的几个齿，如图 13.6(a)所示，滚切时就用这几个齿切出齿坯的齿形。在齿侧形成近似渐开线的折线，这就要求滚刀刀齿或齿槽的对称线要通过齿坯的中心线(这就是滚刀的对中问题)，否则，切出的齿形就不对称于齿坯的中心(尤其是加工齿坯齿数较少时更为突出)，从而会影响齿轮传动的平稳性。图 13.6(b)所示为滚刀对中性对加工齿形的影响。

滚刀对中的方法一般有两种：对精度要求不高的齿轮(8 级精度以下)可以采用试车法对中，即在开车后使滚刀沿径向逐渐接近齿坯外圆，直到切出较浅的刀痕，观察这个刀痕是否对称，如发现不对称，就调整滚刀的轴向位置后，再试车，直至刀痕对称为止；另一种方法是将滚刀径向移至齿坯外圆处，用塞尺测量两个刀齿与齿坯外圆的间隙，如两侧间隙相等，说明滚刀已对中，否则就要移动滚刀的轴向位置来调节，直到滚刀两刀齿与齿坯外圆的间隙相等为止，如不用塞尺，也可以用薄纸来代替，把纸塞在刀齿和齿坯外圆之间，压出对称的两个刀痕，就说明滚刀对中性好，否则就不好，如图 13.7 所示。

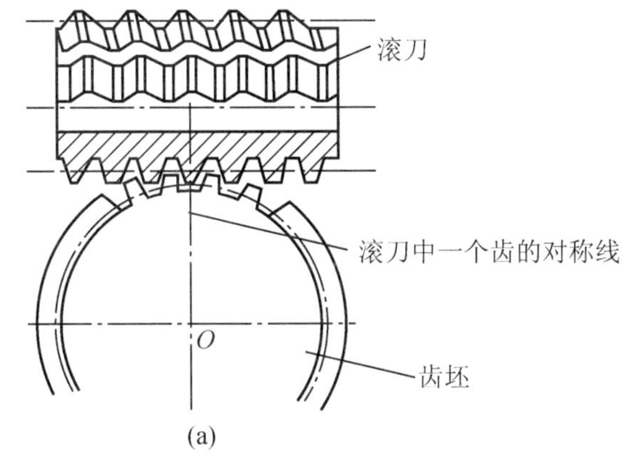

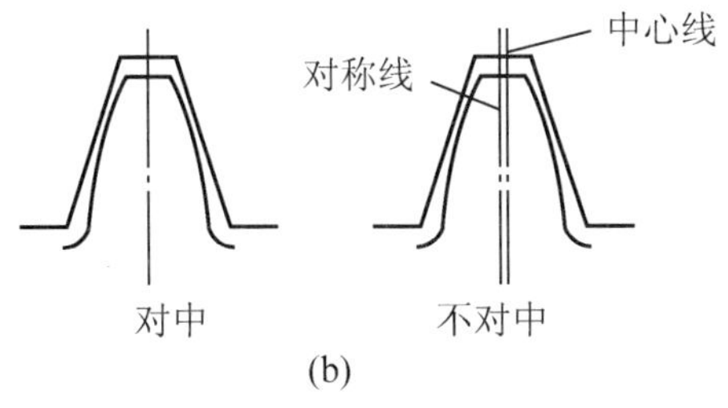

图 13.6 滚刀对中示意图

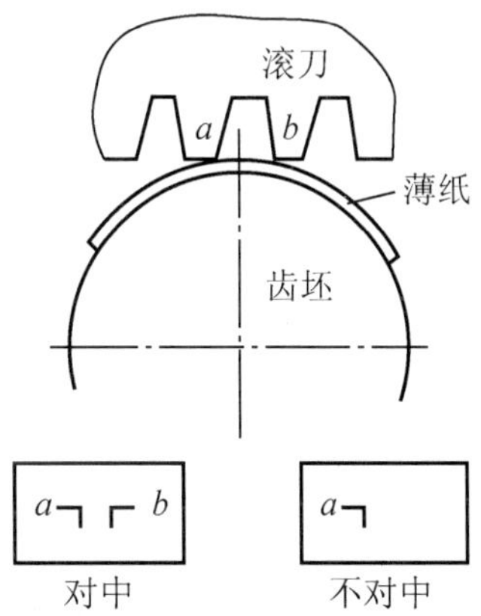

图 13.7 用纸片检查滚刀对中

2. 圆柱斜齿轮的加工

1) 机床的运动

加工圆柱斜齿齿轮与加工直齿齿轮相比，其共同点是主运动与展成运动均相同，不同点是要想加工出斜齿齿形，必须在刀架轴向进给的同时齿坯要附加一个转动，这就是加工直齿齿轮和斜齿齿轮的根本区别。滚切斜齿时，利用合成机构(也称差动机构)将展成运动和附加运动合成后传至工作台，方框图如图 13.8 所示。

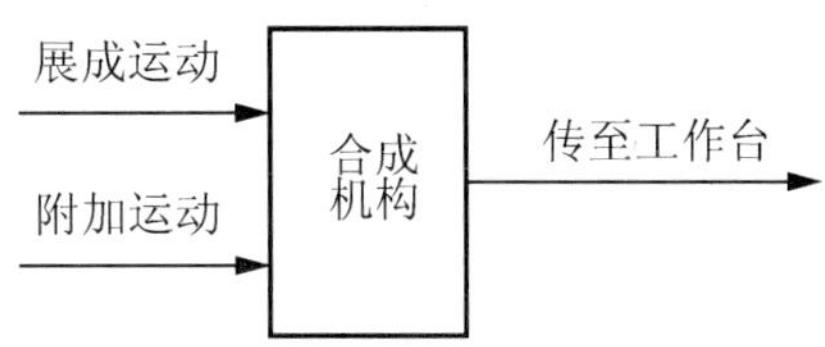

图 13.8 滚切斜齿轮时运动合成方框图

2) 滚刀的安装

滚切斜齿时和滚切直齿一样，要保证滚刀刀齿的运动方向和斜齿齿轮的齿向一致，所以滚刀主轴相对齿坯顶面也要安装成一个角度δ，不同的是，滚切斜齿时滚刀安装角除与滚刀螺旋升角ω大小与旋向有关外，还与被切斜齿轮螺旋角β大小和旋向有关。

当滚刀和斜齿齿轮旋向一致时，滚刀的安装角为 $\delta = \beta - \omega$；当旋向不一致时，$\delta = \beta + \omega$，如图 13.9 所示。

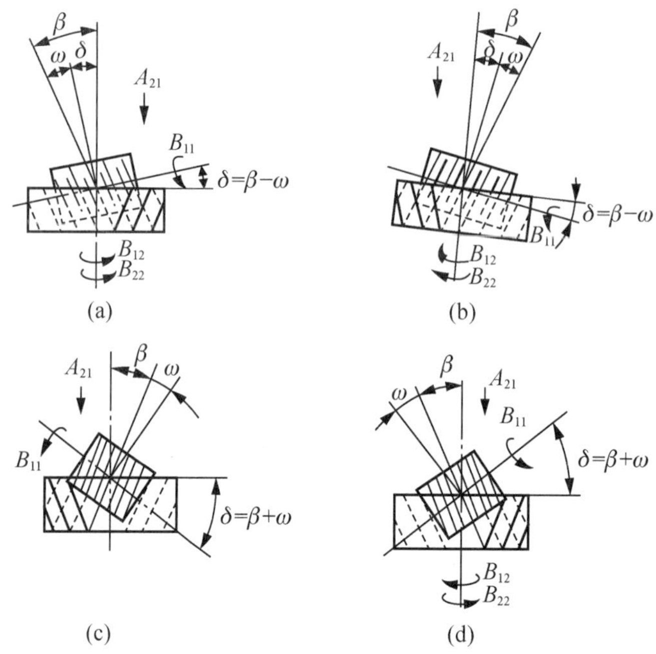

图 13.9　滚刀安装角度

(a) 右旋滚刀滚切右旋齿；(b) 左旋滚刀滚切旋齿；
(c) 右旋滚刀滚切左旋齿；(d) 左旋滚刀滚切右旋齿

3) 滚切斜齿轮时应注意的问题

滚切斜齿轮时，除要考虑与滚切直齿中应注意的问题以外，还要考虑一些特殊问题。

滚切斜齿时，要保证齿形正确、分齿均匀及齿向为正确的螺旋线。因此，在滚切斜齿时特别要注意附加运动的旋向。滚齿机上可以用刀架快移传动链来显示附加运动方向，观察是否正确，如不正确，可以在附加挂轮中增加或减少介轮。

图 13.9 中已标出滚切斜齿齿轮时展成运动(B_{11}、B_{12})及附加运动(B_{22})的方向，A_{21} 表示刀具的轴向进给运动。

13.2　插　　齿

用插齿刀按展成法或成形法加工内、外齿轮或齿条等的齿面称为插齿。

13.2.1　插齿原理

从插齿过程的原理上分析，插齿刀相当于一对轴线相互平行的圆柱齿轮相啮合。插齿刀实质上是一个端面磨有前角，齿顶和齿侧磨有后角的齿轮。如图 13.10(a)所示，插齿刀沿工件轴线方向作直线往复运动，完成切削主运动，齿坯与插齿刀作无间隙啮合运动过程中在齿坯上逐渐切出齿形；如图 13.10(b)所示，齿形曲线实际是刀具多次切痕的包络线。因此，插齿与滚齿一样，是利用展成法加工齿轮齿形的。

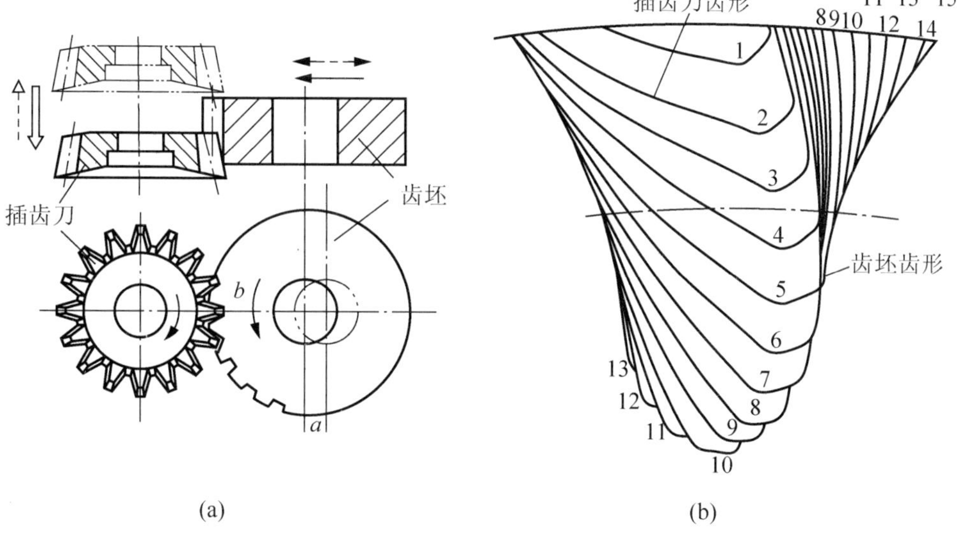

图 13.10 插齿原理

13.2.2 插齿加工运动

在插齿机上加工圆柱直齿轮时机床作以下几种运动。

1. 主运动

主运动是指插齿刀的往复直线运动(沿工件轴线方向)，垂直向下运动为工作行程，向上运动为空行程。

2. 展成运动

加工中，插齿刀与齿坯要保持相当于一对齿轮的啮合运动，即插齿刀转过一个齿，齿坯要转过 1/Z 转(Z 是工件齿数)。

3. 径向进给运动(也称切入运动)

开始插齿时，若刀具径向切入齿坯太深，会使刀具负荷过重而损坏。因此，应使刀具逐渐切入全齿深，这就需要径向进给。径向进给量是指插齿刀每往复一次沿齿坯径向移动的距离，它是靠径向进给挂轮来实现的。当刀具切入至齿坯全齿深时，径向进给运动停止，然后齿坯再旋转一周，便能加工出全部完整的齿形。

上述方法是刀具一次切入全齿深的方法，也可以根据刀具及齿坯材料、加工齿轮模数大小，分两次或三次逐渐切入全齿深。当然，每次切入运动结束后，工件都要再旋转一周(即一整圈)。

4. 圆周进给运动

插齿刀旋转的快慢也影响插齿生产率。圆周进给量是指插齿刀每往复一次，刀具在其分度圆周上所转过的弧长数(mm/往复行程)，减少圆周进给量可以提高齿形曲线的加工精度。

5. 让刀运动

为了保证插齿刀向上空行程时不与齿坯齿面接触，以提高齿面精度，降低刀具的磨损，要求齿坯(工作台)此时应让开刀具，而在插齿刀向下工作行程时，工件(工作台)再恢复原位，这就是让刀运动。这个运动由插齿机的凸轮机构来实现。

13.2.3 插齿工艺特点及应用范围

1. 工艺特点

插齿和滚齿相比，在加工质量，生产率和应用范围等方面都有其特点。

1) 生产率

切制模数较大的齿轮时，插齿速度受到插齿刀主轴往复运动惯性和机床刚性的制约，切削过程又有空程的时间损失，故生产率不如滚齿高。只有在加工小模数、多齿数并且齿宽较窄的齿轮时，插齿的生产率才比滚齿高。

2) 加工质量

(1) 插齿的齿形精度比滚齿高。滚齿时，形成齿形包络线的切线数量只与滚刀容屑槽的数目和基本蜗杆的头数有关，它不能通过改变加工条件而增减；但插齿时，形成齿形包络线的切线数量由圆周进给量的大小决定，并且可以选择。此外，制造齿轮滚刀时是用近似造型的蜗杆来替代渐开线基本蜗杆，这就有造型误差；而插齿刀的齿形比较简单，可通过高精度磨齿获得精确的渐开线齿形。所以插齿可以得到较高的齿形精度。

(2) 插齿后齿面的粗糙度比滚齿小。这是因为滚齿时，滚刀在齿向方向上作间断切削，形成鱼鳞状波纹；而插齿时插齿刀沿齿向方向的切削是连续的。所以插齿时齿面粗糙度较小。

(3) 插齿的运动精度比滚齿差。这是因为插齿机的传动链比滚齿机多了一个刀具蜗轮副，即多了一部分传动误差，另外，插齿刀的一个刀齿相应切削工件的一个齿槽，因此，插齿刀本身的周节累积误差必然会反映到工件上；而滚齿时，因为工件的每一个齿槽都是由滚刀相同的 2～3 圈刀齿加工出来，故滚刀的齿距累积误差不影响被加工齿轮的齿距精度。所以滚齿的运动精度比插齿高。

(4) 插齿的齿向误差比滚齿大。插齿时的齿向误差主要取决于插齿机主轴回转轴线与工作台回转轴线的平行度误差。由于插齿刀工作时往复运动的频率高，使得主轴与套筒之间的磨损大，因此插齿的齿向误差比滚齿大。

所以就加工精度来说，对运动精度要求不高的齿轮，可直接用插齿来进行齿形精加工；而对于运动精度要求较高的齿轮，则用滚齿较为有利。

2. 应用范围

(1) 加工带有台肩的齿轮及空刀槽很窄的双联或多联齿轮，只能用插齿。这是因为插齿刀切出时只需要很小的空间，而滚齿则滚刀会与大直径部位发生干涉。

(2) 加工无空刀槽的人字齿轮，只能用插齿。

(3) 加工内齿轮，只能用插齿。

(4) 加工蜗轮，只能用滚齿。

(5) 加工斜齿圆柱齿轮，两者都可用。但滚齿比较方便。插齿加工斜齿轮时，插齿机的刀具主轴上须设有螺旋导轨，来提供插齿刀的螺旋运动，并且要使用专门的斜齿插齿刀，所以很不方便。

思 考 题

1. 齿轮加工方法有几种？各适用于哪些场合？
2. 什么是展成运动？
3. 滚齿机的构造由哪几部分组成？
4. 滚齿加工原理及滚齿加工运动特点是什么？
5. 什么是滚刀的安装角？为什么要调整滚刀的安装角？
6. 绘出使用右旋滚刀加工圆柱直齿齿轮时的滚刀安装角。
7. 为什么滚齿加工时滚刀要对中？
8. 插齿加工适用于什么场合？
9. 插齿的原理是什么？
10. 插齿时，机床的运动都有哪些？为什么要有让刀运动？

第 14 章

数控机床加工与特种加工简介

14.1 数控机床加工

14.1.1 概述

随着科学技术的发展，机电产品日趋精密复杂。产品的精度要求越来越高、更新换代的周期也越来越短，从而促进了现代制造业的发展。尤其是宇航、军工、造船、汽车和模具加工等行业，用普通机床进行加工(精度低、效率低、劳动强度大)已无法满足生产要求，从而一种新型的用数字程序控制的机床应运而生。这种机床即数控机床是一种综合运用了计算机技术、自动控制、精密测量和机械设计等新技术的机电一体化典型产品，是一种装有程序控制系统(数控系统)的自动化机床。该数控系统能够逻辑地处理具有使用号码或其他符号编码指令(刀具移动轨迹信息)规定的程序。具体地讲，把数字化了的刀具移动轨迹的信息输入到数控装置，经过译码、运算，从而实现控制刀具与工件相对运动，加工出所需要的零件的机床，即为数控机床。

数控加工是按照零件加工的技术要求和工艺要求，编写零件的加工程序，然后将加工程序输入到数控装置，通过数控装置控制机床的主轴运动、进给运动，更换刀具，以及工件的夹紧与松开，冷却、润滑泵的开与关，使刀具、工件和其他辅助装置严格按照加工程序规定的顺序、轨迹和参数进行工作，从而加工出符合图纸要求的零件的加工方法。

14.1.2 数控机床的组成

图 14.1 所示为数控机床的组成。

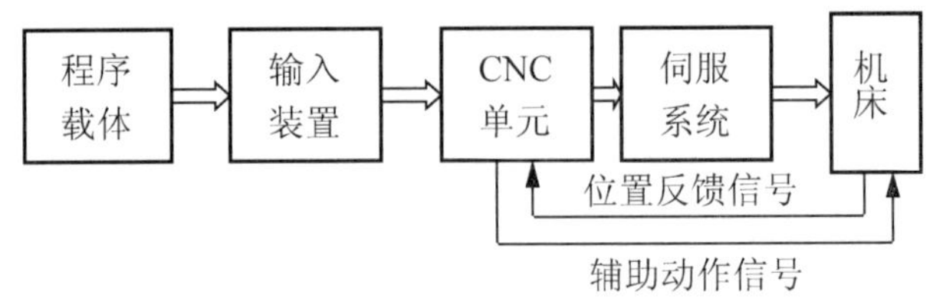

图 14.1 数控机床的组成

1. 程序载体

数控机床加工是按照零件加工的程序运行的。零件的加工程序中，包括机床刀具与工件相对的运行轨迹、工艺参数(切削用量)及辅助运动(如换刀等)。将零件加工程序用一定的格式或代码，存储在一个载体上(穿孔纸带、盘式磁带或软磁盘)通过数控机床的输入装置，借助载体将程序输入到 CNC 单元内。

2. 输入装置

输入装置的作用是将程序载体内有关信息输入 CNC 单元。不同的载体配有不同的输入装置，如用软磁盘载体，则用软盘驱动器和驱动卡输入装置。

现代数控机床，还可以通过手动方式(MDI 方式)将零件加工程序用数控系统操作面板上的按键直接键入 CNC 单元，或者用与上级机通信的方式直接将加工程序输入 CNC 单元。

3. CNC 单元

CNC 单元由信息的输入、处理与输出三部分组成。程序载体通过输入装置将加工信息传给 CNC 单元，编译成计算机能识别的信息，通过输出单元发出信息与速度指令传给伺服系统和主运动控制部分。

4. 伺服系统

伺服系统是由伺服电动机、驱动控制装置和伺服控制软件组成。它与数控机床的进给运动部件构成进给伺服系统，每一坐标方向的运动部分都配备一套伺服系统。

5. 位置反馈系统

位置反馈分为伺服电动机的转角反馈和数控机床执行机构(工作台)的位移反馈两种。运动部分通过传感器将上述的角位移和直线位移转换成电信号，输送给 CNC 单元，与指令位置进行比较，并由 CNC 单元发出指令，纠正所产生的误差。

6. 机床的机械部件

数控机床的机械部件除了主运动系统、进给系统及辅助部分，如液压、气动、冷却和润滑等一般机床具有的系统外，还有数控机床特有的部件，如刀库、自动换刀装置(ATC)和自动托盘交换装置等。与普通机床相比，数控机床结构较简单，但机床的静态及动态刚度要求较高，传动装置间隙应尽量小，以提高重复定位精度(一般采用滚珠丝杆与螺母和滚动导轨传动)。

14.1.3　数控机床加工的特点及应用范围

随着数控技术的发展，它不仅应用到数控机床加工中，还应用到坐标测量机、机器人、激光切割、电火花切割、编织机等机器上。

1. 数控机床加工特点

1) 适应性强

在数控机床上加工新工件时，只需重新编制新工件的加工程序，就能实现新工件的加工。利用数控机床加工工件时，只需要简单的夹具，不需要制作成批的工装夹具，更不需要反复调整机床，因此，特别适合单件、小批量及试制新产品的工件加工。对于普通机床很难加工的精密复杂零件，数控机床也能实现自动化加工。

2) 加工精度高

数控机床是按数字指令进行加工的，目前数控机床的脉冲当量普遍达到了 0.001mm，而且进给传动链的反向间隙与丝杠螺距误差等均可由数控装置进行补偿，因此，数控机床能达到很高的加工精度。对于中、小型数控机床，定位精度普遍可达 0.03mm，重复定位精度可达 0.0lmm。此外，数控机床的传动系统与机床结构都具有很高的刚度和热稳定性，制造精度高，数控机床的自动加工方式避免了人为的干扰因素，同一批零件的尺寸一致性好，产品合格率高，加工质量十分稳定。

3) 生产效率高

工件加工所需时间包括机动时间和辅助时间，数控机床能有效地减少这两部分时间。数控机床的主轴转速和进给量的调整范围都比普通机床设备的范围大，因此数控机床每一道工序都可选用最有利的切削用量；从快速移动到停止采用了加速、减速措施，既提高了运动速度，又保证了定位精度，有效地降低了机动时间。数控加工中更换工件时，不需要调整机床，同一批工件加工质量稳定，无需停机检验，辅助时间大大缩短。特别是使用自动换刀装置的数控加工中心，可以在同一台机床上实现多道工序连续加工，生产效率的提高更加明显。

4) 劳动强度低

数控设备的工作是按照预先编制好的加工程序自动连续完成的，操作者除输入加工程序或操作键盘、装卸工件、关键工序的中间测量及观看设备的运行之外，不需要进行烦琐、重复的手工操作，这使工人的劳动条件大为改善。

5) 良好的经济效益

虽然数控设备的价格昂贵，分摊到每个工件上的设备费用较大，但是使用数控设备会节省许多其他费用。特别是不需要设计制造专用的工装夹具，加工精度稳定，废品率低，减少调度环节等，所以整体成本下降，可获得良好的经济效益。

6) 有利于生产管理的现代化

采用数控机床能准确地计算单个产品工时，合理安排生产。数控机床使用数字信息与标准代码处理、控制加工，为实现生产过程自动化创造了条件；有效地简化了检验、工装夹具和半成品之间的信息传递。

7) 数控机床加工存在的问题

起始阶段投资较大，电子设备的维护复杂，对操作人员的技术水平要求较高。

2. 数控机床的应用范围

数控机床与普通机床相比，具有许多的优点，应用范围不断扩大。但是，数控机床初期投资费用较高，技术复杂，对操作维修人员和管理人员的素质要求也较高。实际选用时，一定要充分考虑其技术经济效益。根据国内外数控机床应用实践，数控加工的适用范围可用图 14.2 和图 14.3 进行定性分析。图 14.2 所示为随零件复杂程度和生产批量的不同，三种机床的应用范围的变化；图 14.3 表明了随生产批量的不同，采用三种机床加工时，总加

工费用的比较。由两图可知，在多品种、中小批量生产情况下，使用数控机床可获得较好的经济效益；零件批量的增大，对选用数控机床是有利的。

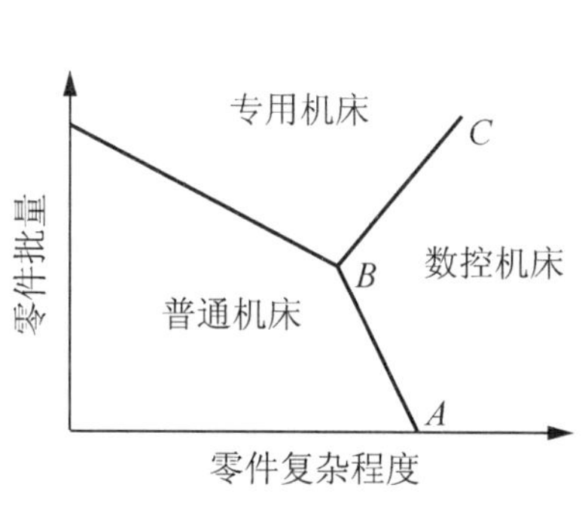

图 14.2　各种机床的使用范围

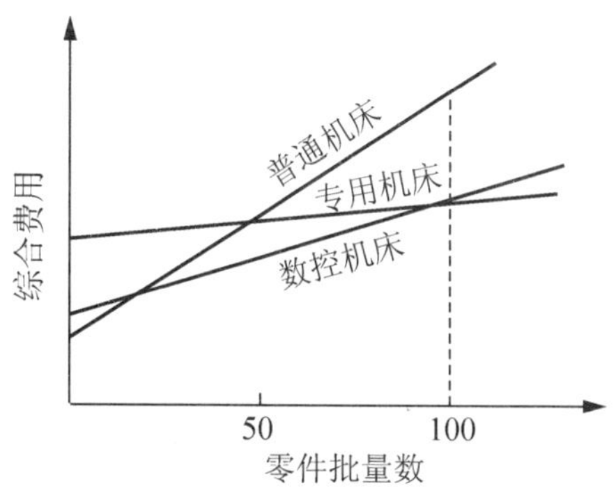

图 14.3　各种机床的加工批量与成本的关系

14.2　特种加工

14.2.1　概述

随着科学技术的发展，具有高强度、高硬度、高韧性、高脆性的材料不断出现，采用传统的切削加工已不能适应这些新材料，因此要有适应特殊工艺要求的特种加工。特种加工也称“非传统加工”或“现代加工”，泛指用电能、热能、光能、电化学能、化学能、声能及特殊机械能等能量达到去除或增加材料的加工方法，从而实现材料被去除、变形、改变性能或被镀覆等。特种加工方法很多，包括电火花加工，线切割加工、激光加工、超声波加工、电子束与离子束加工等。

14.2.2　特种加工方法简介

1. 电火花加工

电火花加工是利用浸在工作液中的两极间脉冲放电时产生的电蚀作用蚀除导电材料的特种加工方法，又称放电加工或电蚀加工。它可以用于穿孔、型腔加工、切割加工、表面强化等，电火花加工多用于模具生产中，可以加工淬硬或非淬硬的金属材料。

进行电火花加工时，工具电极和工件分别接脉冲电源的两极，并浸入工作液中，或将工作液充入放电间隙，如图 14.4 所示。通过间隙自动控制系统控制工具电极向工件进给，当两电极间的间隙达到一定距离时，两电极上施加的脉冲电压将工作液击穿，产生火花放电。在放电的微细通道中瞬时集中大量的热能，温度可高达 10 000℃以上，压力也有急剧变化，从而使这一点工作表面局部微量的金属材料立刻熔化、汽化，并爆炸式地飞溅到工作液中，迅速冷凝形成固体的金属微粒，被工作液带走。这时在工件表面上便留下一个微小的凹坑痕迹，放电短暂停歇，两电极间工作液恢复绝缘状态。紧接着，下一个脉冲电压又在两电极相对接近的另一点处击穿，产生火花放电，重复上述过程。这样，虽然每个脉冲放电蚀除的金属量极少，但因每秒有成千上万次脉冲放电作用，就能蚀除较多的金属，具有一定的生产率。

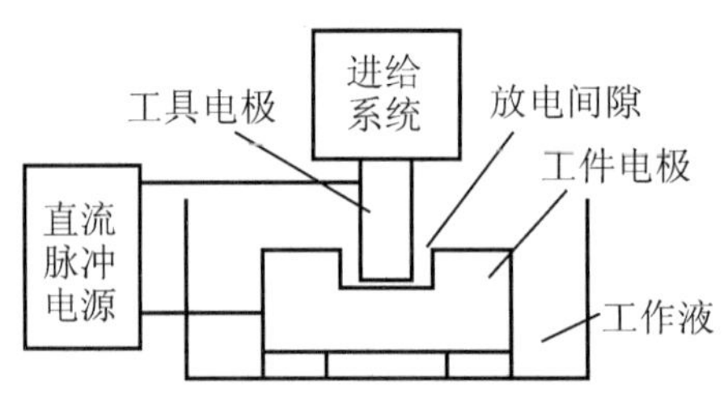

图 14.4 电火花加工示意图

电火花加工的特点：能加工普通切削加工方法难以切削的材料和复杂形状的工件；加工时无切削力；不产生毛刺和刀痕沟纹等缺陷；工具电极材料无须比工件材料硬；直接使用电能加工，便于实现自动化；加工后表面产生变质层，在某些应用中须进一步去除；工作液的净化和加工中产生的烟雾污染处理比较麻烦。

电火花加工的主要用途：加工一些具有复杂形状的型孔和型腔的模具和零件；加工各种硬、脆材料，如硬质合金和淬火钢等；加工深细孔、异形孔、深槽、窄缝和切割薄片等；加工各种成形刀具、样板和螺纹环规等工具和量具。

2. 线切割加工

电火花线切割简称线切割。线切割加工实质上也是电火花加工方法的一种，它是以金属丝(ϕ 0.02～0.3mm 的钼丝)为工具电极对工件进行切割加工。电火花线切割时电极丝接脉冲电源的负极，工件接脉冲电源的正极，如图 14.5 所示。在正负极之间加上脉冲电源，当来一个电脉冲时，在电极丝和工件之间产生一次火花放电，在放电通道的中心温度瞬时可高达 10 000℃以上，高温使工件金属熔化，甚至有少量汽化，高温也使电极丝和工件之间的工作液部分产生汽化，这些气化后的工作液和金属蒸气瞬间迅速热膨胀，并具有爆炸的特性。这种热膨胀和局部微爆炸，将熔化和汽化了的金属材料抛出而实现对工件材料进行电蚀切割加工。线切割加工时，线电极一方面相对工件不断地往上(下)移动(慢速走丝是单向移动，快速走丝是往返移动)，另一方面，装夹工件的十字工作台，由数控伺服电动机驱动，在 x、y 轴方向实现切割进给，使线电极沿加工图形的轨迹，对工件进行切割加工。通常认为电极丝与工件之间的放电间隙在 0.01mm 左右，若电脉冲的电压高，放电间隙会大一些。

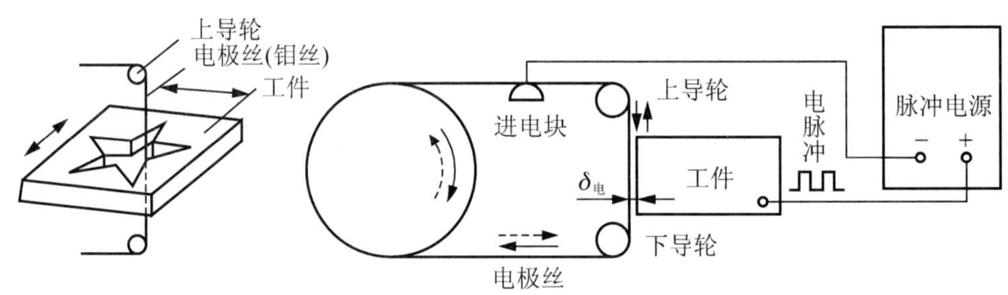

图 14.5 电火花线切割原理图

线切割加工的特点：适合于机械加工方法难于加工的材料的加工，如淬火钢、硬质合金、耐热合金等；采用工具电极，节约了电极设计和制造的费用和时间，能方便地加工形状复杂的外形和通孔，能进行套料加工，冲模加工的凸凹模间隙可以任意调节；缺点是被加工材料必须导电，不能加工盲孔。

线切割加工的主要用途：广泛用于加工硬质合金、淬火钢模具零件、样板、各种形状复杂的细小零件、窄缝等；加工电火花成形加工用的电极；在试制新产品时，用线切割在板料上直接割出零件，由于不需另行制造模具，可大大缩短制造周期、降低成本；加工薄件时还可多片叠在一起加工；在零件制造方面，可用于加工品种多、数量少的零件，特殊难加工材料的零件，材料试验样件，各种型孔、凸轮、样板、成形刀具，同时还可以进行微细加工和异形槽加工等。此外，电火花线切割还可加工除盲孔以外的其他难加工的金属零件。

3. 激光加工

激光加工是靠光能量来进行加工的，它利用光学系统将强度高、方向好、单色性好的光束聚成一个极小的光斑，使光斑周围的金属熔化。根据激光束与材料相互作用的机理，大体可将激光加工分为激光热加工和光化学反应加工两类。激光热加工是指利用激光束投射到材料表面产生的热效应来完成加工过程，包括激光焊接、激光切割、表面改性、激光打标、激光钻孔和微加工等；光化学反应加工是指激光束照射到物体，借助高密度高能光子引发或控制光化学反应的加工过程，包括光化学沉积、立体光刻、激光刻蚀等。

激光加工的主要特点：由于它是无接触加工，并且高能量激光束的能量及移动速度均可调，因此可以实现多种加工的目的。它可以对多种金属、非金属进行加工，特别是可以加工高硬度、高脆性及高熔点的材料。激光加工过程中无刀具磨损，无切削力作用于工件。激光加工过程中，激光束能量密度高，加工速度快，并且是局部加工，对非激光照射部位没有影响或影响极小。因此，其热影响区小，工件热变形小，后续加工量小。它可以通过透明介质对密闭容器内的工件进行各种加工。由于激光束易于导向、聚集，实现作各方向变换，极易与数控系统配合，对复杂工件进行加工，因此是一种极为灵活的加工方法。使用激光加工，生产效率高，质量可靠，经济效益好。

激光加工技术的应用：由于激光加工技术具有许多其他加工技术所无法比拟的优点，所以应用较广。目前已成熟的激光加工技术包括激光快速成形技术、激光焊接技术、激光打孔技术、激光打标技术、激光去重平衡技术、激光蚀刻技术、激光微调技术、激光划线技术、激光切割技术、激光热处理和表面处理技术等。

4. 超声波加工

超声波加工是利用声能进行加工的，它是利用超声波发声器产生的超声波，振动频率超过 16 000Hz，使工件与工具间悬浮液中的磨粒发生振动，迫使磨粒以很大的速度和加速度冲击、抛磨工件。超声波加工可以适用于各种超级材料的加工，特别适用于脆性材料，如玻璃、陶瓷、金刚石等的加工。

超声波加工主要特点：不受材料是否导电的限制，加工范围广；由于超声波加工主要靠瞬时的局部冲击作用，故工件表面的宏观切削力很小，切削应力、切削热更小；可获得较高的加工精度(尺寸精度可达 0.005～0.02mm)和较低的表面粗糙度(Ra 值为 0.05～0.2μm)，被加工表面无残余应力、烧伤等现象，也适合加工薄壁、窄缝和低刚度零件；易于加工各种复杂形状的型孔、型腔和成型表面等；工具可用较软的材料做成较复杂的形状；超声波加工设备结构一般比较简单，操作维修方便。

超声波加工的应用：可加工淬硬钢、不锈钢、钛及其合金等传统切削难加工的金属、非金属材料；特别是一些不导电的非金属材料，如玻璃、陶瓷、石英、硅、玛瑙、宝石、金刚石及各种半导体等，对导电的硬质金属材料如淬火钢、硬质合金也能加工，但生产率低；适合深小孔、薄壁件、细长杆、低刚度和形状复杂、要求较高的零件的加工；适合高精度、低表面粗糙度等精密零件的精密加工。

参 考 文 献

[1] 杨森. 金属工艺实习[M]. 北京：机械工业出版社，1997.
[2] 房世荣. 工程材料与金属工艺学[M]. 北京：机械工业出版社，1994.
[3] 梁红英，梁红玉. 工程材料与热成型工艺[M]. 北京：北京大学出版社，2005.
[4] 徐自立. 工程材料[M]. 武汉：华中科技大学出版社，2003.
[5] 冯旻，刘艳杰，高郁. 机械工程材料及热加工[M]. 哈尔滨：哈尔滨工业大学出版社，2005.
[6] 黄勇. 工程材料及机械制造基础[M]. 北京：国防工业出版社，2004.
[7] 吴进明. 应用材料基础[M]. 杭州：浙江大学出版社，2004.
[8] 张学政，李家枢. 金属工艺学实习教材[M]. 北京：高等教育出版社，2003.
[9] 金禧德. 金工实习[M]. 北京：高等教育出版社，2001.
[10] 全燕鸣. 金工实训[M]. 北京：机械工业出版社，2006.

北京大学出版社高职高专机电系列规划教材

序号	书号	书名	编著者	定价	印次	出版日期
“十二五”职业教育国家规划教材						
1	978-7-301-24455-5	电力系统自动装置(第 2 版)	王　伟	26.00	1	2014.8
2	978-7-301-24506-4	电子技术项目教程(第 2 版)	徐超明	42.00	1	2014.7
3	978-7-301-24475-3	零件加工信息分析(第 2 版)	谢　蕾	52.00	2	2015.1
4	978-7-301-24227-8	汽车电气系统检修(第 2 版)	宋作军	30.00	1	2014.8
5	978-7-301-24507-1	电工技术与技能	王　平	42.00	1	2014.8
6	978-7-301-24648-1	数控加工技术项目教程(第 2 版)	李东君	64.00	1	2015.5
7	978-7-301-25341-0	汽车构造(上册)——发动机构造(第 2 版)	罗灯明	35.00	1	2015.5
8	978-7-301-25529-2	汽车构造(下册)——底盘构造(第 2 版)	鲍远通	36.00	1	2015.5
9	978-7-301-25650-3	光伏发电技术简明教程	静国梁	29.00	1	2015.6
10	978-7-301-24589-7	光伏发电系统的运行与维护	付新春	33.00	1	2015.6
11	978-7-301-24587-3	制冷与空调技术工学结合教程	李文森等	28.00	1	2015.5
12		电子 EDA 技术(Multisim)(第 2 版)	刘训非			2015.5
机械类基础课						
1	978-7-301-13653-9	工程力学	武昭晖	25.00	3	2011.2
2	978-7-301-13574-7	机械制造基础	徐从清	32.00	3	2012.7
3	978-7-301-13656-0	机械设计基础	时忠明	25.00	3	2012.7
4	978-7-301-13662-1	机械制造技术	宁广庆	42.00	2	2010.11
5	978-7-301-19848-3	机械制造综合设计及实训	裘俊彦	37.00	1	2013.4
6	978-7-301-19297-9	机械制造工艺及夹具设计	徐　勇	28.00	1	2011.8
7	978-7-301-18357-1	机械制图	徐连孝	27.00	2	2012.9
8	978-7-301-25479-0	机械制图——基于工作过程(第 2 版)	徐连孝	62.00	1	2015.5
9	978-7-301-18143-0	机械制图习题集	徐连孝	20.00	2	2013.4
10	978-7-301-15692-6	机械制图	吴百中	26.00	2	2012.7
11	978-7-301-22916-3	机械图样的识读与绘制	刘永强	36.00	1	2013.8
12	978-7-301-23354-2	AutoCAD 应用项目化实训教程	王利华	42.00	1	2014.1
13	978-7-301-17122-6	AutoCAD 机械绘图项目教程	张海鹏	36.00	3	2013.8
14	978-7-301-17573-6	AutoCAD 机械绘图基础教程	王长忠	32.00	2	2013.8
15	978-7-301-19010-4	AutoCAD 机械绘图基础教程与实训(第 2 版)	欧阳全会	36.00	3	2014.1
16	978-7-301-24536-1	三维机械设计项目教程(UG 版)	龚肖新	45.00	1	2014.9
17	978-7-301-17609-2	液压传动	龚肖新	22.00	1	2010.8
18	978-7-301-20752-9	液压传动与气动技术(第 2 版)	曹建东	40.00	2	2014.1
19	978-7-301-13582-2	液压与气压传动技术	袁　广	24.00	5	2013.8
20	978-7-301-24381-7	液压与气动技术项目教程	武　威	30.00	1	2014.8
21	978-7-301-19436-2	公差与测量技术	余　键	25.00	1	2011.9
22	978-7-5038-4861-2	公差配合与测量技术	南秀蓉	23.00	4	2011.12
23	978-7-301-19374-7	公差配合与技术测量	庄佃霞	26.00	2	2013.8
24	978-7-301-25614-5	公差配合与测量技术项目教程	王丽丽	26.00	1	2015.4
25	978-7-301-25953-5	金工实训(第 2 版)	柴增田	38.00	1	2015.6
26	978-7-301-13651-5	金属工艺学	柴增田	27.00	2	2011.6
27	978-7-301-17608-5	机械加工工艺编制	于爱武	45.00	2	2012.2
28	978-7-301-23868-4	机械加工工艺编制与实施(上册)	于爱武	42.00	1	2014.3
29	978-7-301-24546-0	机械加工工艺编制与实施(下册)	于爱武	42.00	1	2014.7
30	978-7-301-21988-1	普通机床的检修与维护	宋亚林	33.00	1	2013.1
31	978-7-5038-4869-8	设备状态监测与故障诊断技术	林英志	22.00	3	2011.8

序号	书号	书名	编著者	定价	印次	出版日期
32	978-7-301-22116-7	机械工程专业英语图解教程(第 2 版)	朱派龙	48.00	2	2015.5
33	978-7-301-23198-2	生产现场管理	金建华	38.00	1	2013.9
34	978-7-301-24788-4	机械 CAD 绘图基础及实训	杜　洁	30.00	1	2014.9
数控技术类						
1	978-7-301-17148-6	普通机床零件加工	杨雪青	26.00	2	2013.8
2	978-7-301-17679-5	机械零件数控加工	李　文	38.00	1	2010.8
3	978-7-301-13659-1	CAD/CAM 实体造型教程与实训(Pro/ENGINEER 版)	诸小丽	38.00	4	2014.7
4	978-7-301-24647-6	CAD/CAM 数控编程项目教程(UG 版)(第 2 版)	慕　灿	48.00	1	2014.8
5	978-7-5038-4865-0	CAD/CAM 数控编程与实训(CAXA 版)	刘玉春	27.00	3	2011.2
6	978-7-301-21873-0	CAD/CAM 数控编程项目教程(CAXA 版)	刘玉春	42.00	1	2013.3
7	978-7-5038-4866-7	数控技术应用基础	宋建武	22.00	2	2010.7
8	978-7-301-13262-3	实用数控编程与操作	钱东东	32.00	4	2013.8
9	978-7-301-14470-1	数控编程与操作	刘瑞已	29.00	2	2011.2
10	978-7-301-20312-5	数控编程与加工项目教程	周晓宏	42.00	1	2012.3
11	978-7-301-23898-1	数控加工编程与操作实训教程(数控车分册)	王忠斌	36.00	1	2014.6
12	978-7-301-20945-5	数控铣削技术	陈晓罗	42.00	1	2012.7
13	978-7-301-21053-6	数控车削技术	王军红	28.00	1	2012.8
14	978-7-301-17398-5	数控加工技术项目教程	李东君	48.00	1	2010.8
15	978-7-301-21119-9	数控机床及其维护	黄应勇	38.00	1	2012.8
16	978-7-301-20002-5	数控机床故障诊断与维修	陈学军	38.00	1	2012.1
模具设计与制造类						
1	978-7-301-23892-9	注射模设计方法与技巧实例精讲	邹继强	54.00	1	2014.2
2	978-7-301-24432-6	注射模典型结构设计实例图集	邹继强	54.00	1	2014.6
3	978-7-301-18471-4	冲压工艺与模具设计	张　芳	39.00	1	2011.3
4	978-7-301-19933-6	冷冲压工艺与模具设计	刘洪贤	32.00	1	2012.1
5	978-7-301-20414-6	Pro/ENGINEER Wildfire 产品设计项目教程	罗　武	31.00	1	2012.5
6	978-7-301-16448-8	Pro/ENGINEER Wildfire 设计实训教程	吴志清	38.00	1	2012.8
7	978-7-301-22678-0	模具专业英语图解教程	李东君	22.00	1	2013.7
电气自动化类						
1	978-7-301-18519-3	电工技术应用	孙建领	26.00	1	2011.3
2	978-7-301-17569-9	电工电子技术项目教程	杨德明	32.00	3	2014.8
3	978-7-301-22546-2	电工技能实训教程	韩亚军	22.00	1	2013.6
4	978-7-301-22923-1	电工技术项目教程	徐超明	38.00	1	2013.8
5	978-7-301-12390-4	电力电子技术	梁南丁	29.00	3	2013.5
6	978-7-301-17730-3	电力电子技术	崔　红	23.00	1	2010.9
7	978-7-301-19525-3	电工电子技术	倪　涛	38.00	1	2011.9
8	978-7-301-24765-5	电子电路分析与调试	毛玉青	35.00	1	2015.3
9	978-7-301-16830-1	维修电工技能与实训	陈学平	37.00	1	2010.7
10	978-7-301-12180-1	单片机开发应用技术	李国兴	21.00	2	2010.9
11	978-7-301-20000-1	单片机应用技术教程	罗国荣	40.00	1	2012.2
12	978-7-301-21055-0	单片机应用项目化教程	顾亚文	32.00	1	2012.8
13	978-7-301-17489-0	单片机原理及应用	陈高锋	32.00	1	2012.9
14	978-7-301-24281-0	单片机技术及应用	黄贻培	30.00	1	2014.7
15	978-7-301-22390-1	单片机开发与实践教程	宋玲玲	24.00	1	2013.6
16	978-7-301-17958-1	单片机开发入门及应用实例	熊华波	30.00	1	2011.1

序号	书号	书名	编著者	定价	印次	出版日期
17	978-7-301-16898-1	单片机设计应用与仿真	陆旭明	26.00	2	2012.4
18	978-7-301-19302-0	基于汇编语言的单片机仿真教程与实训	张秀国	32.00	1	2011.8
19	978-7-301-12181-8	自动控制原理与应用	梁南丁	23.00	3	2012.1
20	978-7-301-19638-0	电气控制与 PLC 应用技术	郭 燕	24.00	1	2012.1
21	978-7-301-18622-0	PLC 与变频器控制系统设计与调试	姜永华	34.00	1	2011.6
22	978-7-301-19272-6	电气控制与 PLC 程序设计(松下系列)	姜秀玲	36.00	1	2011.8
23	978-7-301-12383-6	电气控制与 PLC(西门子系列)	李 伟	26.00	2	2012.3
24	978-7-301-18188-1	可编程控制器应用技术项目教程(西门子)	崔维群	38.00	2	2013.6
25	978-7-301-23432-7	机电传动控制项目教程	杨德明	40.00	1	2014.1
26	978-7-301-12382-9	电气控制及 PLC 应用(三菱系列)	华满香	24.00	2	2012.5
27	978-7-301-22315-4	低压电气控制安装与调试实训教程	张 郭	24.00	1	2013.4
28	978-7-301-24433-3	低压电器控制技术	肖朋生	34.00	1	2014.7
29	978-7-301-22672-8	机电设备控制基础	王本轶	32.00	1	2013.7
30	978-7-301-18770-8	电机应用技术	郭宝宁	33.00	1	2011.5
31	978-7-301-23822-6	电机与电气控制	郭夕琴	34.00	1	2014.8
32	978-7-301-17324-4	电机控制与应用	魏润仙	34.00	1	2010.8
33	978-7-301-21269-1	电机控制与实践	徐 锋	34.00	1	2012.9
34	978-7-301-12389-8	电机与拖动	梁南丁	32.00	2	2011.12
35	978-7-301-18630-5	电机与电力拖动	孙英伟	33.00	1	2011.3
36	978-7-301-16770-0	电机拖动与应用实训教程	任娟平	36.00	1	2012.11
37	978-7-301-22632-2	机床电气控制与维修	崔兴艳	28.00	1	2013.7
38	978-7-301-22917-0	机床电气控制与 PLC 技术	林盛昌	36.00	1	2013.8
39	978-7-301-18470-7	传感器检测技术及应用	王晓敏	35.00	2	2012.7
40	978-7-301-20654-6	自动生产线调试与维护	吴有明	28.00	1	2013.1
41	978-7-301-21239-4	自动生产线安装与调试实训教程	周 洋	30.00	1	2012.9
42	978-7-301-18852-1	机电专业英语	戴正阳	28.00	2	2013.8
43	978-7-301-24589-7	光伏发电系统的运行与维护	付新春	30.00	1	2014.8
44	978-7-301-24764-8	FPGA 应用技术教程(VHDL 版)	王真富	38.00	1	2015.2
汽车类						
1	978-7-301-17694-8	汽车电工电子技术	郑广军	33.00	1	2011.1
2	978-7-301-19504-8	汽车机械基础	张本升	34.00	1	2011.10
3	978-7-301-19652-6	汽车机械基础教程(第 2 版)	吴笑伟	28.00	2	2012.8
4	978-7-301-17821-8	汽车机械基础项目化教学标准教程	傅华娟	40.00	2	2014.8
5	978-7-301-19646-5	汽车构造	刘智婷	42.00	1	2012.1
6	978-7-301-25341-0	汽车构造(上册)——发动机构造(第 2 版)	罗灯明	35.00	1	2015.5
7	978-7-301-25529-2	汽车构造(下册)——底盘构造(第 2 版)	鲍远通	36.00	1	2015.5
8	978-7-301-13661-4	汽车电控技术	祁翠琴	39.00	6	2015.2
9	978-7-301-19147-7	电控发动机原理与维修实务	杨洪庆	27.00	1	2011.7
10	978-7-301-13658-4	汽车发动机电控系统原理与维修	张吉国	25.00	2	2012.4
11	978-7-301-18494-3	汽车发动机电控技术	张 俊	46.00	2	2013.8
12	978-7-301-21989-8	汽车发动机构造与维修(第 2 版)	蔡兴旺	40.00	1	2013.1
14	978-7-301-18948-1	汽车底盘电控原理与维修实务	刘映凯	26.00	1	2012.1
15	978-7-301-19334-1	汽车电气系统检修	宋作军	25.00	2	2014.1
16	978-7-301-23512-6	汽车车身电控系统检修	温立全	30.00	1	2014.1
17	978-7-301-18850-7	汽车电器设备原理与维修实务	明光星	38.00	2	2013.9
18	978-7-301-20011-7	汽车电器实训	高照亮	38.00	1	2012.1
19	978-7-301-22363-5	汽车车载网络技术与检修	闫炳强	30.00	1	2013.6
20	978-7-301-14139-7	汽车空调原理及维修	林 钢	26.00	3	2013.8

序号	书号	书名	编著者	定价	印次	出版日期
21	978-7-301-16919-3	汽车检测与诊断技术	娄　云	35.00	2	2011.7
22	978-7-301-22988-0	汽车拆装实训	詹远武	44.00	1	2013.8
23	978-7-301-18477-6	汽车维修管理实务	毛　峰	23.00	1	2011.3
24	978-7-301-19027-2	汽车故障诊断技术	明光星	25.00	1	2011.6
25	978-7-301-17894-2	汽车养护技术	隋礼辉	24.00	1	2011.3
26	978-7-301-22746-6	汽车装饰与美容	金守玲	34.00	1	2013.7
27	978-7-301-25833-0	汽车营销实务(第 2 版)	夏志华	32.00	1	2015.6
28	978-7-301-19350-1	汽车营销服务礼仪	夏志华	30.00	3	2013.8
29	978-7-301-15578-3	汽车文化	刘　锐	28.00	4	2013.2
30	978-7-301-20753-6	二手车鉴定与评估	李玉柱	28.00	1	2012.6
31	978-7-301-17711-2	汽车专业英语图解教程	侯锁军	22.00	5	2015.2
电子信息、应用电子类						
1	978-7-301-19639-7	电路分析基础(第 2 版)	张丽萍	25.00	1	2012.9
2	978-7-301-19310-5	PCB 板的设计与制作	夏淑丽	33.00	1	2011.8
3	978-7-301-21147-2	Protel 99 SE 印制电路板设计案例教程	王　静	35.00	1	2012.8
4	978-7-301-18520-9	电子线路分析与应用	梁玉国	34.00	1	2011.7
5	978-7-301-12387-4	电子线路 CAD	殷庆纵	28.00	4	2012.7
6	978-7-301-12390-4	电力电子技术	梁南丁	29.00	2	2010.7
7	978-7-301-17730-3	电力电子技术	崔　红	23.00	1	2010.9
8	978-7-301-19525-3	电工电子技术	倪　涛	38.00	1	2011.9
9	978-7-301-18519-3	电工技术应用	孙建领	26.00	1	2011.3
10	978-7-301-22546-2	电工技能实训教程	韩亚军	22.00	1	2013.6
11	978-7-301-22923-1	电工技术项目教程	徐超明	38.00	1	2013.8
12	978-7-301-17569-9	电工电子技术项目教程	杨德明	32.00	3	2014.8
14	978-7-301-17712-9	电子技术应用项目式教程	王志伟	32.00	2	2012.7
15	978-7-301-22959-0	电子焊接技术实训教程	梅琼珍	24.00	1	2013.8
16	978-7-301-17696-2	模拟电子技术	蒋　然	35.00	1	2010.8
17	978-7-301-13572-3	模拟电子技术及应用	刁修睦	28.00	3	2012.8
18	978-7-301-18144-7	数字电子技术项目教程	冯泽虎	28.00	1	2011.1
19	978-7-301-19153-8	数字电子技术与应用	宋雪臣	33.00	1	2011.9
20	978-7-301-20009-4	数字逻辑与微机原理	宋振辉	49.00	1	2012.1
21	978-7-301-12386-7	高频电子线路	李福勤	20.00	3	2013.8
22	978-7-301-20706-2	高频电子技术	朱小祥	32.00	1	2012.6
23	978-7-301-18322-9	电子 EDA 技术(Multisim)	刘训非	30.00	2	2012.7
24	978-7-301-14453-4	EDA 技术与 VHDL	宋振辉	28.00	2	2013.8
25	978-7-301-22362-8	电子产品组装与调试实训教程	何　杰	28.00	1	2013.6
26	978-7-301-19326-6	综合电子设计与实践	钱卫钧	25.00	2	2013.8
27	978-7-301-17877-5	电子信息专业英语	高金玉	26.00	2	2011.11
28	978-7-301-23895-0	电子电路工程训练与设计、仿真	孙晓艳	39.00	1	2014.3
29	978-7-301-24624-5	可编程逻辑器件应用技术	魏　欣	26.00	1	2014.8

如您需要更多教学资源如电子课件、电子样章、习题答案等，请登录北京大学出版社第六事业部官网 www.pup6.cn 搜索下载。

如您需要浏览更多专业教材，请扫下面的二维码，关注北京大学出版社第六事业部官方微信（微信号：pup6book），随时查询专业教材、浏览教材目录、内容简介等信息，并可在线申请纸质样书用于教学。

感谢您使用我们的教材，欢迎您随时与我们联系，我们将及时做好全方位的服务。联系方式：010-62750667，329056787@qq.com，pup_6@163.com，lihu80@163.com，欢迎来电来信。客户服务 QQ 号：1292552107，欢迎随时咨询。